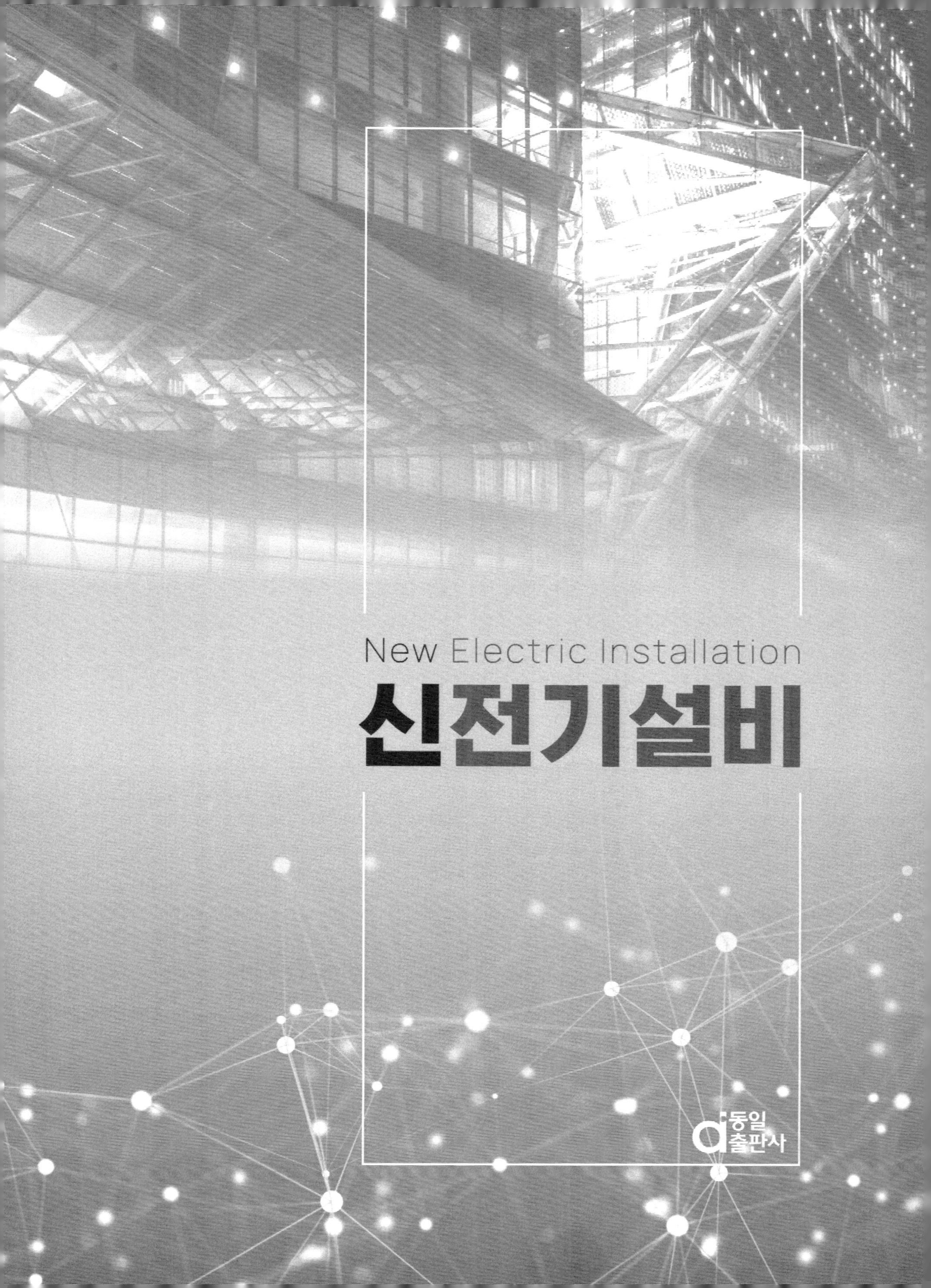

New Electric Installation

신전기설비

개정판을 내면서

신전기설비가 출판되고 어느덧 십수 년이 지났습니다. 그 사이에 전기 · 전자설비의 설계 및 시공 분야의 발전은 말 그대로 비약적이라고 해도 과장된 표현이 아니라고 생각됩니다. 한편, 전기설비기술기준 제4조에 따라 한국전기설비규정 중 많은 부분이 개정 공고되였습니다(2021년 1월 1일부터 시행). 개정 공고된 내용 중 과전류에 대한 보호를 보면, 과전류가 흐르는 것을 방지하거나 과전류의 지속시간을 위험하지 않는 시간까지 제한함으로써 보호할 수 있다고 명시하였으며, 그 실현을 위하여 관련 규정이 개정 강화되었고, 피뢰설비의 규정 또한 세분화되고 개정 강화되었습니다. 특히 전기전자설비의 뇌서지에 대한 보호를 보면 일반사항, 전기적 절연, 접지와 본딩, 서지보호장치 시설 등으로 세분화된 규정이 구체적으로 명시되었습니다.

이 책은 개정된 한국전기설비규정에 맞춰서 개편한 것으로, 전기설비의 설계와 관련되는 설계기법을 초보부터 익혀나갈 수 있도록 배려하였습니다. 그런데 한 가지 양해를 구할 것은, 다른 책들과는 다르게 수변전설비와 관련된 부분을 제2장으로 앞당겨 놓은 것입니다.

그 이유는 지극히 단순합니다. 기사시험에 관심이 있는 독자들을 위하여 시험문항이 비교적 많은 수변전설비 부분을 책의 앞쪽으로 앞당겨 편집한 것입니다. 따라서 수변전설비 부분을 간선설비의 다음으로 돌려서 학생들이 이수(履修)할 수 있도록 지도하는 것도 담당 교수의 재량이라고 생각합니다.

이 책을 출판하는 데 동일출판사 여러분들의 수고가 유별나게 많다는 것을 잘 알고 있습니다. 그리고 도움도 많이 받았습니다. 고맙습니다. 앞으로도 좋은 책 많이 발간하시기 바랍니다.

저자 씀

Contents

건축 전기설비의 개요와 기본

수변전설비

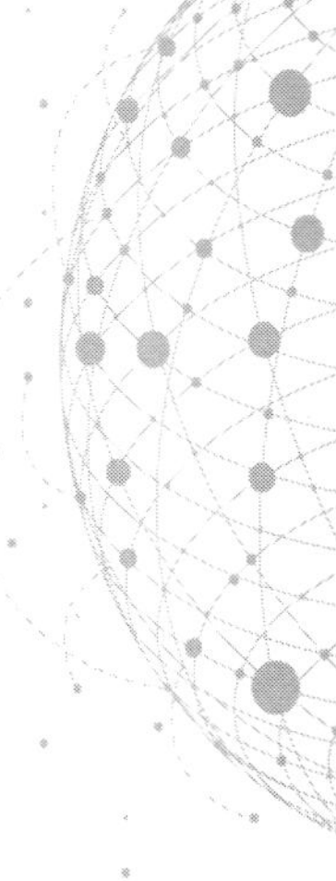

Contents

Contents

예비전원설비

조명설비

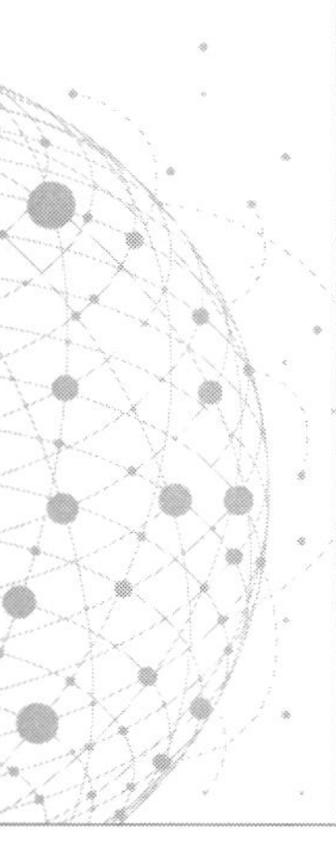

Contents

간선

방재설비

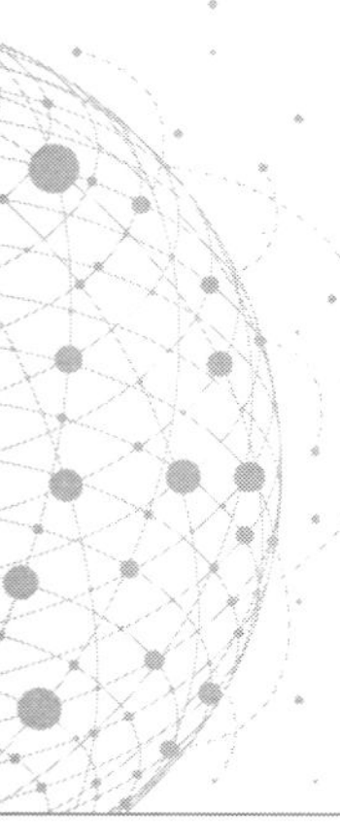

Contents

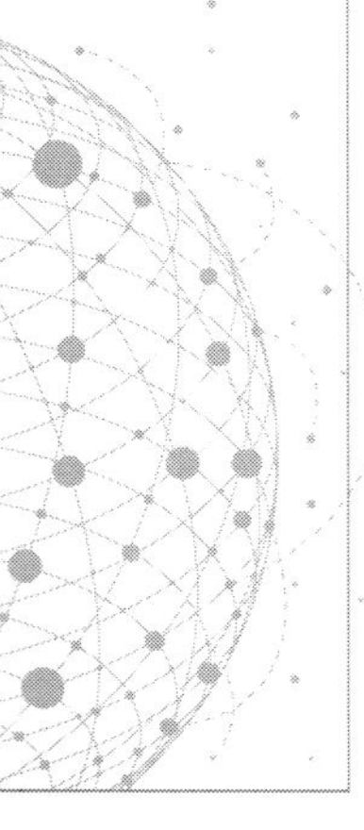

1. 전기설비 기호

2. 전기설비 관련 용어(국/영)

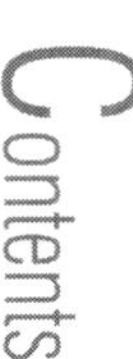

01장 건축 전기설비의 개요와 기본

1-1 건축 전기설비의 개요

건축 전기설비는 크게 전력설비, 약전류설비, 방재설비 등으로 분류할 수 있다.

1-1-1 전력설비

(1) 전원설비

규모가 작은 일반주택 등에서는 전력설비 용량이 작아서 전원설비를 별도로 하지 않아도 되지만, 빌딩 · 공장 등에서는 전력설비 용량이 상당히 크기 때문에 전력회사로부터 고압 또는 특고압으로 전력을 수전하기 위한 수전설비 외에 고압 또는 특고압을 저압으로 변환하기 위한 변전설비 시설을 하여야 한다.

또한 고층 빌딩이나 극장 백화점 등 많은 사람들이 모이는 장소에는 비상사태가 발생하였을 때 방재설비를 가동하기 위한 비상용 예비전원장치로 자가발전설비 또는 축전지설비를 시설하여야 한다.

(2) 조명설비

조명설비는 건축물의 용도에 따라 작업 상 요구되는 필요 조도와 일의 능률화를 도모하고 편안함을 유지할 수 있도록 하는 두 가지 목적의 설비이다. 또한 조명설비는 필요로 하는 조도와 경제적인 면에서 적합한 조명기구를 선정하여 배치하는데 상당한 설계 기량이 요구되는 설비이다.

(3) 전동력설비

전동력설비는 엘리베이터 · 에스컬레이터 · 펌프 · 팬 등을 가동하기 위한 전동기의 동력설비, 냉방과 난방을 하기 위한 공기조화설비, 급수와 배수를 하기 위한 급배수설비 등이 있다.

동력설비는 종류와 모양이 여러 가지일 뿐만 아니라 제어방법도 복잡하다. 근래에는 조작제어방식이 수동에서 자동으로 고도화되고, 컴퓨터에 의하여 집중관리화되고 있는 실정이다.

1-1-2 약전류 설비

(1) 전화설비

약전류설비는 현재 큰 전환점에 와 있다. 전화설비는 고도 정보통신 시스템(Information Network System)의 실현을 위해서 전화망고 데이터 통신, 팩시밀리, 화상통신 등의 비전화망을 디지털화하고 광 파이버 케이블 전송방식, 마이크로파 디지털 방식이나 디지털 교환기 등의 도입에 의하여 그 실현이 진전되고 있다.

한편 사무자동화(OA)의 발달에 따라 단말기기의 보급이 급속하게 실현되고 있다.

(2) 인터폰설비

인터폰은 법으로 정해진 공중통신・공공통신의 설비 등과 시설을 달리하는 것이며 구내전용의 연락설비로서 생활문화의 향상과 사회환경의 충실, 산업의 발전 등으로 주택・상점・사무실・병원・빌딩・공장 등 각 방면에 보급되어 많이 이용되고 있다.

인터폰설비를 하는 경우에는 종류별로 그 구조와 기능 및 특성 등을 검토하고 각기 용도에 적합한 기종을 선정하여 기기의 성능이 충분히 유지되도록 시설하여야 한다.

(3) 확성(방송)설비

확성(방송)설비는 호출방송・비상경보・음악방송 등을 목적으로 하는 것으로 빌딩 내의 각종 가능적 작업을 원만하게 운영해 나가는데 필요한 설비들이다.

이 설비는 증폭기, 마이크로폰, 플레이어, 스피커 및 배선 등으로 구성되며 그 음량과 음질, 전기적 특성 및 배전방식을 결정하는데 세심한 검토를 할 필요가 있다.

(4) 표시설비

표시설비에는 출퇴근 표시기・자동차 출입 표시기・호출 표시기・창구 표시기 등 용도에 따라 여러 기종이 있다.

표시기에는 램프식・전광사인식・표시관 광자식(光字式)・반전판식(反轉板式)・회전판식(回轉板式) 등이 있다.

(5) 텔레비전 공청설비

대형 건물에 많은 텔레비전 수상기가 있는 경우에 마스터 안테나 1세트에 의하여 양질의 전파를 수신하여 직접 또는 증폭기를 통해서 여러 대의 텔레비전 수상기에 신호를 분배하여 공동시청하는 설비를 TV 공청설비라고 하며 일반적으로 고주파 분배방식이 주로 이용되고 있다.

(6) 주차 관제설비

주차장의 차량 출입을 관제하는 설비이다. 지하 주차장이나 입체 주차장 등에서 차가 일반 도로에 출입하는 경우에 보행자나 자전거 등에 경보를 발하여 안전을 꾀하고, 주차장 내에서 차량통행의 안전을 꾀하는 설비이다. 표시는 적색등 또는 3색등(청 · 황 · 적)에 의해서 주의나 지시를 한다.

1-1-3 방재설비

(1) 피뢰침설비

① 돌침(피뢰침) 방식
낙뢰(落雷)는 끝이 뾰족한 금속도체 부분에 잘 떨어지는 성질이 있으므로 건축물의 상부에 돌침을 설치하여 건축물 주위에 접근한 낙뢰를 흡인하여 뇌격전류를 대지로 안전하게 방류하는 방식이다.

② 수평도체 방식
건축물의 상부에 규정값 이상의 거리를 두고 가설한 수평도체(또는 용마루 도체)에 낙뢰가 흡입되도록 하여서 뇌격전류를 대지로 방류하는 방식이다.

③ 케이지(cage) 방식
피보호물 주위를 적당한 간격의 그물눈으로 된 도체(메시)로 포위하는 방식을 말하며 가장 안전한 방식이다.

(2) 화재탐지설비

화재탐지설비는 화재가 발생함과 동시에 이를 탐지하여 경보를 발하는 자동 화재탐지설비, 화재 발생을 소방기관에 알리기 위한 통보장치, 화재가 발생하였음을 건물 안에 있는 사람들에게 알려서 피난시키기 위한 비상경보설비로 구성되어 있다. 화재가 발생하면 인명과 재산에 미치는 영향이 크므로 소방법 및 동 시행령에서 규정하고 있는 바에 따라 시설하여야 한다.

(3) 비상경보설비

화재의 발생과 같은 위험사항을 건축물 내의 사람들에게 알리기 위한 기구 또는 설비를 비상경보설비라고 한다. 이 비상경보설비로는 비상벨 · 자동식 사이렌 · 방송설비 등이 있다.

1-2 배선의 원칙과 기본사항

1-2-1 배전전압

배전전압에 관한 규정은 인축(人畜)의 감전에 대한 보호와 전기설비 계통, 시설물 등의 안전에 필요한 성능과 기술적인 요구사항에 대하여 적용한다.

KEC의 규정에서 적용하는 전압의 구분은 다음과 같다.

① 저압 : 교류는 1 kV 이하, 직류는 1.5 kV 이하

② 고압 : 교류는 1 kV를, 직류는 1.5 kV를 초과하고 7 kV 이하

③ 특고압 : 7 kV를 초과하는 것

1-2-2 대지전압의 제한과 불평형 부하의 제한

(1) 대지전압의 제한

① 옥내 전로의 대지전압은 300 V 이하이고, 사용전압은 400 V 미만이어야 한다. 여기서 대지 전압(對地電壓)이라 함은 접지식 전로에서 전선과 대지(大地) 사이의 전압을 말하고 비접지식 전로에서는 전선과 그 전로 중 임의의 다른 전선 사이의 전압을 말한다.

② 주택 이외의 옥내에 시설하는 백열등 또는 방전등 및 가정용 전기기계기구에 전기를 공급하는 옥내전로의 대지전압은 300 V 이하이어야 한다.

여기서 주택 이외의 옥내라 함은 다음에서 열거하는 장소와 같이 사람이 항상 거주하지 않는 곳을 말한다.

㉠ 사무실, 공장
㉡ 상점, 음식점 등의 점포
㉢ 여관, 호텔의 객식 복도 등
㉣ 기타 위의 것에 따르는 장소

(2) 불평형 부하의 제한

저압으로 수전하는 단상 3선식에서 중성선곽 전압선간의 부하는 평형시키는 것을 원칙으로 하고 있다. 다만, 부득이한 경우에는 설비 불평형률을 40 %로 할 수 있다. 단상 3선식인 경우에 불평형률은 다음 식으로 계산한다.

$$\text{설비 불평형률} = \frac{\left(\begin{array}{l}\text{중성선과 전압선간에}\\ \text{접속되는 부하설비용량의 차}\end{array}\right)}{\text{총부하 설비용량의 } 1/2} \times 100\ \% \qquad (1-1)$$

그러나 5 kW 정도 이하의 수용가에서 소수의 전열기구를 사용한다든가 하여 완전한 평형을 얻기 어려운 경우에는 위의 제한을 초과할 수도 있는 것으로 되어 있다.

저압, 고압 및 특고압 수전의 3상 3선식 또는 3상 4선식에서는 단상 접속부하로 계산하여 설비 불평형률을 30 % 이하로 하는 것을 원칙으로 한다. 다만, 다음과 같은 경우에는 이 제한을 따르지 않을 수 있다.

① 저압수전에서 전용 변압기로 수전
② 고압 및 특고압 수전에서 100 kVA 이하의 단상부하
③ 특고압 및 고압 수전에서 단상부하 용량의 최대와 최소의 차가 100 kVA 이하
④ 특고압 수전에서 100 kVA 이하의 단상변압기 2대로 역 V 결선하는 경우

설비불평형률은 다음 식으로 계산한다.

$$\text{설비 불평형률} = \frac{\left(\begin{array}{l}\text{각 선간에 접속하는 단상부하}\\ \text{총설비용량의 최대와 최소의 차}\end{array}\right)}{\text{총부하 설비용량의 } 1/3} \times 100\ \% \qquad (1-2)$$

예제 1-1

다음 그림과 같이 200 V 3상 3선식으로 수전하는 수용가가 있다. 설비 불평형률은 얼마인가? 다만, 전동기의 용량표시가 괄호안과 다른 것은 출력 kW을 입력 kVA으로 환산하였기 때문이다.

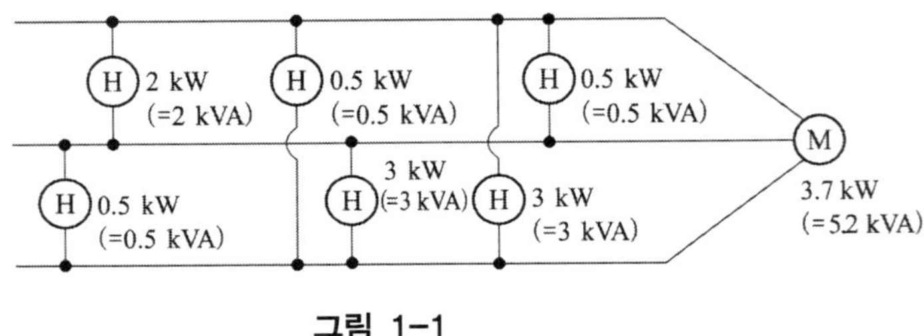

그림 1-1

풀이 식 (1-2)에 대입하면

$$\text{설비 불평형률} = \frac{(0.5+3)-(2+0.5)}{\{(2+0.5)+(0.5+3)+(0.5+3)+5.2\}\times\frac{1}{3}}\times 100$$

$$= \frac{3.5-2.5}{14.7\times\frac{1}{3}}\times 100$$

$$= 20.4\ \%$$

답 20.4 %

1-2-3 전압강하

(1) 기본식

전로의 1상분에 대한 등가회로는 그림 1-2와 같다. 이 등가회로에서 전압강하를 구하는데, 선로의 긍장은 과히 길지 않고 선로정수는 집중 임피던스로 보고 계산한다.

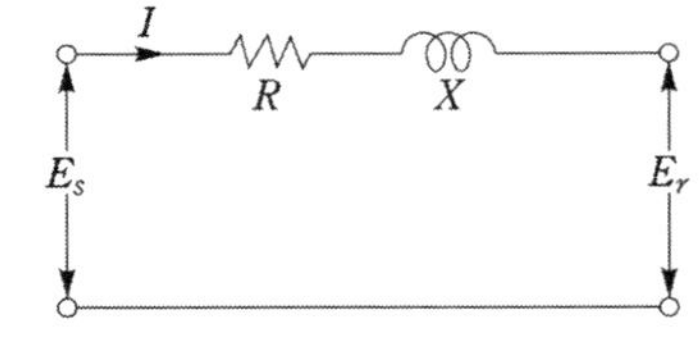

E_s : 송전단 전압
E_r : 수전단 전압
R : 전선 1줄의 전저항
X : 전선 1줄의 전 리액턴스
I : 선전류

그림 1-2 1상분의 등가회로

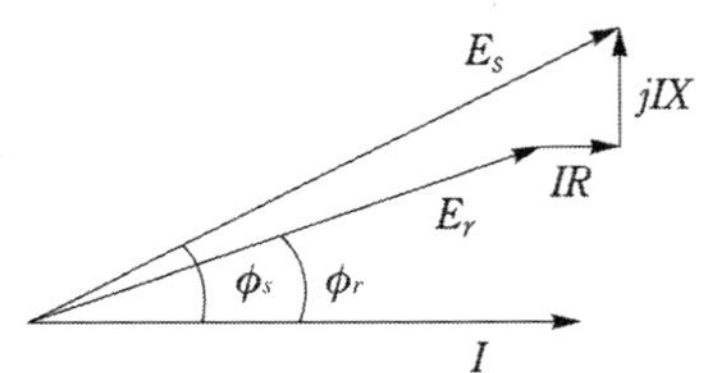

ϕ_r : 부하의 역률
ϕ_s : 송전단에서 본 총합 역률

그림 1-3 벡터도

그림 1-3과 같은 벡터도에서 실제로는 $\phi_r \fallingdotseq \phi_s$라 하여도 무방할 정도이므로,

$$E_s - E_r = (R\cos\phi_r + X\sin\phi_r)I \tag{1-3}$$

식(1-3)에서 회로의 리액턴스를 무시하고, 역률을 1로 간주해도 무방한 경우에는 근사값을 얻기 위하여 다음과 같은 약산식을 이용하면 편리하다.

단상 2선식인 경우

$$\begin{aligned} e &= E_s - E_r - [R \cdot I] \times 2 \\ &= \frac{1}{58} \times \frac{100}{97} \times \frac{L}{A} \times I \times 2 \\ &= \frac{35.6 \times L \times I}{1000 \times A} \end{aligned} \tag{1-4}$$

여기서, 표준 연동의 고유저항 (20 ℃) : $\frac{1}{58}\ \Omega/\text{m} \cdot \text{mm}^2$

동선의 도전율 : 97 %

3상 3선식의 경우는

$$\begin{aligned} e &= E_s - E_r = [R \cdot I] \times \sqrt{3} \\ &= \frac{1}{58} \times \frac{100}{97} \times \frac{L}{A} \times I \times \sqrt{3} \\ &= \frac{30.8 \times L \times I}{1000 \times A} \end{aligned} \tag{1-5}$$

3상 4선식과 단상 3선식의 경우에는 부하가 평형되어 중성선에는 전류가 흐르지 않는 것으로 보고 계산한다.

$$e' = E_s - E_r = [R \cdot I] = \frac{17.8 \times L \times I}{1000 \times A} \tag{1-6}$$

여기에서 e'는 중성선과 외선 또는 각 상의 1선과의 사이의 전압강하를 말한다.

이상과 같이 전선의 단면적을 산출근거로 하여 약산으로서 전압강하를 구할 수 있지만 역률이 낮은 경우에는 정확한 값을 구할 수 없다. 그래서 식(1-4)와 식(1-6)에 의하여 산출한 전압강하에 리액턴스와 역률을 고려한 교류회로 전압강하계수(표 1-1)를 곱하면, 실용상 지장이 없는 거의 정확한 값을 구할 수 있다. 표 중의 계수는 $(R\cos\phi_r + X\sin\phi_r)$의 R에 대한 비를 나타내고 있다.

표 1-1 교류회로 전압강하 계수(60 Hz)

전선 굵기 mm^2 \ 전선 / 역률	금속관 배선			전선 중심간 6 cm			전선 중심간 15 cm		
	0.9	0.8	0.7	0.9	0.8	0.7	0.9	0.8	0.7
500	2.11	2.46	2.67	–	–	–	–	–	–
400	1.91	2.19	2.35	2.30	2.73	2.00	–	–	–
325	1.72	1.95	2.05	2.09	2.45	2.65	–	–	–
250	1.55	1.70	1.77	1.89	2.16	2.31	2.31	2.75	3.01
200	1.41	1.50	1.53	1.71	1.92	2.02	2.04	2.36	2.56
150	1.38	1.35	1.36	1.57	1.68	1.79	1.83	2.07	2.21
125	1.23	1.25	1.24	1.47	1.59	1.62	1.68	1.87	1.97
100	1.18	1.18	1.14	1.40	1.48	1.52	1.55	1.69	1.76
80	1.11	1.10	1.05	1.29	1.34	1.34	1.42	1.52	1.56
60	1.07	1.03	0.97	1.21	1.23	1.21	1.31	1.36	1.37
50	1.04	0.99	0.95	1.16	1.16	1.18	1.24	1.27	1.26
38	1.01	0.95	0.87	1.11	1.09	1.04	1.17	1.17	1.14
30	0.98	0.91	0.84	1.07	1.03	0.98	1.12	1.10	0.99
22	0.96	0.89	0.81	1.03	0.93	0.92	1.07	1.04	0.98

(2) 허용 전압강하

① 수용가 설비의 인입구로부터 기기까지의 전압강하는 표의 값 이하이어야 한다.

설비의 유형	조명 %	기타 %
A – 저압으로 수전하는 경우	3	5
B – 고압 이상으로 수전하는 경우a	6	8

a 가능한 한 최종회로 내의 전압강하가 A 유형의 값을 넘지 않도록 하는 것이 바람직하다. 사용자의 배선설비가 100 m를 넘는 부분의 전압강하는 미터 당 0.005 % 증가할 수 있으나 이러한 증가분은 0.5 %를 넘지 않아야 한다.

② 다음의 경우에는 표보다 더 큰 전압강하를 허용할 수 있다.

- 기동 시간 중의 전동기
- 돌입전류가 큰 기타 기기

(3) 전압강하율

전압강하와 송전단 전압의 비를 백분율로 표시한 것을 전압강하율이라 하고, 옥내배선에서는 다음 식으로 표시한다. 즉 전압강하율은

$$\varepsilon = \frac{E_s - E_\gamma}{E_\gamma} \times 100 \tag{1-7}$$

여기서 E_s : 송전단 전압 V

E_γ : 수전단 전압 V

(4) 전압강하와 전선단면적

전선의 단면적과 전선의 길이, 전류 및 전기방식이 주어졌을 경우 각 선간의 전압강하는 표 1-2을 이용하여 구할 수 있다.

표 1-2 전압강하 및 전선단면적을 구하는 공식

전기방식	전압강하	대상 전압강하
단상 2선식	$e = \frac{35.6LI}{1,000A}$	선간
3상 3선식	$e = \frac{30.8LI}{1,000A}$	선간
단상 3선식, 3상 4선식	$e = \frac{17.8LI}{1,000A}$	대지간

[비고] e : 전압강하 V　L : 전선의 길이

A : 사용전선의 단면적 mm^2　I : 부하전류 A

※ 이 표의 공식은 각 상이 평형하는 경우에 전선의 도전율 97 %, 저항률은 1/58을 적용한 것이다.

(5) 전선 최대길이 및 전선단면적

전선의 굵기를 구하는 것은 표 1-2의 공식을 이용하여 계산할 수 있지만, 설계 과정에서는 보통 표 1-3과 같은 전선 최대길이에 관한 표를 이용하는 경우가 많다. 그런데 표 1-2이나 표 1-3은 직류저항만을 고려한 경우이고, 교류회로에서 리액턴스와 역률을 고려할 때는 앞의 표 1-1의 교류회로 전압강하 계수의 값을 표 1-2이나 표 1-3로 산출한 전압강하 값에 곱해주어야 한다. 표 1-1의 교류회로 전압강하 계수는 전원주파수, 배선 상호 간의 간격, 전선 굵기와 관련이 있으므로 그 영향을 고려할 필요가 있다는 것이다.

표 1-3 전선 최대길이(3상 4선식 220/380 V 전압강하 3.8 V, 동선)

전류 A	전선의 굵기 mm^2												
	2.5	4	6	10	16	25	35	50	95	150	185	240	300
	전 선 최 대 길 이 m												
1	534	854	1281	2135	3416	5337	7472	10674	20281	32022	39494	51236	64045
2	267	427	640	1067	1708	2669	3736	5337	10140	16011	19747	25618	32022
3	178	285	427	712	1139	1779	2491	3558	6760	10674	13165	17079	21348
4	133	213	320	534	854	1334	1868	2669	5070	8006	9874	12809	16011
5	107	171	256	427	683	1067	1494	2135	4056	6404	7899	10247	12809
6	89	142	213	356	569	890	1245	1779	3380	5337	6582	8539	10674
7	76	122	183	305	488	762	1067	1525	2897	4575	5642	7319	9149
8	67	107	160	267	427	667	934	1334	2535	4003	4937	6404	8006
9	59	95	142	237	380	593	830	1186	2253	3558	4388	5693	7116
12	44	71	107	178	285	445	623	890	1690	2669	3291	4270	5337
14	38	61	91	152	244	381	534	762	1449	2287	2821	3660	4575
15	36	57	85	142	228	356	498	712	1352	2135	2633	3416	4270
16	33	53	80	133	213	334	467	667	1268	2001	2468	3202	4003
18	30	47	71	119	190	297	415	593	1127	1779	2194	2846	3558
25	21	34	51	85	137	213	299	427	811	1281	1580	2049	2562
35	15	24	37	61	98	152	213	305	579	915	1128	1464	1830
45	12	19	28	47	76	119	166	237	451	712	878	1139	1423

[비고] 1. 전압강하가 2 % 또는 3 %의 경우, 전선길이는 각각 이 표의 2배 또는 3배가 된다. 다른 경우에도 이 예에 따른다.
2. 전류가 20 A 또는 200 A 인 경우의 전선길이는 각각 이 표 전류 2 A 경우의 1/10 또는 1/100이 된다. 다른 경우에도 이 예에 따른다.

표 1-3 전선 최대길이의 표를 이용하여 전선의 굵기를 구할 때는 설계하는 전선의 길이를 이 표의 전선 최대길이로 환산해야 하며, 다음 환산식을 이용한다.

$$\text{전선 최대길이} = \frac{\text{배선설계의 거리 m} \times \dfrac{\text{부하의 최대사용전류 A}}{\text{표의 전류 A}}}{\dfrac{\text{배선설계의 전압강하 V}}{\text{표의 전압강하 2 V}}} \qquad (1-8)$$

전선의 굵기를 결정하기 전에 전선의 허용전류 표를 이용하여 반드시 허용전류를 검토하여야 한다.

1-2-4 전선과 케이블

전선은 「전기용품 및 생활용품 안전관리법」의 적용을 받는 것 이외에는 한국산업표준(KS)에 적합한 것을 사용하여야 한다.

현재 사용하고 있는 전선의 종류는 절연전선, 코드, 캡타이어 케이블, 저압 케이블, 고압 및 특고압 케이블, 나전선 등으로 분류하고 있다.

(1) 절연전선

저압 절연전선은 450/750 V 비닐 절연전선, 450/750 V 저독성 난연 폴리올레핀 절연전선, 450/750 V 저독성 난연 가교 폴리올레핀 절연전선, 450/750 V 고무절연전선 등을 사용하여야 한다. 450/750 V 이하 비닐 절연전선의 종류는 표 1-4 (1), (2)와 같다.

표 1-4(1) 450/750 V 이하 비닐 절연전선 (KS C IEC60227-3)

종 류	기 호	비 고
450/750 V 일반용 단심 비닐절연전선	60227 KS IEC 01	70℃, 1.5~400 mm^2
450/750 V 일반용 유연성 단심 비닐절연전선	60227 KS IEC 02	70℃, 1.5~240 mm^2
300/500 V 기기 배선용 단심 비닐절연전선	60227 KS IEC 05	70℃, 0.5~1 mm^2
300/500 V 기기 배선용 유연성 단심 비닐절연전선	60227 KS IEC 06	70℃, 0.5~1 mm^2
300/500 V 기기 배선용 단심 비닐절연전선	60227 KS IEC 07	90℃, 0.5~2.5 mm^2
300/500 V 기기 배선용 유연성 단심 비닐절연전선	60227 KS IEC 08	90℃, 0.5~2.5 mm^2

표 1-4(2) 내열성 에틸렌 비닐 아세테이트 고무절연전선 (KS C IEC 60245-7)

종 류	기 호	비 고
750 V 내열성 단선, 연선 고무절연전선(110℃)	60245 KS IEC 04	110℃, 0.5~95 mm^2
750 V 내열성 유연성 고무절연전선(110℃)	60245 KS IEC 05	110℃, 0.5~95 mm^2
500 V 내열성 단선 고무절연전선(110℃)	60245 KS IEC 06	110℃, 0.5~1 mm^2
500 V 내열성 유연성 고무절연전선(110℃)	60245 KS IEC 07	110℃, 0.5~1 mm^2

① 인입용 · 인하용 절연전선

OW 비닐 절연전선

종 류	비 고
옥외용 비닐 절연전선	70℃, 2.0~5.0 mm, 14~100 mm^2

DV 비닐 절연전선

종 류	비 고
인입용 비닐 절연전선 2개 꼬임	70℃, 2.0~3.2 mm, 8~60 mm^2
인입용 비닐 절연전선 3개 꼬임	70℃, 2.0~3.2 mm, 8~60 mm^2
인입용 비닐 절연전선 2심 평형	70℃, 2.0~3.2 mm
인입용 비닐 절연전선 3심 평형	70℃, 2.0~3.2 mm

② 고압 인입용 절연전선

6/10 kV 고압인하용 절연전선 (KS C IEC 60502-2)

종 류	비 고
6/10 kV 고압인하용 가교 폴리에틸렌 절연전선	90℃, 16~630 mm^2
6/10 kV 고압인하용 가교 EP 고무 절연전선	

(2) 코드

코드는 「전기용품 및 생활용품 안전관리법」에 의한 안전 인증을 취득한 것이어야 한다.

표 1-5(1) 정격전압 450/750 V 이하 염화비닐절연 케이블-유연성 비닐케이블(코드)

종 류	기 호	비 고
300/300 V 평형 금사 코드	60227 KS IEC 41	70℃, 2심
300/300 V 실내 장식 전등 기구용 코드	60227 KS IEC 43	70℃, 0.5~0.75 mm^2
300/300 V 연질 비닐 시스 코드	60227 KS IEC 52	70℃, 0.5~0.75 mm^2
300/500 V 범용 비닐 시스 코드	60227 KS IEC 53	70℃, 0.75~4 mm^2
300/300 V 내열성 연질 비닐 시스 코드(90℃)	60227 KS IEC 56	90℃, 0.5~0.75 mm^2
300/500 V 내열성 범용 비닐 시스 코드(90℃)	60227 KS IEC 57	90℃, 0.75~4 mm^2

표 1-5(2) 정격전압 450/750 V 이하 고무 절연 케이블-고무 코드(유연성 케이블)

종 류	기 호	비 고
300/300 V 편조 고무 코드	60245 KS IEC 51	60℃, 0.75~1.5 mm^2
300/500 V 범용 고무 시스 코드	60245 KS IEC 53	60℃, 0.75~4 mm^2
300/500 V 범용 클로로프렌, 합성고무 시스 코드	60245 KS IEC 57	60℃, 0.75~4 mm^2

(3) 캡타이어 케이블

캡타이어 케이블은 저압용과 고압용을 정해 놓고 있다.

① 저압용은 0.6/1 kV EP고무절연 클로로프렌 캡타이어 케이블, 0.6/1 kV 비닐절연 비닐캡타이어 케이블을 사용한다.

② 고압용은 고압용 캡타이어 케이블 중에서 정격전압이 1000 V를 초과하는 것, 도체의 공칭단면적이 95 mm^{2}를 초과하는 것에 대해서 정한 것이다. 캡타이어 케이블은 주로 광산, 공장, 농장 등에 사용되는 이동용 전기기기 및 이와 비슷한 용도로 사용되는 기계 기구에 접속되는 것으로 내마모성, 내충격성, 내굴곡성이 크며, 내수성도 갖고 있다. 고압용의 클로로프렌 캡타이어 케이블은 일반적으로 광산의 동력(power shovel)이나 대형 주행 크레인 등의 전원용으로 사용된다.

(4) 저압 케이블

사용전압이 저압인 전로(전기기계기구 안의 전로를 제외)의 전선으로 상용하는 케이블은 KS에 적합한 것을 사용하여야 한다.

① 일반적으로 사용되는 저압 케이블은 0.6/1 kV의 연피 케이블, 클로로프렌 외장 케이블, 비닐 외장 케이블, 폴리에틸렌 외장 케이블, MI 케이블, 금속외장 케이블, 저독성 난연 폴리올레핀 외장 케이블, 300/50 V 연질 비닐시스케이블을 사용하여야 한다. 이 중 연피 케이블은 금속시스 케이블이며 금속 외장 케이블은 철선 외장 케이블, 강대외장 케이블을 말한다. MI 케이블은 Mineral Insulation Cable(무기물 절연 케이블)을 의미하는 것으로 정격전압 750 V 이하의 MI 케이블로 경부하급의 500 V급과 중부하급의 750 V급이 있다.

② 유선텔레비전용 급전 겸용 동축 케이블(그 외부 도체를 접지하여 사용하는 것에 한한다)을 사용한다.

(5) 고압 및 특고압 케이블

특고압 전로의 다중접지 배전선로용 전력 케이블은 다음의 것을 사용하여야 한다.

표 1-6 지중 배전선로용 22.9 kV 동심중성선 전력케이블

종 류	기 호	비 고
22.9 kV 난연성 동심중성선 전력케이블	22.9 kV FR CNCO-W	90℃, 60 mm², 200 mm², 325 mm², 600 mm²
22.9 kV 수트리억제 충실 전력케이블	22.9 kV TR CNCE-W	
22.9 kV 수트리억제 충실알루미늄 전력케이블	22.9 kV TR CNCE-W/AL	
22.9 kV 난연성 할로겐프리 폴리올레핀 수밀형 시스 전력케이블	22.9 kV FR-CO-W	
22.9 kV 수트리억제 난연 알루미늄 전력케이블	22.9 kV FR CNCO-W/AL	

(6) 나전선 등

나전선 및 지선・가공지선・보호도체・보호망・ 전력보안 통신용 약전류전선 기타 금속선의 종류는 다음과 같다.

경동선, 연동선, 동합금선, 지름 5 mm 이하의 경알루미늄선, 알루미늄 합금선(지름 6.6 mm 이하), 동복강선(지름 5 mm 이하), 알루미늄 피복강선(지름 5 mm 이하), 지름 5 mm 이하의 알루미늄 도금강선, 아연도금강선(지름 5 mm 이하), 일반선(지름 5 mm 이하) 등이 있다.

1-2-5 허용전류

전선과 케이블의 허용전류는 그 종류, 도체의 굵기, 그리고 사용조건 등에 따라서 결정된다. 이는 전선의 온도가 일정한 값 이상으로 상승하면 절연체의 열화(劣化)가 심해져서 전선으로서의 기능을 상실하게 되기 때문이다.

따라서 전선의 허용전류는 각종 절연물에 대한 도체의 최고온도, 사용 장소에 따르는 기저온도, 주위온도 등을 고려하여 다음과 같은 계산식으로 산출한다.

(1) 절연전선의 허용전류 계산

전연전선의 허용전류 I는 다음 식으로 계산한다.

$$I = K_0 K_1 \sqrt{\frac{T_1 - T_0}{rR}} \qquad (1-8)$$

여기서, r : T ℃에 있어서 도체 실효저항 Ω/m

R : 절연체의 열저항 ℃ · cm/W

T_1 : 도체의 최고 허용온도 ℃

T_0 : 주위온도 ℃

K_1 : 다심 전선인 경우의 허용전류 감소계수

K_0 : 공사방법에 의한 허용전류 감소계수

그리고 전선의 최고 허용온도 T_1은 비닐절연전선, 고무절연전선인 경우에는 60 ℃로 하고, 주위 온도 T_0는 전연전선인 경우에 30 ℃를 기준으로 하고 있다는 것을 알아두자.

(2) 절연전선 등의 허용 전류

전선 및 케이블의 허용전류는 그 도체의 종류, 도체의 굵기, 사용조건 등을 고려하여 결정한다. 특히 전선의 온도가 일정한 값 이상을 상승하면 절연체의 열화가 촉진되는 관계로 전선으로서의 기능이 상실되기 쉽다. 따라서 각 전선에 대한 허용전류는 각종 절연물의 최고 허용온도, 주위온도, 사용장소에서의 기저온도 등을 충분히 고려하여 선정한다.

① 저압 절연전선 등의 허용전류

다음은 PVC 절연, 2개 부하도체, 구리 또는 알루미늄, 도체 온도 70 ℃

표 1-7은 허용전류를 구하기 위해 사용하는 표준 공사방법의 허용전류 A이다.

표 1-7(1) 표준 공사방법의 허용전류

PVC 절연, 2개 부하도체 구리 또는 알루미늄, 도체온도 70 ℃

도체의 공칭단면적 mm^2	설치방법						
	A1	A2	B1	B2	C	D1	D2
1	2	3	4	5	6	7	8
구 리							
1.5	14.5	14	17.5	16.5	19.5	22	22
2.5	19.5	18.5	24	23	27	29	28
4	26	25	32	30	36	37	38
6	34	32	41	38	46	46	48
10	46	43	57	52	63	60	64
16	61	57	76	69	85	78	83
25	80	75	101	90	112	99	110
35	99	92	125	111	138	119	132
50	119	110	151	133	168	140	156
70	151	139	192	168	213	173	192
95	182	167	232	201	258	204	230
120	210	192	269	232	299	231	261
150	240	219	300	258	344	261	293
185	273	248	341	294	392	292	331
240	321	291	400	344	461	336	382
300	367	334	458	394	530	379	427
알루미늄							
2.5	15	14.5	18.5	17.5	21	22	
4	20	19.5	25	24	28	29	
6	26	25	32	30	36	36	
10	36	33	44	41	49	47	
16	48	44	60	54	66	611	63
25	63	58	79	71	83	77	82
35	77	71	97	86	103	93	98
50	93	86	118	104	125	109	117
70	118	108	150	131	160	135	145
95	142	130	181	157	195	159	173
120	164	150	210	181	226	180	200
150	189	172	234	201	261	204	224
185	215	195	266	230	298	228	255
240	252	229	312	269	352	262	298
300	289	263	358	308	406	298	336

[주] 표의 공사 방법에서

A1 : 옥내, 단열벽 속에 매입한 전선관 내부의 절연도체 또는 단심 케이블

A2 : 옥내, 단열벽 속에 매입한 전선관 내부의 다심 케이블

B1 : 목재 또는 석재의 벽면에 부착한 전선관 내부 또는 그 벽면으로부터 전선관 바깥지름의 0.3배 미만의 간격으로 배관된 전선관 내부의 절연도체 또는 단심 케이블

B2 : 목재 또는 석재의 벽면에 부착한 전선관 안 또는 그 벽면으로부터 전선관 바깥지름의 0.3배 미만의 간격으로 배관된 전선관 안의 다심 케이블

C : 다심 또는 단심 케이블 : 목재벽 또는 석재벽에 고정한 경우 또는 벽면과 케이블 지름의 0.3배 미만의 간격으로 설치된 경우

D1 : 지중에 매설한 전선관 또는 케이블덕트 내의 다심 케이블

D2 : 지중에 직접 매설한 단심 또는 다심 케이블(기계적 추가 보호가 없는 경우)

표 1-7(2) 표준 공사방법의 허용전류

PVC 절연, 3개 부하도체 구리 또는 알루미늄, 도체온도 70 ℃

도체의 공칭단면적 mm^2	설치방법						
	A1	A2	B1	B2	C	D1	D2
1	2	3	4	5	6	7	8
구 리							
1.5	13.5	13	15.5	15	17.5	18	19
2.5	18	17.5	21	20	24	24	24
4	24	23	28	27	32	30	33
6	31	29	36	34	41	38	41
10	42	39	50	46	57	50	54
16	56	52	68	62	76	64	70
25	73	68	89	80	96	82	92
35	89	83	110	99	119	98	110
50	108	99	134	118	144	116	130
70	136	125	171	149	184	143	162
95	164	150	207	179	223	169	193
120	188	172	239	206	259	192	220
150	216	196	262	225	299	217	246
185	245	223	296	255	341	243	278
240	286	261	346	197	403	280	320
300	328	298	394	339	464	316	359
알루미늄							
2.5	14	13.5	16.5	15.5	18.5	18.5	
4	18.5	17.5	22	21	25	24	
6	24	23	28	27	32	30	
10	32	31	39	36	44	39	
16	43	41	53	48	59	50	53
25	57	53	70	62	73	64	69
35	70	65	86	77	90	77	83
50	84	78	104	92	110	91	99
70	107	98	133	116	140	112	122
95	129	118	161	139	170	132	148
120	149	135	186	160	197	150	169
150	170	155	204	176	227	169	189
185	194	176	230	199	259	190	214
240	227	207	269	232	305	218	250
300	261	237	306	265	351	247	282

1-2-6 전로의 절연

(1) 전로의 절연저항 및 절연내력

① 사용전압이 저압인 전로의 절연성능은 기술기준 제52조를 충족하여야 한다. 다만, 저압 전로에서 정전이 어려운 경우 등 절연저항 측정이 곤란한 경우 저항성분의 누설전류가 1 mA 이하이면 그 전로의 절연저항은 적합한 것으로 본다.

표 1-8 저압전로의 절연저항값

전로의 사용전압 V	DC 시험전압 V	절연저항 MΩ
SELV 및 PELV	250	0.5
FELV, 500 V이하	500	1.0
500 V 초과	1,000	1.0

[주] 특별저압(extra low voltage : 2차 전압이 AC 50 V, DC 120 V 이하)으로 SELV(비접지회로 구성) 및 PELV(접지회로 구성)은 1차와 2차가 전기적으로 절연된 회로, FELV는 1차와 2차가 전기적으로 절연되지 않은 회로

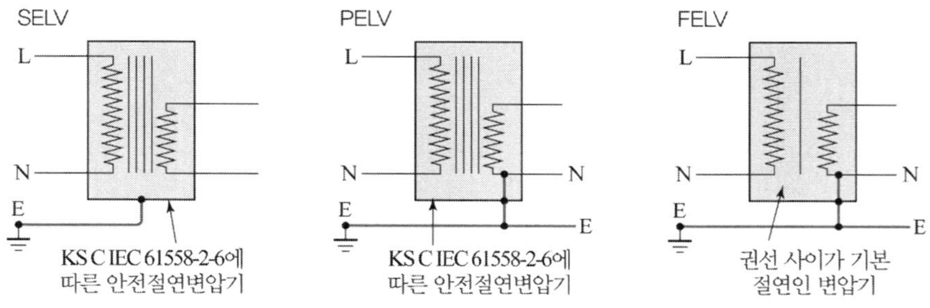

SELV(안전 특별저압), PELV(보호 특별저압) 및 FELV(기능적 특별저압)

② 고압 및 특고압의 전로는 표 1-8에서 정한 시험전압을 전로와 대지 사이(다심 케이블은 심선 상호 간 및 심선과 대지 사이)에 연속 10분간 가하여 절연내력을 시험하였을 때 이에 견디어야 한다. 다만, 전선에 케이블을 사용하는 교류 전로로서 표 1-9에서 정한 시험전압의 2배의 직류전압을 전로와 대지 사이(다심 케이블은 심선 상호 간 및 심선과 대지 사이)에 연속 10분간 가하여 절연내력을 시험하였을 때 이에 견디는 것에 대하여는 그러지 않아도 된다.

표 1-9 고압 및 특고압전로, 기구 등의 절연내력 시험전압

전로의 종류	시험전압	
1. 최대사용전압 7 kV 이하인 전로	최대사용전압의 1.5배의 전압	
2. 최대사용전압 7 kV 초과 25 kV 이하인 중성점 접지식 전로(중성선을 가지는 것으로서 그 중성선을 다중접지 하는 것에 한한다)	최대사용전압의 0.92배의 전압	
3. 최대사용전압 7 kV 초과 60 kV 이하인 전로(2란의 것을 제외한다)	최대사용전압의 1.25배의 전압(10.5 kV 미만으로 되는 경우는 10.5 kV)	
4. 최대사용전압 60 kV 초과 중성점 비접지식전로(전위변성기를 사용하여 접지하는 것을 포함한다)	최대사용전압의 1.25배의 전압	
5. 최대사용전압 60 kV 초과 중성점 접지식 전로(전위변성기를 사용하여 접지하는 것 및 6란과 7란의 것을 제외한다)	최대사용전압의 1.1배의 전압(75 kV 미만으로 되는 경우에는 75 kV)	
6. 최대사용전압이 60 kV 초과 중성점 직접접지식 전로(7란의 것을 제외한다)	최대사용전압의 0.72배의 전압	
7. 최대사용전압이 170 kV 초과 중성점 직접 접지식 전로로서 그 중성점이 직접 접지되어 있는 발전소 또는 변전소 혹은 이에 준하는 장소에 시설하는 것.	최대사용전압의 0.64배의 전압	
8. 최대사용전압이 60 kV를 초과하는 정류기에 접속되고 있는 전로	교류측 및 직류 고전압측에 접속되고 있는 전로는 교류측의 최대사용전압의 1.1배의 직류전압 직류측 중성선	
	직류측 중성선 또는 귀선이 되는 전로(이하 이 장에서 "직류 저압측 전로"라 한다)는 아래에 규정하는 계산식에 의하여 구한 값	

[주] 표 1-9의 8에 따르는 직류전압 측 전로의 절연내력시험 전압의 계산 방법은 다음과 같이 한다.

$$E = V \times \frac{1}{\sqrt{2}} 0.5 \times 1.2$$

E : 교류시험전압(V를 단위로 한다)

V : 역변환기의 전류(轉流) 실패 시 중성선 또는 귀선이 되는 전로에 나타나는 고류성 이상전압의 파고값(V를 단위로). 다만, 전선으로 케이블을 사용하는 경우 시험전압은 E의 2배의 직류전압으로 한다.

(2) 회전기 및 정류기의 절연내력

회전기 및 정류기는 표 1-10에서 정한 시험방법으로 절연내력을 시험하였을 때에 이에 견디어야 한다. 다만, 회전변류기 이외의 교류의 회전기로 표 1-10에서 정한 시험전압의 1.6배의 직류전압으로 절연내력을 시험하였을 때 이에 견디는 것을 시설하는 경우에는 그러하지 아니하다.

표 1-10 회전기 및 정류기 시험전압

<table>
<tr><th colspan="3">종 류</th><th>시 험 전 압</th><th>시 험 방 법</th></tr>
<tr><td rowspan="3">회전기</td><td rowspan="2">발전기·전동기·조상기·기타 회전기(회전변류기를 제외한다)</td><td>최대사용전압 7 kV 이하</td><td>최대사용전압의 1.5배의 전압
(500 V 미만으로 되는 경우에는 500 V)</td><td rowspan="3">권선과 대지 사이에 연속하여 10분간 가한다</td></tr>
<tr><td>최대사용전압 7 kV 초과</td><td>최대사용전압의 1.25배의 전압
(10.5 kV 미만으로 되는 경우에는 10.5 kV)</td></tr>
<tr><td colspan="2">회전변류기</td><td>직류측의 최대사용전압의 1배의 교류전압
(500 V 미만으로 되는 경우에는 500 V)</td></tr>
<tr><td rowspan="2">정류기</td><td colspan="2">최대사용전압이 60 kV 이하</td><td>직류측 최대사용전압의 1배의 교류전압
(500 V 미만으로 되는 경우에는 500 V)</td><td>충전부분과 외함 사이에 연속 10분간 가한다.</td></tr>
<tr><td colspan="2">최대사용전압이 60 kV 초과</td><td>교류측 최대사용전압의 1.1배의 교류전압 또는 직류측 최대사용전압의 1.1배의 직류전압</td><td>교류측 및 직류고전압측 단자와 대지 사이에 연속 10분간 가한다.</td></tr>
</table>

(3) 연료전지 및 태양전지 모듈의 절연내력

연료전지 및 태양전지 모듈은 최대사용전압의 1.5배의 직류전압 또는 1배의 교류전압(500 V 미만으로 되는 경우에는 500 V)을 충전 부분과 대지 사이에 연속 10분간 가하여 절연내력을 시험하였을 때 이에 견디는 것이어야 한다.

(4) 변압기 전로의 절연내력

변압기(방전등용 변압기 · 엑스선관용 변압기 · 흡상 변압기 · 시험용 변압기 · 계기용 변성기와 전기 집진 응용장치용의 변압기 및 기타 특수용도에 사용되는 것은 제외한다)의 전로는 표 1-11에서 정하는 시험전압 및 시험방법으로 시험하였을 때 이에 견디어야 한다.

표 1-11 변압기 전로의 시험전압

권선의 종류	시험전압	시험방법
1. 최대 사용전압 7 kV 이하	최대 사용전압의 1.5배의 전압(500 V 미만으로 되는 경우에는 500 V) 다만, 중성점이 접지되고 다중접지된 중성선을 가지는 전로에 접속하는 것은 0.92배의 전압 (500 V 미만으로 되는 경우에는 500 V)	시험되는 권선과 다른 권선, 철심 및 외함 간에 시험전압을 연속하여 10분간 가한다.
2. 최대 사용전압 7 kV 초과 25 kV 이하의 권선으로서 중성점접지식 전로(중선선을 가지는 것으로서 그 중성선에 다중접지를 하는 것에 한한다)에 접속하는 것	최대 사용전압의 0.92배의 전압	
3. 최대 사용전압 7 kV 초과 60 kV 이하의 권선(2란의 것을 제외한다)	최대 사용전압의 1.25배의 전압 (10.5 kV 미만으로 되는 경우에는 10.5 kV)	
4. 최대 사용전압이 60 kV를 초과하는 권선으로서 중성점 비접지식 전로(전위변성기를 사용하여 접지하는 것을 포함한다. 8란의 것을 제외한다)에 접속하는 것.	최대 사용전압의 1.25배의 전압	
5. 최대 사용전압이 60 kV를 초과하는 권선(성형결선, 또는 스콧결선 것에 한한다)으로서 중성점 접지식 전로(전위변성기를 사용하여 접지하는 것, 6란 및 8란의 것을 제외)에 접속하고 또한 성형결선의 권선인 경우는 그 중성점에, 스콧결선의 결선인 경우는 T좌권선과 주좌권선의 접속점에 피뢰기를 시설하는 것.	최대 사용전압의 1.1배의 전압 (75 kV 미만으로 되는 경우는 75 kV)	시험되는 권선의 중성점단자(스콧결선의 경우는 T좌권선과 주좌권선의 접속점 단자. 이하 이 표에서 같다) 이외의 임의의 1단자, 다른 권선(다른 권선이 2개 이상 있는 경우는 각 권선)의 임의의 1단자, 철심 및 외함을 접지하고 시험되는 권선의 중성점 단자 이외의 각 단자에 3상교류의 시험전압을 연속 10분간 가한다. 다만, 3상교류의 시험점압을 가하기 곤란한 경우는 시험되는 권선의 중섬점 단자 및 접지되는 단자 이외의 1단자와 대지 사이에 단상교류의 시험전압을 영속 10분간 가하고 다시 중성점 단자와 대지 사이에 최대 사용전압의 0.64배(스콧결선의 경우는 0.96배)의 전압을 연속 10분간 가할 수 있다.

권선의 종류	시험전압	시험방법
6. 최대 사용전압이 60 kV를 초과하는 권선(성형결선의 것에 한한다. 8란의 것을 제외)으로서 중성점 직접접지식 전로에 접속하는 것. 다만, 170 kV를 초과하는 권선에는 그 중성점에 피뢰기를 시설하는 것에 한한다.		시험하는 권선의 중섬점단자, 다른 권선(다른 권선이 2개 이상 있는 경우는 각 권선)의 임의의 1단자, 철심 및 외함을 접지하고 시험는 권선의 중성점 단자 이외의 임의의 1단자와 대지 사이에 시험전압을 연속 10분간 가한다. 이 경우 중성점에 피뢰기를 시설하는 것에 잇어서는 다시 중성점 단자의 대지 사이에 최대사용전압의 0.3배의 전압을 연속 10본간 가한다.
7. 최대 사용전압이 170 kV를 초과하는 권선(성형결선의 것에 한한다. 8란의 것을 제외)으로서 중성점 직접접지식 전로에 접속. 또는 그 중성점을 직접 접지하는 것.	최대 사용전압의 0.64배의 전압	시험하는 권선의 중성점 단자, 다른 권선(다른 권선이 2개 이상 있는 경우는 각 권선)의 임의의 1단자, 철심 및 외함을 접지하고 시험하는 권선의 중성점 단자 이외의 임의의 1단자와 대지 사이에 시험전압을 연속 10분간 가한다.
8. 최대사용전압이 60 kV를 초과하는 정류기에 접속하는 권선	정류기의 교류측 최대 사용전압의 1.1배의 교류전압 또는 정류기의 직류측 최대 사용전압의 1.1배의 직류전압	시험되는 권선과 다른 권선, 철심 및 외함 간에 시험전압을 연속 10분간 가한다.
9. 기타 권선	최대 사용전압의 1.1배의 전압 (75 kV 미만으로 되는 경우는 75 kV)	시험되는 권선과 다른 권선, 철심 및 외함 간에 시험전압을 연속 10분간 가한다.

(5) 기구 등 전로의 절연내력

개폐기・차단기・전력용 커패시터・유도전압조정기・계기용 변성기 기타 기구의 전로 및 발전소・변전소・개폐소 또는 이에 준하는 곳에 시설하는 기계기구의 접속선 및 모선(전로를 구성하는 것에 한한다. 이하 "기구 등의 전로"라 한다)은 표 1-11에서 정하는 시험전압을 충전부분과 대지 사이(다심 케이블은 선심 상호 간 및 선심과 대지 사이)에 연속 10분간 가하여 절연내력을 시험하였을 때 이에 견디어야 한다.

다만, 접지형 계기용변압기・전력선 반송용 결합 커패시터・뇌서지 흡수용 커패시터・지락 검출용 커패시터・재기전압 억제용 커패시터・피뢰기 또는 전력선 반송용 결합 리액터로서 다음 표준에 적합한 것 혹은 전선에 케이블을 사용하는 기계기구의 교류 접속선 또는 모선으로서 표 1-12에서 정한 시험전압의 2배의 직류전압을 충전 부분과 대지 사이(다심케이블에서는 심선 상호 간 및 심선과 대지 사이)에 연속 10분간 가하여 절연내력을 시험하였을 때 이에 견디도록 시설할 때는 그렇지 않다.

표 1-12 기구 등의 전로의 시험전압

권선의 종류	시험전압
1. 최대사용전압 7 kV 이하인 기구 등의 전로	최대 사용전압의 1.5배의 전압(직류의 충전 부분에 대하여는 최대 사용전압의 1.5배의 직류전압 또는 1배의 교류전압) (500 V 미만으로 되는 경우에는 500 V)
2. 최대사용전압 7 kV 초과 25 kV 이하인 기구 등의 전로로서 중성점 접지식 전로(중성선을 가지는 것으로서 그 중성선을 다중접지 하는 것에 한한다)에 접속하는 것	최대 사용전압의 0.92배의 전압
3. 최대사용전압 7 kV 초과 60 kV 이하인 기구 등의 전로(2란의 것을 제외한다)	최대 사용전압의 1.25배의 전압 (10.5 kV 미만으로 되는 경우에는 10.5 kV)
4. 최대사용전압 60 kV 초과 기구 등의 전로로서 중성점 비접지식전로(전위 변성기를 사용하여 접지하는 것을 포함한다)	최대 사용전압의 1.25배의 전압
5. 최대사용전압 60 kV 초과 기구 등의 전로로서 중성점 접지식 전로(전위 변성기를 사용하여 접지하는 것을 제외한다)에 접속하는 것	최대사용전압의 1.1배의 전압 (75 kV 미만으로 되는 경우에는 75 kV)
6. 최대 사용전압이 170 kV를 초과하는 기구 등의 전로로서 중성점 직접접지식 전로에 접속하는 것(7란과 8란의 것을 제외한다.	최대 사용전압의 0.72배의 전압
7. 최대 사용전압이 170 kV를 초과하는 기구 등의 전로로서 중성점 직접접지식 전로 중 중성점이 직접 접지되어 있는 발전소 또는 변전소 혹은 이에 준하는 장소의 전로에 접속하는 것(8란의 것을 제외한다).	최대 사용전압의 0.64배의 전압
8. 최대 사용전압이 60 kV를 초과하는 정류기의 교류측 및 직류측 전로에 접속하는 기구 등의 전로	교류측 및 직류 고전압측에 접속하는 기구 등의 전로는 교류측의 최대 사용전압의 1.1배의 교류전압 또는 직류측의 최대 사용전압의 1.1배의 직류전압
	직류 저압측전로에 접속하는 기구 등의 전로는 3100-2에서 규정하는 계산식으로 구한 값.

1-3 접지시스템

1-3-1 접지시스템의 시설

(1) 접지시스템의 구분 및 종류

① 접지시스템은 계통접지, 보호접지, 피뢰시스템 접지 등으로 구분한다.

② 접지시스템의 시설 종류에는 단독접지, 공통접지, 통합접지가 있다.

(2) 접지극의 시설 및 접지저항

① 지중에 매설되어 있고 대지와의 전기저항값이 3 Ω 이하의 값을 유지하고 있는 금속제 수도관로는 접지극으로 사용할 수도 있다.

② 대지와의 사이에 전기저항값이 2 Ω 이하인 건축물·구조물의 철골 기타의 금속체는 이를 비접지식 고압전로에 시설하는 기계기구의 철대 또는 금속제 외함의 접지공사 또는 비접지식 고압전로와 저압전로를 결합하는 변압기의 저압전로 접지공사의 접지극으로 사용할 수 있다.

③ 접지극의 매설기준

㉠ 고압 이상의 전기설비와 변압기 중성점 접지에 의하여 시설하는 접지극의 매설 깊이는 지표면으로부터 지하 0.75 m 이상으로 한다.

㉡ 접지도체를 철주 기타의 금속체를 따라서 시설하는 경우에는 접지극을 철주의 밑면으로부터 0.3 m 이상의 깊이에 매설하는 경우 이외에는 접지극을 지중에서 그 금속체로부터 1 m 이상 떼어 매설하여야 한다.

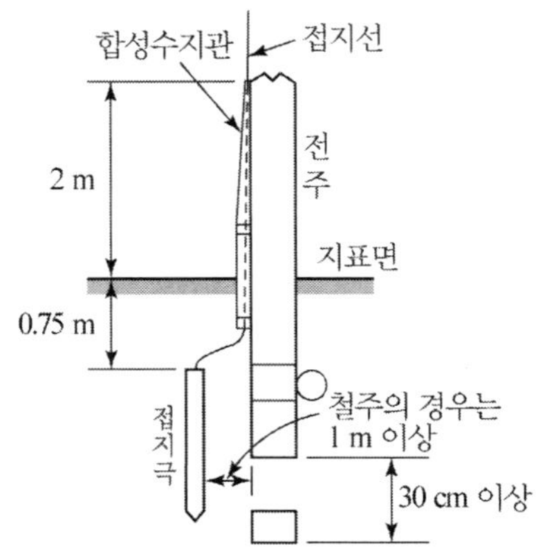

그림 1-4 접지극의 시설

(3) 접지도체

① 접지도체의 최소 굵기

㉠ 구리는 6 mm^2 이상

㉡ 철제는 50 mm^2 이상

② 접지도체에 피뢰시스템이 접속되는 경우, 접지도체의 단면적

㉠ 구리는 16 mm^2 이상

㉡ 철제는 50 mm^2 이상

③ 접지도체의 굵기는 고장 시 흐르는 전류를 안전하게 통할 수 있는 것으로서 다음에 의한다.

㉠ 특고압・고압 전기설비용 접지도체 : 단면적 6 mm^2 이상의 연동선

㉡ 중성점 접지용 접지도체 : 공칭단면적 16 mm^2 이상의 연동선. 다만, 다음의 경우에는 공칭단면적 6 mm^2 이상의 연동선을 사용할 수 있다.

- 7 kV 이하의 전로
- 사용전압이 25 kV 이하인 특고압 가공전선로(다만, 중성선 다중접지식의 것으로서 전로에 지락이 생겼을 때 2초 이내에 자동적으로 이를 전로로부터 차단하는 장치가 되어 있는 것)

㉢ 이동하여 사용하는 전기기계기구의 금속제 외함 등의 접지시스템의 경우는 다음의 것을 사용하여야 한다.

접지	접지도체의 종류	접지선의 단면적
특고압・고압 전기설비용 접지도체 및 중성점 접지용 접지도체	• 클로로프렌캡타이어케이블(3종 및 4종)의 1거 도체 • 클로로설포네이트폴리에틸렌캡타이어 케이블(3종 및 4종)의 1개 도체 • 다심캡타이어케이블의 차폐 기타의 금속제	10 mm^2
저압 전기설비	다심 코드 또는 다심 캡타이어케이블의 1개 도체	0.75 mm^2
	다심코드 및 다심 캡타이어케이블의 1개 도체 이외의 가요성이 있는 연동연선	1.5 mm^2

④ 접지도체의 굵기 결정 시 고려할 사항

㉠ 전류 용량

㉡ 기계적 강도

㉢ 내식성(耐蝕性)

⑤ 다음과 같이 매입되는 지점에는 「안전 전기 연결」 라벨이 영구히 고정되어 있도록 시설하여야 한다.

㉠ 접지극의 모든 접지도체 연결지점

㉡ 외부도전성 부분의 모든 본딩도체 연결지점

㉢ 주개폐기에서 분리된 주접지단자

⑥ 접지도체 설치기준

㉠ 절연전선(옥외용 비닐절연전선은 제외) 또는 케이블(통신용 케이블은 제외)을 사용하여야 한다. 다만, 접지도체를 철주 기타의 금속체를 따라서 시설하는 경우 이 외의 경우에는 접지도체의 지표상 0.6 m를 초과하는 부분에 대하여는 절연전선을 사용하지 않을 수 있다.

㉡ 접지도체는 지하 0.75 m부터 지표 상 2 m까지 부분은 합성수지관(두께 2 mm 미만의 합성수지제 전선관 및 가연성 콤바인덕트관은 제외한다) 또는 이와 동등 이상의 절연효과와 강도를 가지는 몰드로 덮어야 한다.

(4) 보호도체

① 보호도체의 최소 단면적은 표 1-13에 따라 선정해야 한다. 다만, ②항에 따라 계산한 값 이상이어야 한다.

표 1-13 보호도체의 최소 단면적

선도체의 단면적 S (mm^2, 구리)	보호도체의 최소 단면적 (mm^2, 구리)	
	보호도체의 재질	
	선도체와 같은 경우	선도체와 다른 경우
$S \leq 16$	S	$(k_1/k_2) \times S$
$16 < S \leq 35$	$16^{(a)}$	$(k_1/k_2) \times 16$
$S > 35$	$S^{(a)}/2$	$(k_1/k_2) \times (S/2)$

여기서, - k_1 : 선도체에 대한 k값

- k_2 : 보호도체에 대한 k값

- a : PEN 도체의 최소단면적은 중성선과 동일하게 적용한다.

② 보호도체의 단면적은 다음의 계산 값 이상이어야 한다.

(단, 차단시간이 5초 이하인 경우에만 다음 계산식을 적용한다.)

$$S = \frac{\sqrt{I^2 t}}{k}$$

여기서, S : 단면적 mm^2

I : 보호장치를 통해 흐를 수 있는 예상 고장전류 실효값 A

t : 자동차단을 위한 보호장치의 동작시간 s

k : 보호도체, 절연, 기타 부위의 재질 및 초기온도와 최종온도에 따라 정해지는 계수

③ 보호도체는 다음 중 하나 또는 복수로 구성하여야 한다.
㉠ 다심케이블의 도체
㉡ 충전도체와 같은 트렁킹에 수납된 절연도체 또는 나도체
㉢ 고정된 절연도체 또는 나도체
㉣ 금속케이블 외장, 케이블 차폐, 케이블 외장, 전선묶음(편조전선), 동심도체, 금속관

④ 다음과 같은 금속부분은 보호도체 또는 보호본딩도체로 사용해서는 안 된다.
㉠ 금속 수도관
㉡ 가스 · 액체 · 분말과 같은 잠재적인 인화성 물질을 포함하는 금속관
㉢ 상시 기계적 응력을 받는 지지 구조물 일부
㉣ 가요성 금속배관
㉤ 가요성 금속전선관
㉥ 지지선, 케이블트레이 및 이와 비슷한 것

⑤ 보호도체에는 어떠한 개폐장치를 연결해서는 안 된다.

(5) 주접지단자

① 접지시스템은 주접지단자를 설치하고, 다음의 도체를 접속하여야 한다.
㉠ 등전위본딩도체
㉡ 접지도체
㉢ 보호도체
㉣ 관련성이 있는 경우, 기능성 접지도체
② 여러 개의 접지단자가 있는 장소는 접지단자를 상호 접속하여야 한다.
③ 주접지단자에 접속하는 각 접지도체는 개별적으로 분리할 수 있어야 하며, 접지저항을 편리하게 측정할 수 있어야 한다. 다만, 접속은 견고하여야 하며 공구에 의해서만 분리되는 방법으로 하여야 한다.

(6) 접지저항 저감법

① 물리적 저감법
㉠ 접지극 길이를 길게 한다.

- 직렬 접지 시공
- 매설지선 시설
- 평판 접지극 시설

㉡ 접지극의 병렬접속

$$R = k\frac{R_1 R_2}{R_1 + R_2}$$

여기서, k : 결합계수로 보통 1.2를 적용한다

㉢ 접지극의 매설깊이를 깊게(지표면하 75 cm 이하)에 시설한다.

㉣ 접지극과 대지와의 접촉저항을 향상시키기 위하여 심타공법으로 시공한다.

② 화학적 저감방법

㉠ 접지극 주변의 토양을 개량

㉡ 접지저항 저감제 사용(제롬어스 등)

(7) 전기수용가 접지

① 저압수용가 인입구 접지

㉠ 수용장소 인입구 부근에서 다음의 것을 접지극으로 사용하여 변압기 중성점 접지를 한 저압전선로의 중성선 또는 접지측 전선에 추가로 접지공사를 할 수 있다.

- 지중에 매설되어 있고 대지와의 전기저항 값이 3 Ω 이하의 값을 유지하고 있는 금속제 수도관로
- 대지 사이의 전기저항 값이 3 Ω 이하인 값을 유지하는 건물의 철골

㉡ 앞의 ㉠항에 따른 접지도체는 공칭단면적 6 mm^2 이상의 연동선

② 주택 등 저압수용장소 접지

저압수용장소에서 계통접지가 TN-C-S 방식인 경우 중성선 겸용 보호도체(PEN)의 단면적이 구리는 10 mm^2 이상, 알루미늄은 16 mm^2 이상이어야 하며, 그 계통의 최고 전압에 대하여 절연되어야 한다.

(8) 변압기 중성점 접지

변압기 중성점 접지의 접지저항값은 다음 표 1-14에 의하여 계산한다.

표 1-14 변압기 중성점 접지의 접지저항값

접지공사의 종류	접지 저항값의 상한
변압기 중성점 접지	$R_2 = \dfrac{150}{\text{변압기의 고압측 또는 특고압측의 1선 지락전류}}\ \Omega$ 단, 변압기의 고압·특고압측 전로 또는 사용전압이 35 kV 이하의 특고압전로가 저압측 전로와 혼촉하고 저압전로의 대지전압이 150 V를 초과하는 경우 저항 값은 다음에 의한다. ① 1초를 초과하고 2초 이내에 차단하는 장치가 있는 경우 $R_2 = \dfrac{300}{\text{변압기의 고압측 또는 특고압측의 1선 지락전류}}\ \Omega$ ② 1초 이내에 차단하는 장치가 있는 경우 $R_2 = \dfrac{600}{\text{변압기의 고압측 또는 특고압측의 1선 지락전류}}\ \Omega$

단, 전로의 1선 지락전류는 실측값에 의한다. 다만, 실측이 곤란한 경우에는 선로정수 등으로 계산한 값에 의한다.

(9) 공통접지 및 통합접지

① 고압 및 특고압과 저압 전기설비의 접지극이 서로 근접하여 시설되어 있는 변전소 또는 이와 유사한 곳에서는 다음과 같이 공통접지시스템으로 할 수 있다.

㉠ 저압 전기설비의 접지극이 고압 및 특고압 접지극의 접지저항 형성영역에 완전히 포함되어 있다면 위험전압이 발생하지 않도록 이들 접지극을 상호 접속하여야 한다.

㉡ 접지시스템에서 고압 및 특고압 계통의 지락사고 시 저압계통에 가해지는 상용주파 과전압은 표 1-15에서 정한 값을 초과해서는 안 된다.

표 1-15 저압설비 허용 상용주파 과전압

고압계통에서 지락고장시간 초	저압설비 허용 상용주파 과전압 V	비 고
>5	$U_0 + 250$	중성선 도체가 없는 계통에서 U_0는 선간전압을 말한다.
≤5	$U_0 + 1{,}200$	

1. 순시 상용주파 과전압에 대한 저압기기의 절연 설계기준과 관련된다.
2. 중성선이 변전소 변압기의 접지계통에 접속된 계통에서, 건축물외부에 설치한 외함이 접지되지 않은 기기의 절연에는 일시적 상용주파 과전압이 나타날 수 있다.

㉢ 고압 및 특고압을 수전 받는 수용가의 접지계통을 수전 전원의 다중접지된 중성선과 접속하면 앞 ㉡의 요건은 충족하는 것으로 간주할 수 있다.

㉣ 기타 공통접지와 관련한 사항은 KS C IEC 61936-1(교류 1 kV 초과 전력설비-제1부:공통규정)의 "10 접지시스템"에 의한다.

② 전기설비의 접지계통과 건축물의 피뢰설비 및 통신설비 등의 접지극을 공용하는 통합접지 방식을 적용할 경우 반드시 뇌서지에 의한 전기전자설비의 손상을 방지하기 위하여 전기전자설비 보호에 관한 규정에 따라 서지보호장치(SPD)를 설치하도록 규정하였다.

(10) 기계기구의 철대 및 외함의 접지

① 전로에 시설하는 기계기구의 철대 및 금속제 외함(외함이 없는 변압기 또는 계기용변성기는 철심)에는 140에 의한 접지공사를 하여야 한다.

② 다음의 어느 하나에 해당하는 경우에는 접지를 생략할 수 있다.

㉠ 사용전압이 직류 300 V 또는 교류 대지전압이 150 V 이하인 기계기구를 건조한 곳에 시설하는 경우

㉡ 저압용의 기계기구를 건조한 목재의 마루 기타 이와 유사한 절연성 물건 위에서 취급하도록 시설하는 경우

㉢ 저압용이나 고압용의 기계기구를 사람이 쉽게 접촉할 우려가 없도록 목주(木柱) 기타 이와 유사한 것의 위에 시설하는 경우

㉣ 철대 또는 외함의 주위에 절연대를 설치하는 경우

㉤ 외함이 없는 계기용변성기가 고무·합성수지 기타의 절연물로 피복한 것일 경우

㉥ 이중절연구조로 되어 있는 기계기구를 시설하는 경우

㉦ 저압용 기계기구에 전기를 공급하는 전로의 전원측에 절연변압기(2차 전압이 300 V 이하이며, 정격용량이 3 kVA 이하인 것에 한한다)를 시설하고 또한 그 절연변압기의 부하측 전로를 접지하지 않은 경우

㉧ 물기 있는 장소 이외의 장소에 시설하는 저압용의 개별 기계기구에 전기를 공급하는 전로에 인체감전보호용 누전차단기(정격감도전류가 30 mA 이하, 동작시간이 0.03초 이하의 전류동작형에 한한다)를 시설하는 경우

㉨ 외함을 충전하여 사용하는 기계기구에 사람이 접촉할 우려가 없도록 시설하거나 절연대를 시설하는 경우

1-3-2 감전보호용 등전위본딩

(1) 보호등전위본딩의 적용

건축물 · 구조물에서 접지도체, 주접지단자와 다음의 도전성부분은 등전위본딩 하여야 한다. 다만, 이들 부분이 다른 보호도체로 주접지단자에 연결된 경우는 그러하지 아니하다.

- 수도관 · 가스관 등 외부에서 내부로 인입되는 금속배관
- 건축물 · 구조물의 철근, 철골 등 금속보강재
- 일상생활에서 접촉이 가능한 금속제 난방배관 및 공조설비 등 계통외도전부

그리고 주접지단자에 보호등전위본딩 도체, 접지도체, 보호도체, 기능성 접지도체를 접속하여야 한다.

(2) 보호등전위본딩

보호등전위본딩이란 감전에 대한 보호 등과 같은 안전을 목적으로 하는 등전위본딩을 말하며 KEC '보호등전위본딩'에 따라 건축물 외부로부터 인입된 도전부는 건축물 안쪽의 가까운 지점에서 본딩하여야 한다.

감전보호용 등전위본딩의 목적은 위험전압의 저감 및 등전위화를 도모하여 인체의 안전을 확보하기 위한 것이며, 다음 그림 1-5와 같이 분류한다.

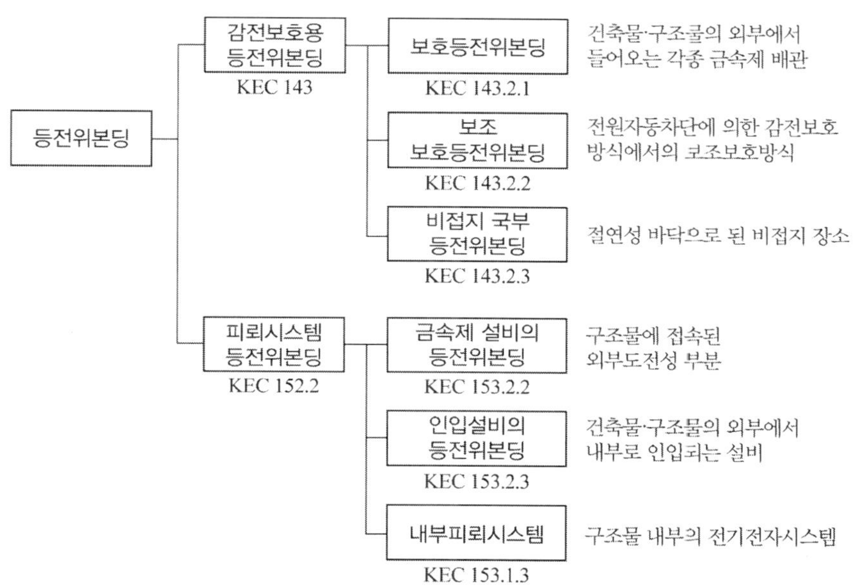

그림 1-5 등전위본딩의 분류(예시)

또한 보호등전위본딩이란 다음의 목록과 같이 건물의 특정한 도전성 부분의 상호간 혹은 건물의 특정한 부분과 대지를 양호한 도전성 도체로 결합하는 것이다.

보호등전위본딩을 위한 건축물 배관은 건축물 안에서 건축물로 유입되는 방향의 최초 밸브 후단에서 보호등전위본딩을 해야 한다. 최근 몇 년간 금속제를 이용한 가스관 및 수도관 등이 금속제 파이프라인에서 플라스틱 파이프라인으로 대체되어 왔다. 따라서 보호등전위본딩을 위한 새로운 접지커넥터 또는 다른 방법으로 건축물에서 접지도체, 주접지단자와 다음의 도전성 부분을 보호등전위본딩에 접속하여야 한다.

- 수도관, 가스관과 같이 건축물로 인입되는 인입계통의 금속관
- 접속할 수 있는 건축물의 계통외 도전부, 금속제 중앙 난방설비
- 철근콘크리트조의 금속보강제
- 다만, 인입배관이 PVC 계통인 경우는 보호등전위본딩을 실시하지 않는다.

(3) 보조 보호등전위본딩

① 보조 보호등전위본딩의 대상은 전원자동차단에 의한 감전보호방식에서 고장 시 자동차단시간이 전원의 자동차단에 의한 보호대책에서 요구하는 계통별 최대차단시간을 초과하는 경우이다.

② 앞①의 차단시간을 초과하고 2.5 m 이내에 설치된 고정기기의 노출도전부와 계통외도전부는 보조 보호등전위본딩을 하여야 한다. 다만, 보조 보호등전위본딩의 유효성에 관해 의문이 생길 경우 동시에 접근 가능한 노출도전부와 계통외도전부 사이의 저항 값이 다음의 조건을 충족하는지 확인하여야 한다.

교류 계통의 경우 $R \leq \dfrac{50\,V}{I_a}\ \Omega$

직류 계통의 경우 $R \leq \dfrac{120\,V}{I_a}\ \Omega$

I_a : 보호장치의 동작전류 A (누전차단기의 경우 $I_{\Delta n}$(정격감도전류), 과전류보호장치의 경우 5초 이내 동작전류)

$50\,V$: 교류 허용접촉전압 한계값

$120\,V$: 교류 허용접촉전압 한계값

(4) 보호등전위본딩 도체

① 주접지단자에 접속하기 위한 등전위본딩 도체는 설비 내에 있는 가장 큰 보호접지도체 단면적의 1/2 이상의 단면적을 가져야 하고 다음의 단면적 이상이어야 한다.

- 구리도체 6 mm^2
- 알루미늄 도체 16 mm^2
- 강철 도체 50 mm^2

② 등전위본딩 도체의 상호접속은 KEC 피뢰등전위본딩의 규정에 따라 다음의 방법으로 하여야 한다.

- 자연적 구성부제의 본딩으로 전기적 연속성을 확보할 수 없는 장소는 본딩도체로 연결
- 본딩도체로 직접 접속이 적합하지 않거나 허용되지 않는 장소는 서지보호장치(SPD)로 연결한다.

(5) 보조 보호등전위본딩 도체

보조 보호등전위본딩 도체의 절연피복에 의해 기계적 손상을 보호받지 못하는 경우는

- 구리도체 4 mm^2 이상
- 알루미늄 도체 16 mm^2 이상을 적용하고,

도체의 절연피복 또는 전선관 등에 의해 기계적 보호가 된 것

- 구리도체 2.5 mm^2 이상
- 알루미늄 도체 16 mm^2 이상을 적용한다.

1-4 피뢰시스템

(1) 피뢰시스템의 적용범위

개정된 KEC(2021년 1월 1일부터 시행)에 의하여 피뢰 시스템의 적용 범위는 다음과 같다.

① 전기전자설비가 설치된 건축물·구조물로서 낙뢰로부터 보호가 필요한 것 또는 지상으로부터 20 m 이상인 것

② 전기설비 및 전자설비 중 낙뢰로부터 보호가 필요한 설비

여기서, 전기설비는 저압, 고압, 특고압 전기설비를 지칭하며, 전자설비는 통신장비, 컴퓨터, 제어계측 시스템, 전력전자설비 등과 같이 민감한 전자소자로 된 설비를 말한다. 옥외의 지상이나 옥상 등에 독립적으로 설치된 수배전설비와 전자설비 등에 낙뢰의 우려가 있는 경우, 피뢰 시스템의 시설에 관하여 상세하게 규정하고 있다.

(2) 피뢰 시스템의 구성 및 등급 선정

① 직격뢰(直擊雷)로부터 대상물을 보호하기 위한 외부 피뢰 시스템

② 간접뢰 및 유도뢰로부터 대상물을 보호하기 위한 내부 피뢰 시스템. 직격뢰란 수뢰부, 대지, 보호 대상 건축물・구조물 등(이하 건축물이라 한다)에 대한 단일의 전기적 방전을 말하며, 뇌격(雷擊)이라고도 한다. 간접뢰는 직격뢰에 의한 대지전위 상승, 섬락(flashover) 등에 의하여 발생되며, 장비 등에 손상을 가져올 수 있다. 유도뢰는 직격뢰의 정전 및 전자유도 현상에 의한 과도과전압 또는 과도과전류를 말한다.

③ 피뢰 시스템 대상물의 특성에 따라 피뢰 레벨(LPL : lighting protection level)을 4가지로 정의하고, 등급은 피뢰 레벨과 일치시켜 4개의 등급으로 선정한다.

표 1-16 피뢰 레벨과 피뢰 등급

피뢰 레벨	피뢰 등급
Ⅰ	Ⅰ
Ⅱ	Ⅱ
Ⅲ	Ⅲ
Ⅳ	Ⅳ

피뢰 시스템의 등급은 구조물 뇌격이 물리적 손상을 일으킬 확률, 구조물 뇌격이 내부 시스템의 고장을 일으킬 확률 등을 고려하여 선정한다. 다만, 위험물의 제조소 등에 설치하는 피뢰 시스템은 Ⅱ등급 이상으로 하여야 한다. 위험물 제조소 등이라 함은 위험물 안전관리법 제2조에 따른 제조소, 위험물 취급소 등을 말한다. 위험물이라 함은 인화성 또는 발화성 등의 성질을 갖는 것으로, 위험물안전관리법 시행령이 정하는 물품을 말한다.

1-4-1 외부 피뢰 시스템의 시설

외부 피뢰 시스템은 건축물 등에 입사(入射)하는 직격뢰를 포착하여 열적, 기계적 손상 및 화재 또는 폭발을 일으키는 위험한 불꽃 반전이 발생하지 않도록 뇌전류(雷電流)를 뇌격점에서 대지로 흘려보내기 위한 목적으로 적용한다.

(1) 수뢰부 시스템

① 수뢰부 시스템의 선정은 다음에 의한다.

㉠ 돌침(피뢰침), 수평도체, 메시(mesh) 도체의 요소 중에 한 가지 또는 이를 조합한

형식으로 시설하여야 한다.

㉡ 수뢰부 시스템의 재료는 표 1-17(수뢰도체, 피뢰침, 대지 인하봉과 인하도선의 재료, 형상과 최소 단면적 등)에 따른다.

표 1-17 수뢰도체, 인하도체, 대지 인입봉(접지극)의 최소단면적

재료	형상	최소단면적 m^2	재료	형상	최소단면적 m^2
구리, 주석도금한 구리	테이프형단선	50	용융 아연도금강	테이프형단선	50
	원형단선	50		원형단선	50
	연선	50		연선	50
	원형단선	176		원형단선	176
알루미늄	테이프형단선	70	구리피복강	원형단선	50
	원형단선	50		테이프형단선	50
	연선	50	스테인리스강	테이프형단선	50
알루미늄 합금	테이프형단선	50		원형단선	50
	원형단선	50		연선	70
	연선	50		원형단선	176
	원형단선	176	구리피복 알루미늄합금	원형단선	50

㉢ 도전성 재료로 되어 있는 자연적 구성부재의 재료가 표 1-17에 적합하면 수뢰부 시스템으로 사용할 수 있다.

표 1-18 자연적 구성부재를 수뢰부로 사용할 수 있는 재료

피뢰 시스템의 레벨	재료	두께[a] t mm^2	두께[b] t' mm^2
Ⅰ-Ⅳ	납	−	2.0
	강철(스테인리스, 아연도금강)	4	0.5
	티타늄	4	0.5
	동	5	0.5
	알루미늄	7	0.65
	아연	−	0.7

[a] t는 뇌격이 되었을 때 관통이 되어서는 안 되는 경우이다.
[b] t'는 뇌격이 되었을 때 관통, 고온점 또는 발화의 방지가 중요하지 않은 경우의 금속판 등에 한정한다.

② 수뢰부 시스템의 배치는 다음에 의한다.

㉠ 보호각법, 회전구체법, 메시법 중 하나 또는 조합된 방법으로 배치되어야 한다.

다만, 표 1-19(피뢰시스템의 등급별 회전구체법 반지름 및 메시 치수) 및 그림 1-7(피뢰 시스템의 등급별 보호각)에 따른다.

㉡ 건축물·구조물의 뾰족한 부분, 모서리 등에 우선 배치한다.

③ 지상으로부터 높이 60 m를 초과하는 건축물·구조물에 측뢰(側雷) 보호가 필요한 경우에는 수뢰부 시스템을 시설하여야 하며, 다음에 따른다.

㉠ 전체 높이 60 m를 초과하는 건축물·구조물의 최상부로부터 20% 부분에 한하며, 피뢰 시스템 등급 Ⅳ의 요구사항에 따른다.

㉡ 자연적 구성부재가 ①의 ㉢에 적합하면 측뢰 보호용 수뢰부로 사용할 수 있다.

④ 건축물·구조물과 분리되지 않은 수뢰부 시스템의 시설은 다음에 따른다.

㉠ 지붕 마감재가 불연성 재료로 된 경우, 지표면에 시설할 수 있다.

㉡ 지붕 마감재가 높은 가연성 재료로 된 경우, 지붕 재료와 다음과 같이 이격하여 시설한다.

- 초가지붕 또는 이와 유사한 경우 0.15 m 이상
- 다른 재료의 가연성 재료인 경우 0.1 m

⑤ 건축물·구조물을 구성하는 금속판 또는 금속배관 등 자연적 구성부재를 수뢰부로 사용하는 경우 ①의 조건이 충족되어야 한다.

(2) 보호각법

보호각법은 수뢰부의 최상부와 보호각상의 기준평면 사이의 각도를 이용하여 보호범위를 정하는 방법으로 그림 1-6은 기준평면에서 수뢰부 높이에 따른 보호범위이다.

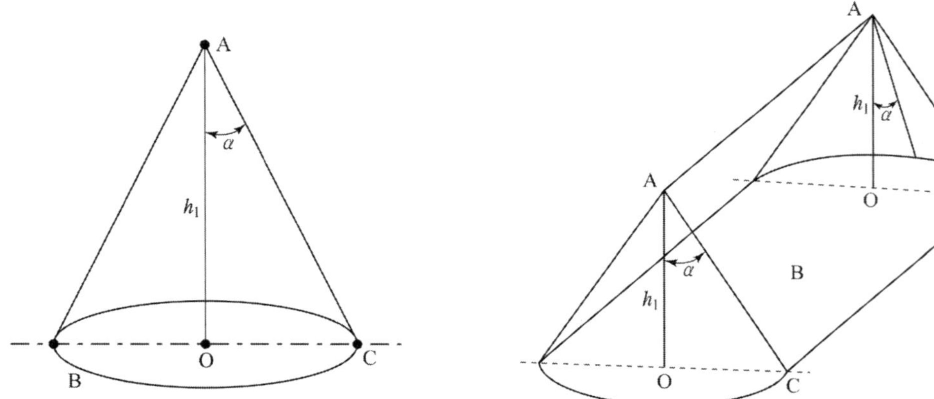

그림 1-6 보호각법의 보호범위

보호각법은 간단한 형상의 건물 등에 적용하며 수뢰 시스템의 보호 등급과 기준평면에서 보호대상 구역의 높이에 따른 보호각은 그림 1-7과 같다.

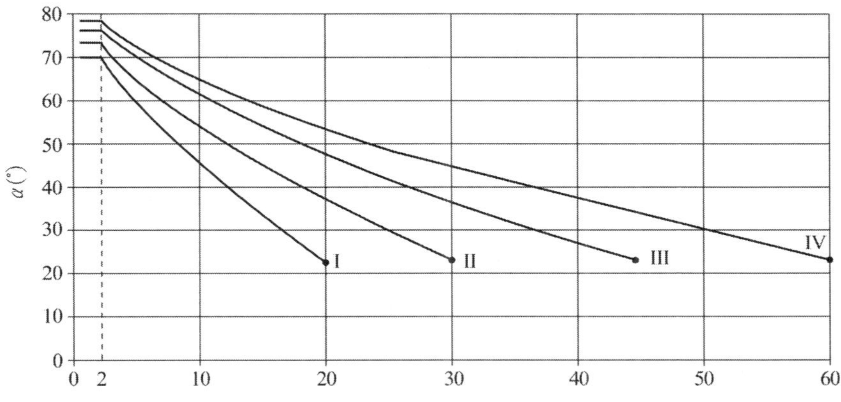

그림 1-7 피뢰시스템의 등급별 보호각

보호각법은 기하학적인 한계가 있기 때문에 건축물 등의 지상고가 60 m 이하일 때 적용할 수 있으며, 60 m를 초과하면 회전구체법을 적용하여야 한다.

(3) 회전구체법

회전구체법은 표 1-19과 같이 피뢰등급에 따라 정해지는 회전구체 반지름 r인 가상의 구체를 건축물의 상부, 둘레, 대지상에서 모든 방향으로 굴렸을 때 보호 대상 어느 곳에든 회전구체 표면이 닿는 곳에는 수뢰부를 설치하여 직격뢰로부터 보호할 수 있어야 한다.

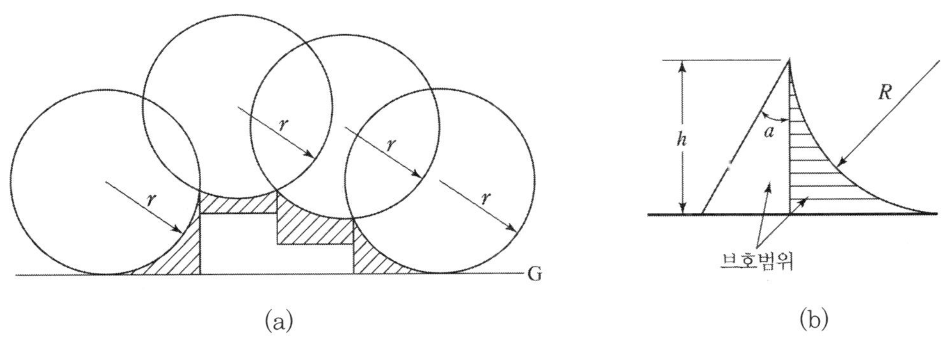

그림 1-8 회전구체법에 따른 수뢰부 설계와 보호범위 비교

그림 1-8 (a)는 회전구체법을 적용한 예이며, 회전구체 표면이 닿는 3개소에 수뢰부를 설치하여 직격뢰로부터 건축물을 보호하고 있음을 나타내고 있다. 여기서 회전구체 반지름 r은 표 1-18과 같이 보호등급에 따라 달라진다.

그림 1-8 (b)에 제시된 것과 같이 보호각법의 보호범위는 직선적으로 표현되고, 회전구체법은 포물선 형태의 곡선적으로 표현된다. 뇌격의 특성으로 볼 때 회전구체법의 표현이 효율적이라 할 수 있다.

표 1-19 피뢰시스템의 등급별 회전구체법 반지름 및 메시 치수

피뢰 시스템의 등급	보호 방법	
	회전구체 반지름 r, m	메시 치수 W_m, m
I	20	5×5
II	30	10×10
III	45	15×15
IV	60	20×20

낙뢰가 입사할 수 있는 점은 회전구체법을 이용하여 결정할 수 있다. 또한 회전구체법은 건축물의 각 지점에 입사하는 낙뢰의 발생 가능성을 확인할 수 있다.

(4) 메시법

메시법은 보호등급에 따라 메시 간격을 적용하며 수뢰부를 설치하는 것이다. 평탄한 면이 보호대상일 경우 다음 ① ~ ⑤의 조건에 적합하면 메시법에 의한 수뢰부가 전체 표면을 보호하는 것으로 간주한다.

① 수뢰부 도체의 배치 위치
- 지붕의 가장자리선, 지붕마루
- 지붕의 돌출부 가장자리
- 지붕 경사가 1/10을 넘을 경우, 지붕마루선
- 지붕이 60 m 이상인 구조물의 경우, 구조물 높이의 80%를 넘는 지붕의 측면

② 수뢰망의 메시 치수는 표 1-18에 제시한 값 이하로 하여야 한다.

③ 수뢰망의 뇌전류는 접지극에 이르는 도체 2개 이상이 연결되어야 한다.

④ 수뢰부 시스템의 보호범위 밖으로 금속체가 돌출되지 않아야 한다.

⑤ 수뢰 도체는 가능한 한 짧고 직선적으로 포설되어야 한다.

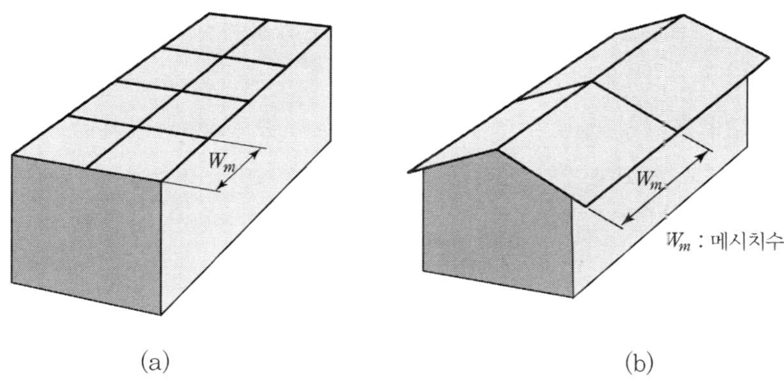

그림 1-9 분리되지 않은 피뢰부 시스템 수뢰부 설계의 예

그림 1-9은 메시법을 적용하여 옥상에 설치한 수뢰부의 예이다. 그림 1-9 (b)와 같이 지붕의 경사가 1/10을 넘을 경우 지붕의 마루선에 설치된 수뢰부가 건축물에 접촉되어도 옥상이 직격뢰로부터 보호된다고 간주한다.

(5) 측뢰 대책 등

건축물 등에 내습하는 직격뢰는 대부분 건축물의 상부, 모서리 등에 입사한다. 측뢰는 회전구체 반지름 r보다 높은 건축물 등에 입사할 수 있다. 그리고 측뢰의 반지름은 수 % 정도이다. 따라서 측뢰에 의한 위험도는 낮은 편이다.

그러나 건축물 등의 외측 벽에 설치된 전기·전자설비는 측뢰에 의하여 손상될 수 있으므로 외벽에 항공장애등, 보일러 연통 등이 설치되어 있는 경우 측뢰 보호대책을 강구해야 한다. 측뢰 보호대상은 지상으로부터 60 m를 초과하는 건축물 등의 최상부로부터 20 % 부분이므로(그림 1-10 참조) 최대 높이가 80 m인 경우 최상부로부터 16 m만 해당한다. 이 경우 회전구체법은 단지 건축물 등의 상층부 수뢰부 시스템의 배치에 적용된다.

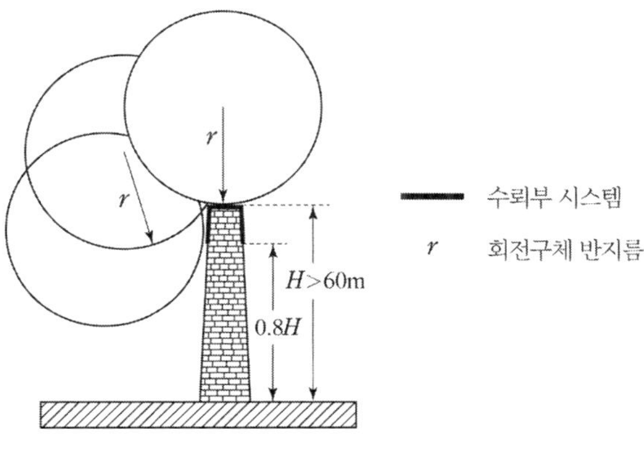

그림 1-10 측뢰 관련도

보호대상 구조물과 분리되지 않은 피뢰부 시스템의 수뢰도체는 다음과 같이 시설하여야 한다.

① 지붕 마감재가 불연성 재료일 경우 수뢰도체는 지붕 표면에 설치할 수 있다.

② 수뢰도체와 지붕재료 사이의 거리를 고려하여야 하는데 가연성 재료의 경우는 0.1 m 이상 거리를 유지하고, 초가지붕과 같이 지붕 마감재가 높은 가연성 재료인 경우 수뢰도체와의 이격거리는 0.15 m가 적당하다.

③ 지붕의 평평한 부분에 물이 고일 수 있는 경우 수뢰도체는 물이 고일 수 있는 최대 높이를 예상하여 그 상부에 설치하도록 한다.

(6) 인하도선 시스템

① 수뢰부 시스템과 접지 시스템을 전기적으로 연결하는 것으로 다음에 의한다.

㉠ 복수의 인하도선을 병렬로 구성해야 한다. 다만, 건축물・구조물과 분리된 피뢰 시스템인 경우는 예외로 할 수 있다.

㉡ 도선경로의 길이가 최소로 되도록 한다.

㉢ 인하도선 시스템의 재료는 표 1-20(수뢰도체, 피뢰침, 대지 인하봉과 인하도선의 재료, 최소단면적)에 따른다.

표 1-20 수뢰도체, 인하도체, 대지 인입봉(접지극)의 최소단면적

재료	형상	최소단면적 mm^2	재료	형상	최소단면적 mm^2
구리, 주석도금한 구리	테이프형 단선	50	용융 아연도금강	테이프형 단선	50
	원형단선b	50		원형단선	50
	연선b	50		연선	50
	원형단선c	176		원형단선c	176
알루미늄	테이프형 단선	70	구리피복강	원형단선	50
	원형단선	50		테이프형 단선	50
	연선	50	스테인리스강	테이프형 단선d	50
알루미늄합금	테이프형 단선	50		원형단선	50
	원형단선	50		연선	70
	연선	50		원형단선c	176
	원형단선c	176	구리피복 알루미늄합금	원형단선	50

a 내식, 기계적 및 전기적 특성은 후속 IEC 62561 시리즈의 요구사항을 따라야 한다.

b 기계적 강도가 요구되지 않는 경우, 단면적 50 m^2(지름 8 mm)를 25 mm^2로 줄여도 된다. 이 경우, 죔쇠 사이의 간격도 줄인다.

c 수뢰부 및 대지 인입봉에 적용할 수 있다. 풍압하중과 같은 기계적 응력이 크게 작용하지 않는 경우에는 지름 9.5 mm, 최대길이가 1 m인 수뢰부는 고정하여 사용할 수 있다.
d 열적/기계적 고려가 중요하다면 이들 치수를 75 mm^2로 증가하여야 한다.

② 인하도선의 배치 방법은 다음에 의한다.

㉠ 건축물 · 구조물과 분리된 피뢰 시스템인 경우

- 뇌전류의 경로가 보호 대상물에 접촉하지 않도록 하여야 한다.
- 별개의 지주에 설치되어 있는 경우 각 지주마다 1가닥 이상의 인하도선을 시설한다.
- 수평도체 또는 메시도체인 경우 지지구조물마다 1가닥 이상의 인하도선을 시설한다.

㉡ 건축물 · 구조물과 분리되지 않은 피뢰 시스템인 경우

- 벽이 불연성 재료로 된 경우에는 표면 또는 내부에 시설할 수 있다. 다만, 벽이 가연성 재료인 경우는 0.1 m 이상 이격하고, 이격이 불가능한 경우에는 도체의 단면적을 100 mm^2 이상으로 한다.
- 인하도선의 수는 2가닥 이상으로 한다.
- 보호대상 건축물 · 구조물의 투영에 따른 둘레에 가능한 한 균등한 간격으로 배치한다. 다만, 노출된 모서리 부분에 우선 배치한다.
- 병렬 인하도선의 최적 간격은 피뢰 시스템 등급에 따라 Ⅰ · Ⅱ등급은 10 m, Ⅲ등급은 15 m, Ⅳ등급은 20 m로 한다.

③ 수뢰부 시스템과 접지극 시스템 사이에 전기적 연속성이 형성되도록 다음에 따라 시설한다.

㉠ 경로는 루프 형성이 되지 않게 하고, 최단거리 수직으로 시설하여야 하며, 처마 또는 수직으로 설치된 홈통 내부에 설치하지 않는다.

㉡ 철근콘크리트 구조물의 철근을 자연적 구성부재의 인하도선으로 사용하기 위한 조건은 해당 철근 전체 길이의 전기저항 값이 0.2 Ω 이하가 되어야 하며, 전기적 연속성은 '철근콘크리트 구조물에서 강재 철골조의 전기적 연속성'을 만족하여야 한다.

㉢ 시험용 접속점은 접지극 시스템에 인하도선을 접속하는 점에 시설한다. 이 접속점은 항상 폐로되어야 하며 측정 시에 공구 등으로만 개방할 수 있어야 한다. 다만, 자연적 구성부재 등과 본딩을 하는 경우에는 예외로 한다.

④ 인하도선으로 사용하는 자연적 구성부재는 '철근콘크리트 구조물에서 강재 철골조의 전기적 연속성'과 '자연적 구성부재'의 조건에 적합해야 하며 다음에 따른다.

㉠ 각 부분의 전기적 연속성과 내구성이 확실하고, ①의 ㉢에서 인하도선으로 규정된 값 이상인 것

㉡ 전기적 연속성이 있는 구조물 등의 구조체(철골 또는 철근 등)

㉢ 건축물 외벽 등을 구성하는 금속 구조재의 크기가 인하도선에 대한 요구사항에 부합하고, 또한 두께가 0.5 mm 이상인 금속판 또는 금속관

㉣ 인하도선을 구조물 등의 상호 접속된 철근 · 철골 등과 본딩하거나 철근 · 철골 등을 인하도선으로 사용하는 경우 수평 환상도체는 설치하지 않아도 된다.

(7) 접지극 시스템

① 뇌전류를 대지로 방류시키기 위한 접지극 시스템은 다음에 의한다.

㉠ A형 접지극(수평접지극 또는 수직접지극) 또는 B형 접지극(환상도체 또는 기초접지극 중 하나 또는 둘을 조합하여 시설할 수 있다. A형 접지극은 일반적으로 봉형, 판형 등의 접지극을 말하며, 환상접지극이 그 도체 전체 길이의 80% 미만이 대지와 접촉하면 A형 접지극으로 분류한다. B형 접지극은 전체 길이 80% 이상이 대지와 접촉한 환상도체, 메시형의 기초접지극을 말한다.

㉡ 접지극 시스템의 재료는 표 1-21에 따른다.

표 1-21 접지극의 재료 및 형상과 치수[a, c]

재료	형상	치수		
		접지봉 직경 mm	접지도체 mm^2	접지판 mm
구리, 주석도금한 구리	연선	–	50	–
	원형단선	15	50	–
	테이프형 단선	–	50	–
	파이프	20	–	–
	판상 단선	–	–	500×500
	격자판[c]	–	–	600×600
용융아연도금강	원형 단선	14	78	–
	파이프	25	–	–
	파이프형 단선	–	90	–
	판상 단선	–	–	500×500
	격자판[c]	–	–	600×600
	프로필	–	–	–

재료	형상	치수		
		접지봉 직경 mm	접지도체 mm²	접지판 mm
나강[b]	연선	–	70	–
	원형 단선	–	78	–
	테이프형 단선	–	75	–
구리피복강	원형	14[f]	50	–
	테이프형 단선	–	90	–
스테인리스강	원형	15[f]	78	–
	테이프형 단선	–	100	–

a 내식, 기계적 및 전기적 특성은 후속 IEC 62561 시리즈의 요구사항을 따라야 한다.
b 최소 50 m 길이로 콘크리트 내에 매입되어야 한다.
c 최소 총 길이 4.8 m 도체로 시설된 격자 판
d 상이한 프로필은 290 mm^2 단면적 및 3 mm 최소 두께(예, 교차 프로필)를 이용한다.
e 기초 접지시스템의 B형 접지극 배열의 경우에 접지극은 적어도 매 5 m 마다 강화 철근과 올바르게 연결되어야 한다.
f 일부 국가에서 직경은 12.7 mm로 줄어든다.

② 접지극 시스템의 배치는 다음에 의한다.

㉠ A형 접지극은 최소 2개 이상을 균등한 간격으로 배치하고, 'A형 접지극 배열'에 의한 피뢰 시스템 등급별 대지 저항률에 따른 최소길이 이상으로 한다.

㉡ B형 접지극은 접지극 면적을 환산한 평균 반지름이 그림 1-11에 의한 최소길이 이상으로 하여야 하며, 평균 반지름이 최소길이 미만인 경우에는 해당하는 길이의 수평 또는 수직매설 접지극을 추가로 시설하여야 한다.

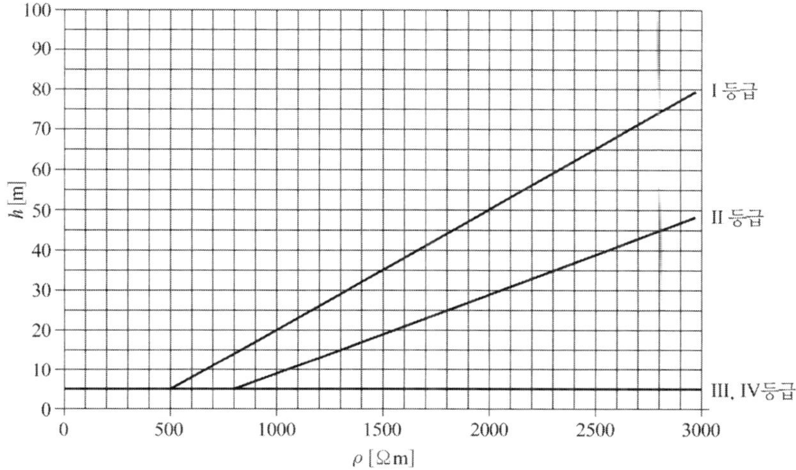

그림 1-11 피뢰 시스템의 등급별 각 접지극의 최소 길이

㉢ 접지극 시스템의 접지저항이 10Ω 이하인 경우 ㉠과 ㉡에도 불구하고 최소길이 이하로 할 수 있다.

③ 접지극은 다음에 따라 시설한다.

㉠ 지표면에서 0.75 m 이상 깊이로 매설하여야 한다. 다만, 필요에 따라 해당 지역의 동결 깊이를 고려한 깊이로 할 수 있다.

㉡ 대지가 암반지역으로 대지저항이 높거나 건축물・구조물이 전자통신시스템을 많이 사용하는 시설인 경우에는 환상도체의 접지극 또는 기초 접지극으로 시설한다.

㉢ 접지극 재료는 대지의 환경오염이나 부식의 문제가 없어야 한다.

1-4-2 내부 피뢰 시스템

(1) 전기전자설비의 보호

① 전기전자설비의 뇌서지에 대한 보호는 다음에 따른다.

㉠ 피뢰구역은 외부구역과 내부구역이 있으며, 그 구분은 그림 1-12에 의한다.

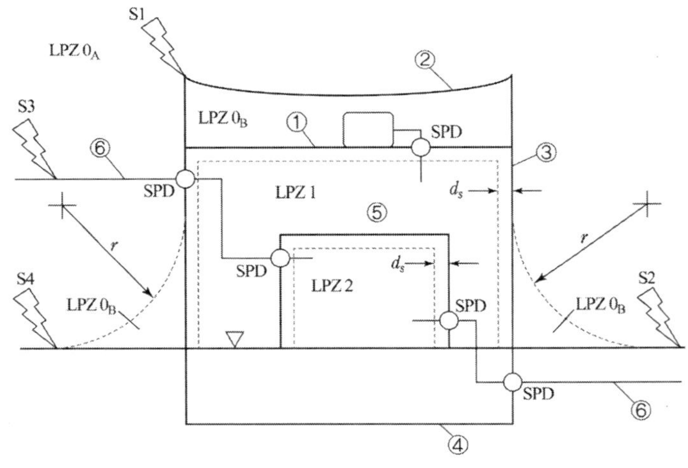

1 구조물(LPZ 1의 차폐)
2 수뢰부시스템
3 인하도선시스템
4 접지극시스템
5 방(LPZ 2의 차폐)
6 구조물에 접속된 선로
▽ 대지표면

S1 구조물 뇌격
S2 구조물 근처 뇌격
S3 구조물에 접속된 선로 뇌격
S4 구조물에 접속된 선로 근처 뇌격
r 회전구체 반지름
d_S 매우 강한 자계에 대한 안전거리
○ 대지접 또는 SPD에 의한 본딩

그림 1-12 피뢰구역의 선정

㉡ 피뢰구역 경계 부근에서는 접지 또는 본딩을 하여야 한다. 다만, 직접 본딩이 불가능한 경우에는 서지보호장치를 설치한다.

㉢ 서로 다른 구조물 사이가 전력선 또는 신호선으로 연결된 경우 각각의 피뢰구역은 다음 접지와 본딩 항의 ㉢에 의한 방법으로 접속한다.

② 전기전자기기의 선정 시 정격 임펄스 내전압은 표 1-22에서 제시한 값 이상이어야 한다.

표 1-22 저압기기에 요구되는 임펄스 내전압

설비의 공칭전압[a] (V)		요구되는 임펄스 내전압[c] (kV)			
3상 계통[b]	중점이 있는 단상계통	설비 인입점에 있는 기기 (과전압범주 Ⅳ)	배전 및 분기회로의 기기 (과전압범주 Ⅲ)	전기제품 및 전기기기 (과전압범주 Ⅱ)	특별히 보호된 기기 (과전압범주 Ⅰ)
-	120-240	4	2.5	1.5	0.8
(220/380)[d] 230/400[b] 277/480[b]	-	6	4	2.5	1.5
400/690	-	8	6	4	2.5
1,000	-	12	8	6	4

a IEC 60038(표준전압)에 따름
b 캐나다와 미국에서는 대지전압이 300 V를 초과하는 경우 한 단 높은 범주의 전압에 하당하는 임펄스 내전압을 적용한다.
c 이 임펄스 내전압은 충전도체와 PE 사이에 적용된다.
d ( ) 안은 현재 국내에서 사용하는 전압이다.

(2) 전기적 절연

① 수뢰부 또는 인하도선과 건축물·구조물의 금속 부분, 내부 시스템 사이의 전기적인 절연은 '외부 피뢰 시스템의 전기적 절연'에 의한 이격거리로 한다.

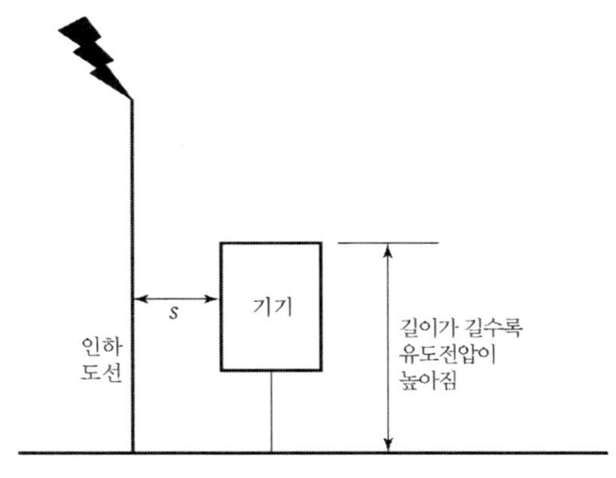

그림 1-13 안전 이격거리 개념도

② 앞의 ①에도 불구하고 건축물·구조물이 금속제 또는 전기적 연속성을 가지는 철근콘크리트 구조물 등인 경우에는 전기적 절연을 고려하지 않아도 된다.

(3) 접지와 본딩

① 전기전자설비를 보호하기 위한 접지와 피뢰 등전위 본딩은 다음에 따른다.

㉠ 뇌서지 전류를 대지로 방류시키기 위한 접지시설을 하여야 한다.

㉡ 전위차를 해소하고 전계 형성을 감소시키기 위한 본딩을 구성하여야 한다.

② 접지극은 앞의 '접지극 시스템'에 의한 것 이외에는 다음에 적합하여야 한다.

㉠ 전자·통신설비(또는 이와 유사한 것)의 접지는 환상도체 접지극 또는 기초 접지극으로 한다.

㉡ 개별 접지 시스템으로 된 복수의 건축물·구조물 등을 연결하는 콘크리트 덕트·금속제 배관의 내부에 케이블(또는 같은 경로로 배치된 복수의 케이블)이 있는 경우, 각각의 접지 상호 간은 병행 설치된 도체로 연결하여야 한다. 다만, 차폐 케이블인 경우는 차폐선을 양 끝에서 각각의 접지 시스템에 등전위 본딩한다.

③ 전자·통신설비(또는 이와 유사한 것)에서 위험한 전위차를 해소하고 자계를 감소시킬 필요가 있는 경우에는 다음에 의한 등전위 본딩망 시설을 하여야 한다.

㉠ 등전위 본딩망은 건축물·구조물의 도전성 부분 또는 내부설비 일부분을 통합하여 시설한다.

ⓛ 등전위 본딩망은 메시 폭이 5 m 이내가 되도록 시설하고, 구조물과 구조물 내부의 금속 부분은 겹쳐서 접속한다. 다만, 금속 부분이나 도전성 설비가 피뢰구역 경계를 지나는 경우에는 직접 또는 서지보호장치를 통하여 본딩한다.

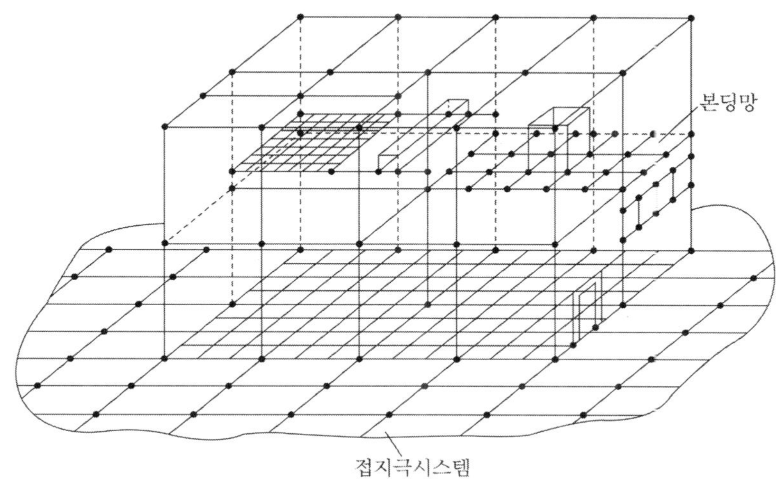

그림 1-14 접지극 시스템에 상호접속된 본딩망으로 구성된 3차원 접지 시스템의 예

ⓒ 도전성부분의 등전위본딩은 방사형, 메시형 또는 이들의 조합형으로 한다. 그림 1-14는 접지와 본딩의 예이며, 접속점은 본딩접속점 또는 구조물, 금속요소에 본딩한다. 전자・통신설비는 전기설비에 비하여 낙뢰에 의한 과전압(surge)에 대한 내성이 낮기 때문에 뇌격전류에 의하여 접지극 주변에 발생하는 전위가 낮게 형성되어야 한다. 이러한 여건에 적합한 접지극이 환상도체 또는 기초접지극이다. 여기서 기초접지극이라 함은 메시형태의 접지극을 말한다. 그림 1-15는 산업현장의 메시 접지극의 시공 예이다. 그림에서 ①은 메시망이 보강되어 있는 곳이며, 전자・통신설비의 접지는 이곳을 이용함이 바람직하다.

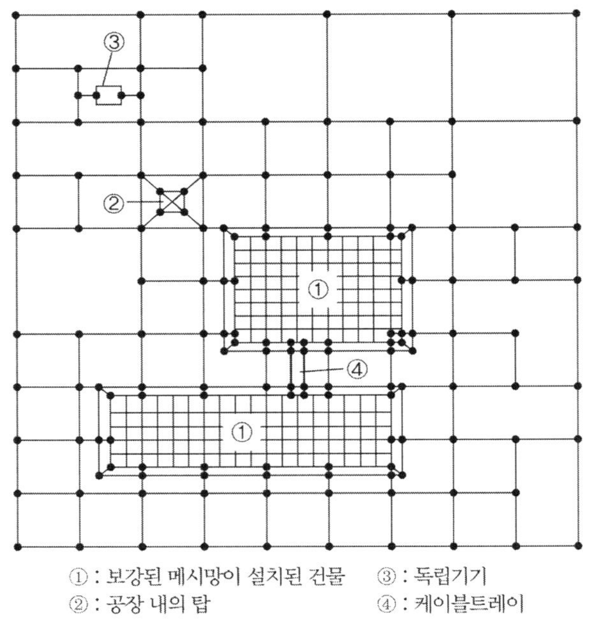

그림 1-15 공장의 메시접지시스템

(4) 서지보호장치 시설

서지(surge)가 뇌격(낙뢰) 또는 전력계통의 개폐로 인하여 발생하며, 전기・전자설비를 손상하거나 오작동하는 것과 같은 문제점을 방지하기 위한 규정이다.

① 전기전자설비 등에 연결된 전선로를 통해 서지가 유입되는 경우를 대비하여 해당 전선로에 서지보호장치를 시설하여야 한다.

② 서지보호장치의 선정은 다음에 따른다.

㉠ 전기설비의 보호는 '저전압 배전계통에 접속한 서지보호장치-선정 및 적용지침'과 '건축전기설비-전기기기의 선정 및 시공-절연, 개폐 및 제어'에 따르며, '저압 서지보호장치-요구사항 및 시험방법'에 의한 제품을 사용하여야 한다.

㉡ 전자・통신설비 또는 이와 유사한 것의 보호는 '통신망과 신호망 접속용 서지보호장치-선정 및 적용지침'에 따른다.

(5) 피뢰 등전위 본딩

피뢰 등전위 본딩이란 뇌전류에 의한 전위차를 줄이기 위해 직접적인 도전접속 또는 서지보호장치를 통해 분리된 금속부를 피뢰 시스템에 본딩하는 것을 말한다.

① 피뢰 시스템의 등전위화는 다음과 같은 설비들을 서로 접속함으로써 이루어진다.
  ㉠ 금속제 설비
  ㉡ 구조물에 접속된 외부도전성 부분
  ㉢ 내부 시스템

② 등전위 본딩의 상호접속은 다음에 의한다.
  ㉠ 자연적 구성부재에 의한 본딩으로 전기적 연속성을 확보할 수 없는 장소는 본딩도체로 연결한다.
  ㉡ 본딩 도체로 직접 접속할 수 없는 장소에는 서지보호장치를 이용한다.
  ㉢ 본딩 도체로 직접접속이 허용되지 않는 장소에는 절연 방전 캡(ISG)을 이용한다.

(6) 금속제설비의 등전위 본딩

① 건축물・구조물과 분리된 외부 시스템의 경우 등전위 본딩은 지표면 부근에서만 한다.

② 건축물・구조물과 접속된 외부 시스템의 경우 피뢰 등전위 본딩은 다음에 따른다.
  ㉠ 기초 부분 또는 지표면 부근에서 시공하여야 하며, 등전위 본딩도체는 등전위 본딩 바에 접속하고, 등전위 본딩 바는 접지 시스템에 접속한다. 또한 쉽게 점검할 수 있도록 시공하여야 한다.
  ㉡ 전기적 절연 요구조건에 따르는 안전 이격거리를 확보할 수 없는 경우는 피뢰 시스템과 건축물・구조물 또는 내부설비의 도전성 부분은 등전위 본딩하여야 하며, 충전부인 경우는 서지보호장치를 경유하여 접속하여야 한다. 다만, 서지보호장치를 사용하는 경우 보호 레벨은 보호 구간 기기의 임펄스 내전압보다 작아야 한다.

③ 건축물・구조물에는 지하 0.5 m와 높이 20 m마다 환상도체를 설치한다. 다만, 철근콘크리트, 철골 구조물의 구조체에 인하도선을 등전위 본딩하는 경우 환상도체는 설치하지 않아도 된다.

(7) 인입설비의 등전위 본딩

① 건축물・구조물의 외부에서 내부로 인입되는 설비의 도전부에 대한 등전위 본딩은 다음에 의한다.
  ㉠ 인입구 부근에서 '등전위 본딩' 규정에 따라 등전위 본딩한다.
  ㉡ 전원선은 서지보호장치를 사용하여 등전위 본딩한다.
  ㉢ 통신 및 제어선은 내부와의 위험한 전위차 발생을 방지하기 위해 직접 또는 서지보호장치를 통해 등전위 본딩한다.

② 가스관 또는 수도관의 연결부가 절연체인 경우 해당 설비 공급사업자의 동의를 받아 적절한 공법(절연방전캡 등을 사용)으로 등전위 본딩하여야 한다.

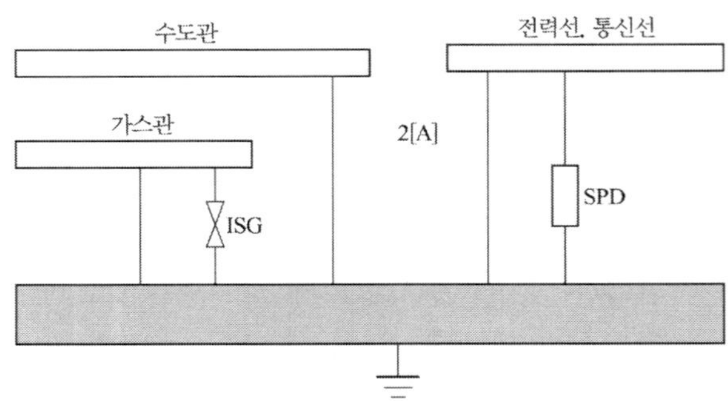

그림 1-16 건축물 · 구조물의 인입설비 본딩 예

(8) 등전위본딩 바

본딩 바는 저압 주배전반에서 가깝고 지표면 부근 외벽의 안쪽에 시설하는 것이 바람직하며, 이용이 가능하면 환상 접지극, 기초 접지극, 보강용 강철과 같은 자연적 구성부재 등으로 구성된 접지 시스템에 견고하게 접속한다.

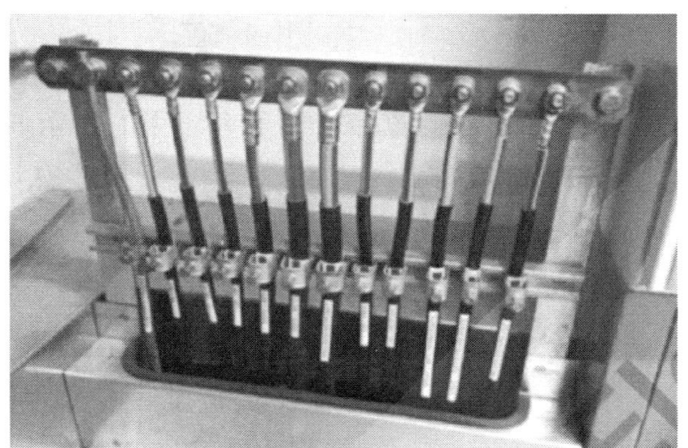

그림 1-17 등전위본딩 및 본딩 바 설치 예

1-5 저압전로의 보호

1-5-1 계통접지

(1) 계통접지 구성

계통접지와 기기접지의 조합에 따라 접지방식에는 여러 가지 방식이 있으며 KSC IEC 60364 규정을 적용하여 TN 계통, TT 계통, IT 계통으로 분류되며 전원의 종류(교류, 직류)에 따라 구분한다.

표 1-23 접지방식에 따르는 표시방법

전기의 종류	접지계통의 종류	표시 방법
		KS C IEC 60364 규격
교 류	TN	TN-S 계통
		TN-C-S 계통
		TN-C 계통
	TT	TT 계통
	IT	IT 계통
직 류	TN	TN-S 직류계통
		TN-C-S 직류계통
		TN-C 직류계통
	TT	TT 직류계통
	IT	IT 직류계통

계통접지에서 사용되는 문자의 정의는 다음과 같다.

① 제1문자 – 전원계통과 대지의 관계

㉠ T : Terra(대지)

한 점을 대지에 직접 접속한다. 이 접지를 계통접지라고 한다.

㉡ I : Insulation(절연)

모든 충전부를 대지와 절연시키거나 높은 임피던스를 통하여 한 점을 대지에 직접 접속한다.

② 제2문자 – 전기설비의 노출도전부와 대지의 관계

㉠ T : Terra(대지)

노출도전부를 대지에 직접 접속. 이 접지를 기기접지라고 한다.

기기접지는 전력계통의 접지인 계통접지와는 무관한다.

㉡ N : Neutral(중성점)

노출도전부를 전원계통의 접지점에 직접 접속한다. 교류계통에서는 통상적으로 중성점 또는 중성점이 없을 경우는 선도체에 접속한다.

㉢ 그 다음 문자(문자가 있는 경우) – 중성선과 보호도체의 배치

S : Separated(분리)

중성선 또는 접지된 선도체 외에 별도의 도체에 의해 제공되는 보호 기능

C : Combined(결합)

중성선과 보호 기능을 한 개의 도체로 겸용(PEN 도체)

(2) TN 계통

- 전원측의 한 점을 직접접지하고 설비의 노출도전부를 보호도체로 접속시키는 방식으로 중성선 및 보호도체(PE 도체)의 배치 및 접속방식에 따라 TN–S, TN–C, TN–C–S로 분류한다.
- TN 계통에서의 지락고장은 과전류차단기로 보호한다. 고장이 발생했을 때는 고장점 인피던스를 고려하지 않고, 지정 시간 내에 전원의 과전류차단기가 동작하도록 차단기의 특성 및 도체의 굵기를 선정할 필요가 있다.

① TN–S 계통

계통 전체에 대해 별도의 중성선 또는 PE 도체를 사용한다. 배전계통에서 PE 도체를 추가로 접지할 수 있다.

② TN–C 계통

계통 전체에 대해 중성선과 보호도체의 기능을 동일도체로 겸용한 PEN 도체를 사용한다. 배전계통에서 PEN 도체를 추가로 접지할 수 있다.

③ TN–C–S 계통

계통의 일부분에서 PEN 도체를 사용하거나, 중성선과 별도의 PE 도체를 사용하는 방식이 있다. 배전계통에서 PEN 도체와 PE 도체를 추가로 접지할 수 있다.

(3) TT 계통

전원측의 한 점을 직접 접지하고 설비의 노출도전부를 전원의 접지극과 전기적으로 독립한 접지극에 접속시킨다. 이 방식은 저압으로 수전하는 일반용 전기시설물의 경우 전력회사의 계통 접지방식과 수용가 구내의 기기접지와 접지극을 분리하는 방식으로 국내에 적용하고 있다. 따라서 고장 시 과전류차단기로 규정된 시간 이내에 전원 차단이 곤란한 경우가 발생할 수 있으므로 누전차단기를 사용해서 고장 구간을 자동차단 한다.

(4) IT 계통

전원측은 대지로부터 절연시키거나 또는 높은 임피던스를 통해 대지에 접속시키고, 설비의 노출도전부를 전원계통의 접지극과는 전기적으로 독립된 접지극의 보호도체에 의해 접지하는 접지계통을 말한다. IT 계통은 지락 고장 시 상당히 작은 고장전류가 흐르므로 전원의 자동차단이 요구되지 않는다. 따라서 일반적으로 전원공급의 연속성이 요구되는 병원, 플랜트 등의 설비에 적용된다.

1-5-2 전원의 자동차단에 의한 보호대책

(1) 고장보호의 요구사항

① 보호접지

㉠ 노출도전부는 계통접지 별로 규저된 특정조건에서 보호도체에 접속하여야 한다.

㉡ 동시에 접근 가능한 노출도전부는 개별적 또는 집합적으로 같은 접지계통에 접속하여야 한다. 보호접지에 관한 도체는 접지시스템에 관한 규정에 따라야 하고, 각 회로는 해당 접지단자에 접속된 보호도체를 이용하여야 한다.

② 보호등전위본딩

등전위본딩 시설에 관한 규정에서 정하는 도전성부분은 보호등전위본딩으로 접속하여야 하며, 건축물 외부로부터 인입되는 도전부는 건축물 안쪽의 가까운 지점에서 본딩하여야 한다. 다만, 통신케이블의 금속 외피는 소유자 또는 운영자의 요구사항을 고려하여 보호등전위본딩에 접속하여야 한다.

③ 고장시의 자동차단

㉠ '㉤' 및 '㉥'에서 규정하는 것을 제외하고 보호장치는 회로의 선도체와 노출도전부 또는 선도체와 기기의 보호도체 사이의 임피던스가 무시할 정도로 되는 고장의 경우, '㉡', '㉢' 또는 '㉣'에 규정된 차단시간 내에서 회로의 선도체 또는 설비의 전원

을 자동으로 차단하여야 한다.

㉡ 표 1-24에 최대차단시간은 32 A 이하 분기회로에 적용한다.

표 1-24 32 A 이하 분기회로의 최대차단시간

[단위 : 초]

계 통	50 V< U_0 ≤120 V		120 V< U_0 ≤230 V		230 V< U_0 ≤400 V		U_0 >400 V	
	교 류	직 류	교 류	직 류	교 류	직 류	교 류	직 류
TN	0.8	비고 1	0.4	5	0.2	0.4	0.1	0.1
TT	0.3	비고 1	0.2	0.4	0.07	0.2	0.04	0.1

TT 계통에서 차단은 과전류보호장치에 의해 이루어지고 보호등전위본딩은 설비 안의 모든 계통 외 도전부와 접속되는 경우 TN 계통에 적용 가능한 최대차단시간이 사용될 수 있다.
U_0는 대지에서 공칭교류전압 또는 직류 선간전압이다.

[비고 1] 차단은 감전보호 외에 다른 원인에 의해 요구될 수도 있다.
[비고 2] 누전차단기에 의한 차단은 1-5-2 (2) 누전차단기 참조.

㉢ TN 계통에서 배전회로(간선)와 '㉡'의 경우를 제외하고는 5초 이하의 차단시간을 허용한다.

㉣ TT 계통에서 배전회로(간선)와 '㉡'의 경우를 제외하고는 1초 이하의 차단시간을 허용한다.

㉤ 공칭대지전압 U_0가 교류 50 V 또는 직류 120 V를 초과하는 계통에서 '㉡', '㉢' 또는 '㉣'에 의해 요구되는 자동차단시간 요구사항은 전원의 출력전압이 5초 이내에 교류 50 V로 또는 직류 120 V로 또는 더 낮게 감소된다면 보호도체나 대지로의 고장일 경우에는 요구되지 않는다. 이 경우 감전보호 외에 다른 차단요구사항에 관한 것을 고려하여야 한다.

㉥ '㉠'에 따른 자동차단이 '㉡', '㉢' 또는 '㉣'에 의해 요구되는 시간에 적절하게 이루어질 수 없을 경우, 추가적으로 보조 보호등전위본딩을 하여야 한다.

(2) 누전차단기의 시설

① 전원의 자동차단에 의한 전압전로의 보호대책으로 누전차단기 시설을 해야 할 대상은 다음과 같다. 누전차단가의 동작전류, 정격 동작시간 등은 적용 대상의 전로, 기기 등에서 요구하는 조건에 따라야 한다.

㉠ 금속제 외함을 가지는 사용전압 50 V를 초과하는 저압의 기계기구로써 사람이 쉽게 접촉할 우려가 있는 곳에 시설하는 것에 전기를 공급하는 전로. 다만, 다음에 지적하는 것 중 어느 하나에 해당하는 경우는 적용하지 않는다.

- 기계기구를 발전소 · 변전소 · 개폐소 또는 이에 준하는 곳에 시설하는 경우
- 기계기구를 건조한 장소에 시설하는 경우
- 대지전압이 150 V 이하인 기계기구를 물기가 있는 곳 이외의 곳에 시설하는 경우
- 「전기용품 및 생활용품 안전관리법」의 적용을 받는 이중절연구조의 기계기구를 시설하는 경우
- 전로의 전원측에 절연변압기(2차 전압이 300 V 이하인 경우에 한한다)를 시설하고 또한 그 절연변압기의 부하측 전로에 접지하지 않는 경우
- 기계기구가 고무 · 합성수지 기타 절연물로 피복된 경우
- 기계기구가 유도전동기의 2차측 전로에 접속되는 것일 경우
- 기계기구에 「전기용품 및 생활용품 안전관리법」의 적용을 받는 누전차단기를 설치하고 또한 기계기구의 전원 연결선이 손상을 받을 우려가 없도록 시설하는 경우

㉡ 주택의 인입구 등 이 규정에서 누전차단기 설치를 요구하는 전로

㉢ 특고압전로, 고압전로 또는 저압전로와 변압기에 의하여 결합되는 사용전압 400 V 초과의 저압전로 또는 발전기에서 공급하는 사용전압 40C V 초과의 저압전로(발전소 및 변전소와 이에 준하는 곳에 있는 부분의 전로는 제외)

② IEC 표준을 도입한 누전차단기를 저압전로에 사용하는 경우 일반인이 접촉할 우려가 있는 장소(세대 내 분전반 및 이와 유사한 장소)에는 주택용 누전차단기를 시설하여야 한다. 감전보호용 누전차단기는 정격감도전류에서 동작시간이 0.03초 이내인 누전차단기이다. 누전차단기의 정격은 표 1-25와 같다.

표 1-25 누전차단기의 정격

<table>
<tr><th>구 분</th><th>정격감도전류</th><th colspan="6">동작시간(초)</th></tr>
<tr><td rowspan="5">주택용</td><td rowspan="5">6, 10, 15, 30, 50, 100, 200, 300, 500, 1000 mA</td><td colspan="6">감전보호형 : 0.03
고속형 : 0.1
KS C IEC 61008-1의 5.3.12</td></tr>
<tr><td colspan="2">누전전류</td><td>$I_{\Delta n}$</td><td>$2I_{\Delta n}$</td><td>$5I_{\Delta n}$</td><td>$10I_{\Delta n}$</td></tr>
<tr><td rowspan="2">최대차단시간</td><td>비시간지연형</td><td>0.3</td><td>0.15</td><td>0.04</td><td>0.04</td></tr>
<tr><td>시간지연형</td><td>0.5</td><td>0.2</td><td>0.15</td><td>0.15</td></tr>
<tr></tr>
<tr><td rowspan="4">산업용</td><td rowspan="4">6, 10, 15, 30, 50, 100, 200, 300, 500 mA, 1, 3, 10, 30 A</td><td colspan="6">감전보호형 : 0.03
고속형 : 0.1
KS C IEC 60947-2의 B.4.2.4</td></tr>
<tr><td colspan="2">누전전류</td><td>$I_{\Delta n}$</td><td>$2I_{\Delta n}$</td><td>$5I_{\Delta n}$</td><td>$10I_{\Delta n}$</td></tr>
<tr><td rowspan="2">최대차단시간</td><td>비시간지연형</td><td>0.3</td><td>0.15</td><td>0.04</td><td>0.04</td></tr>
<tr><td>시간지연형</td><td>0.5</td><td>0.2</td><td>0.15</td><td>0.15</td></tr>
</table>

1-5-3 과부하전류에 대한 보호

(1) 도체와 과부하 보호장치 사이의 협조

과부하에 대해 케이블(전선)을 보호하는 장치의 동작특성은 다음의 조건을 충족해야 한다.

$$I_B \leq I_n \leq I_Z \tag{1-9}$$

$$I_2 \leq 1.45 \times I_Z \tag{1-10}$$

여기서, I_B : 회로의 설계전류

I_Z : 케이블의 허용전류

I_n : 보호장치의 정격전류

I_2 : 보호장치가 규약시간 이내에 유효하게 동작하는 것을 보장하는 전류

① 조정할 수 있게 설계 및 제작된 보호장치의 경우, 정격전류 I_n은 사용현장에 적합하게 조정된 전류의 설정 값이다.

② 보호장치의 유효한 동작을 보장하는 전류 I_2는 제작자로부터 제공되거나 제품 표준에 제시되어 있다.

③ 식 (1-10)에 따른 보호는 조건에 따라서는 보호가 불확실한 경우가 생길 수 있다. 이런 경우에는 식 (1-10)에 따라 선정된 케이블보다 단면적이 큰 케이블을 선정하여야 한다.

④ I_B는 선도체를 흐르는 설계전류이거나, 함유율이 높은 영상분 고조파(특히 제3고조파)가 지속적으로 흐르는 경우 중성선에 흐르는 전류이다.

(2) 과부하 보호장치의 설치 위치

① 설치 위치

과부하 보호장치는 전로 중 도체의 단면적, 특성, 설치 방법, 구성의 변경 등으로 도체의 허용전류 값이 줄어드는 곳(다음부터 분기점이라 한다)에 설치하여야 한다.

② 설치 위치의 예외

㉠ 그림 1-18와 같이 분기회로(S_2)의 과부하 보호장치(P_2)의 전원측에 다른 분기회로나 콘센트의 접속이 없고, 다음 (5)의 요구사항에 따라 분기회로에 대한 단락보호가 이루어지고 있는 경우, P_2는 분기회로의 분기점(O)으로부터 부하측으로 거리에 구애받지 않고 이동하여 설치할 수 있다.

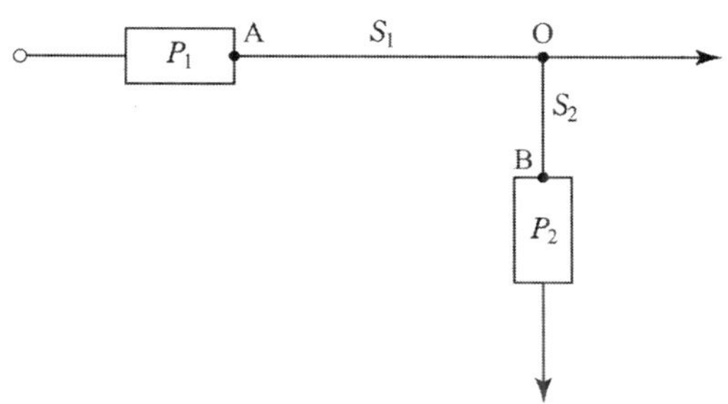

그림 1-18 분기회로(S_2)의 분기점(O)에 설치되지 않은 분기회로의 과부하 보호장치

㉡ 그림 1-19와 같이 분기회로(S_2)의 보호장치(P_2)는 (P_2)의 전원측에서 분기점(O) 사이에 다른 분기회로나 콘센트의 접속이 없고, 단락의 위험과 화재 및 인체에 대한 위험성이 최소화되도록 시설된 경우, 분기회로의 보호장치(P_2)는 분기회로의 분기점(O)으로부터 3 m까지 이동하여 설치할 수 있다.

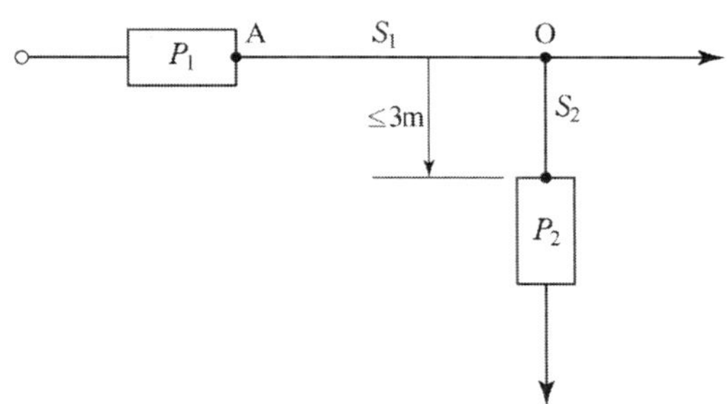

그림 1-19 분기회로(S_2)의 분기점(O)에서 3 m 이내에 설치된 과부하 보호장치(P_2)

(3) 과부하 보호장치의 생략

다음과 같은 경우는 과부하 보호장치를 생략할 수 있다. 다만, 화재나 폭발 위험성이 있는 장소에 설치되는 설비 또는 특수설비 및 특수 장소의 요구사항을 별도로 규정하는 경우에는 과부하 보호장치를 생략할 수 없다.

① 다음 중 어느 하나에 해당하는 경우에는 과부하 보호장치의 생략이 가능하다.

㉠ 분기회로의 전원측에 설치된 보호장치에 의하여 분기회로에서 발생하는 과부하에 대하여 유효하게 보호되고 있는 분기회로

㉡ 단락전류에 대한 보호 요구사항에 따라 단락보호가 되고 있으며, 분기점 이후의 분기회로에 다른 분기회로 및 콘센트가 접속되지 않은 분기회로 중 부하에 설치된 과부하 보호장치가 유효하게 동작하여 과부하전류가 분기회로에 전달되지 않도록 조치를 하는 경우

㉢ 통신회로용, 제어회로용, 신호회로용 및 유사한 설비

② IT 계통에서 과부하 보호장치의 설치 위치 변경 또는 생략이 가능하다.

㉠ 과부하에 대하여 보호되지 않은 각 회로가 다음과 같은 방법 중 어느 하나에 의해 보호될 경우 설치 위치 변경이나 생략이 가능

- 이중절연 또는 강화절연에 의한 보호수단 적용
- 2차 고장이 발생할 때 즉시 작동하는 누전차단기가 각 회로를 보호

㉡ 중성선이 없는 IT 계통에서 각 회로에 누전차단기가 설치된 경우 선도체 중의 어느 1개에는 과부하 보호장치를 생략할 수 있다.

③ 안전을 위하여 과부하 보호장치를 생략할 수 있는 경우

사용 중 예상치 못한 회로의 개방이 위험하거나 큰 손상을 초래할 수 있는 다음과 같은 부하에 전원공급을 하는 회로에 대해서는 과부하 보호장치를 생략할 수 있다.

- 회전기의 여자회로
- 전자석 크레인의 전원회로
- 전류변성기의 2차회로
- 소방설비의 전원회로
- 안전설비(주거침입경보, 가스누출경보 등)의 전원회로

(4) 예상 단락전류의 결정

설비의 모든 관련 지점에서의 예상 단락전류를 결정하여야 한다. 이는 계산 또는 측정에 의하여 수행할 수 있다.

(5) 단락보호장치의 설치 위치

① 단락전류 보호장치는 분기점(O)에 설치해야 한다. 다만, 그림 1-20과 같이 분기회로의 단락보호장치 설치점(B)과 분기점(O) 사이에 다른 분기회로나 콘센트의 접속이 없고 단락 혹은 화재 및 인체에 대한 위험이 최소화될 경우, 분기회로의 단락보호장치(P_2)는 분기점(O)으로부터 3 m까지 이동하여 설치할 수 있다.

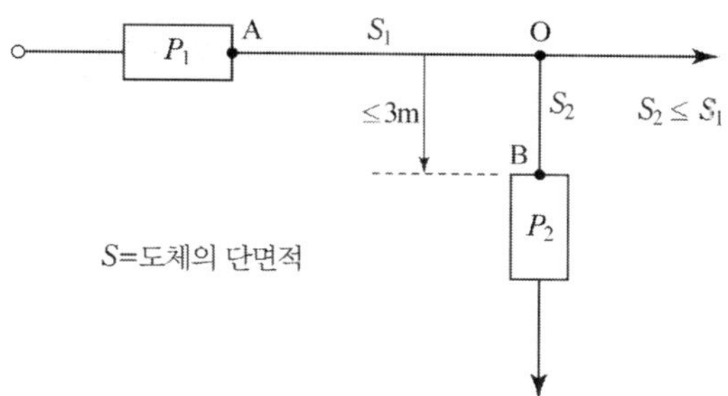

그림 1-20 분기회로 단락보호장치(P_2)의 제한된 위치 변경

② 도체의 단면적이 줄어들거나 다른 변경이 생긴 분기회로의 시작점(O)과 이 분기회로의 단락보호장치(P_2) 사이에 있는 도체가 전원측에 설치되는 보호장치(P_1)에 의해 단락보호되는 경우에 P_2의 설치위치는 분기점(O)으로부터 거리 제한없이 설치할 수 있다. 다만, 전원측 단락보호장치(P_1)는 부하측 배선(S_1)에 대하여 단락보호를 할 수 있는 특성을 가져야 한다.

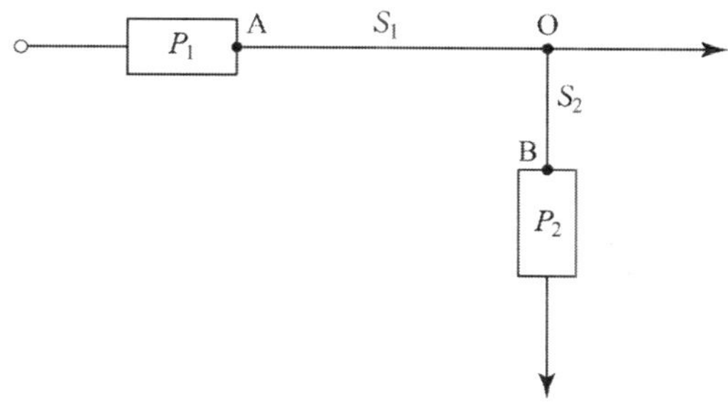

그림 1-21 분기회로 단락보호장치(P_2)의 설치 위치

(6) 단락보호장치의 생략

배선을 하는 데 단락위험이 최소화되는 방법과 가연성 물질 근처에 설치하지 않는 조건이 모두 충족되면 다음과 같은 경우 단락보호장치를 생략할 수 있다.

㉠ 발전기, 변압기, 정류기, 축전지와 보호장치가 설치된 제어반을 연결하는 도체

㉡ 앞 (5)의 ③과 같이 전원 차단이 설비의 운전에 위험을 가져올 수 있는 회로

㉢ 특정 측정회로

1-5-4 저압전로 중의 개폐기 및 과전류차단장치의 시설

(1) 저압 옥내전로 인입구에서의 개폐기 시설

저압전로 중에 개폐기를 시설하는 경우에는 그곳의 각 극에 설치하여야 한다. 또한 사용전압이 다른 개폐기는 상호 식별이 용이하도록 시설하여야 한다.

① 저압 옥내전로(화약류 저장소에 시설하는 것을 제외한다)에는 인입구에 가까운 곳으로 쉽게 개폐할 수 있는 곳에 개폐기(개폐기의 용량이 큰 경우에는 적정 회로로 분할하여 각 회로별로 개폐기를 시설할 수 있으며, 각 회로별 개폐기는 집합하여 시설한다)를 각 극에 시설하여야 한다.

② 사용전압 400 V 이하의 옥내전로에서 다른 옥내전로(정격전류가 16 A 이하의 과전류 차단기 또는 정격전류가 16 A를 초과하고 20 A 이하의 배선차단기로 보호되는 것에 한한다)에 접속하는 길이 15 m 이하의 전로에서 전기의 공급을 받는 것은 ①의 규정에 의하지 않을 수 있다.

③ 저압 옥내전로에 접속하는 전원측 전로(그 전로에 가공 부분 또는 옥상 부분이 있는 경우에는 그 가공 부분 또는 옥상 부분보다 부하측에 있는 부분에 한한다)의 저압 옥내전로의 인입구 가까운 곳에 전용 개폐기를 쉽게 개폐할 수 있는 곳의 각 극에 시설하는 경우에는 ①의 규정에 의하지 않을 수 있다.

(2) 저압전로 중의 전동기 보호용 과전류 보호장치의 시설

① 과전류차단기로 저압전로에 시설하는 과부하 보호장치(전동기가 손상될 우려가 있는 과전류가 흘렀을 때 자동적으로 이것을 차단하는 것에 한한다)와 단락보호 전용 차단기는 전동기에만 연결하는 저압전로에 사용하고 다음 각각에 적합한 것이어야 한다.

㉠ 과부하 보호장치, 단락보호 전용 차단기는 「전기용품 및 생활용품 안전관리법」의 적용을 받는 것 이외는 KS에 적합하여야 하며, 다음에 따라 시설하여야 한다.

- 과부하 보호장치로 전자접촉기를 사용할 경우에는 반드시 과부하계전기가 부착되어 있을 것
- 단락보호 전용 차단기의 단락동작설정 전류값은 전동기의 기동방식에 따른 기동돌입전류를 고려할 것
- 단락보호전용 퓨즈는 표 1-26의 용단특성에 적합한 것일 것.

표 1-26 단락보호전용 퓨즈(aM)의 용단특성 (표 212.6-5)

정격전류의 배수	불용단시간	용단시간
4 배	60 초 이내	-
6.3 배	-	60 초 이내
8 배	0.5 초 이내	-
10 배	0.2 초 이내	-
12.5 배	-	0.5 초 이내
19 배	-	0.1 초 이내

ⓛ 과부하 보호장치와 단락보호 전용 차단기를 하나의 전용함 속에 장착한 것일 것

ⓒ 과부하 보호장치가 단락전류에 의하여 손상되기 전에 단락전류를 차단하는 능력을 가진 단락보호 전용 차단기를 시설한 것일 것

ⓓ 과부하보호장치와 단락보호전용 퓨즈를 조합한 장치는 단락보호전용 퓨즈의 정격전류가 과부하보호장치의 설정전류(setting current) 값 이하로 되게 시설한 것(그 값이 단락보호 전용 퓨즈의 표준 정격에 해당하지 않는 경우는 단락보호전용 퓨즈의 정격전류가 그 값의 바로 상위의 정격이 되도록 시설한 것을 포함한다)일 것.

② 저압 옥내에 시설하는 보호장치의 정격전류 또는 전류 설정값은 전동기 등이 접속되는 경우에는 그 전동기의 기동방식에 따른 기동전류와 다른 전기사용기계기구의 정격전류를 고려하여 선정하여야 한다.

③ 옥내에 시설하는 전동기(정격출력 0.2 kW 이하인 것은 제외한다)에는 전동기가 손상될 우려가 있는 과전류가 흘렀을 때 자동적으로 이를 차단하거나 경보하는 장치를 하여야 한다. 다만, 다음 중 어느 하나에 해당하는 경우는 그렇지 않다.

- 전동기를 운전 중 상시 취급자가 감시할 수 있는 곳에 시설하는 경우
- 전동기의 구조나 부하의 성질로 보아 전동기가 손상될 수 있는 과전류가 생길 수 없는 경우
- 단상전동기(표준정격의 것을 말한다)로서 그 전원측 전로에 시설하는 과전류차단기의 정격전류가 16 A(배선차단기는 20 A) 이하인 경우

과전류 보호장치의 정격은 다음 표 1-27와 같다.

표 1-27 과전류 보호장치의 정격

구 분		과전류 보호장치의 정격
주택용 배선차단기	정격전류(A)	6-8-10-13-16-25-32-40-50-63-80-100-125
	정격차단전류(kA)	1-1.25-1.5-1.6-2.5-3-3.15-4-4.5-5-6-6.3-8-10-12.5-16-20-25
산업용 배선차단기	정격전류(A)	6-8-10-13-16-20-25-32-40-50-63-80-100-125-160-200-250-320-400-500-630-800-1000-1250-1600-2000-2500-3200
	정격차단전류(kA)	1-1.25-1.6-2-2.5-3.15-4-5-6.3-8-10-12.5-16-20-25-31.5-40-50-63-80-100-125-160-200
기중차단기 (ACB)	정격전류(A)	200-400-630-800-1000-1250-1600-2000-2500-3200-4000-5000-6300
	정격차단전류(kA)	31.5-40-50-63-80-100-125-160-200-250
퓨즈	정격전류(A)	2-4-6-8-10-12-16-20-25-32-40-50-63-80-100-125-160-200-250-315-400-500-630-800-1000-1250
	정격차단전류(kA)	· 정격전압에 따라 제조자가 지정한 전류값 · 최소정격차단전류(산업용) : 교류 50 kA, 직류 25 kA · 최소정격차단전류(가정용) : 교류 50 kA, 직류 8 kA

(3) 분기회로의 시설

분기회로는 앞의 과부하보호장치의 설치 위치, 과부하보호장치의 생략, 단락보호장치의 설치 위치, 단락보호장치의 생략 등에 준하여 시설하여야 한다.

02장 수변전설비

2-1 수변전설비의 형식

2-1-1 수변전설비의 분류

수변전설비의 형식을 그 구성으로 보아 분류하면 다음과 같다.

- 옥외
  - 개방형
    - 가선식
    - 파이프 버스식
  - 폐쇄형
- 옥내
  - 개방형
  - 폐쇄형

(1) 옥외개방형

주회로 기기를 옥외에 설치하고 감시제어반만 옥내에 설치한 것으로 주요 기기 사이의 배선을 가선(架線)으로 하는 방식과 파이프 버스(bus)로 하는 방식이 있다. 근래에는 파이프 버스식이 많이 채택되고 있다.

(2) 옥내개방형

모선이나 주회로 기기를 옥내에 설치하는 것으로 옥외 개방형에서와 같이 주요 기기 사이의 배선을 가선이나 파이프 버스로 하는 방식이다.

(3) 옥외폐쇄형, 옥내폐쇄형

모선이나 주회로 기기를 큐비클에 수납한 것으로 그 큐비클을 옥외에 설치하도록 만든 것을 옥외 폐쇄형, 옥내에 설치하도록 만든 것을 옥내폐쇄형이라고 한다.

큐비클 방식을 채택하는 경우에 전압의 범위는 저압, 고압, 특고압은 물론이고 최근에는 초고압에 이르고 있다. 또 큐비클은 아니지만 절연매체로 SF_6 가스를 사용하고 변압기 이외의 모선과 기기를 금속용기에 수납한 가스절연 개폐장치(gas insulated switchgear : GIS)도 개발되어 사용되고 있다.

GIS는 경제성을 고려하여 60~500 kV의 범위에서 제작되고 있지만 SF_6 가스의 절연성능의 우수성 때문에 설비 전체를 축소할 수 있게 되어 용적비로 보아 60~70 kV급에서는 종전의 옥외개방형에 비하여 1/6~1/10 정도로 소형화되었고 전압이 높아지는데 따라서 축소율은 더욱 커질 수 있다.

또 안정성과 신뢰성 나아가서 외적 조건에 영향을 받지 않는다는 등의 특징도 겸비하기 때문에 빌딩의 지하 변전실을 비롯하여 공장, 하수처리장 등 각종 자가용 수변전설비에 선정될 것으로 예상된다.

(4) 절연유 사용으로 본 분류

변전설비용 기기는 절연재료로서 광물유를 흔히 사용해 왔지만 기름의 가연성(可然性), 오손되기 쉽고 보수하기 번거롭다는 등의 결점 때문에 기름을 사용하지 않는 기기를 선택하는 변전설비를 많이 볼 수 있다. 특히 빌딩이나 지하상가, 백화점 등 화재로 인한 재해가 커질 수 있는 장소에 설치하는 변전설비는 절연유를 전혀 사용하지 않는 기기만으로 구성하는 경우도 있다.

또 변압기만 유입식이고 다른 기기는 기름 없는 것으로 하는 말하자면 혼합식의 변전설비도 있다. 이와 같이 유입 기기의 사용 여부에 따라서 「건식 변전설비」 혹은 「부분 건식 변전설비」라고 분류되기도 한다.

유입식으로 할 것인지 아니면 건식으로 할 것인지는 그 변전설비의 중요성, 설치장소, 화재의 위험정도, 신뢰도, 보수하기 어려운 정도 및 경제성 등을 고려하여 결정하여야 할 것이다.

2-1-2 기기 및 방식의 선정

변전설비의 형식이나 절연유의 사용 불사용을 포함하여 설비기기로 어떤 것을 선택할 것인지, 즉 기기의 선정에 관한 것은 수변전 설비의 계획상 가장 기초적인 작업이라 하겠다. 설비용 기기 및 방식을 선정할 때에 일반적으로 검토할 항목을 열거하면 다음과 같다.

① 공급 신뢰도

② 운전 및 보수와 성력화(省力化)

③ 안전성
④ 환경과의 조화
⑤ 에너지 절감
⑥ 불연성
⑦ 경제성

위와 같은 여러 가지 항목 중에서 공급신뢰도를 중시한 경우는 표 2-1, 에너지 절감을 중시한 경우는 표 2-2, 불연성을 중시한 경우는 표 2-3에 기기 및 방식의 선정 예를 제시하였다.

표 2-1 공급 신뢰도를 중시한 경우

설비대상 / 항목	60 kV급 이상	주변압기 설비	3~30 kV급
신뢰도가 높은 기기	· 가스 차단기 선정	· 기름 완전 밀폐방식 채택	· 기름없는 차단기 선정
폐쇄화	· 옥내방식 채택 · 폐쇄 배전반 선정 · GIS 선정	· 충전부 차폐구조 채택	· 폐쇄 배전반 선정
염해, 먼지 대책	· 염해에 견디는 기기 성정 · 폐쇄화	· 염해에 견디는 부싱 선정 · 충전부 차폐구조 채택	· 폐쇄화
사고 파급 방지	· 파트별로 구획한 폐쇄 배전반 선정		· 고급 폐쇄 배전반 (F형, G형) 선정

표 2-2 에너지 절감을 중시한 경우

항 목	내 용
손실의 경감	· 수전 변압기의 대수를 부하량에 따라서 자동제어 · 역률을 자동제어 하고 항상 고역률로 유지하여서 선로 손실을 경감 · 효율이 높은 기기를 선정
운용의 합리화	· 중앙감시, 집중감시를 하여서 설비 전체를 합리적으로 운전 · 디멘드 자동 감시장치를 설치하여서 부하 상태에 따라서 디멘드 제어를 한다.

표 2-3 불연성을 고려한 경우

대상 설비 / 항목	60 kV급 이상	주변압기 설비	3~30 kV급
건식기기화	· 기름없는 차단기 (ABB,GCB) 선정 · GIS 선정 · 기타 불연성 기기 선정	· H종 변압기 선정 · 기타 불연성, 난연성의 변압기 선정	· 기름없는 차단기(MBB, GCB, VCB 등) 선정 · 기타 불연성 기기 선정
밀폐기기화	· 기름 완전 밀폐기기 선정		

2-2 주요 기기

변전기기를 선정하는 데 그 사용목적과 회로의 구성상 결정되는 정격과 특성 외에도 전체적인 설비의 형식과 보수조건, 적용규격, 신뢰성, 환경조건 나아가서 총건설비 예산과의 균형 등 고려할 사항이 많고 이것들은 모두 발주 전 엔지니어링 단계에서 확인해 둘 필요가 있다.

일반적으로 선택하는 설비형식 중에서 옥외 개방형은 건설비가 저렴하므로

① 설치면적에 제약을 받지 않고 부지 값이 싸다.

② 염해(鹽害)나 부식성 가스 등의 영향을 받지 않는다.

③ 보수작업을 하는 데 날씨 때문에 지장을 받는 일이 있더라도 유지관리상 큰 문제가 없다.

④ 주위환경과의 조화가 문제되지 않는다.

는 등의 조건이면 옥외 개방형을 선택해도 무방하다. 옥내형은 앞의 옥외 개방형의 결점인 염해, 보수작업의 제약, 주위환경과의 조화 등의 문제를 해결하기 위한 수단으로 채택한다.

다음에 큐비클식은 앞의 옥내형의 효과에다

① 설치공간의 절약

② 사고파급의 방지

③ 전기공사비의 절감

등의 특징이 있으며, 최근에는 66 kV급 이상의 고전압설비에도 널리 보급되고 있다.

2-2-1 변압기

변압기(transformer ; Tr)는 수변전설비의 핵심부가 되는 기기이며, 그 신뢰성은 설비전체의 신뢰도를 좌우하게 된다.

(1) 변압기의 정격

① 용량

단상변압기와 3상변압기의 표준용량은 표 2-4, 표 2-5와 같이 정해 놓고 있으므로, 이 중에서 선정하는 것이 바람직하다. 또 용량을 결정할 때는 기본적으로 부하용량과 장래의 계획을 고려해야 하겠지만 한 걸음 나아가서 1차/2차 개폐장치의 정격(전류와

차단용량)과의 협조 그리고 1뱅크에 고장이 생겼을 때에 예비용량의 필요성 등을 종합적으로 검토할 필요가 있다.

② 정격전압

수전용과 구내 배전용 변압기의 정격저압 선정지침은 다음과 같다.

- 1차측(수전측) : 그 계통의 공칭전압을 변압기의 정격전압으로 하고 수전전압의 변동범위에 대응하는 탭 전압을 마련한다.
- 2차측(부하측) : 변압기와 선로의 임피던스 강하를 고려한 부하설비의 정격전압에다 5 %를 더한 것을 정격전압으로 한다.

예

부하설비의 정격전압	변압기의 정격전압
3 kV	3.15 kV
3.3 kV	3.45 kV
400 V	420 V

위와 같이 하였을 경우에 경부하시는 부하점에 도달하였을 떄의 전압이 부하설비의 정격전압보다 약간 높을 수도 있지만 일반적으로 전동기 등의 전압변동 허용범위가 ±5 % 이내이면 사용상 지장이 없는 것으로 보아도 된다.

표 2-4 단상변압기의 표준용량 kVA

1	15	150	1,500	15,000
2	20	200	2,000	20,000
3	30	300	3,000	30,000
5	50	500	5,000	50,000
7.5	75	750	7,500	
10	100	1,000	10,000	

표 2-5 3상변압기의 표준용량 kVA

	15	150	1,500	15,000	(120,000)
					150,000
	20	200	2,000	20,000	(180,000)
					200,000
					250,000
3	30	300	3,000	30,000	300,000
			4,500	45,000	
5	50	500		(50,000)	
			6,000	60,000	
7.5	75	750	7,500		
				90,000	
10	100	1,000	10,000	100,000	

[주] ( )안은 준표준

예 제 2-1

22.9 kV-Y 배전용 주상변압기의 1차측이 22000 V인 경우에 2차측은 220 V이다. 저압측을 210 V로 하자면 1차측의 어느 탭 전압에 접속해야 하는가? 단, 탭은 20000 V, 21000 V, 22000 V, 23000 V이다.

풀이 저압측 전압을 210 V로 하기 위한 1차측 탭은 $E_2 = E_1 \times \frac{n_2}{n_1}$ 이므로

$$\therefore \ n_1 = \frac{E_1}{E_2} \times n_2 = \frac{22000}{210} \times 220 = 23047$$

1차측 탭전압은 23000 V가 알맞다.

답 23000 V

---

(2) 변압기 효율

변압기의 효율은 다음 식으로 나타낸다.

$$\eta = \frac{V_2 I_2 \cos\varphi \times 100}{V_2 I_2 \cos\varphi + F + I_2^2 r'} = \frac{V_2 \cos\varphi \times 100}{V_2 \cos\varphi + \frac{F}{I_2} + I_2 r'} \ \% \qquad (2-1)$$

여기서, η : 변압기의 효율

V_2 : 2차 정격전압

I_2 : 2차 부하전류

F : 철손

r' : 2차로 환산한 전저항

$\cos\varphi$: 부하역률

위 식에서 알 수 있는 것과 같이 변압기의 효율은 부하에 따라서 변화한다. 변압기의 효율이 최고로 되는 점은 철손과 동손이 같게 되는 부하상태이다. 그런데 전부하 상태에서 철손과 동손의 비는 변압기의 정격전압, 임피던스, 용량 등과 제조회사에 따라서 얼마간 차이는 있지만 대체적으로 1 : (2~8)이다. 그러므로 최고 효율이 되는 변압기의 부하는 $(1/2)^{\frac{1}{2}} \sim (1/8)^{\frac{1}{2}}$ = 70~35 % 정도이다. 그리고 부하는 연간을 통해서 또는 시각에 따라서 증감하는 것이므로 변압기의 부하율은 별로 높지 않고 위와 같은 정도이다.

(3) 결선방식

1차와 2차의 결선은 일반적으로 △-△, Y-Y, 또는 △-Y 결선을 한다. 결선방식은 주회로 계통의 접지방식과 탭 절환방식 그리고 경제성 등을 고려하여 선정하는 데 전압 77 kV 이하는 일반적으로 1차측을 △ 결선으로 하고, 부하시 탭 절환식인 경우에는 Y 결선으로 한다. 그 이유는 Y 결선으로 하면 부하시 탭 절환장치가 3상 1괄식으로 되어 간단하고 경제적이기 때문이다.

그림 2-1과 그림 2-2에서 변압기 결선의 도면표시 예를 볼 수 있다.

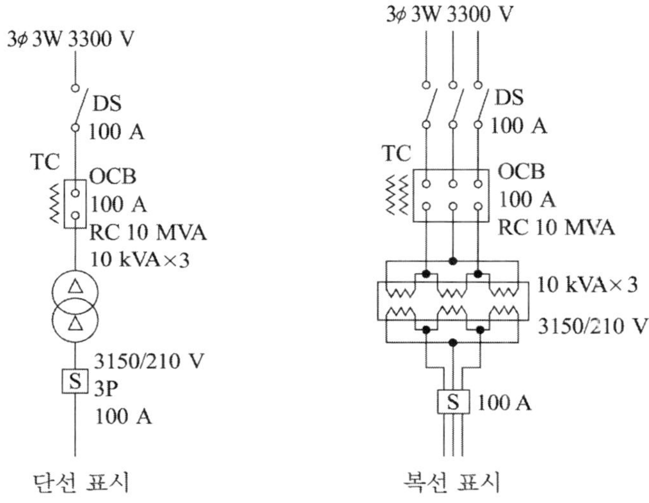

그림 2-1 △-△접속의 도면표시

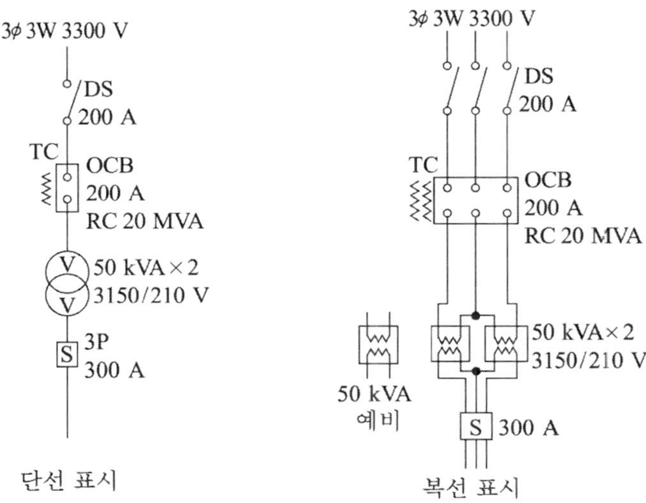

그림 2-2 V-V접속의 도면표시

(4) H종 절연 건식 변압기

H종 절연 건식 변압기는 운모, 유리섬유 등을 기본재료로 하고 실리콘수지로 처리한 내열성의 절연재료를 사용하여 만든 변압기이다. 이 변압기는 다음과 같은 특징이 있기 때문에 백화점, 병원, 극장, 지하상가 등 화재를 극히 두려워하는 장소에 주로 사용되고 있다.

① 불연성, 비폭발성
② 내열성이 우수하기 때문에 주위온도가 비교적 높은 장소에 적합하다.
③ 절연유의 점검을 할 필요가 없다.
④ 경량이고 설치면적이 좁다.

한편, 이 변압기는 먼지나 습기가 많은 장소에는 적합하지 않다는 것, 충격파 내전압이 작기(유입식의 55～65 %)때문에 계통에 서지의 발생이 예상되는 경우에는 서지흡수기(surge absorber)나 피뢰기 등을 설치할 필요가 있다는 것, 대용량기를 케이스에 수납한 경우에는 냉각용 팬이 필요하고 보수・소음 등에 주의하여야 한다는 것 등이 결점이다.

2-2-2 차단기

차단기는 보통상태의 전로를 개폐하는 것 외에도 이상상태, 특히 단락상태에서 계전기와 짝 지워서 전로를 자동적으로 개방하여서 기기를 보호할 목적으로 사용하는 장치이다.

(1) 차단기의 종류

차단기는 아크(arc)를 소호하는 매질에 따라서 유입차단기, 자기차단기, 공기차단기, 진공차단기 등의 종류가 있다.

① 유입차단기(oil circuit breaker : OCB)

절연유의 소호작용에 의하여 아크를 소호하는 구조이다. 이는 취급이 간편하고 가격도 저렴하여 가장 많이 사용되고 있다. 대지절연방식에 따라서 탱크형과 애자형의 2종류가 있고, 탱크형은 154 kV 이하의 계통에 애자형은 소유량 형으로 77 kV 이하의 옥내용으로 많이 사용한다.

② 자기차단기(magnetic blow-out circuit breaker : MBB)

아크하고 차단전류에 의하여 형성된 자계의 전자력을 이용하여 아크를 소호실 안으로 끌어들여서 잡아 늘려 냉각 차단한다. 주로 11 kV 이하의 회로에 사용한다.

③ 공기차단기(air-blast circuit breaker : ABB)

10~30 atg 정도의 압축공기를 아크에 세차게 불어서 소호하는 장치이고, 사용 장소에 따라서 옥내용과 옥외용으로 구분된다. 옥내용은 3.3~275 kV용으로 큐비클에 내장하여 사용하는 예가 많다.

④ 진공차단기(vacuum valve circuit breaker : VCB)

고진공 용기 안에 마련된 전극사이에서 전류를 차단하는 것으로 고진공 영역의 절연특성을 이용한 것이다. 이는 아크시간이 짧고(0.5 사이클 정도), 아크 에너지를 낮게 억제할 수 있기 때문에 접점의 소모가 적다. 그래서 전기적 수명이 다른 차단기에 비해 대단히 길기 때문에 개폐조작을 자주하는 곳에 적합하다(3.3~77 kV).

⑤ 가스차단기(gas blast circuit breaker : GCB)

높은 절연성능을 갖는 특수 가스(SF_6)를 내뿜어서 차단한다(3.3~275 kV).

⑥ 기중차단기(air circuit breaker : ACB)

대기(大氣) 중에서 아크를 잡아늘여 소호실 작용으로 냉각 차단한다(100~415 V).

(2) 차단기의 정격

① 정격전압

공칭전압의 1.2/1.1배되는 값으로 나타낸다.
가령 3.3 kV는 3.6 kV, 6.6 kV는 7.2 kV이다.

② 정격전류

정격전류는 부하전류에 의하여 결정된다. 일반회로에서 회로전류의 120 % 이상의 정격전류를 갖는 차단기를, 특히 콘덴서용 차단기는 콘덴서군 전류의 150 % 이상의 정격전류를 갖는 차단기를 선정하는 것이 바람직하다.

③ 정격차단전류(차단용량)

전로에 단락사고가 발생하였을 때에 차단기가 단락전류를 차단할 능력이 없으면 탱크가 폭발하는 등 중대한 사고로 파급될 수도 있다. 이 차단능력을 정격차단전류로 나타내고 있다(과거에는 정격차단용량으로 표시).

차단용량은 다음 식으로 계산하고, 참고값으로 이용한다.

$$\text{차단용량 MVA} = \sqrt{3} \times \text{정격전압 kV} \times \text{정격차단전류 kA}$$

차단기 정격의 표준값을 표 2-6에 제시한다.

표 2-6 차단기 정격의 표준값(3.6~168 kV)

정격 전압 kV	정격 차단전류 kV	정격차단시간(사이클)				정격전류 A						정격 투입전류 kA	차단 용량 MVA
		2	3	5	8	600	800	1200	2000	3000	4000		
3.6	16			○	○	○		○				40	100
	25			○	○	○		○				63	160
	40			○	○	○		○	○	○		100	250
7.2	12.5			○	○	○		○	○			31.5	160
	20			○	○	○		○	○	○		50	250
	31.5			○	○			○	○	○		80	390
	40			○	○			○	○	○		100	500
12	25			○	△	○		○				63	520
	40			○	△			○				100	830
	50			○	△			○				125	1000
	80			○	△			○				200	1700
24	12.5			○	△	○		○				31.5	520
	20			○	△	○		○				50	830
	25			○	△	○		○	○	◎		63	1000
	40			○	△			○	○	○		100	1700
36	12.5			○	△	○		○				31.5	780
	16			○	△	○		○	○			40	1000
	25			○	△	○		○	○			63	1600
72	12.5			○		△	○	○				31.5	1600
	20			○			○	○	○			50	2500
	25		◎	○				○	○		○	63	3120
	31.5		◎	○				○	○		○	80	3900
84	10			△		△	△	△				25	1500
	12.5			○		△	○	○				31.5	1800
	20			○			○	○	○			50	2900
	25		◎	○				○	○	○	○	63	3600
	31.5		◎	○				○	○	○	○	80	4600
120	12.5		○	○			○	○				31.5	2600
	20		○	○			○	○	○			50	4200
	25		○	○				○	○			63	5200
	31.5		○	○					○	○	○	80	6500
	40		○	○					○	○	○	100	8300
168	12.5		○	○			○	○				31.5	3600
	20		○	○				○	○			50	5800
	25		○	○				○	○	○	○	63	7300
	31.5		○	○				○	○	○	○	80	9200
	40		○	○					○	○	○	100	12000

[비고] 차단용량이란 그 차단기를 적용할 수 있는 계통의 3상 단락용량의 한도를 나타내고 다음 식에 의하여 구한 참고 값이다.

(3) 수전용 차단기와 분기용 차단기

자가용 변전소에 설치하는 차단기의 정격차단전류는 일반적으로 다음과 같은 방법으로 결정한다.

① 수전용 차단기

수전용 차단기는 이 차단기의 2차측에 단락사고가 발생하였을 때에 단락전류를 차단할 수 있어야 한다. 이 단락전류는 차단기의 위치로부터 전원측에 있는 전선로와 이것에 공급하는 전력회사 변전소의 용량에 의하여 정해지는 것이므로 수용가측에서 계산하기는 곤란하다. 그러므로 수전용 차단기의 정격차단전류는 전력회사가 산정한 값을 그대로 채택하는 것이 바람직하다.

② 분기용 차단기

고압전동기 또는 구내배전선의 분기용 차단기의 정격차단전류는 수전용 차단기와 동일용량의 것을 선택하면 차단하는 데 문제는 없지만 설비비가 많이 들기 때문에 일반적으로 수전용보다 소용량의 것을 선택한다. 이 방식은 후비보호방식으로 분기차단기의 차단능력 이상의 사고에 대해서는 계전기의 동작보호 협조에 의하여 분기용이 동작하기 전에 수전용 차단기로 단락 전류를 차단한다. 따라서 이 방식으로 하면 정전범위가 넓어질 수밖에 없다.

2-2-3 지락차단장치

전기설비기술기준에는 '다른 전기사업자로부터 공급을 받는 수전점 또는 이와 가까운 곳에다 수전점의 부하측 전로에 지기(地氣)가 발생하였을 때에 자동적으로 전로를 차단하는 장치를 설치하여야 한다'라고 규정되어 있다.

이는 수전점의 부하측 전로에 생긴 지기를 전력회사측의 지락차단장치보다 먼저 차단하여서 전원측에 그 영향이 파급되는 것을 방지하기 위한 것으로 보안상의 책임한계를 분명히 하는 것이다. 다만, 수전설비가 단순한 경우에는 고장이 발생하는 기회도 적고 또 지락검출용 변성기 등을 시설하는 것이 오히려 사고율을 높일 수도 있다고 보기 때문에 수전점에서 수전전압과 동일한 전압의 선로를 인출하지 않는 경우에 한해서 지락차단장치를 설치하지 않을 수 있다.

지락사고가 발생하면 그 계통에는 영상전류(지락전류)가 흐르고 영상전압이 발생하기 때문에, 이 영상전류나 영상전압에 의하여 지락보호 계전기가 동작하면 이것으로 사고를 검출하게 된다.

한편 지락차단장치에 케이블 관통형 ZCT를 사용하는 경우에는 고압 케이블의 차폐층에 대한 접지선 시설을 그림 2-3의 설명도와 같이 해야 한다는 것도 알아두는 것이 좋겠다.

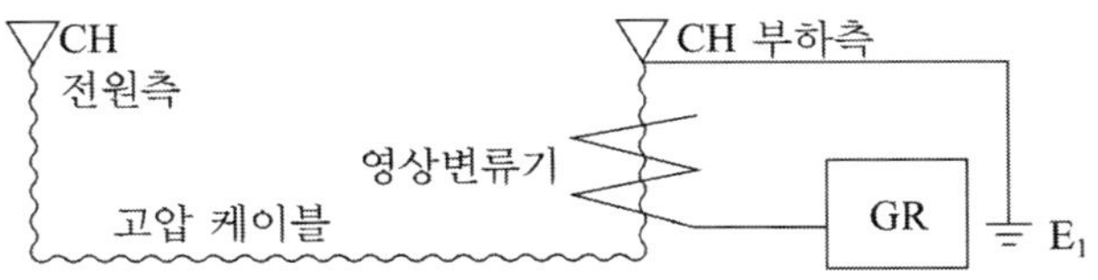

(a) ZCT를 고압 케이블의 부하측에 부착하는 경우
(케이블 차폐층의 접지선은 ZCT를 관통하지 않는다)

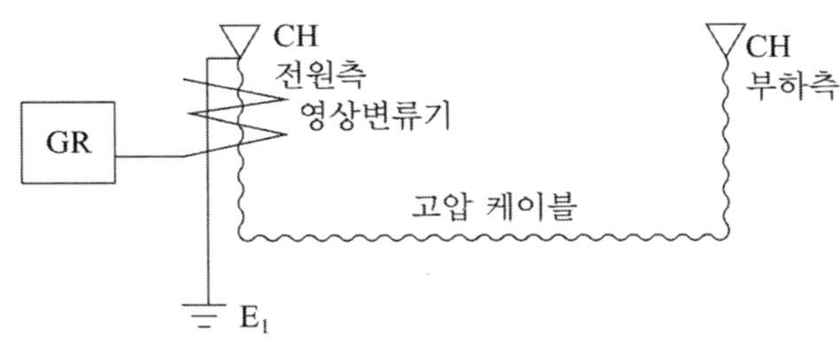

(b) ZCT를 고압 케이블의 전원측에 부착하는 경우
(케이블 차폐층의 접지선은 ZCT를 관통하고
부하측에서 접지한다)

그림 2-3 지락차단장치의 시설

2-2-4 진상 콘덴서 설비

전등부하나 전열부하는 역률이 좋지만 전동기 등은 역률이 나쁘기 때문에 부하설비의 종합역률은 과히 좋지 않다. 이 역률을 개선하기 위하여 부하와 병렬로 진상용 콘덴서(static capacitor : SC)를 접속한다.

진상용 콘덴서는 저압측의 각 부하마다 개별적으로 접속하는 것이 역률개선만을 생각할 때 가장 이상적이지만 설비비가 과다한 것이 문제이다. 그래서 자가용 변전설비에서는 고압 모선에 집중적으로 설치하는 경우가 많다.

또 개선후의 역률을 95 % 이상으로 하면 콘덴서 용량이 갑자기 증가하여 비경제적으로 되기 때문에 95 %를 초과하지 않도록 개선하는 것이 실질적이다.

(1) 용량의 산출

콘덴서 용량의 계산은 kVA부하를 기준으로 하는 경우와 kW부하를 기준으로 하는 경우가 있다.

표 2-7에 계산법과 계산예를 제시한다.

표 2-7 콘덴서 용량 환산표

A. kW부하를 기준으로 하는 경우 kW × 표의 % = 콘덴서의 용량 kVA				B. kVA부하를 기준으로 하는 경우 kVA×표의 % = 콘덴서의 용량 kVA			
처음 역률 %	개선 후의 역률 %			처음 역률 %	개선 후의 역률 %		
	95	90	85		95	90	85
40	196	181	167	40	79	72	67
42	183	168	154	42	77	71	65
46	160	144	131	46	74	67	60
50	140	125	111	50	70	62	56
52	131	116	102	52	68	60	53
56	115	99	86	56	64	56	48
60	100	85	71	60	60	51	43
62	94	78	65	62	58	49	40
64	87	72	58	64	56	46	37
66	81	65	52	66	54	43	34
68	75	59	46	68	51	40	31
69	72	57	43	69	50	39	30
70	69	54	40	70	49	38	29
72	64	48	34	72	46	35	25
74	58	42	29	74	43	32	22
76	53	37	24	76	40	28	18
78	47	32	18	78	37	25	14
80	42	27	13	80	34	21	10
82	37	21	8	82	30	18	7
84	32	16	3	84	27	14	3
86	27	11		86	23	10	
88	21	6		88	19	5	
90	16			90	14		
94	3			94	3		

[설명] 부하 100 kVA, 역률 60 %를 90 %로 개선하기 위해서 필요한 콘덴서의 용량은 표 B에서 처음의 역률 60 %의 수평란과 희망하는 역률 90 % 위 수직란의 교점 51 %를 택하여 100 kVA × 0.51 = 51 kVA이므로, 필요한 콘덴서 용량 51 kVA이다.

(2) 콘덴서의 종류

① 캔형 콘덴서

두께 0.5~1.6 mm 정도의 얇은 강판으로 용기를 제작하고 단기(單器) 용량 150 kVA 정도 이하의 소용량용으로 사용된다.

② **탱크형 콘덴서**

두께 5~10 mm 정도의 두꺼운 강판으로 용기를 제작하고 절연유의 유량조정을 용기의 상부에 부착한 유량 조정장치로 하게 되어 있어 절연유의 체적 변화에 대하여 내부압력이 거의 일정하게 유지되기 때문에 신뢰성이 극히 높고 견고하다. 200 kVA 이상의 대용량으로 사용되고 있다.

(3) 부속장치

① **직렬 리액터**(series reactor : SR)

용량이 큰 콘덴서를 설치하면 제 5고조파 전류가 증대하여 파형이 일그러지게 되므로 파형을 개선하기 위해서 직렬 리액터를 설치한다. 용량은 콘덴서 용량의 6 %로 하고, 뱅크 용량이 500 kVA 이상 되는 경우에 설치하는 것이 보통이다. 그러나 아크등 회로나 정류기 회로용은 고주파에 대한 대책 때문에 13 % 또는 8 %의 것은 사용하는 경우가 많다.

② **방전 코일**(discharging coil : DC)

콘덴서를 개방할 때에 변압기나 전동기 등을 거쳐서 방전회로가 형성되지 않을 경우에는 잔류전하로 인하여 감전될 염려가 있으므로 방전 코일이나 기타 개로후의 잔류전하를 방전시킬 장치를 마련하여야 한다.

방전 코일은 콘덴서 회로에 직접 접속하던지 아니면 콘덴서 회로를 개방하는 때에 자동적으로 접속되도록 장치하고 개로 후 5초 이내에 잔류전하를 50 V 이하로 낮출 수 있는 기능을 갖추고 있어야 한다. 또 방전장치를 별도로 설치하자면 설치면적이 필요하지만 방전장치가 붙어있는 유입개폐기 또는 방전코일 내장형 콘덴서를 선택하면 기기의 배치가 용이하다.

(4) 진상 콘덴서 설비의 적용

콘덴서 용량 150 kVA 정도 이하에는 일반적으로 값이 저렴한 캔형이 쓰이지만 내부고장이 생겼을 때에 발생할 수 있는 폭발사고에 대비하여 내부압력 이상 검출장치를 부착한 것도 있다. 즉 내부 고장에 의한 압력상승이 용기의 파괴압력까지 도달하기 전에 보호접점이 닫혀서 전원측의 차단기 등에 차단지령을 발하게 되는 것이다.

탱크형 콘덴서는 직렬 리액터와 방전코일이 부속되어 있는 것이 보통이지만 탱크에 콘덴서와 방전 코일을 내장하고 직렬 리액터와 개폐기를 탑재하여 일체형 구조로 만든 진상 콘덴서 설비도 개발되어 많이 사용되고 있다. 이는 충전부가 노출되지 않는 안전구조라는 것과 설치하기 간편하다는 것이 특징이다.

예 제 2-2

그림 2-4와 같이 부하변동이 있는 공장에서 부하역률을 95 %로 개선하는 데 필요한 콘덴서의 용량과 군분할을 하여라.

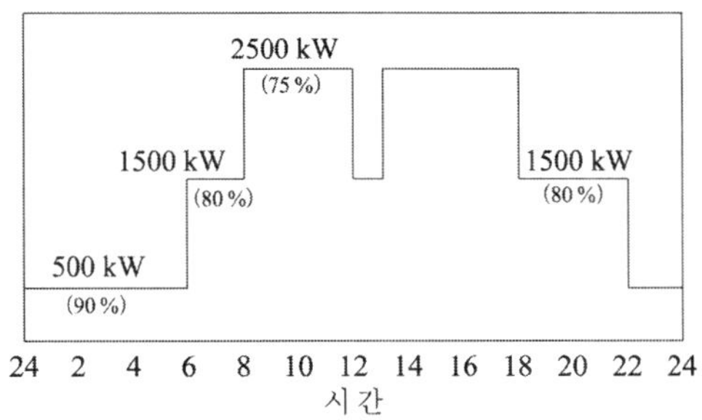

그림 2-4

풀이 식 $Q_C = P\,\text{kW}\left(\sqrt{\dfrac{1}{\cos^2\theta_0}-1}-\sqrt{\dfrac{1}{\cos^2\theta_1}-1}\right)\,\text{kVA}$

에 의하여 계산하면(콘덴서 용량을 구하는 표 2-7을 이용하면 더욱 간편하다)

① 500 kW 부하일 때는 pf=0.9이므로, Q_C = 75 kVA

② 1500 kW 부하일 때는 pf=0.8이므로, Q_C = 632 kVA

③ 2500 kW 부하일 때는 pf=0.75이므로, Q_C = 1383 kVA

위의 계산에 의하여 75-650-1400 kVA의 콘덴서 설비가 필요하다는 것을 알 수 있다. 따라서 이와 같은 부하일 때는 200 kVA 1군을 고정으로 하고, 600 kVA×2군을 가변군으로 하여 500 kW 부하시에는 200 kVA만을 사용하고, 1500 kW 부하시에는 600 kVA 1군만을 자동투입하고, 2500 kW 부하시에는 나머지 600 kVA 1군을 자동투입하면, 전부하시에 pf=0.95이상으로 유지할 수 있다.

2-2-5 배전반

배전반은 전력계통에서 중추적 역할을 한다. 이는 기기와 회로를 감시 · 제어하기 위하여 계기, 계전기, 개폐기 등을 한곳에 모아서 장치한 것으로 아주 간단한 것부터 복잡하고 큰 것까지 각양각색이다. 근래에는 전력계통뿐만 아니라 기계계통까지도 포함한 것, 예컨대 공장 전체의 프로세스, 또는 빌딩에서 전기설비와 기계설비에 대한 감시 · 제어 · 보호 등의 역할을 하는 종합 감시제어반으로 사용하기도 한다.

(1) 배전반의 구성요소

배전반의 기기는 감시제어용 기기와 주회로의 기기로 구분한다.

① 감시제어용 기기

㉠ 계기 : 전력회로와 기기의 상태를 감시하고 계측

㉡ 표시등 : 차단기와 개폐기의 개폐상태를 확인

㉢ 조작개폐기 : 기기의 원격조작용

㉣ 보호계전기 : 기기와 회로의 이상상태를 검출하고 선택・차단하는 보호장치

㉤ 경보표시 : 사고나 고장의 표시와 벨, 부저에 의한 경보장치

② 주회로의 기기

차단기와 단로기 등이다. 개방형 배전반에서 수동조작식 차단기는 배전반에 직접 부착한다. 기기의 배치는 일반적으로 항상 감시를 해야 하는 것은 반의 상부에, 조작용 개폐기는 중앙부에, 항상 감시를 하지 않아도 되는 것은 하부에 취부하고 있다.

(2) 배전반의 형식

① 수직형 ┬ 자립형 : 감시 제어면이 전면형 또는 전면과 배면으로 된 양면형도 있다.
　　　　 └ 벽지지형 : 개방형으로 소용량의 변전소에 많다.

② 벤치형 : 수직 자립형과 데스크 형을 하나로 만든 것

③ 데스크형 : 제어용으로 수직 자립형과 짝 지워서 사용하는 경우가 많다.

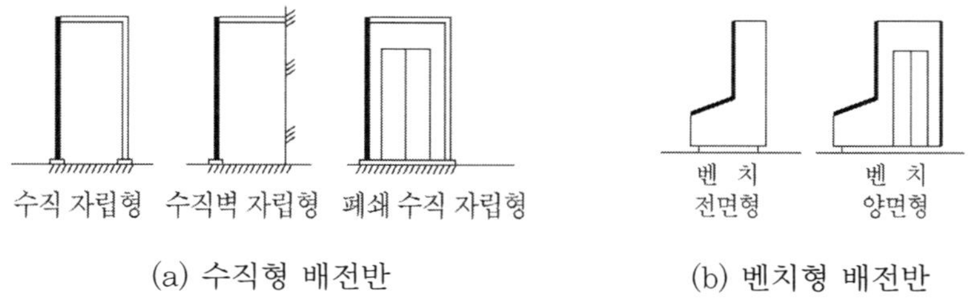

(a) 수직형 배전반　　(b) 벤치형 배전반

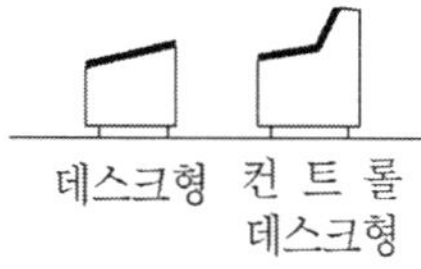

(c) 데스크형 배전반

그림 2-5 배전반의 구조에 의한 분류(굵은 선은 감시면을 나타낸다)

2-2-6 폐쇄 배전반

폐쇄 배전반은 일반적으로 큐비클(cubicle) 또는 메탈 클래드(metal clad)라고 부르지만 엄격히 따져보면 이 양자는 동일한 것이 아니다.

폐쇄 배전반은 특고압부터 저압에 이르기까지 그 종류가 다양하고 주회로의 전압, 보호구조, 주회로의 주기기, 모선방식, 형식 등에 따라서 여러 가지로 분류된다. 이를 회로전압에 따라서 분류하면

① 특고 폐쇄 배전반(ABB, VCB 수납)
② 고압 폐쇄 배전반(OCB, MBB, VCB 수납)

이다. 또 주위의 조건에 따라서 옥내형과 옥외형으로 구분한다. JEM-1153에서는 폐쇄 배전반의 형을 A형부터 G형까지 8종류로 분류해 놓고 있는데 A~D형은 큐비클, E~G형은 메탈 클래드에 속한다. 표 2-8의 형은 표 2-9에 제시한 조건기호와 짝지어서 사용한다. 예컨대 A형은 조건 1과 X, G형은 조건 4와 Z를 구비하는 것이다.

표 2-8 단위 폐쇄 배전반의 형식(JEM 1153-1970)

단위 폐쇄 배전반의 형식		구비해야 하는 조건기호	비 고
큐비클 배전반	A	1X	
	B	2X	
	C	2X	
	D	2Y	
메탈 클래드 배전반	E	2Y	
	F1	3Y	주로 11 kV 이상 33 kV 이하의 특고압의 전로용, 차단기의 주회로에 자동연결식 관로부를 마련하지 않는 경우 적용
	F2	3Z	
	G	4Z	

표 2-9 (1) 구비해야 하는 조건

조건기호	구비조건
1	단위회로 구분마다 장치가 접지된 금속함 내에 수납되어 있을 것
2	위의 조건 외에, 감시제어반을 열었을 때에 주회로 충전부에 접촉하지 못하도록 되어 있고 보수해야 하는 저압제어회로를 안전하게 점검할 수 있을 것
3	위의 조건 외에, 주회로의 기기는 접지금속격벽 또는 절연격벽에 의하여 이격하고 주회로와 감시제어반은 접지금속격벽으로 이격할 것
4	위의 조건 외에, 주회로의 모선 접속선과 접속부는 절연할 것

표 2-9 (2) 차단기의 취급

조건기호	구비조건
X	고정해서 설치할 수 있는 구조
Y	반출이 가능한 구조
Z	주회로는 자동연결식 단로부, 제어회로는 수동연결식 단로부가 있고, 이를 꺼낼 수 있는 형상

(1) 폐쇄 배전반의 정격

JEM 1153에 의하면 폐쇄 배전반의 정격은 그것에 부과할 수 있는 회로전압의 상한 값을 정한 것이고 특고압용은 11.5 kV, 23 kV, 34.5 kV, 고압용으로는 3.45 kV, 6.9 kV가 표준으로 되어 있다.

또 폐쇄 배전반의 정격전류는 규정된 온도 상승한도를 초과하지 않고 계속 흘릴 수 있는 전류의 한도를 말하고 단위 회로마다 정하는 것으로 되어 있으며 그 표준 값은 100 A, 200 A, 400 A, 600 A, 800 A, 1200 A, 1500 A, 2000 A, 3000 A가 있다.

(2) 고압 폐쇄 배전반

자기 차단기, 진공 차단기, 소유량 차단기 등이 소형화됨에 따라서 폐쇄 배전반에 수납하는 이들 소형의 차단기를 2단 쌓기 구조로 한 것이 많고 E형 혹은 F_2형이 대부분이다.

그림 2-6은 최근 많이 볼 수 있는 E형, F_2형의 구성 예이다.

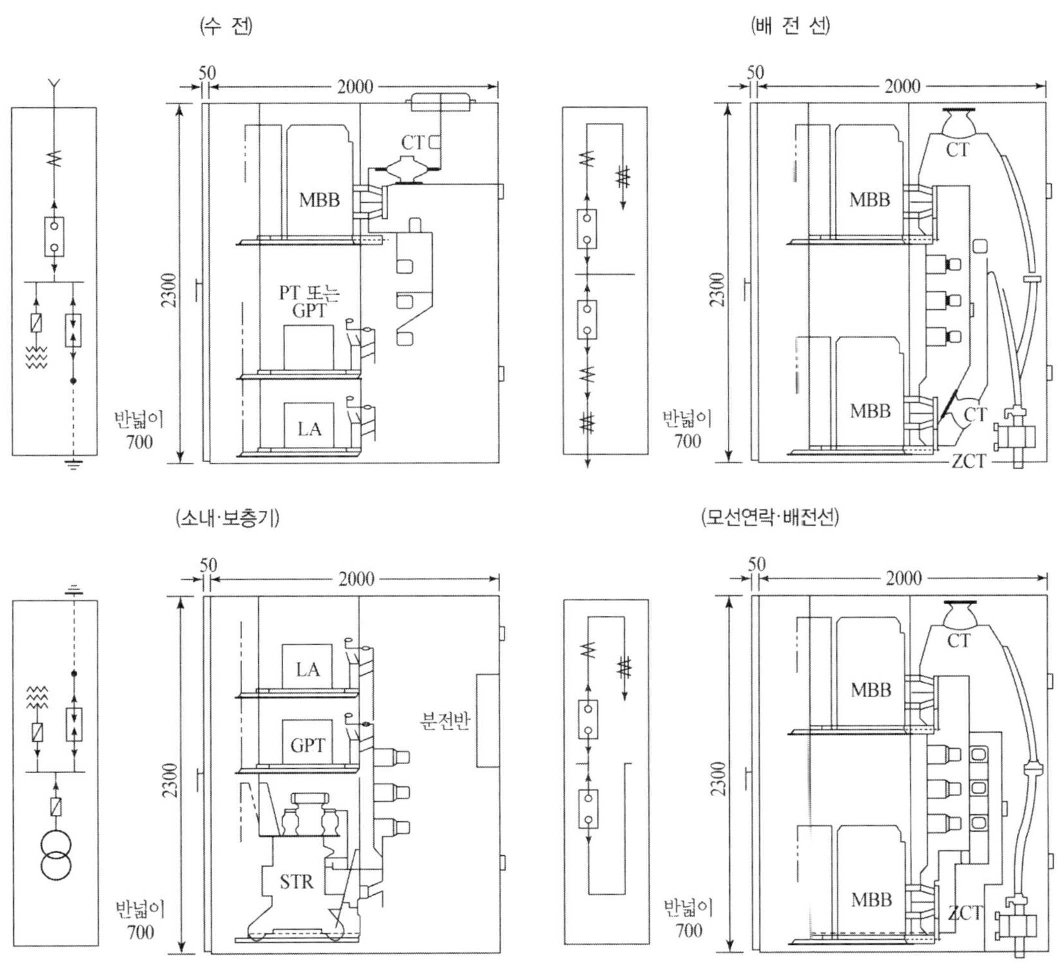

그림 2-6 E형 F_2형 고압 폐쇄 배전반의 예

(3) 특고 폐쇄 배전반(11~33 kV급)

공장, 빌딩, 물 처리장, 기타 여러 가지 수변전 설비에 11~33 kV급의 특고 폐쇄 배전반이 널리 사용되고 있다. 두께 1.6~3.2 mm의 강판제가 보통이고 장치를 일괄하여 접지 금속함 안에 수납하고 단위 회로구분마다 접지 금속격벽 또는 절연격벽으로 격리하였다.

특고 폐쇄 배전반의 문짝에는 차단기의 조작 스위치와 개폐 신호 램프를 제외하고 계기나 계전기는 일체 부착하지 않는 것이 보통이다. 내부에 수납하는 차단기는 큰 차단용량에 적합한 공기 차단기가 과거부터 많이 사용되고 있지만 최근에는 저소음에다 설치 스페이스가 작은 진공 차단기나 소유량 차단기도 사용되고 있다. 그림 2-7은 22 kV 수변전설비의 표준 구성 예이다.

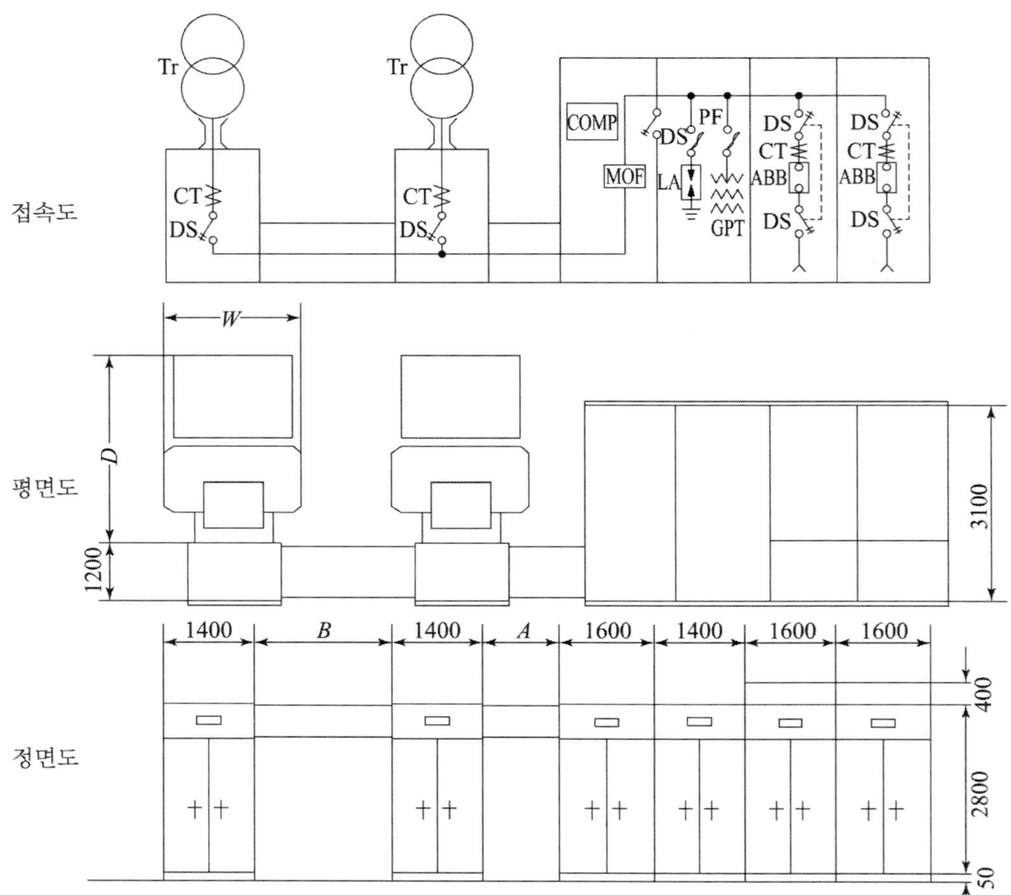

Tr용량 kVA	치수 mm			
	A	B	D	W
1000	1050	2100	2625	3040
1500	1050	2100	2625	3040
2000	1100	2150	2735	3080
3000	1150	2400	2865	3330

그림 2-7 22 kV 폐쇄 배전반의 표준 구성 예

2-2-7 계기용 변성기

일반 변전소에서는 고전압, 대전류를 취급하고 있으므로 전압 전류에 비례하는 저전압(110 V), 소전류(5 A)로 변성하여서 계측하거나 보호계전기에 공급하고 있다. 변성기에는 계기용 변압기, 변류기, 변압변류기 등이 있다.

(1) 계기용 변압기(potential transformer : PT)

특고압 또는 고압회로의 전압을 저압으로 변성하기 위하여 사용하는 것으로 배전반의 전압계, 전력계, 주파수계, 역률계 표시등 그리고 부족전압 트립코일(UVC)의 전원으로 사용한다. 계기용 변압기는 옥외용과 옥내용으로 구분하고 검출원리, 절연유의 유무, 권선구조, 절연구조 등에 따라서 다음과 같이 분류한다.

- 권선형
  - 유입식
    - 탱크형
    - 애자형
  - 몰드식
  - 건 식
- 콘덴서형

콘덴서형 계기용 변압기(PD)는 주로 66 kV 이상의 회로에 사용한다. 3.3 kV 이상 33 kV 이하에서 옥외용은 유입권선형을 사용하고 옥내용은 대부분 폐쇄배전반에 내장하므로 절연 신뢰도가 높은 몰드형을 사용한다.

(2) 계기용 변류기(current transformer : CT)

특고압이나 고압회로의 대전류를 저압의 소전류로 변성하기 위하여 사용하는 것으로 배전반의 전류계, 전력계 그리고 트립코일(TC)의 전원으로 사용한다. 계기용 변류기는 절연의 종류와 구조에 따라서 다음과 같이 분류한다.

- 권선형
  - 유입식
    - 탱크형
    - 애자형
  - 몰드식
  - 건 식
- 봉형(捧形)
- 관통형

봉형은 1차권선이 직선형 도체 한 개로 되어 있다. 1차의 정격전류가 크고(1500 A 이상) 단락전류가 큰 회로에 적합하다.

관통형은 봉형의 1차 도체 대신 부싱이나 케이블을 관통시켜서 1차 도체의 역할을 한다. 형태는 도너츠 모양이고, 변압기나 차단기에서 부싱을 취부하는 부분(탱크의 내부)에 수납하여 사용하므로 다른 형에 비하여 값이 싸다.

유입식은 유입변압기와 같은 절연방식으로 되어 있고 주로 11 kV 이상의 옥외용으로 사용한다.

건식은 프레스 보드, 면 테이프 등을 주절연물로 사용해서 만든 것으로 값이 싸지만 흡습하기 쉽고 절연신뢰도가 좋지 않기 때문에 저압회로용으로 사용한다.

몰드식은 브틸 고무나 애폭시 수지를 주절연물로 사용한 것으로 고절연이고 경년열화가 적기 때문에 3.3~33 kV의 옥내용으로 가장 많이 사용한다.

(3) 계기용 변성기(PCT 또는 MOF)

MOF는 metering out fit의 약자이고, 특고압이나 고압회로에서 직접 전력량을 계량하는 경우에 사용하는 전력 수급용이다. V결선한 계기용 변압기와 변류기 2개를 철제의 함내에 수납하고 있다.

표 2-10은 계기용 변성기의 정격이다.

표 2-10 계기용 변성기의 정격

종별	정 격	
P T	정격 1차전압 V 정격 2차전압 V 정격부담 VA	그 회로의 공칭전압으로 나타낸다. 110 또는 220 2차부담 : 50, 100, 200, 500, 3차부담 : 25, 50, 100, 200
C T	정격 1차전류 A 정격 2차전류 A 정격부담 VA	10, 15, 20, 30, 40, 50, 75, 100, 150, 200, 300, 400, 500, 600, 750 5 2차부담 : 보통 40이 표준, 3차부담 : 3G급은 5, 10, 5G급은 10, 15, 25

(4) 영상변류기(zero phase sequence current transformer : ZCT)

영상변류기는 3.3/6.6 kV 비접지계통에서 미약한 영상전류를 검출하는 방법으로 사용되고 영상전류비는 200 mA/1.5 mA가 표준정격으로 되어 있다. 구조는 1차 도체가 있는 것하고 관통형 두 가지인데, 3.3~6.6 kV 계통의 구내배전에는 주로 케이블을 사용하고 있기 때문에 케이블 관통형을 많이 사용한다.

예 제 2-3

22.9 kV-Y로 수전하는 수용가의 수전용량이 750 kVA 이다. 인입구에 시설하는 MOF의 적당한 변류비와 변압비를 표준규격으로 결정하여라.

풀이 변류비는 1차 정격전류의 1.2~1.5배로 한다.

$$I_1 = \frac{750 \times 10^3}{\sqrt{3} \times 22900} = 18.9 \text{ A}$$

I_1의 1.2~1.5배는 22.68~28.35 A이므로 변류비는 30/5 A로 하고, 변압비는 2차 전압이 110 V이므로 22900/110 V이다.

답 변류비 : 30/5 A, 변압비 : 22900/110 V

2-2-8 단로기

단로기(disconnecting switch : DS)는 개폐기의 일종으로 기기를 전로에서 개방하거나 모선의 접속을 변경하기 위하여 사용한다. 전류의 개폐는 차단기와 개폐기로 하고 단로기는 부하전류의 개폐를 하는 데 사용하지 않는 것을 원칙으로 한다. 그러나 선로의 충전전류, 변압기의 여자전류, 경부하전류등 미약한 전류를 개폐하는 데는 사용하기도 한다. 사용 장소에 따라서 옥내용과 옥외용으로 구분하고 극수와 투수는 단극과 3극, 단투와 쌍투형이 있다.

접속방식은 표면접속(F-F : Front Front)
이면접속(B-B : Back Back)
표리접속(F-B, B-F)

이 있고, 그림 2-8은 접속법을 예시한 것이다. 표 2-11은 단로기 정격의 표준 값의 일부이다.

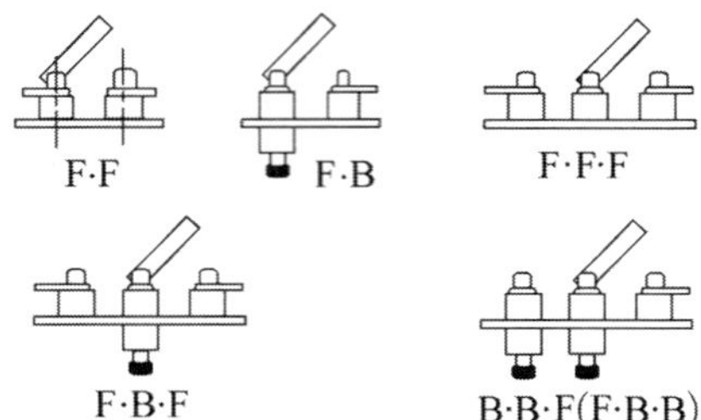

그림 2-8 접속방법의 예

표 2-11 단로기 정격의 표준값

회로의 공칭전압 kV	정격 전압 kV	정격단시간 전류 kA	차단기의 정격차단 전류 kA	정격 전류 A								
				200	400	600	800	1200	1500	2000	3000	4000
3.3	3.6	10	8	○								
		22	16		○	○	○	○	○	○	○	○
		27	25			○	○	○				
		44	40					○	○	○	○	○
6.6	7.2	10	8	○								
		14	12.5		○		○	○				
		22	20		○	○	○	○	○	○	○	○
		32	31.5				○	○	○	○	○	○
		44	40					○	○	○	○	○
11	12	27	25			○	○	○				
		44	40					○	○	○	○	○
		53	50							○	○	○
22	24	14	12.5		○	○	○	○				
		22	20		○	○	○	○	○	○	○	○
		27	25			○	○	○				
		32					○	○	○	○	○	○
		44	40					○	○	○	○	○
33	36	14	12.5		○	○	○	○				
		22	16		○	○	○	○	○	○		
		27	25			○	○	○				
		32					○	○	○	○		
		44						○	○	○		
66	72	14	12.5		○	○	○	○				
		22	20		○	○	○	○	○	○		
		27	25			○	○	○				
		32	31.5				○	○	○	○		
		44						○	○	○		
77	84	14	12.5		○	○	○	○				
		22	20		○	○	○	○	○	○		
		27	25			○	○	○				
		32	31.5				○	○	○	○		
		44						○	○	○		
110	120	14	12.5				○	○				
		22	20				○	○	○	○		
		27	25				○	○				
		32	31.5				○	○	○	○		
		44	40					○	○	○		
154	168	14	12.5				○	○				
		22	20				○	○	○	○		
		27	25				○	○				
		32	31.5				○	○	○	○		
		44	40					○	○	○		

2-2-9 전력 퓨즈

전력 퓨즈(power fuse : PF)는 단락보호용 퓨즈이다. 소호방식에 따라서 한류형과 비한류형으로 구분한다. 한류형 퓨즈는 높은 아크 저항을 발생하여서 사고전류를 강제적으로 한류억제하여 차단하는 것으로 그 구조는 밀폐한 절연통 안에 퓨즈 요소(은이나 동의 선)와 규사 등의 입상소호제(粒狀消弧濟)를 충전하였다.

전력 퓨즈는 차단기와 비교할 때에 소형 경량이면서 큰 차단용량을 갖는다는 것, 고속도 차단을 한 다는 것, 밀폐형은 외부에 소리, 가스, 빛을 발생하는 일이 없고 보수하기가 쉽다는 것 등 장점이 많다.

전력 퓨즈의 사용방법은

① 소용량의 변압기나 고압 전동기의 1차측 차단기로 사용

② 소용량 차단기의 부족한 차단용량을 보충하기 위하여 사용한다. 그림 2-9는 그 사용예이다. 전력 퓨즈는 차단기가 아니므로 그 특성상 단락보호를 주목적으로 사용하고 과부하 보호는 변류기와 과전류 계전기 등을 이용하여 부하개폐기와 짝 지워서 개폐하도록 하는 것이 바람직하다. 표 2-12에 전력 퓨즈의 정격전류 선정 예를 제시한다.

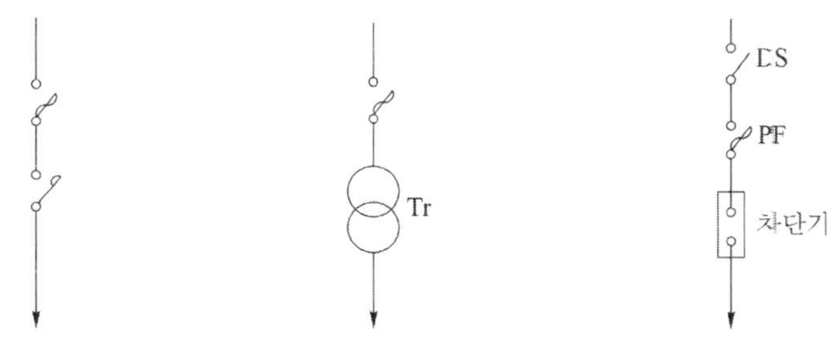

(a) 전자접촉기와의 조합 (b) 변압기와의 조합 (c) 차단기와의 조합

그림 2-9 전력 퓨즈의 사용 예

표 2-12 전력퓨즈의 정격전류 선정 예

주변압기 용 량	6.6 kV		13.2 kV		22 kV		66 kV	
	전부하 전 류	퓨 즈 정 격	전부하 전 류	퓨 즈 전 류	전부하 전 류	퓨 즈 전 류	전부하 전 류	퓨 즈 전 류
450	29.4	80	19.7	40	11.8	25	3.9	10
500	43.7	100	21.9	50	13.1	30	4.4	10
600	52.5	125	25.2	50	15.7	30	5.3	15
750	65.6	125	32.8	65	19.7	40	6.6	15
1000	87.5	200	43.7	100	26.2	65	8.8	20
1500	131	250	65.6	125	39.4	80	13.1	30
2000	175	400	87.5	200	52.5	125	17.5	40
3000	–	–	131	250	78.7	150	26.2	65
5000	–	–	219	400	131	350	43.7	100
6000	–	–	–	–	167	300	52.5	125

2-2-10 개폐기와 컷아웃

개폐기(switch : S)는 정상상태에서 전로를 개폐, 통전하고 또 전로가 단락된 상태에서 이상전류를 한정된 시간동안 통전시키는 성능을 갖는 것이다. 소호매질에 따라서 기중개폐기, 진공개폐기, 가스개폐기 그리고 유입개폐기 등으로 분류한다.

고압수전 설비용으로 과거부터 유입개폐기를 사용하였지만 최근에는 기중개폐기가 널리 보급되고 있다. 또 고압 수전설비 지침에 따르면 보안상 책임분계점에 시설하는 구분개폐기는 기중개폐기나 진공개폐기 등의 불연성 물질을 사용한 것을 사용하도록 정해 놓고 있다.

변압기의 1차측 과전류 차단기로 사용하는 것에는 방출형 퓨즈(expulsion fuse : EF)와 고압 컷아웃 스위치(primary cut out switch : PC)가 있지만 현재 PC를 가장 많이 사용하고 있다. 이 PC는 절연내력이 높은 재질로 만들었고, 개폐기 내부에 퓨즈를 장착할 수 있는 장치가 붙은 소형 단극의 개폐기이다.

2-2-11 피뢰기

피뢰기(arrester, lightning arrester : LA)는 대표적인 피뢰장치이고 雷 또는 회로의 개폐 등 원인으로 과전압의 파고치가 일정한 값을 초과하였을 경우에 절연을 보호하고 또 속류를 단시간 내에 차단하여서 계통의 정상상태가 흐트러지는 일없이 스스로 원상으로 회복하는 기능을 갖는 장치이다. 여기서, 속류라 함은 피뢰기의 방전현상이 실질적으로 종료된 후에도 계속해서 전력계통으로부터 공급되어 피뢰기에 흐르는 전류를 말한다.

발・변전소와 선로용 피뢰기의 정격전압은 피뢰기에 부과할 수 있는 사용주파수 전압의 보증한도를 가리키는 것으로 비유효 접지계에서는 회로의 공칭전압의 1.27배, 유효접지계에서는 0.94~0.97배이다. 또 공칭 방전전류는 피뢰기의 특성을 나타내는 수치이고 10000 A 피뢰기는 발・변전소의 구내에, 5000 A 피뢰기는 주로 33 kV 이하의 선로나 雷의 내습빈도가 적은 발・변전소의 구내에, 2500 A 피뢰기는 주로 배전선에 사용한다.

그런데 전력회사의 변전소에서 자가용 변전소까지 선로가 지중선인 경우에 수전전력 500 kW 미만이면 피뢰기의 시설을 생략할 수 있다는 것도 알아두자.

피뢰기의 종류는 저항형, 밸브형, 밸브 저항형, 방출형 등 여러 가지이지만 자가용 변전설비에는 대부분 밸브 저항형을 사용하고 있다. 표 2-13에서 발・변전소용 피뢰기 정격전압의 적용기준을 볼 수 있다.

표 2-13 피뢰기의 정격전압

전력계통		피뢰기의 정격전압 kV	
전 압 kV	중성점 접지방식	변전소	배전선로
345	유효접지	288	
154	유효접지	138	
66	PC접지 또는 비접지	75	
22	PC접지 또는 비접지	24	
22.9	3상 4선 다중접지	21	18
6.6	비접지	7.5	7.5
3.3	비접지	7.5	7.5(4.2)

[주] 전압 22.9 kV 이하의 배전선로에서 수전하는 설비의 피뢰기 정격전압은 배전선로용을 적용한다.

2-3 수변전설비의 기본계획

기본계획을 하는 데 검토하여야 할 사항은 다음과 같다.

① 필요한 전력의 추정
- 부하설비 용량의 추정
- 수전용량의 추정
- 계약전력의 추정

② 수전전압과 수전방식

③ 주회로의 결선방식

④ 제어방식

⑤ 변전설비의 형식

⑥ 변전실의 위치와 면적

2-3-1 설비용량과 수전용량의 추정

(1) 부하설비 용량의 추정

기본계획을 하는 데 가장 중요한 것은 필요한 전력을 산출하는 일이다. 설계 초기에는 부하의 내용을 명확하게 알 수 없는 경우가 많다. 이러한 경우에는 설비의 용도와 규모에 따라서 과거의 실적을 참고로 하여 각 부하마다 필요한 전력을 추정하여 종합하는 것도 한 가지 방법이다.

전기설비의 대상이 건축물이라면 단위면적당 필요한 전력, 즉 부하밀도 VA/m^{2}에 의하여 산출하는 방법을 채택하고 있다. 그러나 공장설비의 경우에는 실부하를 산정한다.

① 부하밀도

표 2-14는 건물의 전기설비 부하밀도에 관한 최근의 데이터이다.

표 2-14 최근 건물의 부하밀도

건물의 종별	전등 콘센트 VA/m^2	일반 동력 VA/m^2	냉방 동력 VA/m^2	합 계 VA/m^2
사무실(대) (20,000 m^2 이상)	32	38	40	110
사무실(중) (5,000~20,000 m^2)	30	32	35	97
사무실(소) (5,000 m^2 이하)	27	30	33	90
점포	62	43	55	160
고급 아파트 호텔	31	25	38	94
일반 아파트 호텔	20	23	35	78
극장	45	44	40	139

이외에 약전용 축전지의 충전용 전원, 의료기기, 연구용 전원, 전자계산기용 전원 등 용량이 큰 특수부하는 별도로 계산한다.

② 설비용량의 산출

건물의 용도와 특수성을 고려하여 부하설비마다 단위면적당 필요한 전력, 즉 부하밀도를 추정하고 그것에 연면적을 곱하여 전체 설비용량을 산출한다. 즉

$$\text{부하설비용량} = \text{부하밀도 } VA/m^2 \times \text{연면적 } m^2$$

(2) 수전용량

설비용량을 추정한 다음에는 그것을 근거로 하여 수전용량을 산출한다.

① 최대 수요전력의 계산

각 부하마다 추정한 설비용량에다 수용률, 부등률, 부하율 등을 고려하여 최대 수요전력을 산출한다.

$$\text{최대 수요전력 } kW = \text{부하설비용량 } kW \times \text{수용률}$$

② 수용률, 부등률, 부하율

㉠ 수용률

$$수용률 = \frac{최대수요전력}{부하설비\ 용량} \times 100\ \% \quad (2-1)$$

대도시에서 일반 빌딩용 수전설비의 수용률은 보통 60~70 % 정도이다.

㉡ 부등률

$$부등률 = \frac{각\ 부하의\ 최대\ 수요전력의\ 합계}{부하를\ 종합하였을\ 때의\ 최대\ 수요전력} \times 100\ \% \quad (2-2)$$

㉢ 부하율

$$부하율 = \frac{평균\ 수요전력}{최대\ 수요전력} \times 100\ \% \quad (2-3)$$

표 2-15는 수용률, 부하율, 부등률에 관한 데이터이다.

표 2-15 각종 부하의 수용률, 부등률, 부하율

구 분	종 별	백화점 · 대점포	사 무 실
수용률	전등부하	100.5~74.1	78.4~43.2
	전력부하	63.3~38.0	53.8~41.0
	냉방부하	57.7~44.7	89.2~56.3
	종합부하	47.9~62.7	41.4~56.1
부하율	하계	46.2~40.2	
	동계	57.5~43.7	
부등율	전등 상호간	1,135	
	전동기 상호간	1,580	
	전등과 전동기간	1,100	

표 2-16 변압기 뱅크 (400 V급 제외)

뱅크 종류	변압기 종류	뱅크당 대수	뱅 크 구 성
전등 뱅크	단 상	1	부하의 계통별로 뱅크를 분할한다. 심야용, 비상용은 뱅크를 따로 구성하는 수도 있다.
동력 뱅크	단 상 3 상	3 1	일반 부하, 비상용 부하, 공조 등의 계통별 · 운전 기간 · 운전 시간별로 뱅크를 분할한다. 심야용, 비상용 등은 뱅크를 따로 하는 수도 있다.
전등 동력 공용 뱅크	단 상 3 상	2 3	V-V 또는 Δ-Δ 결선으로 하고, 전등 부하는 중성점을 접지한 변압기에서 공급한다. 필요하면 그 변압기의 용량을 크게 한다.

③ 변압기 용량과 군의 구성

최대 수요전력을 산출하고 이것에 부하의 역률과 장차 부하의 증가 등을 감안하여 변압기의 총용량을 산출한다. 그 다음에 부하의 전기방식에 따라서 변압기 1대의 용량과 대수를 결정하고 변압기군을 구성한다.

표 2-16은 변압기군(transformer bank)의 구성 지침이다.

④ 수전용량

변압기 용량의 합계가 곧 수전용량이다. 지금까지의 산출방법을 종합해서 요약하면 다음과 같다.

설비용량 → 최대 수용전력 → 변압기의 총용량 → 변압기의 군과 수량 → 변압기 용량의 합계(=수전용량)

이와 같은 계산은 어디까지나 추정에 의한 것이므로 실시설계가 진행됨에 따라서 그 용량을 수정해야 한다. 또 고압 전동기 등 고압부하가 있는 경우에는 위의 변압기 용량에다 고압부하를 더한 것이 수전용량으로 된다.

2-3-2 수전설비 용량의 산정

주요 부하설비의 내용을 알고 있는 경우에는 그 부하설비와 수용률, 부하율(경우에 따라서는 부등률)에 의하여 최대 수요전력을 산출하고 그것을 역률과 효율로 나누어서 수전설비 용량을 구한다. 즉

$$P_r = \frac{P}{\varepsilon \cdot \cos\varphi} \qquad (2-4)$$

여기서, P_r : 수전설비 용량 kVA

P : 최대 수요전력 kW

ε : 변압기 효율(수전용, 강압용 등의 종합효율)

$\cos\varphi$: 전부하 종합 효율

앞으로 있을 부하의 증설 계획이나 여유 등을 감안하여 종합적으로 P와 P_r등을 결정하면 이것이 수전전압, 변압기 용량, 변압기 뱅크 수 등을 정하는 기본으로 된다.

[수전설비 용량의 산정 예]

수전전압 22 kV의 공업용수 펌프장에서 부하설비의 합계 용량은 다음과 같다.

종류	용도	전압 V	합계용량 kVA
전동기	펌 프	3300	2400
〃	〃	200	450
〃	기타 동력	200	38
조 명	전 등	200	55

전동기를 상용과 예비용으로 구분하면

상용 전동기 ··················· 합계 용량 2157 kW
예비 전동기 ··················· 합계 용량 731 kW
조명(전부상용) ··················· 합계 용량 55 kW

이고, 최대 수요전력을 산출하기 위해서는 상용만 대상으로 하면 된다.

① 수용률에 의하여 최대 수요전력을 산출

설비용량 중에서 예비 동력을 빼면 2212 kW이고 이와 유사한 설비의 수용률 85 %를 적용하면 식 (2-1)에 의하여 최대 수요전력 P_n은

$$P_n = 2212 \times \frac{85}{100} \simeq 1880 \text{ kW}$$

② 계획 송수량에 의하여 산출

이와 유사한 설비의 가동 실적을 참고하여 산출하면 다음과 같다. 즉 평균 부하율 80 %, 평균 전력 단위 0.2 kWh/톤, 계획 송수량 15만 톤/일이라고 하면 1시간의 평균 사용 전력량은

$$150000 \times 0.2 \times \frac{1}{24} \times \frac{1}{80} \times 100 \simeq 1563 \text{ kWh}$$

따라서 1시간 평균 전력은 1563 kWh이지만 가동 실적에 의하면 15분 평균 전력은 1시간 평균 전력의 1.02배라고 하는 데이터가 있으므로 최대 수요전력 P_n'는

$$P_n' = 1563 \times 1.02 \simeq 1590 \text{ kW}$$

그러므로 앞의 수용률에 의하여 구한 P_n와 계획 송수량에 의하여 구한 P_n'와의 평균을 취하면

최대 수요 전력 P는

$$P = \frac{(1880+1590)}{2} = 1735\ \text{kW}$$

부등률 1.0으로 하고 변압기 효율을 99 %, 종합역률은 90 %를 유지하는 경우에 필요한 최소한의 수전설비 용량 P_r은 식 (2-4)에 의하여

$$P_r = \frac{P}{\varepsilon \cdot cos\varphi} = \frac{1735}{0.99 \times 0.9} \simeq 1947\ \text{kVA}$$

2-3-3 계약전력과 수전전압

다음은 한국전력회사의 전기공급규정 중 계약전력에 해당하는 부분을 요약한 것이다.

(1) 사용설비에 의한 계약전력

① 사용설비에 의한 계약전력은 사용설비의 개별입력의 합계에 대하여 표 2-17의 계약전력 환산표를 곱한 것이다.

② 사용설비의 용량이 입력과 출력으로 표시된 경우에는 표시된 입력을 적용하고 출력만 표시된 경우에는 표 2-18에 의하여 입력으로 환산한다.

표 2-17 계약전력 환산표

구 분	계약잔력 환산율 %	비 고
처음 75 kW에 대하여	100	계산의 합계 값 끝수가 1 kW 미만일 경우에는 소수점 이하 첫째 자리에서 반올림한다.
다음 75 kW에 대하여	85	
다음 75 kW에 대하여	75	
다음 75 kW에 대하여	65	
300 kW 초과분에 대하여	60	

표 2-18 설비용량의 입력환산표

<table>
<tr><th colspan="3">사 용 설 비</th><th>출 력 표 시</th><th>입력 kW 환산율</th></tr>
<tr><td colspan="3">전등 및 소형기기</td><td>W</td><td>100 %</td></tr>
<tr><td colspan="3">전 열 기</td><td>kW</td><td>100 %</td></tr>
<tr><td colspan="3">특수기기(전기용접기 및 전기로)</td><td>kW 또는 kVA</td><td>100 %</td></tr>
<tr><td rowspan="3">전 동 기</td><td rowspan="2">저 압</td><td>단 상</td><td>kW</td><td>133 %</td></tr>
<tr><td>3 상</td><td>kW</td><td>125 %</td></tr>
<tr><td colspan="2">고압, 특고압</td><td>kW</td><td>118 %</td></tr>
</table>

(2) 수전전압

수전전압은 설비용량(또는 계약전력)이 결정되면 전력회사에서 공급계획 · 입지조건 및 다른 수용가에 미치는 영향 등을 고려하여 결정하는 것이 일반적이지만, 최종적으로 전력회사와 수용가와의 협의에 의하여 결정하는 경우도 있다.

전력회사의 「전력공급약관」에 의하면 계약전력의 크기에 따라서 공급방식 및 공급전압을 다음 표와 같이 정하는 것으로 되어 있다. 그렇지만 고객이 희망할 경우에는 아래 기준보다 상위의 전압으로 공급하기도 한다.

계약전력	공급방식 및 공급전략
500 kW 미만	교류 단상 200 V 또는 교류 3상 380 V 중 한전이 적당하다고 결정한 한 가지 공급방식
500 kW 이상~10,000 kW 이하	교류 3상 22,900 V
10,000 kW 초과 400,000 kW 이하	교류 3상 154,000 V
400,000 kW 초과	교류 3상 345,000 V 이상

2-3-4 변전실의 넓이와 위치

(1) 변전실의 넓이

실시설계를 하기 전에 변전실의 넓이를 산정하자면 다음의 실험식을 이용하는 것이 좋다.

① 고압으로 수전하는 경우

$$A_t = K_s W_t^{0.7} \tag{2-6}$$

여기서, A_t : 변전실의 면적 m^2
W_t : 변압기의 용량 kVA
K_s : 정수 0.4～1.3(중간값 0.98)

위 식 외에도 식 $A_t = 3.3 W_t^{0.5}$가 있지만 최근은 0.5승에 비례하는 것보다 0.7승에 비례한다.

② 특고압으로 수전하는 경우

$$A_t = K_s W_{th}^{0.7} \tag{2-7}$$

여기서, K_s : 정수 1.0~3.0(중간값 1.7)
특고압으로부터 고압으로 변성하는 경우
K_s : 정수 1.0~2.0(중간값 1.4)
특고압으로부터 400 V급으로 변성하는 경우
W_{th} : 특고압 변압기의 용량 kVA

최근에는 기기가 소형・간소화되어서 소용량의 변전소는 면적이 감소하는 경향이지만 대용량의 변전소는 감시제어장치와 감시요원을 위한 공간이 필요하게 되어 증가할 수밖에 없다.
표 2-19에서 K_s의 중간 값을 택하여 계산한 변압기 용량과 변전실 면적의 관계를 볼 수 있다.

표 2-19 변전실 면접 계산표(특고압 수전)

특고압 변압기 용량 W_t kVA	변전실 총면적 A_t m²	
	특고압에서 3 kV 또 6 kV로 변압*	특고압에서 직접 400 V급으로 변압**
1000	210	175
2000	350	280
3000	460	380
4000	570	470
5000	660	540
6000	750	610
7000	830	690
8000	900	740
9000	990	820
10000	1090	900

* $A_t = 1.7\,W_t^{0.7}$에 의함 ** $A_t = 1.4\,W_t^{0.7}$에 의함

(2) 변전실의 천장 높이

일본 건설공업협회의 빌딩 해석(般津 저)에 의하면 고압의 경우 2.4~5.6 m로 되어 있다. 일반적으로 천장 높이의 유효값은 바닥에서 건물의 보 밑까지의 높이를 말하고, 고압인 경우는 4 m 이상이 바람직하다.

(3) 변전실의 위치

변전실의 위치를 선정하는 데 고려할 사항을 열거하면 다음과 같다.

① 부하의 중심에 가깝고 배전하기에 편리한 장소

② 전원을 인입하는 데 편리할 것
③ 기기를 반입 반출하는 데 편리할 것
④ 습기나 먼지가 적은 장소
⑤ 천장 높이가 충분할 것(특 기기를 설치하는 데)
⑥ 발전기실, 축전기실과의 관련성을 고려하여 서로 인접한 장소

2-4 전력계통의 구성

2-4-1 수전방식

수전설비에서 수전전압은 수전용량을 근거로 전기공급규정에 의하여 결정된다는 것은 잘 알고 있다. 수전회로의 구성은 전력회사의 송전방식과 직접 관련되는 것으로 다음과 같이 분류한다.

① 1회선 수전
② 2회선 상용·예비 수전
③ 평행 2회선 수전
④ 루프 수전
⑤ 스포트 네트워크 수전

다음에 MOF의 2차측부터 변압기의 2차 모선과의 접속점까지를 구성하는 변압기 회로는 변압기 뱅크의 수, 1차와 2차의 차단기 및 단로기의 유무에 따라서 다음과 같이 분류한다.

① 1뱅크
② 2뱅크 이상, 1차 DS 2차 CB
③ 2뱅크 이상, 1차 CB 2차 DS
④ 2뱅크 이상, 1차 CB 2차 CB

또 변압기 2차의 배전모선 부분을 구성하는 2차 모선회로는 모선수와 연락차단기 또는 단로기의 유무에 따라서 다음과 같이 분류한다.

① 단일 모선
② DS 연락 단일 모선
③ CB 연락 단일 모선
④ 2중 모선

이들 중 어느 방식을 선택하느냐 하는 것은 수용전력과 전력회사의 공급사정, 그리고 전력공급 신뢰도와 경제성 등을 고려하여 신중히 검토하여야 할 것이다. 각 방식에 대한 특징을 요약하면 표 2-20과 같다.

표 2-20 각종 수전방식의 비교

	수전방식		계통구성도	특징	경제성	신뢰도
(1)	1회선 전용 수전		 CB, CB	a) 가장 간단하고 경제적이다. b) 송전선 사고시에 정전, 복구시간은 송전선 복구시간과 동일하다.	1	7
(2)	1회선 분기 수전		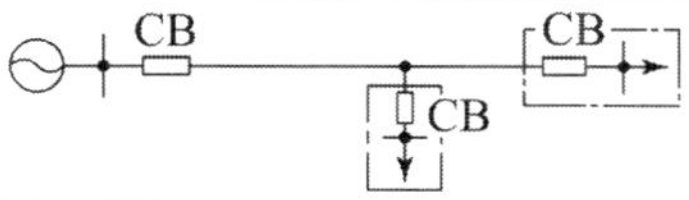 CB, CB, CB	위의 a), b) 외에 c) 다른 수용가의 영향을 받는다.	1	8
(3)	평행 2회선 수전		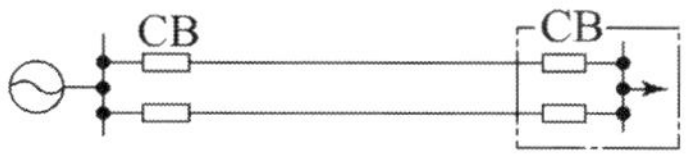 CB, CB	a) 한쪽선 사고에도 정전은 없음. b) 송전선 보수시에도 한쪽씩 정전되고, 전반적인 정전은 없음. c) 보호계전방식이 복잡하다.	5	3
(4)	동 계 통 상용・예비 수 전	2CB수전 (차단기 전환방식	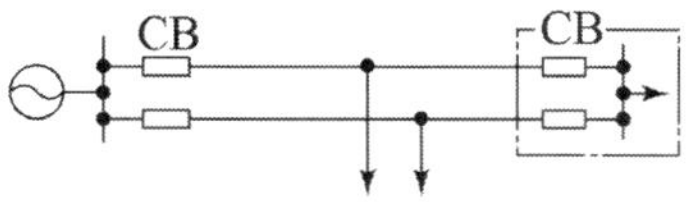 CB, CB	a) 송전선 사고시에 일단은 정전되지만 예비선으로 변환하여서 정전 시간을 단축할 수 있다. b) 수전회선변환시에는 정전하지 않음.	4	5
		1CB 수전 (단로기 전환 방	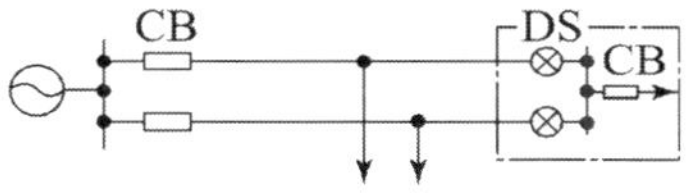 CB, DS, CB	a) 는 위와 같다. b) 수전회선변환시에 정전됨.	2	6
(5)	루프 수전	개루프	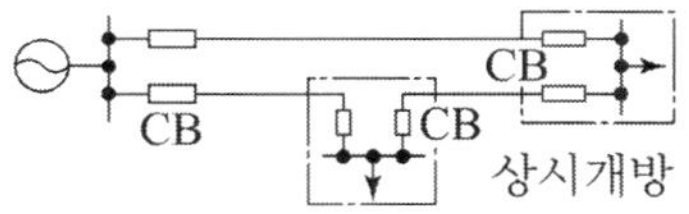 CB, CB, CB, 상시개방	a) 송전선 사고시, 사고지점에 따라서는 일단 정전됨 b) 사고처리와 보수시 정전(선로와 수용가)을 위한 조작은 전력회사의 지령에 따를 필요가 있다.	4	5
		폐루프	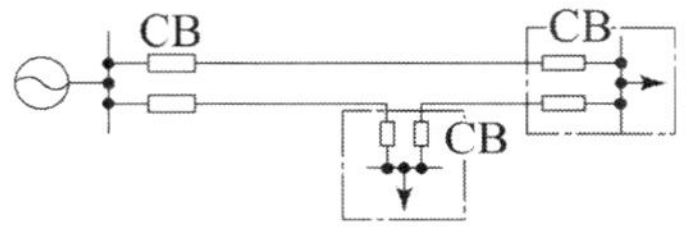 CB, CB, CB	a) 항상 2회선 수전으로 되고, 한쪽 회선 사고만으로는 정전되지 않음. b) 송전선 보수는 한 쪽씩 정전하기 때문에 정전 불요 c) 보호계전방식이 복잡하다.	5	2
(6)	이계통 상용, 예비 수전		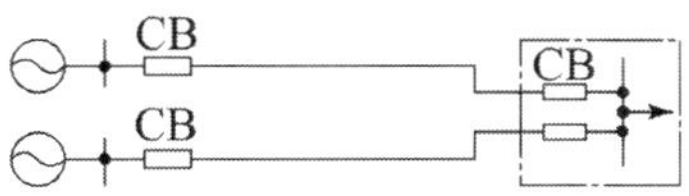 CB, CB, CB	a) 송전선 사고시에 일단은 정전되지만, 예비선을 활용하여서 정전시간을 단축할 수 있다. b) 전원에서 정전되어도, 한쪽이 살아남을 가능성이 있다. c) 수전회선을 변환할 때에 정전됨.	4	4
(7)	스포트 네트워크 수전		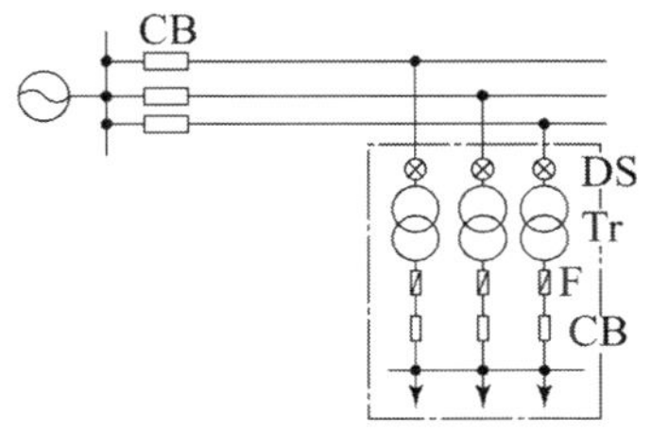 CB, DS, Tr, F, CB	a) 송전선 1회선 또는 변압기 뱅크의 사고시에 무정전이며, 공급 제한을 할 필요 없음. b) 송전선 보수시에는 한 회선씩 정지하기 때문에 정전이나 부하 제한을 할 필요 없음. c) 송전정지 또는 복구시에 변압기의 2차측 차단기의 개방 또는 투입을 자동적으로 할 수 있음.	3	1

[주] CB : 차단기 DS : 단로기 Tr : 변압기 F : 전력 퓨즈

2-4-2 수전 변압기회로

(1) 변압기의 용량과 뱅크 수

① 변압기 용량

수전 변압기의 용량은 최대 수요전력을 기초로 하여 정하는 것이지만 그 외에 앞으로 있을 부하의 증설 계획이나 피크 부하의 유무 및 변압기 효율(최고 효율로 되는 것은 60~75 % 부하인 때) 등을 고려하여 결정한다. 그리고 될 수 있으면 변압기의 표준 용량의 것으로 선정하는 것이 바람직하다.

② 뱅크 수

시설 초기부터 장차 있을 부하의 증설 계획까지 포함하여 하나로 묶어서 1 뱅크로 정한다는 것은 처음부터 대용량 변압기를 설치하게 되는 것이기 때문에 증설시기가 장기간에 걸치는 경우는 비경제적이다. 이런 경우에는 필요한 때에 1뱅크를 증설하는 것을 전제로 하고 소요 공간을 확보해 두는 것이 좋겠다.

또 한 가지 고려할 사항은 변압기 2차측의 단락용량과 변압기의 전류용량에 관한 것이다.

㉠ 변압기 2차측의 차단기, 단로기, 변류 등의 정격전류가 증가하여서 경제적으로 제작 가능한 범위를 초과할 수 있다.

㉡ 변압기 2차측의 단락용량이 증가하여 차단기의 정격차단 전류, 변류기의 과전류강도 및 주회로 각부의 단락강도 등이 경제적으로 제작 가능한 범위를 초과할 수 있다.

표 2-21에 현재 일반적으로 채택되고 있는 400 V급부터 30 kV급까지의 차단기 정격과 그것으로부터 거꾸로 산출한 변압기 용량의 한계를 제시한다. 표에 나타낸 것과 같이 정격전류로 본 제한과 차단기 용량으로 본 제한이 있으므로 이들 두 가지 제한을 고려할 필요가 있다.

표 2-21 차단기 정격과 변압기 용량의 한계

회로전압 kV	차단기 정격			최대 변압기 용량			
	정격 전압 kV	정격 차단전류 kA	최대 정격전류 kA	정격 전류로 본 제한	정격차단전류로 본 제한		
					20/30 kV 수전 (%Z : 5.5)	60/ 8 · 0 kV 수전 (%Z : 8.5)	140 kV 수전 (%Z : 11.0)
0.415	0.6	90	4	2.5	3.5	–	–
			5	3.5	3.5	–	–
3.3	3.6	16.0 *[100]	1.2	6	5	6.5	10
		25.0 [160]	1.2	6	7.5	10	15
		40.0 [250] {	2	10	12	17	25
			3	15	12	17	25
6.6	8.2	12.5 [160]	1.2	10	7.5	10	15
		20.0 [250]	1.2	10	12	17	25
		31.5 [390] {	2	20	18	25	35
			3	30	18	25	35
		40.0 [500] {	2	20	25	30	50
			3	30	25	30	50
11	12	25.0 [520]	1.2	20	25	35	50
		40.0 [830]	1.2	20	40	55	80
		50.0 [1000]	1.2	20	50	70	100
		80.0 [1700]	1.2	20	80	110	160
22	24	12.5 [520]	1.2	45	25	35	50
		20.0 [830]	1.2	45	40	55	80
		25.0 [1000]	2	75	50	70	100
		40.0 [1700] {	2	75	80	110	160
			3	110	80	110	160
33	36	12.5 [780]	1.2	65	35	50	75
		16.0 [1000]	2	110	50	65	100
		25.0 [1600]	2	110	75	100	150

[비고] 1. *의 [ ]안은 참고 차단용량 MVA
2. 회로전압은 공칭전압으로 나타낸다.

(2) 특고 수전설비의 표준 구성

표 2-22에 1회전, 2회선으로 수전하는 경우에 1뱅크 내지 2뱅크의 표준 구성 예를 제시한다. 수전측 CT는 보호범위를 넓게 한다는 취지에서 차단기의 전원 측에 붙일 수도 있겠지만 CT도 차단기의 보호 범위 안에 넣는다는 것과 LA의 보호범위라는 점에서 차단기의 부하 측에 놓는 경우가 많다.

표 2-22 특고압 수전설비의 표준결선 예

수전방식 / 뱅크 수	1회선 수전	2회선 상용예비수전 (DS 절환)	2회선 상용예비수전 (CB 절환)	수프 수전
1 뱅크	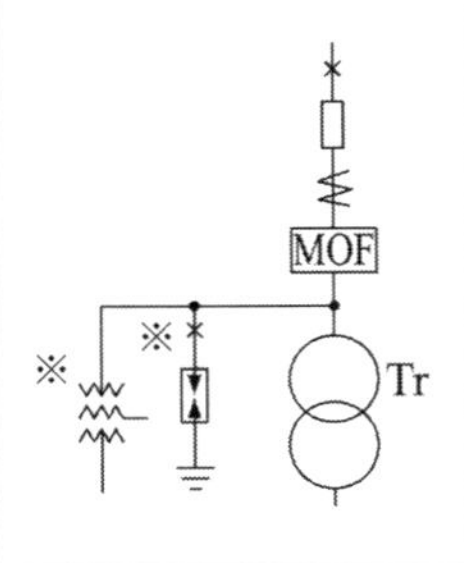	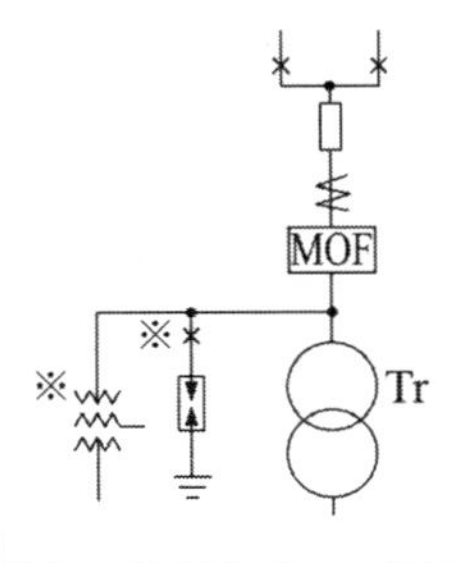	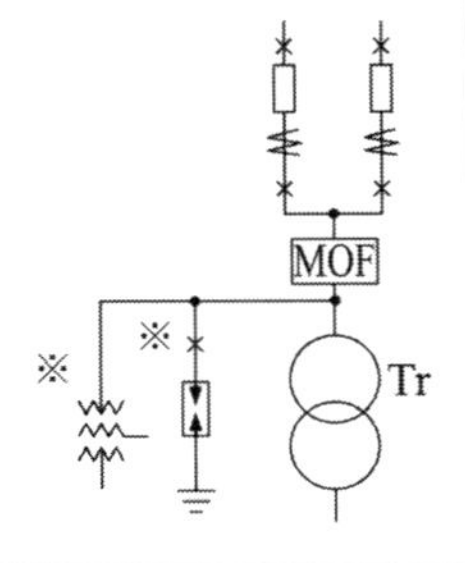	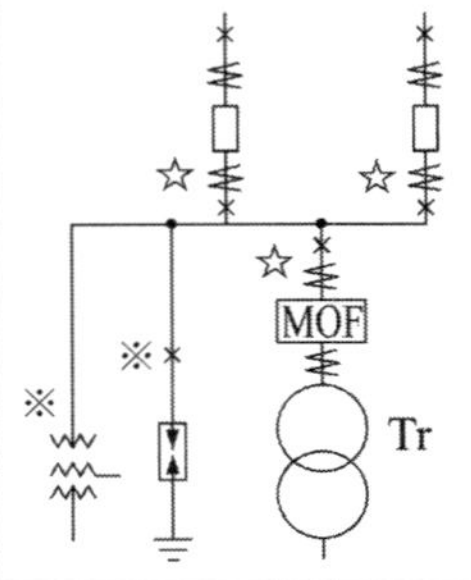
2뱅크 1차 DS · 2차 CB	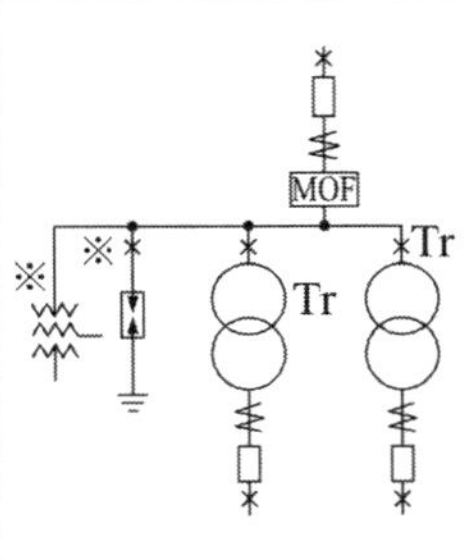	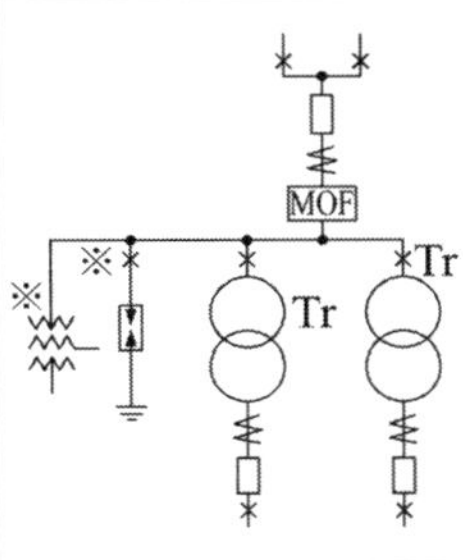	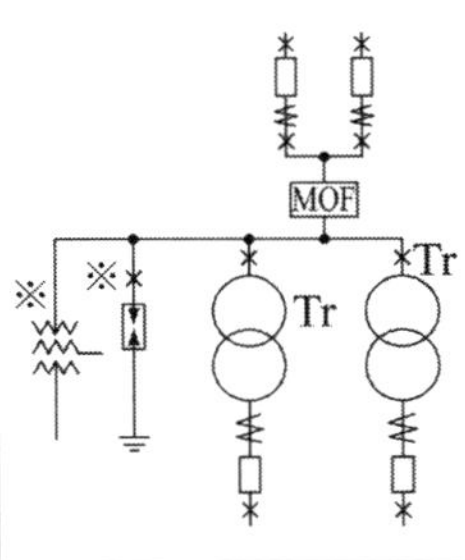	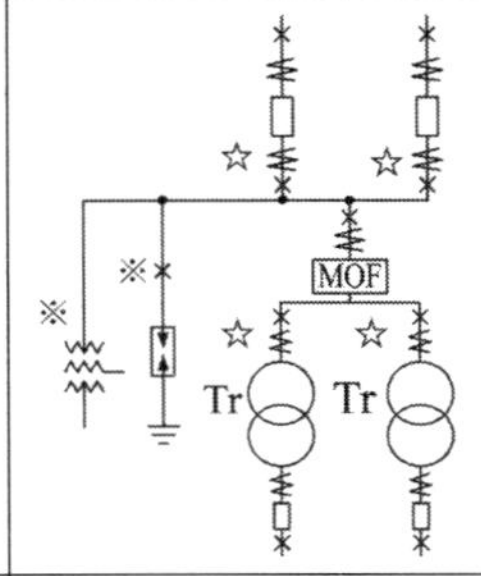
2뱅크 1차 CB · 2차 DS	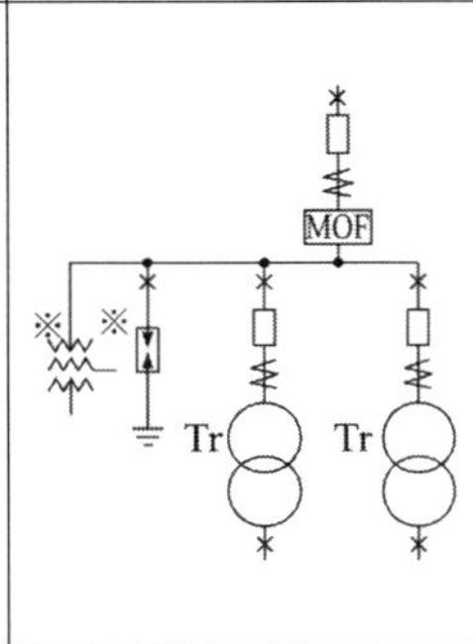	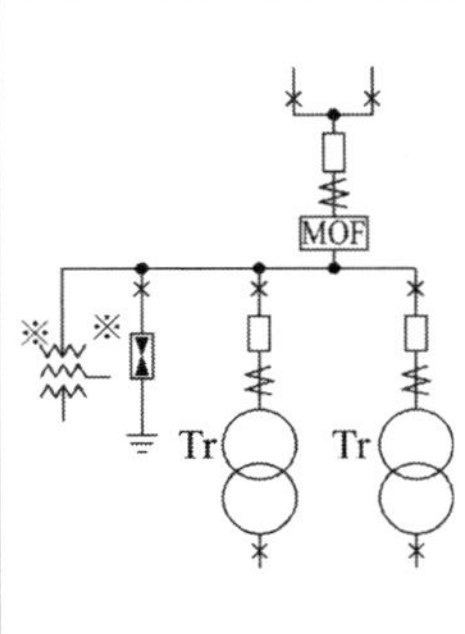	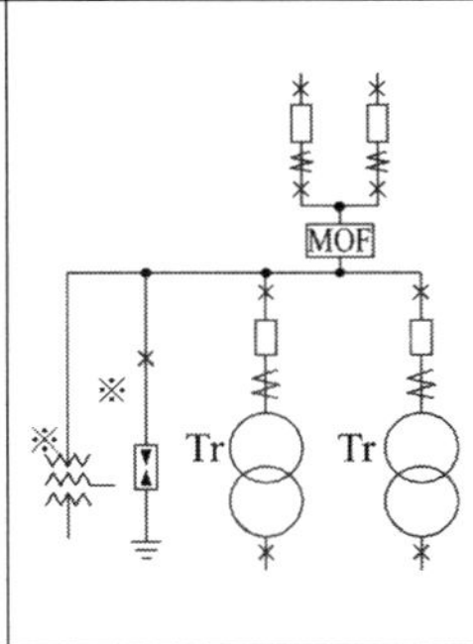	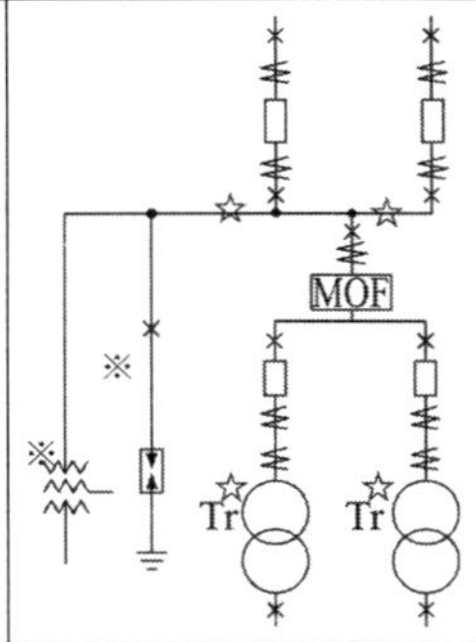
2뱅크 1차 CB · 2차 DS	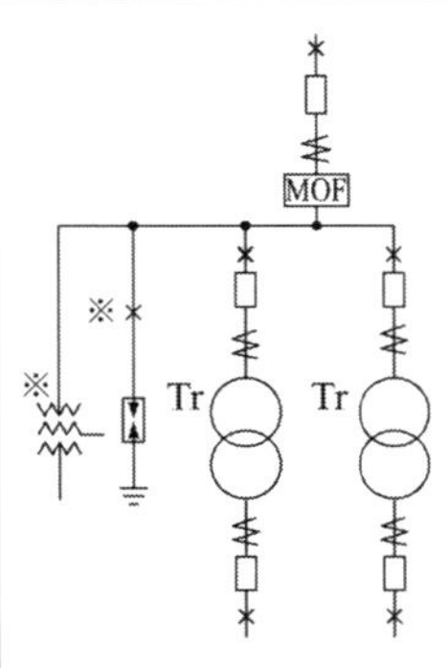	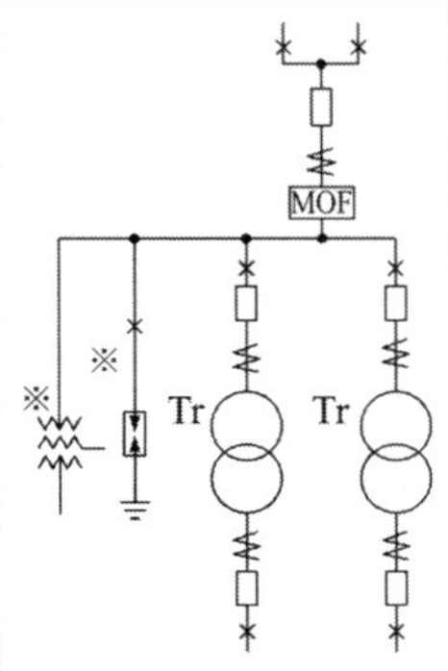	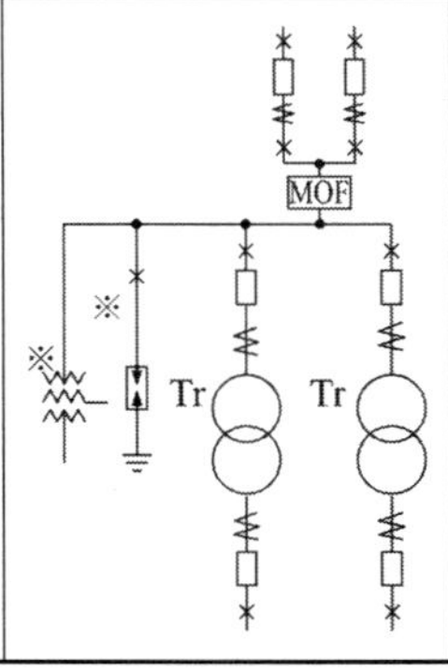	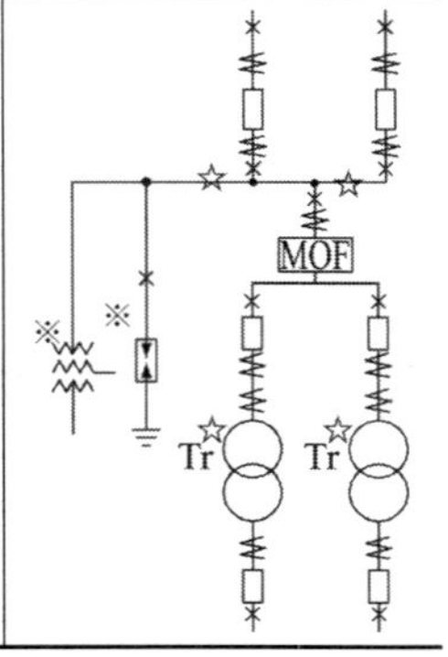

[범례] 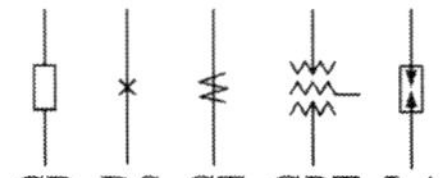 CB DS CT GPT LASSS

[비고] 1. ※표는 필요한 경우에 설치한다.
2. ☆표는 파이롯드 와이어 릴레이에 의하여 교차형 모션보호를 하는 경우는 생략한다.

또 LA용 DS는 보수 점검을 정전시에만 하는 것으로 한다면 생략하는 것이 원칙이지만 부하의 성격상 정기적 정전을 기대할 수 없는 경우나 애자 등의 활선 세척을 할 필요가 있는 경우에는 DS를 설치한다.

특고측에는 PT나 GPT등을 설치하지 않는 것이 원칙이다. 그러나 루프 수전이나 자가발전설비와 병렬로 외부 수전을 하는 경우에 보호계전방식 혹은 운전방식상 필요한 때에는 이를 설치하고 있다.

2-4-3 구내 배전회로

(1) 2차 모선

변압기 2차측의 모선방식은 단일모선, 모선연락 단일모선, 보조모선, 2중모선 등이 있다. 그림 2-10(a)의 단일모선은 모선 그 자체의 신뢰성이 비교적 높기 때문에 경제성 및 계통의 합리화라는 면을 중시하여 가장 많이 채택하고 있는데, 이 방식의 결점이라면 2차측 단락용량이 증대되고 계통 조작의 자유도가 다른 방식에 비하여 뒤진다는 점이다.

그림 2-10(b)의 모선연락 단일모선은 계통조작상 자유도가 높고 변압기나 모선의 사고시에 건전 뱅크를 살릴 수 있으므로 공급신뢰도가 높으며 섹션(section) 개폐기로는 단로기보다 차단기를 많이 사용하고 있다. 자가 발전설비를 병설하는 경우에 수전 전력이 계약전력을 초과하는 부하로 되는 때나 전력의 제한을 받게 되는 때에는 이 므선연락 차단기를 개방하여 모선의 일부 부하를 자가발전설비로 부담하면서 다른 모선 부하에는 수전 전력에서 공급하는 식의 피크 컷 운전을 할 수 있다.

이외에 보조모선, 2중모선 등이 있지만 이들은 설비구성이 복잡하고 시설비가 과다하기 때문에 특별한 경우 외에는 채택하지 않는다.

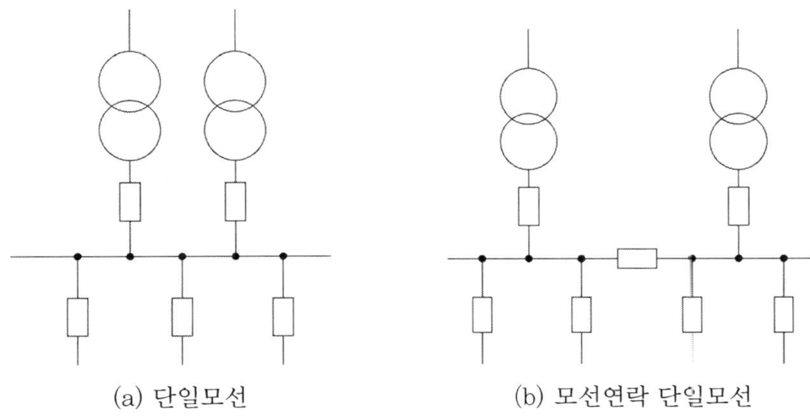

(a) 단일모선 (b) 모선연락 단일모선

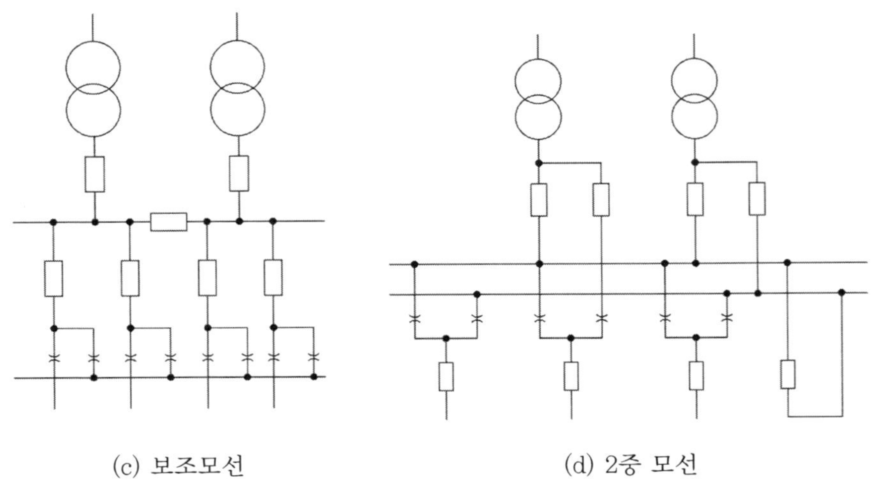

(c) 보조모선　　(d) 2중 모선

그림 2-10 2차 모선 방식

(2) 배전전압이 2종류인 경우의 모선 구성

구내배전을 2종류의 전압으로 배전하는 경우도 있고 이런 경우의 모선 구성을 그림 2-11에서 볼 수 있다. 그림 (a)는 지극히 간단한 구성이고 양 뱅크 사이의 전력융통이 편리하지만 설비비와 설치면적이 크다. 그림 (b)는 전력 융통용으로 연계 변압기가 필요하지만 (a)의 방식에 비하여 상당히 경제적이다.

이외에도 3권선 변압기를 병렬 운전하는 2중모선 3권선 변압기 방식이 있지만 여기서는 생략하기로 한다.

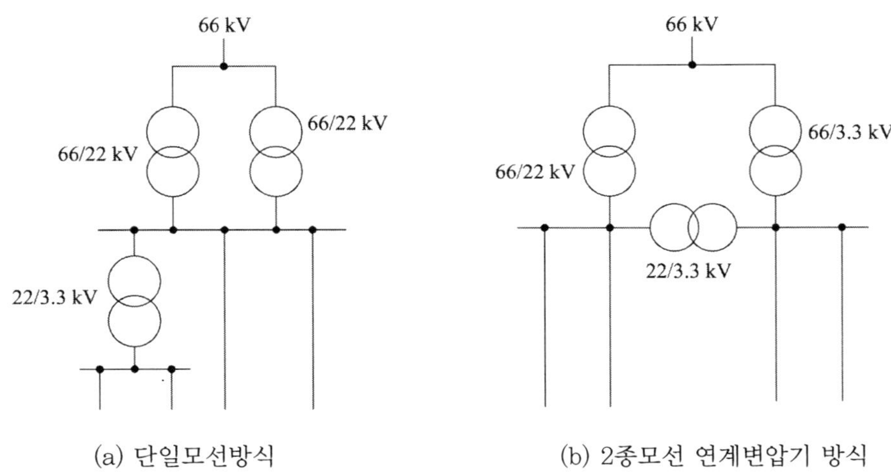

(a) 단일모선방식　　(b) 2종모선 연계변압기 방식

그림 2-11 배전전압 2종류 2차 모선 구성 예

2-4-4 전력계통의 보호와 보호협조

전력계통에 보호계전 시스템을 갖추는 목적은 계통이나 기기에 사고가 발생하였을 때에 이 사고를 신속・정확하게 검출하고 자기가 보호해야 할 범위를 판단하여 해당 구간을 선택・차단하는 데 있다.

수변전설비에서 보호대상은 다음과 같은 사고이다.

① 수전회로의 단락 및 지락사고
② 변압기의 내부고장 및 과부하
③ 변압기 2차 모선의 단락 및 지락사고
④ 배전계통의 단락 및 지락사고
⑤ 전력용 콘덴서 회로의 사고

(1) 수전회로의 보호

수전회로의 보호방식은 여러 가지 수전방식에 대응하여 각각 표 2-23과 같은 보호방식을 채택하고 있다. 표 2-24는 전력회사에서 요구하는 수전점 계전기의 종류와 설정값이다.

표 2-23 수전방식과 표준 보호방식의 적용

수 전 방 식	보 호 방 식	비 고
1회선 수전방식 상용 · 예비 1CB 수전방식 상용 · 예비 2CB 수전방식	과전류계전기	
루프 수전방식	파일롯 계전방식	전류순환식, 표시선식
스포트 네트워크 수전방식	네트워크 계전방식	

표 2-24 수전설비의 수전점 계전기와 그의 설정값

용 도	계전기의 종류	설 정 치			비 고
		요소	동작전류 값	한시성	
단락보호	순시요소부 과전류계전기 또는 고속도 과전류계전기+한시 과전류계전기	순시	변압기 2차단락 전류의 150 %	–	
		한시	계약 최대전력의 150~170 %	변압기 2차 단락시 0.6초 이하	전력회사에 따라서 설비용량을 기준으로 하기도 한다
지락보호	지락 과전류계전기	–	완전 지락시 지락전류의 30 %	완전 지락시 0.2초 이하	오동작하지 않는 범위 내에서 설정치가 적을수록 좋다

(2) 변압기 회로의 보호

변압기 회로의 보호는 구내의 특고 또는 고압모선의 보호와 변압기 자체의 보호로 구분한다.

① 모선보호

1회선 수전방식이나 본선 · 예비선 수전방식은 수전회로의 보호 장치가 구내모선의 보호까지 담당하게 되기 때문에 특별한 경우가 아니면 별도로 보호 장치를 갖추지 않고 있다. 그러나 병행 2회선 수전이나 루프 수전을 하는 경우에는 송전선의 사고와 구내의 사고를 구별하기 위한 대책이 필요하다.

② 2차 모선의 보호

일반적으로 단락보호는 2차측이나 1차측의 과전류 계전기가 담당한다. CB연락 단일모선 방식은 그림 2-12와 같이 각 변압기의 2차측 변류기와 모선연락 차단기의 양쪽에 설치한 변류기의 차동회로에 과전류 계전기를 접속하여서 각 모선의 선택보호를 한다.

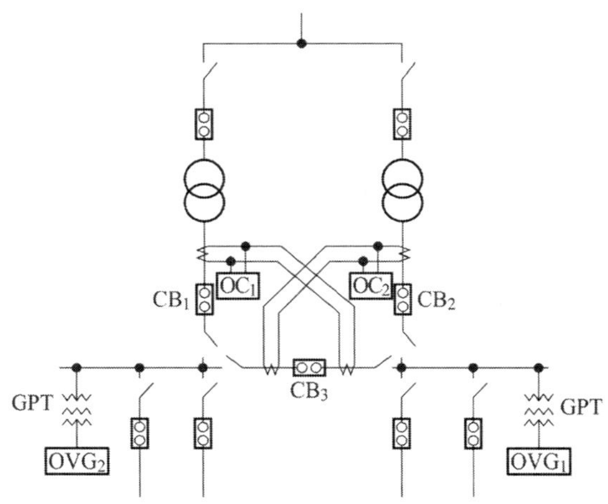

그림 2-12 2차 모선의 선택보호방식

③ 변압기의 보호

변압기의 보호는 변압기에 부속되어 있는 기계적 보호장치 외에 비율차동 계전기 등에 의한 전기적 보호도 한다. 다만, 소용량의 변압기는 경제적 이유 때문에 변압기의 1차측에 설치한 과전류 계전기를 겸용하는 경우가 많고 중용량 이상(특히 5000 kVA이상)은 비율차동계전기를 사용하여 내부고장 검출자동차단방식을 채택하고 있다.

(3) 배전계통의 보호

① 고압회로의 보호

㉠ 과부하 및 단락보호 : 고압회로에서 배전선의 과부하나 단락보호는 일반적으로 과전류 계전기에 의한 한시 계전방식을 채택하고 루프 배전과 같이 특수한 경우에는 구간보호 계전방식을 채택하고 있다. 표 2-25는 배전선의 형태에 따르는 단락보호 계전방식의 적용기준이다.

표 2-25 배전선의 형태와 단락보호용 계전기

배전선의 형태		적용하는 계전시
방사상 배전선	1회선 1부하 적용	순시요소가 붙은 계전기
	부하에 분기가 있을 때	한시 과전류 계전기
루프 배전선		단락방향 계전기
		표시선 계전기

㉡ 지락보호 : 비접지계는 유효 지락전류가 미약하기 때문에 배전선의 지락보호에는 영상변류기와 짝지어서 고감도 전력형의 지락방향 계전기(DG)를 사용한다. 그런데 이 계전기는 소세력으로 동작하기 때문에 충격이나 진동에 의해서도 오동작을 할 염려가 있으므로 이를 방지하기 위하여 지락 과전압 계전기(OVG)를 고장 검출 계전기로 직렬로 삽입한다. 그림 2-13은 고전압 배전계통의 지락보호 예이다.

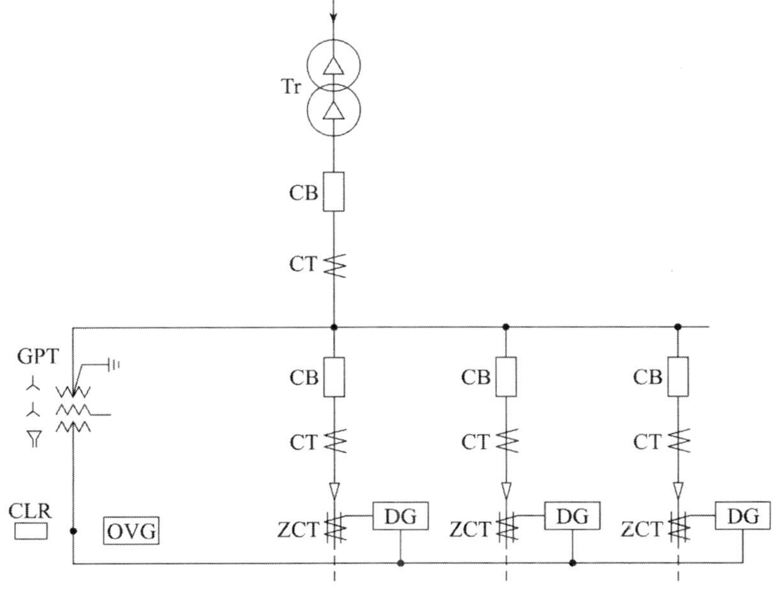

그림 2-13 구내 고압배전계통의 지락보호 예

② 저압회로의 보호

㉠ 과부하 및 단락보호 : 저압 배전선의 과부하와 단락보호는 계전기를 사용하지 않고 저압 기중차단기(ACB)나 배선용 차단기(MCB)에 내장된 과전류 트립장치 또는 퓨즈를 사용하고 있다.

㉡ 지락보호 : 저압회로의 지락보호는 중성점을 접지하는 방식에 따라서 다르다. 중성점 직접 접지계통은 지락전류가 비교적 크기 때문에 과전류 지락 계전방식을 채택한다.

배전선의 지락사고 검출은 ZCT에 의하는 방법이 가장 좋고 3상 4선식 회로는 4도체 관통식 영상 변류기를 사용한다.

(4) 전력용 콘덴서 회로의 보호

전력용 콘덴서의 보호장치에 대하여는 기술기준에 규정되어 있고, 좀더 자세한 것이 JEAC 5501에 규정되어 있으므로 표 2-26에 제시한다.

표 2-26 전력용 콘덴서의 보호장치

<table>
<tr><th></th><th colspan="2">용 량</th><th>보호장치</th><th>자동차단기</th><th>경보</th><th>비 고</th></tr>
<tr><td rowspan="5">시설하지 않으면 안 되는 것</td><td rowspan="3">뱅크 용량 500 kVA를 넘고 15,000 kVA 미만</td><td>11 kV 미만</td><td>과전류 보호</td><td>○</td><td></td><td></td></tr>
<tr><td rowspan="2">11 kV 이상</td><td>과전류 보호</td><td>○</td><td></td><td rowspan="2">어느 쪽인가 1종류만을 설치해도 좋다.</td></tr>
<tr><td>내부 고장 보호</td><td></td><td></td></tr>
<tr><td colspan="2" rowspan="2">뱅크 용량 15,000 kVA 이상</td><td>과전류 보호</td><td>○</td><td></td><td></td></tr>
<tr><td>부 고장 보호</td><td>○</td><td></td><td></td></tr>
<tr><td rowspan="4">시설하는 것이 바람직한 것</td><td colspan="2">뱅크 용량 500 kVA 이하</td><td>과전류 보호</td><td>○</td><td></td><td></td></tr>
<tr><td colspan="2">뱅크 용량 500 kVA~15,000 kVA</td><td>과전압 보호</td><td>○</td><td></td><td>11 kV 이상의 경우에만 설치한다.</td></tr>
<tr><td colspan="2" rowspan="2">뱅크 용량 15,000 kVA 이상</td><td>과전압 보호</td><td>○</td><td></td><td></td></tr>
<tr><td>부족 전압 보호</td><td>○</td><td></td><td></td></tr>
</table>

전력용 콘덴서의 보호는

① 계통 이상 시에 콘덴서 회로의 개방

② 콘덴서 회로의 사고 시에 이를 계통에서 개방

의 2가지로 구분한다.

①은 계통 이상 시에 콘덴서 설비를 보호하는 목적 외에도 콘덴서 때문에 계통에 이상이 더 확대되는 것을 방지한다는 목적도 있으며, 표 2-26에서 과전압 보호와 부족전압 보호는 이것에 해당한다.

②는 콘덴서 회로 자체의 사고가 계통에 파급되어서 2차 사고가 유발되는 것을 방지하고 사고를 국한시키고자 하는 것이다.

(5) 보호협조

지금까지 각종 주회로 구성과 보호방식에 대하여 살펴보았지만 각 보호방식 상호간의 협조가 이루어지지 않는다면 설사 각 보호 장치가 완벽하다 하더라도 계통 전체를 합리적으로 운용하기는 어렵다. 다음에서 유의할 사항 중 대표적인 것에 대하여 알아본다.

① 전력 퓨즈와 그 문제점

전력 퓨즈는 과부하와 단락보호용으로 널리 사용하고 있다. 그 구조는 차단기에 비하여 아주 간단하지만 기능면에서는 계전기와 차단기를 짝지은 것과 같은 역할을 한다. 그러나 각 상을 동시에 차단할 수 없다는 것, 차단된 경우에 새로운 것과 교환할 필요가 있고 또 보호협조를 이루기가 어렵다는 등의 결점이 있다. 그러므로 퓨즈는 말단부하의 회로 또는 중요도가 낮은 분기선을 보호하는 데 적합하다. 그 외의 회로에 사용하는 경우에는 앞과 뒤 보호장치와의 협조관계를 충분히 검토하여야 할 것이다.

② 변류기 선정상의 문제

변류기를 선정할 때에 검토해야 할 사항은 정격 1차 전류, 정격 권선 부담, 오차계급, 정격내전류(耐電流), 과전류 정수 등이다. 다음에서 주된 것 몇 가지만 챙겨보자.

정격 1차 전류에 대하여 수전용 변류기는 계측용까지 겸하기 때문에 주회로 최대전류의 125~150 % 되는 것을 선정하는 것이 보통이다. 한편 정격내전류(耐電流)값이 정격 1차 전류의 300배를 넘는 것은 특제품에 속하기 때문에 회로전압 66 kV 단락용량 2500 MVA(20 kA)의 계통에는 75 A 이상, 회로전압 22 kV 1000 MVA(25 kA)의 계통은 100 A 이상의 정격 1차 전류를 선정하는 것이 기준이다.

정격 권선부담은 정격 2차전류 또는 정격 3차전류(각각 5 A)에서 부담할 수 있는 VA로 표시하고 보통은 실제 사용부담의 150~200 % 정도되는 것을 선정한다. 실제 사용부담은 계기나 계전기 그리고 2차 제어 케이블의 부담 VA의 대수합으로 보아도 무방하다(실제는 각 부하 임피던스의 벡터합이다).

2-4-5 특고압 기계기구의 배열 및 결선도

특고압 수전설비의 결선은 되도록 간소화하는 것이 바람직하다.

– CB 1차측에 CT를, CB 2차측에 PT를 시설하는 경우

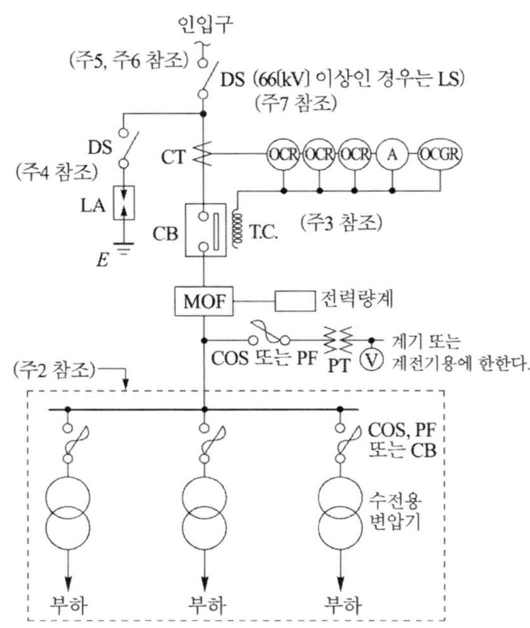

그림 2-14 특고압 기계기구의 배열 및 결선 예

【비고1】 22.9 kV–y 1,000 kVA 이하인 경우는 그림 A340–1–4에 의할 수 있다.

【비고2】 결선 도중 실선 내의 부분은 참고용 예시이다.

【비고3】 차단기의 트립 전원은 직류(DC) 또는 콘덴서 방식(CTD)이 바람직하며, 66 kV 이상의 수전설비는 직류(DC)이어야 한다.

【비고4】 LA용 DS는 생략할 수 있으며, 22.9 kV–y용의 LA는 Disconnector(또는 Isolator) 붙임 형을 사용하여야 한다.

【비고5】 인입선을 지중선으로 시설하는 경우에 공동주택 등 고장 시 정전피해가 큰 경우는 예비 지중선을 포함하여 2회선으로 시설하는 것이 바람직하다.

【비고6】 지중인입선의 경우에 22.9 kV–y 계통은 CNCV–W케이블(수밀형) 또는 TR CNCV–W (트리억제형)을 사용하여야 한다. 다만, 전력구・공동구・덕트・건물 구내 등 화재의 우려가 있는 장소에서는 FRCNCO–W(난연)케이블을 사용하는 것이 바람직하다.

【비고7】 DS 대신 자동고장구분개폐기(7,000 kVA 초과 시는 sectionalizer)를 사용할 수 있으며, 66 kV 이상의 경우는 LS를 사용하여야 한다.

2-4-6 전선접속도

수전방식과 모선방식 그리고 변압기 용량이 결정되면 기기를 선정하고 접속도를 작성한다. 접속도에는 단선접속도와 복선접속도가 있고 심벌이나 기호, 약호 등은 공업규격에서 정해 놓은 것을 활용하는 것이 보다 편리하다.

(1) 단선접속도(skeleton diagram)

단선접속도는 기기의 정격과 계통의 전기적 접속관계를 간단하게 나타낸 것으로 계통전체의 구성, 기기의 정격, 계기용 변성기의 취부위치, 계기와 계전기의 종별 및 수량을 명확하게 나타내야 한다.

설계를 할 때에는 도면을 간소화하기 위하여 단선접속도를 많이 이용한다. 그림 2-15는 단선접속도의 예이다.

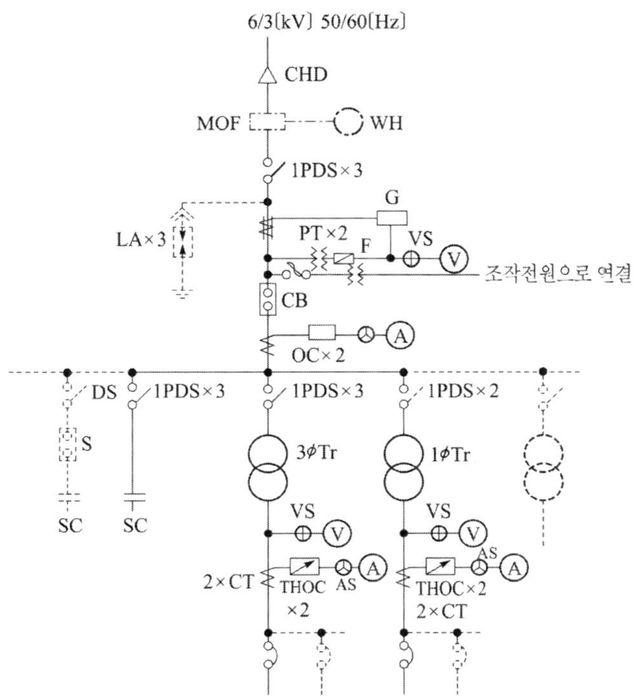

① 설비용량 500 kVA 이하에 적합하다.

[주] 1. 차단기는 정류기투입 또는 전동 스프링 투입으로 하고 콘덴서도 트립한다.

2. 지락 과전류 계전기의 동작으로 차단기는 자동차단

3. Thoc가 작동하면 벨로 경보한다.

그림 2-15 단선접속도의 예

(2) 복선접속도

단선접속도의 기기 및 배선관계를 복선으로 나타낸 것으로 기기 상호간의 접속 상태를 상세하게 알 수 있다.

(3) 전개접속도(sequence diagram 또는 schemetic diagram)

원격제어방식을 채택하는 변전소는 단선접속도와 배전반 접속도만 가지고 조작방식의 구성, 제어, 감시, 연동관계를 이해하기가 쉽지 않다. 그러므로 계전기나 각종장치의 내용을 접점과 코일 등으로 분해하여 이해하기 쉽도록 전개접속도로 나타낸다. 제어배선은 전개접속도에 따라서 배선하게 되므로 설계하고 시공하는 데 대비하여 충분히 이해하고 있어야 한다. 그림 2-16은 차단기 투입회로에 대한 전개접속도의 예이다.

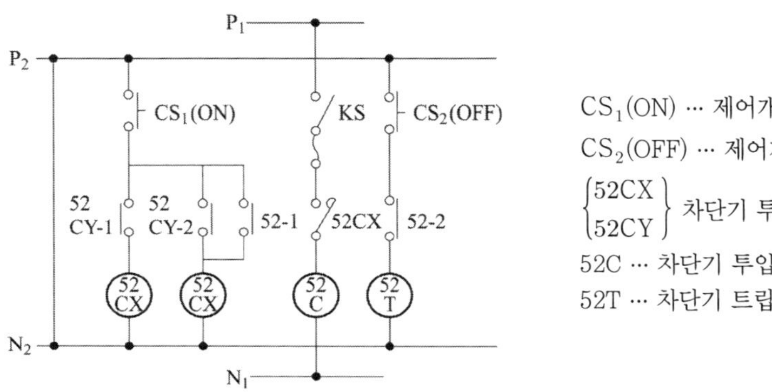

CS₁(ON) … 제어개폐기(ON용)
CS₂(OFF) … 제어개폐기(OFF용)
52CX, 52CY … 차단기 투입용 보조 릴레이
52C … 차단기 투입용 코일
52T … 차단기 트립용 코일

그림 2-16 차단기투입 조작회로도의 예

예제 2-4

그림 2-17은 어느 수용가의 변전설비 중 수변전 부분에 대한 단선접속도이다. 그림을 보고 다음 물음에 답하여라.

(가) ①~⑨번과 ⑬번에 해당하는 명칭과 용도는?

(나) (1) ⑤번의 1, 2차측 전압은?

(2) ⑩번의 2차측 결선방법은?

(3) ⑪, ⑫번의 1, 2차 전류는?

단, CT의 정격전류는 부하정격전류의 1.5배로 한다.

(4) ⑭번의 명칭과 용도는?

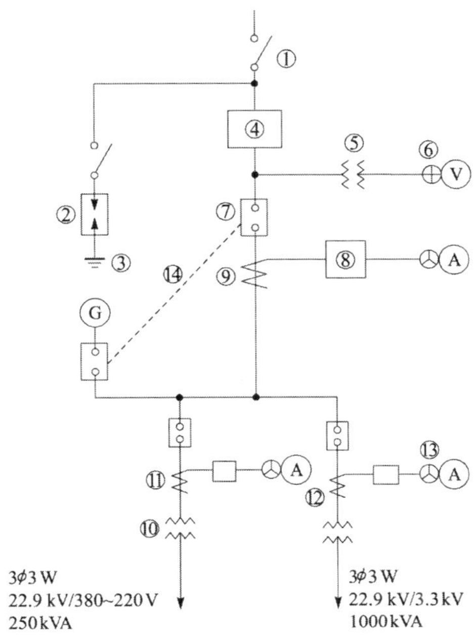

그림 2-17

풀이 (가)

번호	명 칭	용 도
①	단로기(DS)	전류가 흐르지 않을 때 전로를 개폐
②	피뢰기(LA)	이상전압을 대지로 방전시키고 그 속류를 차단
③	접지공사(E)	이상전압을 대지로 방류시켜 기기를 보호
④	계기용 변성기(MOF)	PT와 CT를 한 탱크 안에 수납하여 전력량계의 전력 측정
⑤	계기용 변압기(PT)	높은 전압을 저압(110 V)으로 변성하여 전압계로 전압 측정
⑥	전압 절환 스위치(VS)	하나의 전압계로 3상의 전압을 측정하기 위한 절환 스위치
⑦	차단기(CB)	부하전류의 게폐
⑧	과전류 계전기(OC 또는 OCR)	과부하나 단락사고시에 트립 코일을 여자시켜 차단기를 작동시킴
⑨	변류기(CT)	큰 부하전류를 5 A로 변류하여 전류계 및 과전류 계전기로 공급
⑬	전류 절환 스위치(AS)	하나의 전류계로 3상의 전류를 측정하기 위한 절환 스위치

(나) (1) 1차전압 : 22.9 kV, 2차전압 110 V

(3) ⑪ $I_1 = \dfrac{250}{\sqrt{3} \times 22.9} \times 1.5 = 9.45$ A 이므로

CT ⑪의 1차전류는 10 A, 2차전류는 5 A

⑫ $I_1 = \dfrac{1000}{\sqrt{3} \times 22.9} \times 1.5 = 37.82$ A 이므로

CT⑫의 1차전류는 40 A, 2차 전류는 5 A

(4) 인터록 장치(쇄정장치)

상시전원과 예비전원의 동시 투입방지

예 제 2-5

그림 2-18은 어느 수용가의 변전설비 중에서 수변전 부분의 단선접속도이다. 그림에서 ①~㉔번에 대한 약호, 명칭, 규격, 수량을 명시하는 기기일람표를 작성하여라. 단, 부하설비의 평균역률은 90 %로 한다.

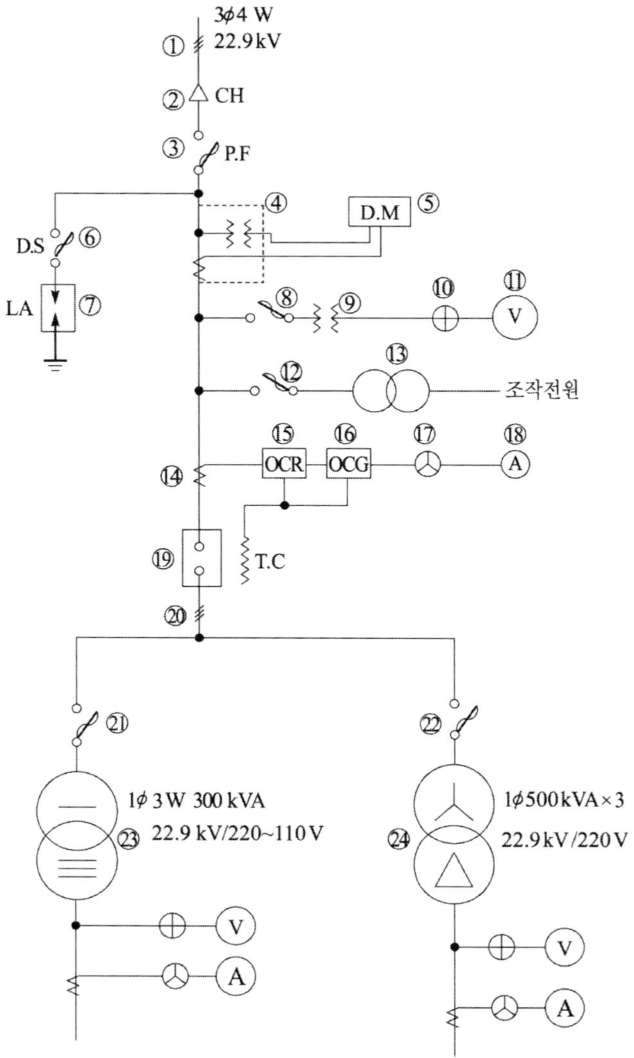

그림 2-18

풀이 〈기기 일람표〉

번호	약 호	명 칭	규 격	수량	비 고
①		CN・CV 케이블	22 kV 1C 38 mm^2		내선규정에 의거 22.9 kV Y계통은 CNCV 사용
②	CH	케이블 헤드	단심 옥내용 3단말/kit 38 mm^2	1kit	
③	P・F	전력 퓨즈	23 kV 125 A	3개	변압기 전부하 전류의 2배 이상으로 선정 $\frac{1800 \times 2}{\sqrt{3} \times 22.9 \times 0.9} = 101 = 125$ A
④	MOF	계기용 변압 변류기	22.9 kV/110 V 75/5 A 0.5급	1대	• 전기공급규정에 의거 0.5 급 사용 • 변압기 정격전류의 1.5배에서 C・T 비율 결정
⑤	D.M	최대 수요 전력계 부전력량계	3ϕ4W 3종계기 110 V/ 5 V 1.0급	1대	
⑥	D.S	단로기	25 kV, 400 A	1조	피뢰기용 단로기(생략할 수 있음)
⑦	L.A	피뢰기	18 kV 2500 A Disconnector 붙임형	1조	내선 규정에 의거 22.9 kV 수전설비 사용 피뢰기는 배전선로에 적용
⑧	COS	컷아웃 스위치	23 kV 100 A	3개	삽입 퓨즈 용량 : [illegible] A
⑨	P T	계기용 변압기	3ϕ4W, 13200/110 V, 100 VA	1대	지시계기 전원공급
⑩	VS	전압 절환 개폐기	3ϕ3W	1개	
⑪	V	전압계	0~13200 V	1대	
⑫	COS	컷아웃 스위치	23 kV 100 A	1개	삽입 퓨즈 용량 : 2 A
⑬	TR	변압기	1ϕ 단접지 12.6 kV/210~105 V		수전반 제어회로 전원공급 변압기
	조작전원을 DC로 사용	정류장치	D.C 110 V 30 A	1대	$\frac{\text{축전지용량 AH}}{10} + \frac{\text{상시부하}}{\text{표준전압}}$ $= \frac{100\text{ AH}}{10} + \frac{2\text{ kW}}{110} = 28.2$ A
		축전지	연축전지 2 V	55개	$\frac{\text{표준전압}}{2\text{ V 1개}} = \frac{110}{2} = 55$개
⑭	C T	계기용 변류기	25.8 kV 100/5 40 VA 유입	3대	
⑮	OC	과전류 계전기	반한시 4~12 A 인출형 순시 요소부	3대	동력 및 전등부하의 1.6배에서 동작토록 한다면 $\frac{1800}{\sqrt{3} \times 22.9 \times 0.9} = 50.4$ A
⑯	OC G	소세력식 지락 과전류 계전기	반한시 0.5~2 A 인출형	1대	$50.4 \times 1.6 \times \frac{5}{100} = 4$탭에 설정 탭 설정은 변압기 정격전류의 $\frac{1}{3}$ 이하로 한다. 즉, $\frac{1800}{\sqrt{3} \times 22.9 \times 0.9} \times \frac{5}{100} \times \frac{1}{3}$조 $= 0.84$ A 1조 따라서, 0.5탭에 설정

번호	약 호	명 칭	규 격	수량	비 고
⑰	AS	전류 절환 개폐기	$3\phi 4W$	1대	
⑱	A	전류계	배전반용 0~100 A	1대	
⑲	OCB	유입차단기	25.8 kV 600 A 400 MVA	1대	
⑳		모 선	22 mm^2	300m	
㉑-㉒	COS	컷아웃 스위치	23 kV 100A	5개	삽입 퓨즈 용량 : 25 A 삽입 퓨즈 용량 : 80 A
㉓	TR	변압기	22.9 kV/ 220~110 V, 300 kVA	1대	
㉔	TR	변압기	22.9 kV/220 V 500 kVA	3대	

2-5 기기의 배치

2-5-1 기본사항

(1) 전기의 흐름

변전소의 설계는 수전전원의 인입부터 시작하여 변전소에서 나가는 간선경로에 이르기까지 전기의 흐름이 일정한 방향으로 진행되고 교차하거나 역류하지 않도록 하여야만 질서 정연한 변전소를 구성할 수 있는 것이다. 만약에 교차하게 되면 모선이나 케이블의 배선처리가 2단 3단으로 중복될 수밖에 없다.

(2) 인입장소와 간선의 경로

변전소의 어느 쪽에서 전원을 인입할 것인가를 검토해서 결정해야 한다. 인입장소는 변전소의 위치를 선정하는 문제와도 관련성이 있고 잘못되면 구내 또는 건물을 우회하게 되어 설비비가 과다하게 들 수도 있다. 또 변전소의 위치가 부하에 대하여 어떤 위치인가를 잘 검토하여 가장 경제적이고 배선하기 용이한 간선경로를 선정하도록 잘 검토하여야 한다.

2-5-2 기기의 블록화

전기실의 넓이와 형태가 기기를 배치하는 데 이상적으로 되어있는 경우는 거의 없고 주어진 형태에다 맞추어서 기기의 블록을 구성하는 것이 일반적인 경향이다.

변전실의 기기는 제어방식과 기기의 형식에 따라서 다음과 같은 형태로 배치하고 있다.

① 자립개방형 배전반(차단기를 직접 취부)
② 자립개방형 원격제어(차단기를 별도로 설치)
③ 폐쇄형과 개방형 병용(변압기와 콘덴서는 별도로 설치)
④ 폐쇄형(기기는 모두 큐비클에 수납)

중소용량의 변전소 ①, ②의 자립개방형 프레임 구조가 많지만 대용량의 변전소는 ③의 변압기와 콘덴서는 개방형으로 하고 차단기를 폐쇄형으로 하는 큐비클과 개방형을 병용하는 방식을 채택하는 경우가 많다. ④는 기기를 모두 큐비클에 수납하는 방식으로 소용량부터 대용량에 이르기까지 널리 채택하고 있지만 시설비가 많이 든다. 소용량의 변전소에는 최근의 큐비클식 고압 수전설비가 이 방식에 해당한다.

②, ③, ④의 경우는 기기를 제어하고 감시하기 위하여 종합감시 제어반을 분리하여 별도로 설치하는 경우가 많다.

기기블록의 배치 예를 그림 2-19에서 볼 수 있다.

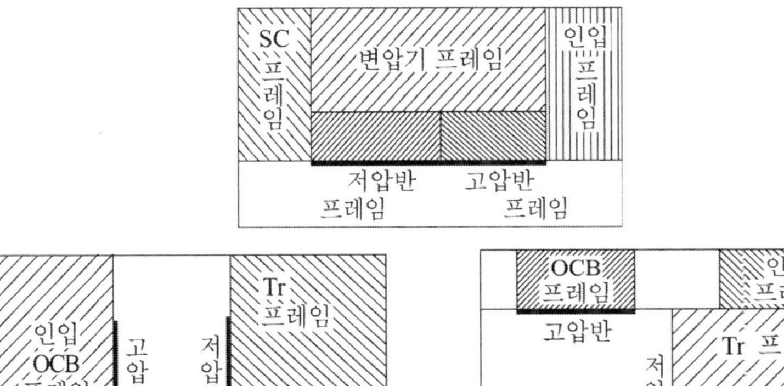

그림 2-19 기기블록의 배치와 반 배열법

2-5-3 폐쇄형 수변전설비의 배치

수변전설비 전체를 폐쇄형(큐비클)으로 하는 경우에는 프레임 구조로 하는 변전설비와 같이 도전 부분이 노출되지 않으므로 배치하기는 비교적 간단하지만 큐비클 구조이기 때문에 전기실의 넓이가 충분치 못하면 곤란하므로 잘 검토해야 한다.

(1) 큐비클의 구성단위

큐비클 수전설비는 다음과 같은 기기단위로 구성한다.

① 인입관계 : 인입 케이블과 MOF의 공간
② 수전관계 : 수전용 차단기의 공간
③ 고압분기관계 : 고압분기용 차단기, 케이블 단말처리 공간
④ 변압기관계 : 변압기, 저압간선용 개폐기 및 배선용 차단기의 공간
⑤ 콘덴서관계 : 진상용 콘덴서, 개폐기의 공간
⑥ 개폐기관계 : 분기용 개폐기의 공간

(2) 큐비클의 배치

큐비클을 배치하는 데 다음 사항들에 대하여 검토하여야 한다.

① 인입 케이블의 위치와 그 방향을 확인
② 간선의 출구와 방향을 확인
③ 변전기기의 단위구성과 크기를 검토
④ 큐비클의 배열(직렬배열 또는 분리배열)을 검토
⑤ 기기의 반입 및 반출 통로와 공간의 확보
⑥ 천장 높이를 확인
⑦ 큐비클 특히 변압기 큐비클은 집중하중이 요구되므로 기초와 바닥의 강도를 검토
⑧ 보호망의 설치

큐비클의 주위공간은 그림 2-20에서 볼 수 있는 것과 같이 전면은 최소 1.0 m 이상 요구되지만 차단기 등을 반출할 때 필요한 공간을 고려하면 1.5~2.0 m가 필요하다. 또 측면과 후면은 보수 점검을 하는 데 최소 0.6 m 이상이면 되지만 문짝이 있는 경우나 고압 개폐기, 컷아웃 등의 개폐조작 그리고 변압기 교체를 고려하여 충분한 공간을 확보하여야 한다.

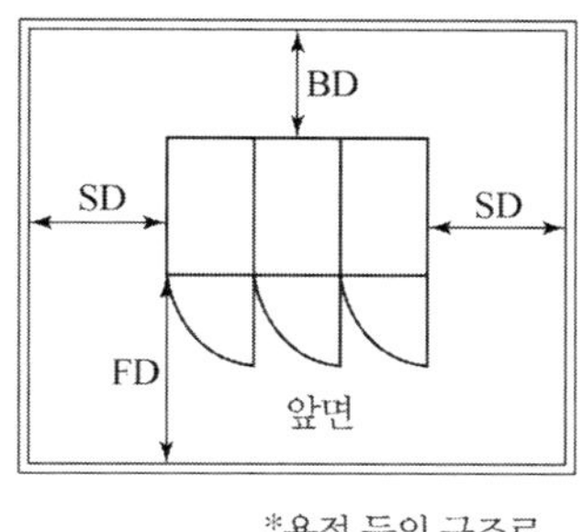

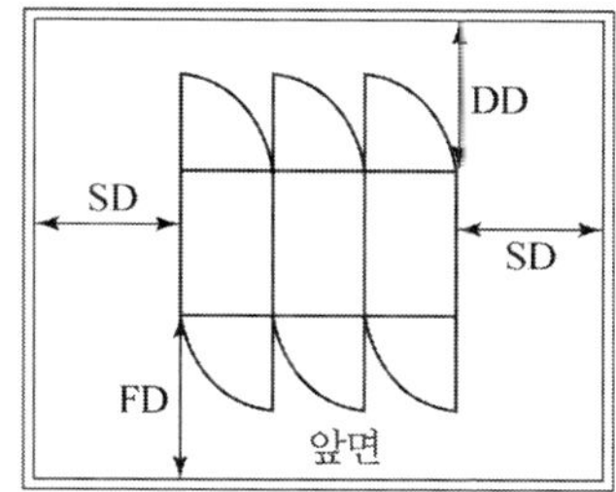

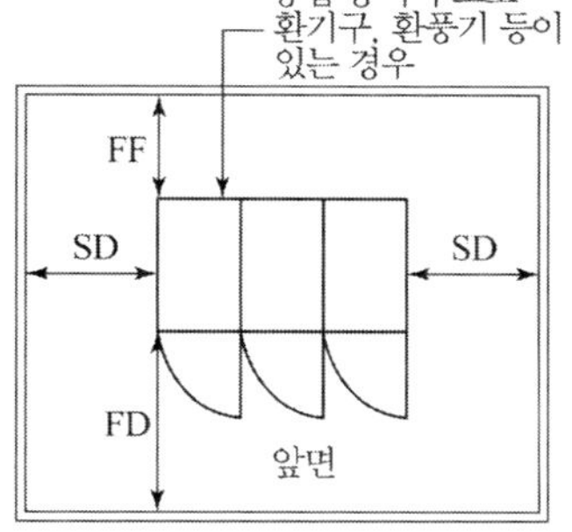

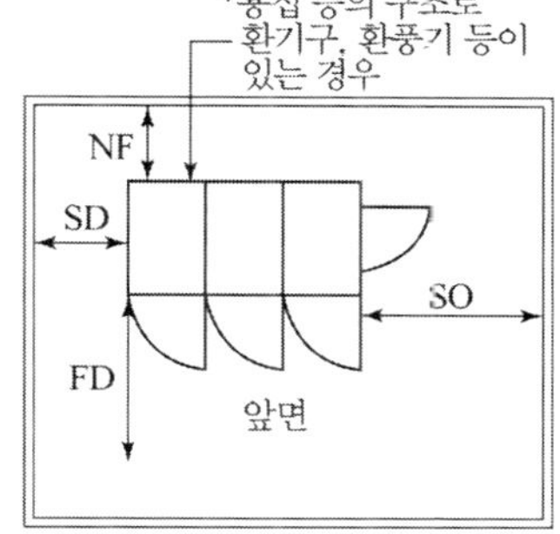

* 용접 등의 구조는 큐비클의 마감 면을 용접하였거나 나사 등으로 견고히 고정시켜 쉽게 떼어 낼 수 없게 만들어진 구조의 것을 말한다.

【비고1】 FD는 저, 고압용의 경우 1.5 m 이상, 특고압용의 경우 1.7 m 이상으로 함이 바람직하다.

【비고2】 SD는 큐비클의 마감 면을 떼어낼 수 없는 경우의 벽 마감 면과 큐비클의 마감 면 사이의 거리로 최소 0.6 m 이상이어야 하며 0.8 m 이상으로 하는 것이 통행에 편리하다.

【비고3】 BD는 큐비클의 뒷마감 면이 나사 등으로 고정되어 있어 필요시는 나사 등을 열고 작업을 하여야 하는 경우로 큐비클 마감 면부터 벽 마감 면까지 최소 0.6 m 이상이어야 하며 보수작업이나 통행을 위하여 0.8 m 이상으로 하는 것이 바람직하다.

【비고4】 DD는 큐비클 뒷면에 개폐문이 있는 경우에 큐비클 중 문의 폭이 제일 큰 것의 문 폭에 최소 0.3 m 이상(문을 열어놓은 상태에서 통행을 쉽게 하기 위해서는 0.6 m 이상)을 가산한 값 이상으로 하여야 하며 어떠한 경우라도 1.2 m 이상으로 하여야 한다.

【비고5】 FF는 큐비클 뒷마감 면이 용접되어 있거나 나사 등으로 견고히 고정되어 있어 열어볼 확률이 거의 없거나 뒷면에 환풍기 등이나 환기구가 설치되어 있는 경우로 소방상 필요한 최소공간 또는 점검상 최소공간의 확보 측면에서 저고압 큐비클은 최소 0.3 m 이상, 특고압 큐비클은 0.6 m 이상 확보하는 것이 바람직하다.

【비고6】 SO는 큐비클의 옆면에 문이 있는 경우로 DD의 경우와 같다. 다만, 문에 계측기 등이 설치되는 경우는 FD에 준한다.

【비고7】 NF는 큐비클 뒷마감 면이 FF의 경우와 같고 뒷면의 환풍기나 환기구가 없는 경우로(완전 밀폐 구조) 이격거리에 제한을 받지는 않으나 건물의 벽체가 인화물인 경우는 소방상 필요에 의해 큐비클 뒷면의 도장을 위해 0.3 m 이상 확보하는 것이 바람직하다.

그림 2-20 큐비클식의 이격거리

(3) 큐비클의 기초

큐비클 변전설비는 중량물이기 때문에 설치하는 건물의 바닥이나 지상에 기초 콘크리트를 타설하여야 한다. 건물바닥인 경우에는 보의 위치를 고려하여 배치하고 만약에 바닥의 강도가 아주 약하면 보와 보 사이에 H빔(H beam)으로 보강하기도 한다. 기초 콘크리트의 두께는 20~30(cm)로 하고 지상에 타설하는 경우에는 지면상 30 cm, 지면하 40 cm 정도로 한다. 기초의 타설공법에 대해서는 전문업체와 협의하는 것이 좋다.

2-5-4 접지공사

자가용 변전설비의 기기에는 접지사고를 방지할 목적으로 다음과 같이 접지공사를 하도록 정해 놓고 있다. 다음에서 KEC 142.5 변압기 중성점 접지, KEC 142.7 기계기구의 철대 및 외함의 접지에 관한 규정을 다음과 같이 알기 쉽게 정리해 본다.

(1) 변압기 중성점 접지(KEC 142.5)

① 변압기의 중성점접지 저항 값은 다음에 의한다.

㉠ 일반적으로 변압기의 고압 · 특고압측 전로 1선 지락전류로 150을 나눈 값과 같은 저항 값 이하

㉡ 변압기의 고압 · 특고압측 전로 또는 사용전압이 35 kV 이하의 특고압전로가 저압측 전로와 혼촉하고 저압전로의 대지전압이 150 V를 초과하는 경우는 저항 값은 다음에 의한다.

- 1초 초과 2초 이내에 고압 · 특고압 전로를 자동으로 차단하는 장치를 설치할 때는 300을 나눈 값 이하
- 1초 이내에 고압 · 특고압 전로를 자동으로 차단하는 장치를 설치할 때는 600을 나눈 값 이하

② 전로의 1선 지락전류는 실측값에 의한다. 다만, 실측이 곤란한 경우에는 선로정수 등으로 계산한 값에 의한다.

다음은 이 규정을 독자 여러분이 이해하기 쉽게 해석한 것이다.

변압기 중성점 접지공사는 고압 또는 특고압측 전로가 저압측 전로와 혼촉할 우려가 있는 경우에 저압 전로의 보호를 위하여 시설하는 것으로(KEC 322.1 및 322.2) 혼촉 시에 접지도체에 고압 또는 특고압 전로의 지락전류가 흐를 경우의 전위상승에 의한 저압

기기의 절연파괴를 방지하기 위하여 접지점의 전위가 150 V(1차측이 고압 또는 35 kV 이하의 특고압 전로로서 150 V를 초과했을 때 1초를 초과하고 2초 이내에 자동적으로 차단한다면 300 V, 1초 이내에 차단한다면 600 V)를 초과할 수 없도록 한 것이다.

(2) 기계기구의 철대 및 외함의 접지(KEC 142.7)

① 전로에 시설하는 기계기구의 철대 및 금속제 외함(외함이 없는 변압기 또는 계기용변성기는 철심)에는 140에 의한 접지공사를 하여야 한다.

② 다음의 어느 하나에 해당하는 경우에는 제1의 규정에 따르지 않을 수 있다.

전기기계기구(금속관 공사의 금속관 등은 배선재료로 생각하여 기계기구에는 포함되지 않음)에서는 일반적으로 통전부분과 철대, 외함 등과의 사이는 절연되고 있는데, 권선 부싱 등의 절연이 약화되어 이들 부분이 누전되어 위험을 일으킬 우려가 있다.

①에서는 누설전류에 의한 위험을 저감하기 위해 철대 및 금속제 외함을 접지하는 것을 규정하고 있으며, ②는 누전하고 있어도 위험이 적은 경우에 대해서 공사를 간략화하기 위해 접지의 생략을 인정하고 있는 것이다.

(3) 접지도체

① 접지도체의 선정

㉠ 접지도체의 단면적은 큰 고장전류가 접지도체를 통하여 흐르지 않을 경우 접지도체의 최소 단면적은 다음과 같다.

- 구리는 6 mm^2 이상
- 철제는 50 mm^2 이상

㉡ 접지도체에 피뢰시스템이 접속되는 경우, 접지도체의 단면적은 구리 16 mm^2 또는 철 50 mm^2 이상으로 하여야 한다.

이상은 접지도체의 선정에 관한 KEC 규정이고, 다음에서 좀 더 구체적으로 살펴보기로 한다.

①의 ㉠에서 접지도체란 계통설비 또는 기기만의 한 점과 접지극 사이의 경로 일부를 담당하는 도체이며, 그 목적에 따라서는 접지극을 등전위본딩 시스템의 한 점, 주로 주접지단자와 연결하는 도체이다.

(4) 접지극

다음 표 2-27은 접지극의 재료 및 형상과 최소 치수(참조 : KS C IEC 62305-3, 표 7)이다.

표 2-27 접지극의 재료, 형상과 최소 지수ae

재 료	형 상	치 수		
		접지봉 지름 mm	접지도체 mm^2	접지판 mm
구리, 주석 도금한 구리	연선		50	
	원형 단선	15	50	
	테이프형 단선		50	
	파이프	20		
	판상 단성			500×500
	격자판			600×600
용융 아연 도금강	원형 단선	14	78	
	파이프	25		
	테이프형 단선		90	
	판상 단성			
	격자판c			500×500
	프로필	d		600×600
나강b	연선		70	
	원형 단선		78	
	테이프형 단선		75	
구리 피복강	원형 단선	14	50	
	테이프형 단선		90	
스테인리스강	원형 단선	15	78	
	테이프형 단선		100	

a 내식, 기계적 및 전기적 특성은 후속 KS C IEC 62561 시리즈의 요구사항을 따라야 한다.
b 최소 50 mm 깊이로 콘크리트 내에 매입되어야 한다.
c 최소 총 길이 4.8 m 도체로 시설된 격자판
d 상이한 프로필은 290 mm^2 단면적 및 3 mm 최소두께(예 : 교차 프로필)를 허용한다.
e 기초 접지시스템의 B형 접지극 배열의 경우에 접지극은 적어도 매 5 m 마다 강화 철근과 올바르게 연결되어야 한다.

(5) 주접지단자

접지시스템은 주접지단자를 설치하고, 각종 접지극은 접지도체를 사용하여 주접지단자에 연결하여야 한다. 주접지단자의 단자는 측정용 보조 단자를 마련해 두면 접지저항값을 측정하는데 도움이 되고 편리하다.

주접지단자에는 다음의 접지도체들을 접속한다.

- 등전위본딩 도체
- 보호도체
- 접지도체
- 기타 기능성 접지도체

2-6 수변전설비 설계의 예

2-6-1 간이 큐비클을 사용한 수변전설비

(1) 건물 개요, 수전전압, 계약전력

부지면적 : 1,008,000 m^2

건물면적 : 532,410 m^2(건물 연면적 1,499,470 m^2)

건물구조 및 층수 : 철골조 3층 건물

수전전압 : 3상 3선식, 6.6 kV, 60 Hz

변압기 용량 : 125 kVA

계약전력 : 90 kW(변압기의 용량으로 계약)

(2) 설비용량(변압기 용량)의 결정

① 동력용 변압기

표 2-28에 의해서 상시동력 16.3 kW, 하계동력 48 kW, 동계동력 5.49 kW로 된다. 상시동력에서 패키지 팬은 냉난방시에 운전되므로 그 사이의 수용률은 100 %로 된다. 양수 펌프, 소화 펌프, 셔터에서는 3대를 동시에 운전하는 일은 없는 것으로 보고, 화재시에는 소화 펌프를 기동할 수 있도록 3.7 kW로 하였다. 따라서 상시동력은 14.4 kW로 한다.

하계동력에서 패키지, 쿨링 타워 등 모두를 운전하므로 수용률은 100 %로 된다. 동계동력은 온수 순환 펌프는 상시 수용률로 되고 보일러 3.09 kW와 오일 기어 펌프 0.2 kW, 계 3.29 kW에 대해서 수용률 50 %로 본다. 따라서 동계동력은

$$2.2 + 3.29 \times 1/2 = 3.85\ \text{kW}$$

이다.

이상, 각 동력의 용량 kW을 kVA로 환산하면 다음과 같다(역률은 80 %).

상시동력 : 14.4/0.8≒18 kVA

하계동력 : 48/0.8≒60 kVA

동계동력 : 3.85/0.8≒5 kVA

표 2-28 동력설비의 용량

	사 용 목 적	용량 kW	대수	상용동력 kW	하계동력 kW	동계동력 kW
1	난방 관계					
	보 일 러	3.09	1			3.09
	오일 기어 펌프	0.2	1			0.2
	온수 순환 펌프	2.2	1			2.2
2	공기 조화 관계					
	1F. 패키지 컴프레서	7.5	2		15	
	위의 팬	5.5	1	5.5		
	2F. 패키지 컴프레서	7.5	1		7.5	
	위의 팬	1.5	1	1.5		
	3F. 패키지 컴프레서	7.5	1		7.5	
	위의 팬	1.5	1	1.5		
	3F. 패키지 컴프레서	5.5	2		11	
	위의 팬	2.2	1	2.2		
	냉각수 펌프	5.5	1		5.5	
	쿨링 타워	1.5	1		1.5	
3	급배수 관계					
	양수 펌프	1.5	1	1.5		
4	기 타					
	소화 펌프	3.7	1	3.7		
	셔 터	0.4	1	0.4		
	합 계			16.3	48	5.49

[주] 1. 패키지 팬은 냉난방급 중간기의 환기 팬으로 이용하기 때문에 상시동력으로 한다.
2. 3F에 패키지가 2대 설치되어 있는 것은 한 대는 임대용 사무실에서 사용할 것임.

따라서 변압기의 뱅크는 다음과 같이 2가지 안을 생각할 수 있다. 즉

㉠ 상시와 동계동력용 20 kVA×1대
하계동력용 75 kVA×1대

㉡ 상시와 하계동력용 75 kVA×1대

설치면적과 예산상 ㉠, ㉡를 비교해 볼 때 ㉡쪽이 유리하고, 변압기 용량은 ㉡의 75 kVA×1대로 하였다.

고압진상용 콘덴서는 하계동력의 용량이 크기 때문에 그림 2-21에서 알 수 있는 것과 같이 상시동력용 10 kVA, 하계동력용 15 kVA로 하고 있다.

② 전등 콘센트용 변압기

표 2-29에서 총용량은 약 52.9 kVA로 된다. 수용률 70 %로 하면

$$52.9 \times 0.7 \fallingdotseq 37 \text{ kVA}$$

따라서 변압기 용량은 50 kVA로 하였다.

표 2-29 조명 및 콘센트 설비용량 일람표

	사 용 목 적	와트수 W	설치 수량	환산용량 VA	총용량 VA	비 고
1	전등 관계					
	수 은 등	200	1	260	260	200 V 고역률
	수 은 등	100	2	140	280	100 V 고역률
	형 광 등	40	403	55	22,165	200 V 고역률
	형 광 등	30	4	60	240	100 V 저역률
	형 광 등	20	176	35	6,160	100 V 저역률
	형 광 등	15	1	33	33	100 V 저역률
	형 광 등	10	11	20	220	100 V 저역률
	백 열 등	60	5	60	300	
2	콘센트 관계					
	일반용 콘센트		7	150	1,050	2 P 15 A 1개
	일반용 콘센트		79	150	11,850	2 P 15 A 2개
	환기팬용 콘센트		4	55	220	200ϕ 자동셔터 부
	히터용 콘센트	1,500	1		1,500	1대 자동 셔터
	복사기용 콘센트		3		3,600	1,200 VA
	복사기용 콘센트		2		1,000	1대 자동 셔터
	텔레타이프용 콘센트		1		1,200	500 VA
	룸 쿨러용 콘센트		2		2,400	1대 자동 셔터 1,200 VA
3	기 타					
	전화교환기용 정류기		1		400	
	합 계				52,878	

[주] 환산용량은 전력회사의 공급규정에 의거

(3) 결선도의 결정

결선도를 작성함에 있어서 특히 고려한 것은 다음과 같다.

① 변압기는 동력, 전등을 별도로 하고 동력회로이건 전등회로이건 간에 사고가 발생한 때는 각각 따로 보호할 수 있도록 하였다.

② 고압 진상용 콘덴서는 상시동력용과 하계동력용으로 구분하였다(중간계와 동계에 있어서의 지나친 진상을 억제하기 위함).

③ 전력회사와 협의하여 수전용 차단기의 차단용량은 100 MVA로 하였다.

이와 같이 하여 그림 2-21과 같은 결선도를 얻었고, 결선도 중 MOF가 유입차단기의 다음에 와 있다는 것이 특이할 것이다. 전력회사에 따라서는 이와 같은 MOF의 위치를 권장하고 있다는 것을 알아주기 바란다.

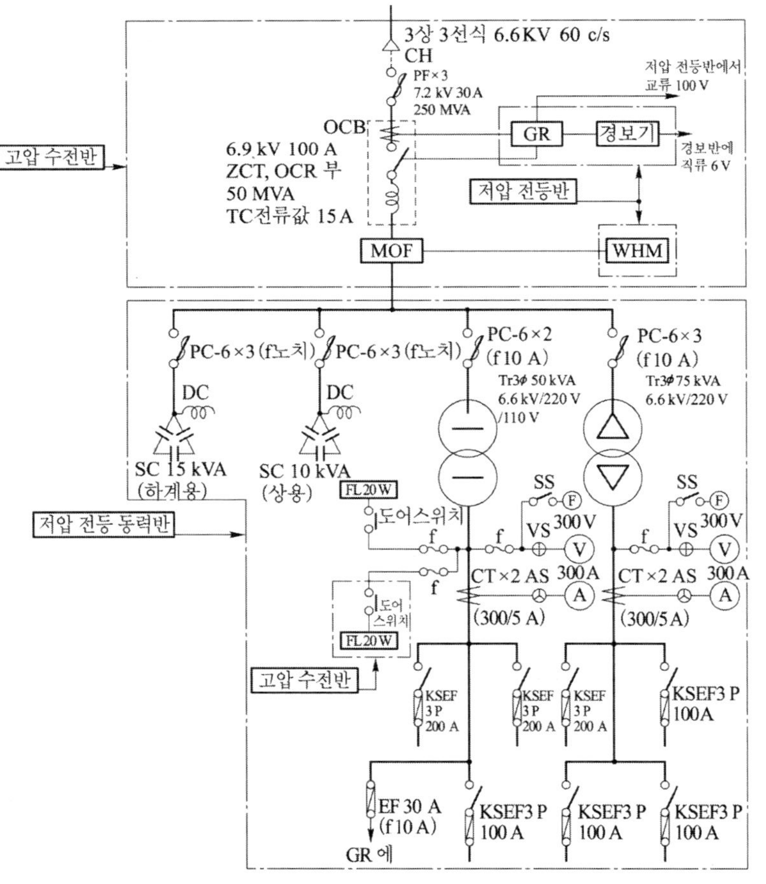

범 례	
부호	명칭
Ⓐ	전류계
CH	케이블 헤드
CT	계기용 변류기
DC	방전 코일
f	퓨즈
GR	접지 계전기
Ⓛ	파일롯 램프
MOF	계기용 변성기
OCB	유입 차단기
PF	전력 퓨즈
SC	진상 콘덴서
SS	나이프 스위치
Ⓥ	전압계
WHM	전력량계

그림 2-21

(4) 큐비클의 형식과 특징

큐비클의 형식은 그림 2-22와 같으며, 주어진 시방사항에 따라서 제조공장에서 조립하고 검사필한 것을 납품해 왔기 때문에 기초공사를 하고 입출력전선의 접속만으로 끝난다.

각부의 조작은 정면에서 행하는 것을 원칙으로 하여, 각 기기를 배치하였다. 특히 OCB의 조작은 간단히 할 수 있도록 작은 문을 별도로 달았다.

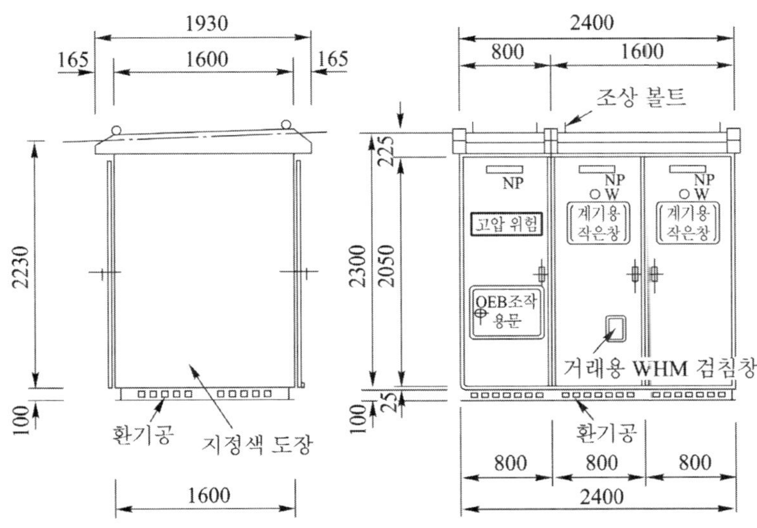

그림 2-22 큐비클 형태도(단위 : mm)

(5) 보호장치

수전차단용량이 100 MVA나 되어서 유입차단기만으로는 보호할 수 없으므로, 전력 퓨즈~유입차단기의 순으로 하여 사고에 대한 차단용량은 전력 퓨즈가 담당하도록 하였다.

접지사고에 대해서는 접지계전기로 감지하고 유입차단기를 동작시킨다. 이때에 접지사고임을 확실하게 하기 위하여서 숙직실에 6 V용 버저를 설치하였다. 사고시에 저압전원은 모두 정전되기 때문에 버저의 전원용으로 큐비클 내에 건전지(6 V)를 내장하고, 접지계전기-보조계전기-건전지-버저의 회로구성을 하였다.

(6) 변류기, 계기용량 등의 결정

① 유입차단기의 과부하 트립 전류값의 결정

변압기의 총용량은 125 kVA이고, 수전전압은 6,600 V이기 때문에 이에 흐르는 총부하 전류 I는

$$I = \frac{[\mathrm{kVA}]}{\sqrt{3}\,V} = \frac{125 \times 1{,}000}{\sqrt{3} \times 6{,}600} \fallingdotseq 11\ \mathrm{A}$$

로 된다.

또한, 진상 콘덴서의 정격전류는 60 Hz인 때에, 개략적으로

10 kVA에서 약 0.9 A

15 kVA에서 약 1.3 A

로 된다(네임 프레이트에 의거함).

이상의 합계전류값은 13.2 A로 되므로, 과부하 트립 전류값을 15 A로 하였다.

② 저압계기용 변류기와 전류계의 결정

변류기, 전류계는 변압기의 전부하시에 하등의 지장이 없도록 결정하였다.

즉, 전부하전류는

㉠ 동력용

$$I = \frac{\mathrm{kVA}}{\sqrt{3}\,V} = \frac{75 \times 1{,}000}{\sqrt{3} \times 220} \fallingdotseq 200\ \mathrm{A}$$

㉡ 전등용

$$I = \frac{\mathrm{kVA}}{V} = \frac{50 \times 1{,}000}{220} \fallingdotseq 228\ \mathrm{A}$$

로 된다. 일반적으로 전류계는 눈금의 약 80 %되는 곳에 최대 지시값이 오도록 결정하는 것이 관례이므로, 변류기와 전류계는

㉠ 동력용 250/5 A

㉡ 전등용 300/5 A

로 되지만, 본 설계에서는 300/5 A로 통일하였다. 또한 변류기의 VA는 전류계 1대의 부하뿐이기 때문에 최저값인 15 VA로 결정하였다.

2-6-2 22 KV-Y 수변전설비 결선도 예 (그림 2-23)

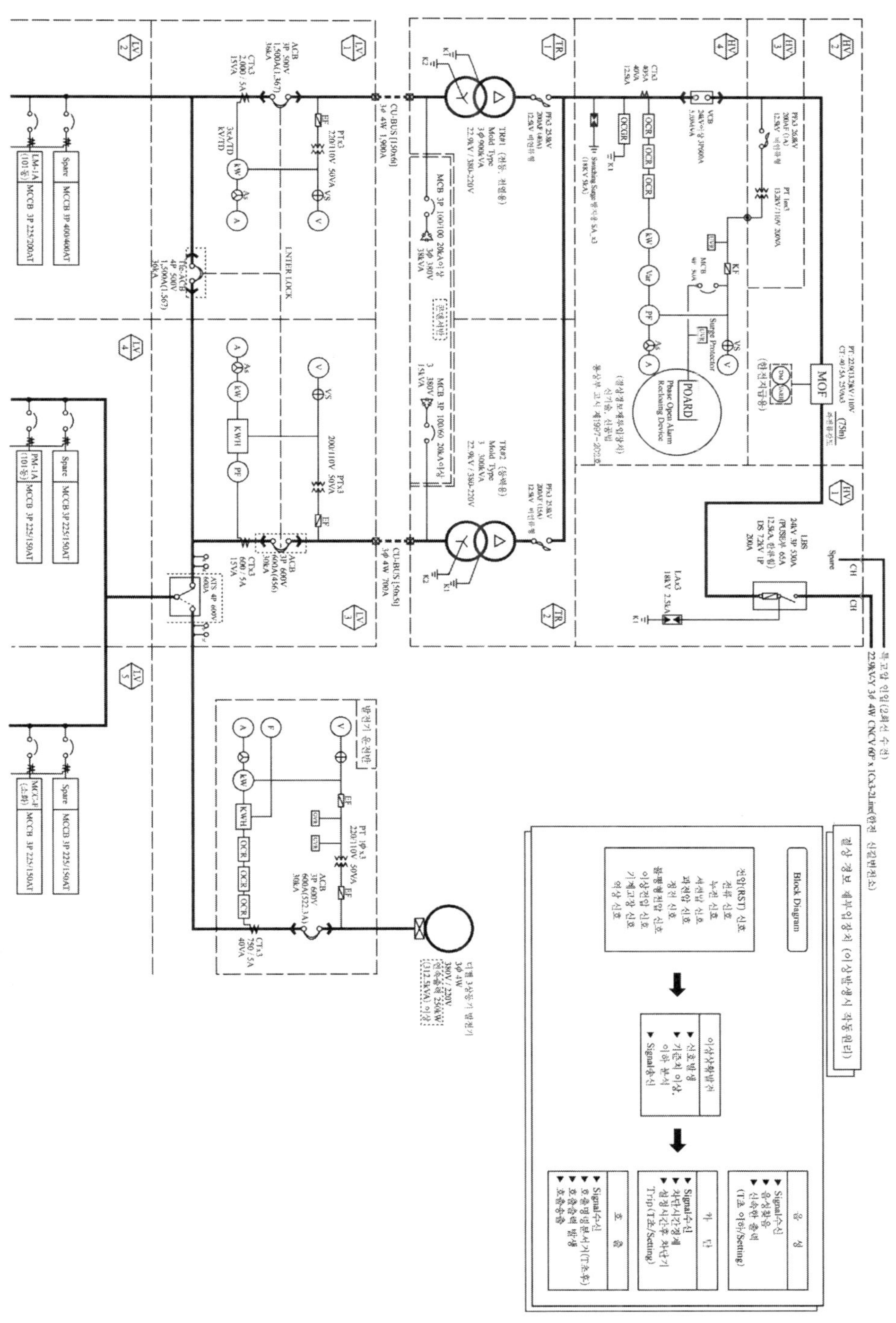

그림 2-23 22kV-Y 수변전 설비 단선 결선도 예

Chapter

연 습 문 제

e x e r c i s e

01 부하의 합계용량이 300 kVA를 초과하는 배전반에 반드시 부착해야 하는 계기는?

답 전류계, 전압계

02 22 kV 이하(22 kV 비접지는 제외)의 배전선로에서 수전하는 설비의 피뢰기 공칭 방전전류는 일반적으로 몇 A로 되어 있는가?

답 2500 A

03 어느 상가의 부하설비 용량이 2500 kW, 역률은 85 %, 수용률은 65 %이다. 수전설비의 용량 kVA은 얼마로 하면 되겠는가?

답 2000 kVA

04 각 부하설비의 용량이 전등 50 kW, 동력100 kW, 공장동력 150 kW이다. 수용률은 각각 전등 60 %, 동력 70 %, 공장동력 50 %일 때 최대수용전력 kW은?

답 175 kW

05 1일 생산량 60 ton의 시멘트 공장을 건설하고자 할 때 총설비용량은 몇 kW로 하여야 하는가? 단, 시멘트의 전력원 단위는 140 kWh/t, 부하율 70 %, 수용률 80 %로 한다.

답 625 kW

06 계기정수 1200 Rev/kWh, 승률 1인 전력량계의 원판이 40초에 20회전하였다. 이때의 평균 부하 전력은 몇 kW인가?

답 1.5 kW

07 부하설비에 의하여 계약 최대전력을 산정하는 경우에 부하설비 용량이 900 kW라면 전력 회사와의 계약 최대전력은 몇 kW인가? 단, 계약 최대전력환산표는 다음과 같다.

환산표

부하설비 입력	승률 %	비 고
처음 75에 대하여	100	계산의 합계단수가 1 kW 미만일 경우에는 소수점 이하 첫째자리에서 4사 5입한다.
다음 75에 대하여	85	
다음 75에 대하여	75	
다음 75에 대하여	65	
300 초과분에 대하여	60	

답 604 kW

08 자가용 수전설비에서 22.9 kV-Y로 수전하는 경우에 최대로 수전할 수 있는 용량은 얼마인가?

답 10000 kW

09 Y-△로 결선한 주변압기의 보호에 비율차동계전기를 사용하였다. 이때 CT의 결선방식은?

답 Y측은 △로, △측은 Y로 결선한다.

10 수전전압 22 kV 수전용량 3상 800 kW, 역률 90 %로 수전할 때에 수전회로에 시설하는 계기용 변류기의 변류비는 얼마가 적합한가?

답 30/5 A

11 변류비가 30/5 A인 CT 2개를 그림 2-24와 같이 접속하였을 때 전류계에 2 A가 흐른다고 하면 CT의 1차측에 흐르는 전류는 몇 A인가?

답 6,928 A

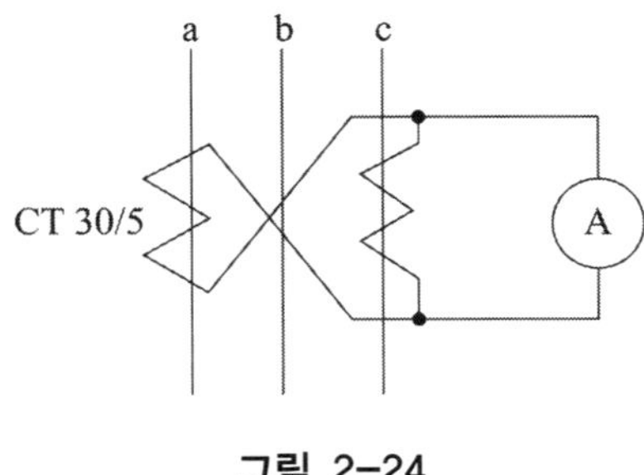

그림 2-24

12 수전전압 6.6 kV, 가공전선로의 %임피던스가 58.5 %일 때 수전점의 3상 단락전류가 7000 A인 경우 기준용량과 수전용 차단기의 차단용량은 얼마인가?

답 기준용량 : 51.07 MVA, 차단용량 : 87.3 MVA

13 주변압기의 용량 1050 kVA, 전압 22/3.3 kV, 3상의 3선식 전로의 2차측에 설치하는 단로기의 단락강도 kV는 얼마인가? 단, 주변압기의 %임피던스는 5 %이다.

답 3.7 kA

14 역률 개선용 콘덴서를 모선에 설치하는 데 콘덴서의 접속을 △로 하는 경우와 Y로 하는 경우를 비교하여라.

답 △결선은 선로전압이 콘덴서의 정격전압으로 되므로 전압이 비교적 낮은 경우에 유리하여 3~6 kV의 3상용으로 내부결선이 되어 있다. Y결선은 선로전압이 $1/\sqrt{3}$의 콘덴서 전압으로 되므로 높은 전압의 경우에 유리하여 10 kV 이상의 특고압은 단상 콘덴서 3대를 Y결선으로 한다.

15 콘덴서의 내부에 고장이 생기거나 과전류가 흐르는 경우에 자동으로 차단하는 장치가 필요한 뱅크 용량 kVA은 얼마인가?

답 500 kVA를 넘고 15000 kVA 미만

16 전력용 콘덴서 회로에 차단기 대신 개폐기나 인터럽트 스위치 등을 시설할 수 있는 콘덴서의 용량은 몇 kVA 이하인가?

답 100 kVA

17 제5고조파로부터 콘덴서를 보호하기 위하여 500 kVA의 콘덴서에 6 %의 직렬 리액터가 설치되어 있다. 250 kVA의 콘덴서가 고장나서 이것을 임시로 철거하고 나머지 250 kVA에 대하여 기설 직렬 리액터를 그대로 사용한다면 몇 %의 직렬 리액터를 설치한 셈인가?

답 3 %

18 어느 수용가가 당초 역률(지상) 80 %로 60 kW의 부하를 사용하고 있었는데, 새로 역률(지상) 60%로 40 kW의 부하를 증설해서 사용하게 되었다. 합성역률을 90 %로 개선하려고 할 경우에 콘덴서의 용량은 몇 kVA인가?

답 50 kVA

19 고압 또는 특고압 수전설비의 보안상 책임분계점은 자가용 전기설비의 어디에 설정하는 가? 단, 인입구 배선의 보안에 대하여 전력회사가 책임을 지는 경우이다.

답 단로기의 전원측 단자

20 22.9 kV-Y 특고압 수전시 간이 수전설비를 할 수 있는 설비용량의 한계는 몇 kVA 이하인가?

답 1000 kVA

21 그림 2-25는 어느 고압 수전설비의 평면도(기기배치도)이다. 그림을 보고 다음 물음에 답하여라.

〈평면도〉

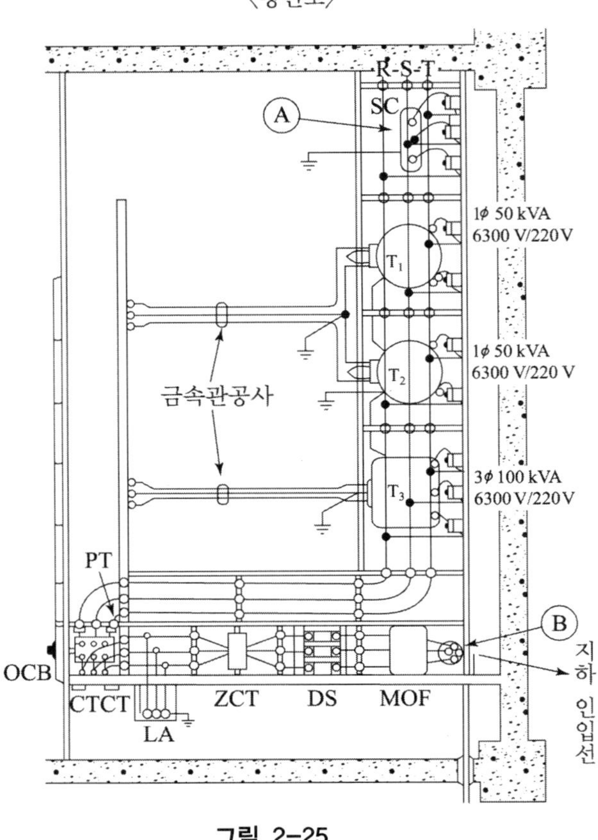

그림 2-25

(1) ZCT의 설치목적은 무엇인가?

(2) T_1과 T_2로 공급할 수 있는 3상 최대출력은?

(3) Ⓑ번 부분에 필요한 시설물의 명칭은?

(4) CT의 변류비는 75/5, 50/5, 30/5, 10/5 중 어느 것이 적당한가?

(5) T_1변압기의 전원측 COS 퓨즈 링크의 정격전류로 적당한 것은?

(6) 본 평면도에서 결선이 잘못된 부분이 있다. 이에 해당하는 곳은 어느 곳인가?

답 (1) 영상전류검출 (2) 86.6 kVA (3) 케이블 헤드(CH)

(4) 30/5 A (5) 12 A

(6) ① LA를 MOF앞에 설치하여야 한다.

② V결선의 1차측 결선에서 T_2의 고압측 결선이 잘못

22 그림 2-26은 특고압 수전설비의 단선결선도이다. 이 결선도를 보고, 다음 물음에 답하여라.

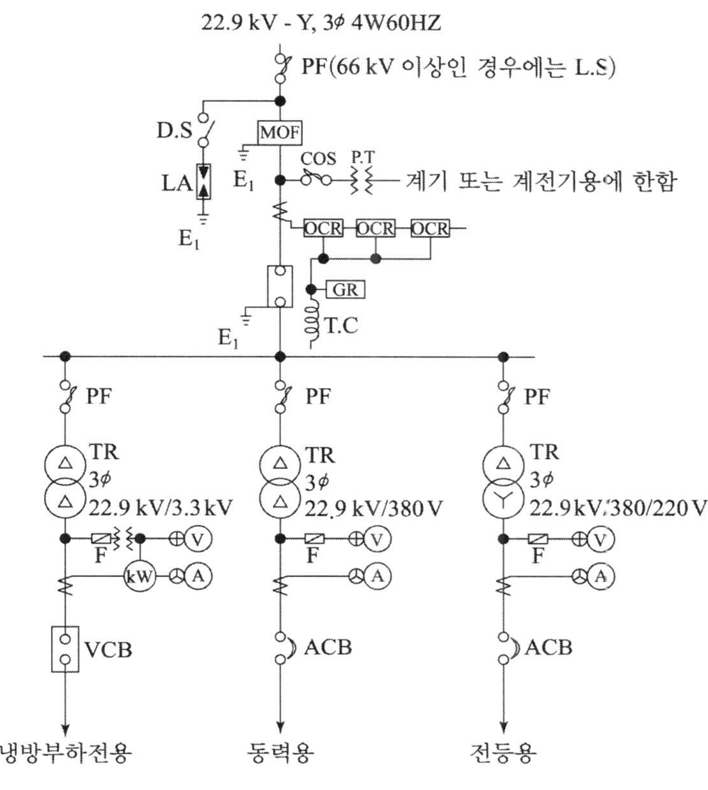

그림 2-26

① 동력용 변압기에 연결된 동력부하의 용량이 300 kW, 부하역률은 80 %, 효율 85 %, 수용률 50 %라고 할 때 동력용 3상 변압기의 용량 kVA을 계산하고 변압기의 표준정격 용량표에서 변압기 용량을 선정하여라.

전력용 3상 변압기 표준용량 kVA					
150	200	250	300	400	500

② 냉방부하용 터보 냉동기 1대를 설치하고자 한다. 전용의 차단기로 VCB를 설치할 때에 VCB 2차측의 정격전류는 몇 A인가? 단, 전동기는 150 kW, 정격전압 3300 V의 3상 농형 유도전동기로 역률은 80 %, 효율은 85 %이다.

답 ① 250 kVA ② 120 A

MEMO

03장 예비전원설비

3-1 예비전원설비

빌딩 · 공장 등 모든 분야에서 전기설비는 중요한 기능을 발휘하고 있으므로 전력회사로부터 공급받고 있는 상용전원이 정전되었을 때 미치는 영향은 대단히 크다. 상용전원의 신뢰도는 설비의 개선을 통해서 날로 향상되고 있는 실정이지만 태풍이나 풍수해 등 천재에 의한 예기치 않았던 정전사고, 기기 교체 등 보안작업으로 인한 정전 등을 생각한다면 완전한 무정전공급이란 도저히 불가능하다. 따라서 상용전원이 정전한 경우에 자위상 최소한의 보안전력을 확보하기 위해서 예비전원으로 자가용 발전장치나 축전지 설비가 시설되어 왔다. 또한 각국마다 소방법, 건축법을 통해서 예비전원의 설비를 규제하는 실정에 있다. 그리고 예비전원 설비는 방재상의 견지에서도 대단히 중요하다.

법규에 의한 예비전원 설비는 자가용 발전설비, 축전지, 비상전원 전용의 수전설비 등이 인정되고 있으나, 여기서는 빌딩 등에서 보통 설치하고 있는 자가용 발전설비, 축전지 설비 등에 관하여 살펴보기로 한다.

3-1-1 예비전원이 필요한 설비

예비전원이 필요한 설비는 보안상 필요한 것과 영업상 필요한 것으로 나눌 수 있다. 그리고 보안상 필요한 설비에는 자위(自衛) 때문에 필요한 것과 법규(소방법, 건축법)에서 규제되어 있기 때문에 시설해야 하는 경우가 있다(표 3-1).

표 3-1 예비전원이 필요한 부하설비

목 적		보안상 필요한 부하 대상	영업용 부하 대상
자위상	조명용	상시등 정전의 경우 운전조작에 필요한 장소의 전원	필요한 영업 장소
	공조·환기용	자가용 발전 장치실, 중앙 감시실, 중앙 관리실(방재 센터)·환기용 전원	위와 같음
	승강기용	정전일 때 긴급 강제, 착상용 전원	위와 같음
	위생용	급수 펌프, 배수 펌프 전원	
	제어용	중앙 감시반, 기타 감시 제어 장치 전원	
	보안·방재용	항공 장해등, 셔터, 자가 발전장치용 보조기기 전원	
	기타	소화설비 중 손해 보험료의 할인 적용을 받는 부하 (외국의 경우)	영업상 필요한 설비 기기용
법령상의 규제 때문에		건축법에 따른 설비용, 소방법에 의한 설비전원	

3-1-2 법령의 규제에 의한 예비전원

건축기준법과 소방법에 규제되어 있는 예비전원 또는 비상전원은 다음과 같다.

① 축전지 설비
② 자가발전설비
③ 축전지 설비와 자가발전설비의 병용
④ 비상전원 전용 수전설비

이들 예비전원에 관한 법령상의 분류와 성능을 표 3-2에 제시한다. 또한 건축기준법에 의거한 예비전원과 소방법에 의거한 비상전원은 소방법의 비상전원에 지장이 없는 범위 내에서 공용해도 무방한 것으로 되어 있다. 그래서 두 법을 만족하는 자가발전설비의 운전시간과 기동시간을 표 3-3에 제시한다. 그리고 소방법에서는 자동화재 통보설비, 비상경보설비, 유도등과 무선통신 보조장치는 축전지 설비에서만 인정하고 있다는 것도 알아두자.

표 3-2 예비전원의 분류와 성능

예 비 전 원	법령상의 성능
축전지 설비	(消) 정전 후 충전을 하지 않고서, 1시간 이상 감시상태를 지속한 직후에도, 30분 이상 방전할 수 있는 것
	(建) 자동충전장치, 시한충전장치를 가지는 축전지(충전을 하지 않고서도 30분간 계속해서 방전할 수 있는 용량의 것)
자가용 발전 설비	(消) 1시간 이상 연속하여 운전할 수 있는 것
	(建) 비상사태가 발생한 후 10초 이내에 전압을 확보하여 개폐기를 변환하고, 30분 이상 안정된 전원을 공급할 수 있는 용량일 것
축전기 설비・자가 발전설비의 병용	(消) 자가용 발전기는 상용전원이 정전된 후 소요 전압을 확보할 때까지의 시간은 40초 이내이고, 정격부하로 1시간 이상 계속해서 운전할 수 있는 것 축전지는 1시간 이상 감시상태를 지속한 직후에도, 30분 이상 방전할 수 있는 것
	(建) 10분간 용량의 축전지와 자가 발전설비, 운전시간은 30분 이상
비상전원용 설비	(消) 특정소방대상물로서 연면적이 1000[m^2]이상의 것은 사용할 수 없다. 운전시간은 1시간 이상일 것
	(建) 법에서는 인정되지 않고 있다.

표 3-3 방재전원의 자가발전설비

종 류	운전 시간	기동 시간
건축기준법에 의한 전용설비	30 분 이상	비상 조명용은 10초 이내에 변환되고, 기타는 40초 (자동변환은 45초 이내에 완료)
소방법에 의한 전용설비	1 시간 이상	40초 (자동변환은 45초 이내 완료)
각 법령에 있는 자가 발전설비	1 시간 이상	비상 조명용은 10초 이내에 변환되고, 기타는 40초(자동변환은 45초 이내 완료)

3-2 비상용 발전설비

예비전원용의 자가발전설비는 소용량기를 제외하고 디젤 엔진에 의하여 구동되는 3상 교류발전기가 가장 많이 사용되고 있다.

3-2-1 비상용 발전설비의 구성

비상용 발전설비는 다음과 같은 장치로 구성되어 있다.

① 디젤 엔진

기관 본체, 조속기, 계측장치(회전계, 유압계, 수온계, 유온계 등), 기동장치 및 정지장치, 공통 프레임(보통은 스프링 또는 고무 등으로 된 방진장치가 부착되어 있다).

② 교류발전기 : 교류발전기, 여자장치

③ 배전반 : 발전기반, 자동제어반, 여자장치반, 자동검정반, 보조기기반

④ 엔진 기동과 관련된 장치

㉠ 공기식 : 공기압축기, 동 제어반, 공기조(air tank)

㉡ 전기식 : 기동용 축전지, 동 충전기

⑤ 부속장치

㉠ 연료관계 : 연료탱크, 연료 이송 펌프 및 제어반

㉡ 윤활유 관계 : 윤활유 탱크

㉢ 냉각수 관계 : 감압 물 탱크

㉣ 배기관계 : 소음기

㉤ 전기관계 : 배관, 배선

⑥ 기타

㉠ 배관 피트 : 급수, 배수, 연료유, 윤활유, 공기 배관용 및 배선용

㉡ 점검용 체인 블록 및 I빔

㉢ 환기설비

그림 3-1에 자가용 발전설비의 계통약도를 제시한다.

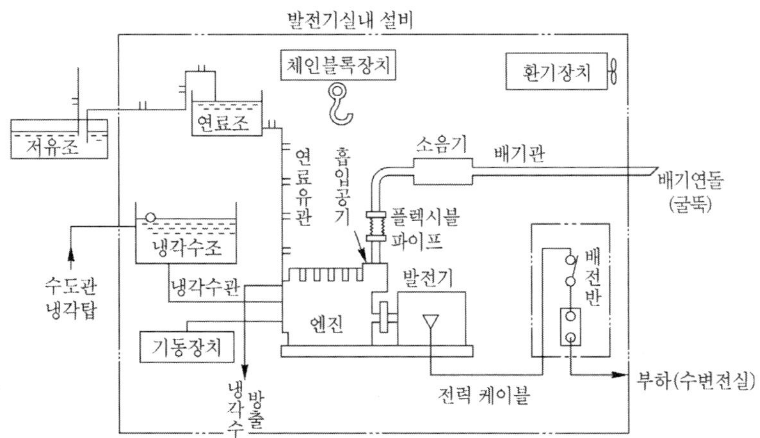

그림 3-1 디젤 발전장치의 계통 개략도

3-2-2 디젤 엔진

(1) 출력

발전기를 구동하는 엔진의 출력은 일반적으로 PS(미터법 마력)로 표시되고, 다음 식으로 산출한다.

$$엔진출력 = \frac{발전기출력\ kVA \times 역률\ \%}{발전기효율} \times \frac{1}{0.736}\ P.S \qquad (3-1)$$

여기에서 역률은 일반적으로 80 %를 기준으로 하고, 발전기의 효율은 규약효율로 표시한다(그림 3-2). 발전기와 원동기의 정격 및 규정사항 중 자가발전설비에 관한 일본의 규정을 표 3-4에 제시하니 참고하기 바란다.

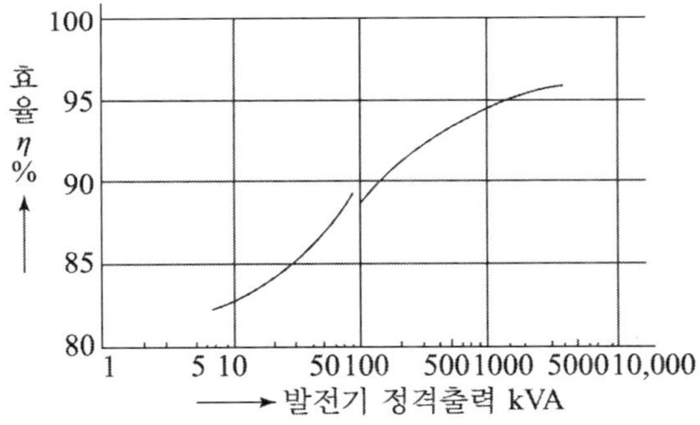

그림 3-2 발전기 출력과 효율과의 관계

(2) 디젤 엔진의 분류

디젤 엔진의 종류는 대단히 많고, 각각 특색이 있으므로 용도, 용량, 사용조건 등을 충분히 검토하여서 가장 적합한 기종을 선정하여야 한다. 디젤 엔진의 분류와 선정할 때에 고려하여야 할 사항을 요약하면 표 3-5와 같다.

표 3-4 발전기 · 원동기의 정격 및 규정사항

항목 / 단위 / 발전기용량	원동기 출력 PS 이상	기통수	회전 속도 rpm	연소 방식	기동 방식	전 기 기 동			공기기동		사용 연료	연료 소비율 g/PSh 이하	윤활유 소비율 g/PSh 이하	속도 변동률		냉각 방식	감압 수조 l	연료 소출조 l	규약 효율 % 이상	비고
						셀프 모터 용량 kW 이상	축전지 AH 이상	충전기 A 이상	컴프 레셔 kg/cm^2	공기조 l				설정 % 이내	순시 % 이내					
kVA 5	10	100 kVA 이하는 규정 하지 않음	1,500 ~1800	직접 분사식 또는 예연소 실식	전기식	2.0	100	5	–	–	경유	220	4	5	10	라디에 이터식 강제 공냉식	–	90	75	
10	15		1,500 ~1800			2.0	100	5	–	–		220	4	5	10		–	90	76	
15	20		1,500 ~1800			2.0	100	5	–	–		220	4	5	10		–	90	77	
20	25		1,500 ~1800			2.0	100	5	–	–		220	4	5	10	라디에 이터식 수냉식	200	90	79	라디에 이터식 일때는 감압 수조는 불필요
25	30		1,500 ~1800			4.0	100	10	–	–		220	4	5	10		200	90	80	
30	35		1,500 ~1800			4.0	100	10	–	–		220	4	5	10		200	90	82	
40	50		1,500 ~1800			4.0	100	10	–	–		210	4	5	10		200	90	83	
50	60		1,500 ~1800			5.2	120	15	–	–		210	4	5	10		200	90	85	
75	100		1,500 ~1800			5.2	120	15	–	–		210	4	5	10		200	90	86	
100	130		1,500 ~1800			5.2	120	15	–	–		210	4	5	10		200	90	87	
125	150	6기통 이상	1,500 ~1800		전기식 공기식	5.5	120	15	30	150×2	A 중유	210	4	5	10	수냉식	500	390	88	
150	180		1,500 ~1800			7.4	200	20	30	150×2		210	4	5	10		500	390	88.5	
200	240		1,500 ~1800			7.4	200	20	30	150×2		210	4	5	10		500	390	89	
250	300		750~ 1,200		공기식	–			30	150×2		200	4	5	10		500	390	89.5	
300	360		750~ 1,200			–			30	150×2		200	4	5	10		500	390	90.5	
375	450		750~ 1,200			–			30	200×2		200	4	5	10		500	390	91	
500	600		750~ 1,200			–			30	200×2		195	4	5	10		500	390	91.5	
625	750		750~ 1,200			–			30	250×2		195	4	5	10		1000	390	92	
750	900		750~ 1,200			–			30	250×2		190	4	5	10		1000	390	93	
875	1,050		750~ 1,200			–			30	300×2		190	4	5	10		1000	390	93	
1,000	1,200		750~ 1,200			–			30	300×2		190	4	5	10		1000	390	93	

표 3-5 디젤 엔진의 분류와 선정

1. 연　료	1. A중유, 중저속 기관용(1200 PS 이하), 비상용 2. B중유, 중저속 기관용(1500 PS 이상), 상용 3. C중유, 중저속 기관용(5000 PS 이상), 상용 4. 경유, 고속 기관용(1200 PS 이상) 비상용 5. 가솔린, 소용량 기관용 6. 등유, 중고속 기관용(150 PS 이상), 비상용
2. 연소 사이클 (동작 행정)	기관은 흡입-압축-폭발-배기의 4행정을 반복해서 일을 하는 장치이다. 1. 4사이클 : 위에서 설명한 4행정을 2회전 중에 행하는 것. 발전기용 2. 2사이클 : 위에서 설명한 4행정을 1회선 중에 행하는 것. 보통은 발전기용으로 사용되지 않는다.
3. 연소방식	1. 직접 분사식 : 연료를 연소실에 직접 분사하는 방식. 기동성과 연소 효율이 좋다. 중저속 기관에 많다. 2. 예연소실식 : 예열하여 주는 연소실을 보유하고 있으며, 이 속으로 분사된 연료 중 일부를 연소시키면 동 실내의 압력이 상승하므로 이를 이용해서 나머지를 주연소실로 분출, 연소가 잘 되게 하는 방식이다. 소음과 진동이 작은 것이 특색이며, 고속 기관에서 많이 사용한다.
4. 실린더 배열	1. 수직형 : 발전기용으로 4, 6, 8기통이 많다. 2. V형 : 발전기용으로는 8, 12, 16기통이 많다.
5. 냉각 방식	1. 수냉식 : 기관 외부로부터 냉각수를 공급하여 냉각하는 방식. 일반적으로 볼 때 발전기용. 2. 공랭식 : 기관이 직접 구동하여 주는 팬으로 냉각하는 방식. 소용량에서만 사용.
6. 회전속도	1. 저속용-400 rpm 이하. 상용 발전기용 2. 중속용-400~900 rpm 상용 발전기용 3. 고속용-1000~3600 rpm 비상용 발전기용 고속기는 외형치수 및 중량이 작고 또한 설치면적·발전기실·기초도 작아진다. 따라서 건설비가 적게 들지만, 연료·윤활유 소비율은 중저속 기관보다 크다.
7. 기동방식	1. 공기기동방식 : 압축 공기를 실린더 속으로 보내어, 피스톤을 움직여 기관을 기동하는 방식을 말하며, 공기 탱크와 공기 압축기의 시설을 필요로 한다. 2. 전기기동식 : 셀프 모터에 의해서 기동하는 방식이며, 고속인 예연소실식에 많다. 축전지와 충전기 시설을 필요로 한다.
8. 과급방식	1. 과급기는 기관의 실린더 내에 공기를 대기압력 이상으로 보내어, 연료의 연소량을 증가, 출력을 증대 하는 장치이다. 일반적으로 가스 터빈식에서 많이 채용하고 있다. 2. 공기냉각기-과급기 출구의 공기를 냉각해서 공기량을 증가하고 출력을 증대하는 장치. 3. 출력비　　출력비　　외형·치수·중량 (1) 무과급기　　1　　대 (2) 과급기 부착　　1.5~1.6　　중 (3) 과급기·공기냉각기 부착　　1.7~3.0　　소

3-2-3 교류발전기

(1) 발전기 출력의 결정

발전기의 출력을 결정할 때에는 부하의 종류와 용량을 상정하고 장래의 여유 등을 고려하여 결정한다. 일반적으로 다음과 같은 방식에 의해서 산출한 값 중에서 최대용량의 것을 선택한다.

① 단순한 부하인 경우

$$\text{발전기의 용량 kVA} > \text{부하입력의 합계} \times \text{수용률} \tag{3-2}$$

이때에 적용되는 수용률은 일반적으로

㉠ 동력의 최대 입력이고 최초의 1대에 대해서는 100 %

㉡ 기타 동력의 입력은 80 %

㉢ 전등은 발전기 회로에 접속되는 전부하에 대해서 100 %를 적용한다.

② 기동용량이 큰 부하가 있는 경우

유도전동기의 기동전류는 계통전원인 때에는 전원용량이 크기 때문에 별로 문제될 것이 없지만 예비발전기인 경우에는 전동기를 기동할 때에 큰 부하가 갑자기 발전기에 걸리게 되므로 전원의 단자전압이 순간적으로 저하하여 접촉자가 개방(drop out)되거나, 엔진이 정지하는 등의 사고를 유발하기도 한다. 이러한 사고를 예방할 수 있는 발전기의 정격은

$$\text{발전기의 용량 kVA} > \left(\frac{1}{\text{부하투입시의 허용전압강하}} - 1\right) \times x_d{}' \times \text{기동 kVA} \tag{3-3}$$

여기서, $x_d{}'$: 발전기의 과도 리액턴스(25~30 %)

허용전압강하 : 20~25 %

기동 kVA : 2대 이상의 전동기가 동시에 기동할 때에는 2대의 기동 kVA를 z 한 값과 1대의 기동 kVA를 비교 하여 큰 쪽을 택한다.

또한 기동 kVA를 구하는 식은

$$\text{기동 kVA} = \sqrt{3} \times \text{정격전압} \times \text{기동전류} \times 1/1000 \tag{3-4}$$

③ ①과 ②를 혼합한 부하인 경우

대개의 경우에 전등부하가 먼저 발전기에 걸리고, 그 다음에 전동기 부하가 걸리게 되므로 위의 ①과 ②에 의해서 계산한 출력의 합계를 발전기의 출력으로 한다.

예 제 3-1

표 3-6과 같은 부하를 운전하는 경우에 발전기의 용량과 엔진의 출력을 계산하여라.

표 3-6 출력산정에 사용되는 부하표

	부하의 종류	출력 kW	전 부 하 특 성				기동 특성	
			역률 %	효율 %	입력 kVA	입력 kW	역률 %	기동 kVA
1	유도 전동기	6대×37	87.0	80.5	6대×53	6대×46	40.0	6대×336
2	유도 전동기	1대×11	84.0	77.0	17	14.3	40.0	108
3	전등・기타	30	100	–	30	30	–	–
	합　계	263	88.0	–	365	320.3	–	–

풀이 **〈발전기〉**

(1) 전부하로 운전하는 데 필요한 용량

No.1 부하의 정격입력 = 6 × 37/0.805 = 276 kW
No.2 부하의 정격입력 = 1×11/0.77 = 14.3 kW
No.3 부하의 정격입력 = 30 kW
총정격입력 = 320.3 kW

그런데, 수용률을 No.1의 부하 1대를 100 %로 하고, 다른 것은 80 %로 하며, 전등・기타의 부하는 100 %로 한다. 그러면,

No.1의 처음 1대 = 46×1.0 = 46 kW
나머지 5대 = (46×5)×0.8 = 184 kW
No.2 = 14.3×0.8 = 11.4 kW
No.3 = 30×1.0 = 30 kW

따라서 수용률을 고려한 총입력 = 274.1 kW
이다. 부하의 역률은 88 %이므로, 식(3-2)에 의하여

발전기의 용량 > 274.1/0.88 = 308 kVA

(2) 전동기를 기동하는 데 필요한 용량
No.1의 부하 중 1대와 No.2의 부하를 동시에 기동할 필요가 있다고 가정하면

최대 기동 kVA = 336+108 = 444 kVA

$x_d{}'$를 23 %로 하고, 순시전압강하를 25 %까지 허용한다면, 식(3-3)에 의하여

$$\text{발전기의 용량 kVA} > \left(\frac{1}{0.25} - 1\right) \times 0.23 \times 444 = 307 \text{ kVA}$$

(1), (2) 두 계산에 의하여 308 kVA보다 큰 용량의 발전기가 필요하다는 것을 알 수 있다. 따라서 이 경우에 적합한 발전기의 정격은 500 kVA 이다.

〈엔진출력〉

(1) 전부하 운전에 필요한 출력

발전기의 효율을 92 %라 하면(발전기의 규약효율) 식(3-1)에 의하여

$$엔진출력 > \frac{320.3}{0.92} \times 1.36 = 484 \text{ P.S}$$

(2) No.2, No.3의 부하와 No.1의 부하 중에서 1대는 이미 운전 중에 있다고 가정하고, 나머지 No.1의 부하 5대를 순차적으로 1대씩 기동하는 것으로 가정하면, 마지막 전동기 1대를 기동할 때 엔진에는 최대 부하가 걸린다.

이때에는

$$P = \frac{P_0 + Q\cos\theta}{\eta' \times K} \times \frac{1}{0.736} \text{ P.S} \tag{3-5}$$

를 적용한다.

따라서 $P_0 = 14.3 + 30 + 5 \times 46 = 274.3$ kW 이미 운전중인 부하

$Q = 336$ kVA 전동기의 기동 kVA

$\eta' = 0.88$(η의 값보다 2~5 % 하락) 전동기 기동시의 발전기 효율

$\cos\theta = 0.4$ 전동기 기동전류의 역률

$K = 1.6$엔진의 과부하 내력

식 (3・5)에 의하여

$$엔진\ 출력 > \frac{274.3 + 336 \times 0.4}{0.88 \times 1.6} \times 1.36 \fallingdotseq 397 \text{ P.S}$$

(1), (2)를 종합해 보면, 엔진 출력은 정격 600 P.S로 결정해야 한다는 것을 알 수 있다.

(2) 불평형부하를 분담하는 한도

발전기는 3상 교류발전기를 가장 많이 채택하고 있다. 3상인 경우 각 상에는 같은 용량의 부하가 걸리는 것이 이상적이지만, 실제는 불평형부하를 분담시키게 되므로 이에 대한 제한을 하고 있다.

① 단상부하만 걸릴 때는 정격전류의 약 20 % 이하로 한다.

② 3상의 각 상 전류가 다를 때는 그 최대와 최소의 비는 10 대 7~8로 한다.

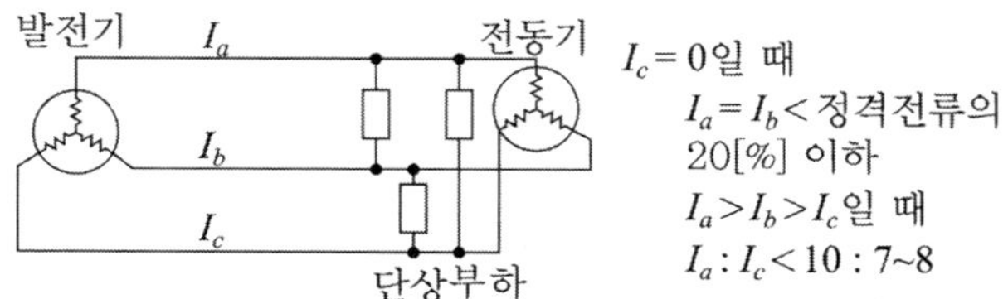

그림 3-3 불평형부하의 한도에 대한 설명도

(3) 교류발전기의 정격

교류발전기의 정격을 예시하면 표 3-7과 같다.

표 3-7 교류발전기의 정격

<table>
<tr><th>항 목</th><th colspan="8">비 고</th></tr>
<tr><td>1. 정격전압</td><td colspan="8">60 Hz 지역
110, 220, 380, 440, 3300, 6600 V
50 Hz 지역 (외국)
100, 200, 400, 3300, 6600 V</td></tr>
<tr><td>2. 정격주파수</td><td colspan="8">50 또는 60 Hz</td></tr>
<tr><td>3. 정격용량</td><td colspan="8">보통 kVA로 표시</td></tr>
<tr><td>4. 정격역률</td><td colspan="8">보통 뒤진 역률 80 %로 한다.</td></tr>
<tr><td>5. 정격부하</td><td colspan="8">연속 부하</td></tr>
<tr><td>6. 상, 선수</td><td colspan="8">3ϕ3W, 1ϕ2W, 1ϕ3W, 3ϕ4W (415 V)</td></tr>
<tr><td>7. 회전속도</td><td colspan="8">회전속도 rpm = 120×주파수 Hz/극수</td></tr>
<tr><td>극 수 / Hz</td><td>2</td><td>4</td><td>6</td><td>8</td><td>10</td><td>12</td><td>14</td><td>16</td></tr>
<tr><td>60</td><td>3600</td><td>1800</td><td>1200</td><td>900</td><td>720</td><td>600</td><td>514</td><td>450</td></tr>
<tr><td>50</td><td>3000</td><td>1500</td><td>1000</td><td>750</td><td>600</td><td>500</td><td>429</td><td>375</td></tr>
</table>

(4) 교류발전기의 구조와 형식

교류발전기의 구조와 형식을 예시하면 표 3-8과 같다.

표 3-8 교류발전기의 구조와 형식

항 목	비 고
1. 여자방식	① 정지여자장치에 의한 자려자식…복권식, 다이리스터식이 현재 가장 많다. ② 타여자식 (가) 교류여자기 방식 (보기) 브러시레스식 (나) 직류여자기 방식…현재는 특수한 경우에만 사용
2. 외피 방식	일반적으로 개방형・개방 보호형, 특수한 경우는 방적보호형・ 폐쇄형이 있음.
3. 냉각 방식	보통은 공기 냉각 방식이고, 회전자에 취부한 날개편에 의한 자기 통풍 방식이다.
4. 회전자 형식	보통은 회전계자형이고, 소용량의 것에서는 회전 전기자형을 사용
5. 베어링 지지 방식	브래킷 지지형, 페디스틀(pedestal) 지지형
6. 절연 종별	① 고정자 권선 : A종・ B종・ F종 ② 회전자 권선 : A종・ B종・ F종 절연
7. 엔진과의 연결방식	① 직결방식 : 전반적으로 채용 ② V벨트 구동방식 : 소용량에 한함

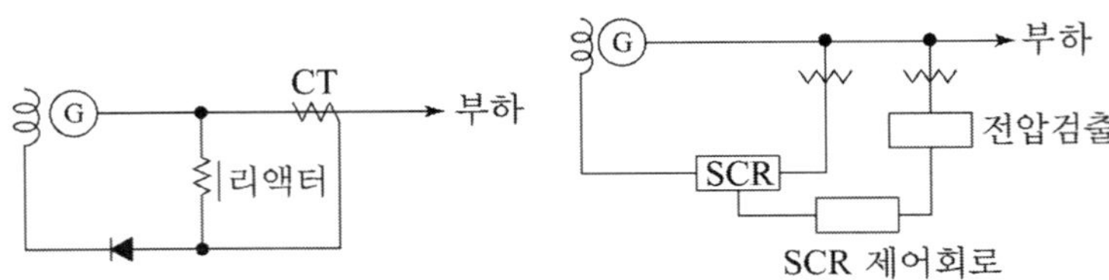

그림 3-4 자여자식의 기본회로

(5) 교류발전기의 특성

교류발전기의 특성은 표 3-9와 같다

표 3-9 교류발전기의 특성

항 목	비 고
1. 효 율	① 규약 효율 : KS규격에 규정한 계산방식에 의한 효율로 표시한다. ② 실측 효율 : 여자장치, 정지여자장치의 손실을 포함한 효율이고, 규약 효율보다 떨어진다.
2. 과부하 출력	정격주파수 · 정격역률에서 정격용량의 110 % 부하로 1시간 운전해도 이상이 없을 것
3. 온도 상승	정격운전 주위온도 40 ℃에서의 온도상승 한도는 KS규격에 의할 것
4. 과속도 내력	무부하 · 무여자로 정격주파수의 120 % 속도로 1분간 운전하여도 이상이 없을 것
5. 파형이 일그러지는 율	무부하 · 정격전압 · 정격주파수에서의 파형은 정현파에 가까워야 하며, 파형이 일그러지는 율은 10 % 이하일 것
6. 전압 변동률	① 고유 전압 변동률 : 정격역률에서 5 % 이내 ② 총합 전압 변동률 : 여자장치와 조합하였을 때의 변동률 (가) 설정전압 변동률은 정격부하 100~0 %에서 ±3 %이하, 이때의 기관의 속도 변동률은 ±3.5 % 이내로 한다. (나) 순시전압 변동률은 정격주파수 · 정격역률에서 정격부하를 차단 또는 투입한 경우에 ±30 % 이내 단, 과급기가 달린 것은 투입 용량이 50~75 %로 한정된다.
7. 내 전 압	정격주파수에서 하기전압을 1분간 가압해서 이상이 없을 것 ① 전기자 권선 : 정격전압×2+1000 V(최저 1500 V) ② 계좌 권선 : 계자권선의 정격전압×10(최저 1500 V, 최고 3500 V)
8. 절연저항	상온(5~40 ℃), 상습(40~85 %)에서 권선상호간 및 권선과 프레임과의 절연 저항은 다음에 의한다. (가) 전기자 { 저압 : 500 V 메가로 3 MΩ 이상 / 고압 : 1000 V 메가로 5 MΩ 이상 } (나) 계자 500 V 메가로 3 MΩ 이상

3-2-4 발전기의 운전제어

(1) 제어방식

제어방식에는 다음과 같은 방법이 있다.

① 수동기동 · 수동정지 방식
② 푸시 버튼 제어 방식 (1인 제어 방식)
③ 반자동 방식
④ 전자동 방식

이러한 기동, 정지방식을 간추려보면 표 3-10과 같다. 빌딩, 공장 등의 예비전원용으로는 보통 반자동식이 많다. 또한 운전제어의 일반적인 순서를 표 3-11에 제시한다.

표 3-10 발전기 세트 기동 정지방식 일람표

제어방식	기 동	차단기 투입	차단기 개로	정 지	기관 제어	계전기	조 작 스위치	보호 장치	적용되는 경우
수 동	기관에 부속된 기동장치를 조작해서 기동	차단기 또는 조작 스위치로 투입	차단기 또는 조작 스위치 핸들로 개로	기관 부속의 정지 장치로 정지함	×	×	×	○	가장 간단한 것
스위치에 의한 수동	배전반의 조작 스위치를 조작해서 기동	동 상	동 상	배전반의 조작 스위치로 정지함	○	×	○	○	일반적
반자동 (1)	상용전원이 정전되면 전압계전기(27R)로 자동기동함	동 상	동 상	동 상	○	○ 27R	○	○	일반적
반자동 (2)	동 상	전압 계전기에 의해서 자동 투입	동 상	동 상	○	○ 27R 84G	○	○	일반적
전자동	동 상	동 상	상용전원이 회복하면(27R에 의해서) 자동개로	상용전원이 회복하고 차단기로 개로하면 자동정지	○	○ 27R 84G	○ 27R	○	무인발전 장치
(상태)	기관이 기동해서 발전함	전기를 공급	전기공급을 정지	발전세트 전체를 정지					

[주] 27: 부족 전압 계전기 84 : 전압 계전기 R : 수전용 G : 발전기용

표 3-11 운전제어의 개요

	자 동 식	수 동 식	비고 (전자동식을 주로 해서)
운전	상용 정전		상용전원의 전압강하(통상 정격값의 75~85 %에 의해서 저전압 계전기 동작
	정전 검출		전압강하의 계속 시간 0~60초간 확인, 순시 정전 여부를 확인 후 시동함
	정전 확인		
	기관 기동	기관 기동	공기식-기동개시 후 30~60초 경과하여도 저속도 릴레이 동작을 하지 않을 경우 기동 회로 개방 전기식-반복기동
	전압 확립	전압 확립	기관정격 회전속도에 의해서 발전기 전압이 규정값까지 확립됨
	차단기투입	차단기투입	자동식-한시계전기에 의해서 자동 투입 반자동식-수동투입
	절 환	절 환	
전원 복귀	상용 회복		
	복귀 확인		저전압 계전기 동작 0~120초의 한시계전기에 의해서 확인 후 부하를 발전기로부터 상용전원으로 자동절환함
정지	차단기개방	차단기개방	
	절 환	절 환	절환후 2~60초의 한시계전기에 의해서 무부하 운전 후 연료를 차단하여 기관을 정지한다.
	기관 정지	기관 정지	

(2) 보호방식

엔진을 기동할 때 또는 운전 중에 사고가 발생하면 고장의 종류에 따라서 표 3-12와 같은 경보 또는 표시를 하고, 필요한 경우에는 발전기용 차단기를 자동 개방하거나 엔진을 자동 정지한다.

표 3-12 보호장치 일람표

종류	항목	NO	명칭	기호	법령에 의해서 규정받는 것 (※로 표시)	보호방식: 기관정지	보호방식: 차단기개	보호방식: 경보 및 표시	시방 사항	비 고
중고장	기관	1.	윤활유 압력 저 하	63Q		○	○	○벨	규정압력의 1/2~1/3에서 ON	
		2.	냉각수 단수	69W	※ 중 하나설치 500 kW를 넘는 경우	○	○	○벨	기관 출구에서 단수 검출	방식에 따라서 생략 예 : 라디에이터 냉각방식
		3.	냉각수 온도 상 승	49W		○	○	○벨	방수식 약 70~80 ℃ 라디에이터식 약80~95 ℃	
		4.	과 속 도	12	※ 500 kW 넘는 경우	○	○	○벨	규격 회전속도의 115 %를 넘지 아니할 것	과속도 내력 규정 회전수의 110 % 1분간
		5.	기 동 실 패	48		○	○	○벨	기동 명령 후 40초 경과후 저속도 릴레이가 작동하지 아니한 때	
	발전기	6.	발전기과전압	59G		○	○	○벨		
		7.	발전기과전류	51G	※ 500 kW 넘는 경우		○	○벨		
경고장	보조기	8.	연료 소출조 유 면 저 하	33Q				버저 ○	2~3시간 여유를 보고 플로트 스위치 ON	
		9.	공기조 압력 저 하	63A				버저 ○	14~18 kg/cm^{2}에서 ON (공기 기동 방식의 경우)	상시압력 30 kg/cm^{2}이 표준, 압축기는 모터구동이고 자동기 압력은 22 kg/cm^2, 자동정지압력 30 kg/cm^2

3-2-5 발전기 단선접속도

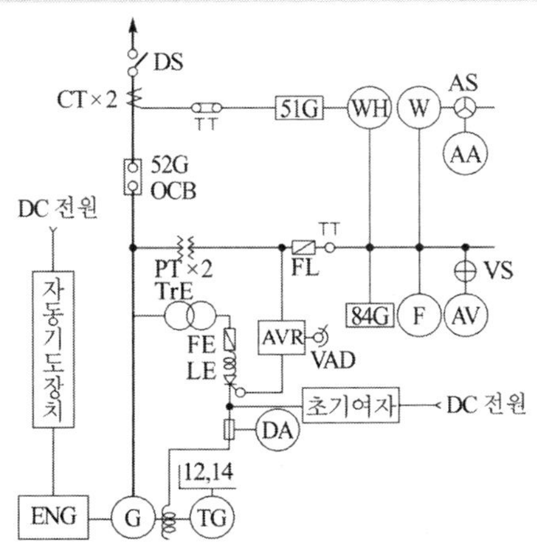

[기호]

AA : 교류전류계
AS : 전류계용 전환스위치
AV : 교류전압계
AVR : 자동전압 조정기
CR : 다이리스터 정류기
CT : 변류기
DA : 직류 전류계
ENG : 엔진
F : 주파수계
FE : 퓨즈(여자 회로용)
FL : 퓨즈(저압용)
G : 발전기
PT : 계기용 변압기
TG : 타코제네레이터(회전수 검출용)
TT : 시험 단자
TrE : 변압기(여자용)
VAD : 변압조정기
VS : 전압계용 전환스위치
W : 전력계
WH : 전력량계
12,14 : 속도계전기 {12과속도, 14저속도}
51G : 과전류 계전기
52G : 차단기
84G : 전압계전기(발전 검출용)

그림 3-5 다이리스터식 정지 자려자 교류발전기의 접속도

3-2-6 상용전원과 발전기 전원의 절환

상용전원과 예비전원과는 병렬운전을 하지 않는 것이 원칙이므로 수전용 차단기와 예비 발전기용 차단기 사이에는 반드시 전기적 또는 기계적 인터록(inter lock)을 부설하여야 한다. 그리고 전원절환장치는 보통의 경우 수변전실에 부설하고 있다.

(1) 고압회로의 절환

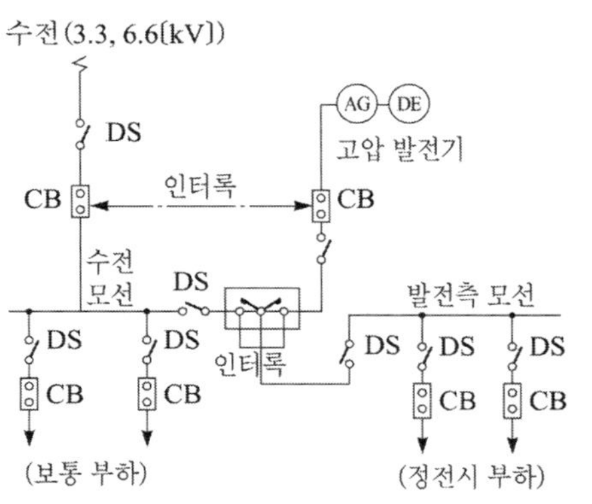

그림 3-6 단모선식의 예

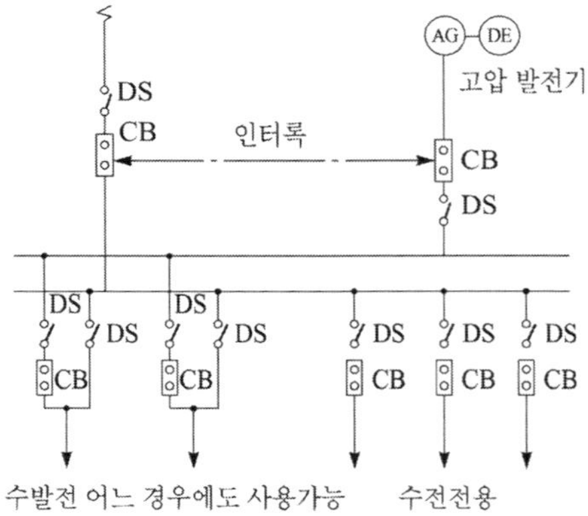

그림 3-7 2중 모선식의 예

3-2-7 발전기실의 크기와 기초

(1) 발전기실의 크기

발전기실의 위치를 선정할 때에는 변전실에 가깝고 기기의 반출입에 편리해야 할 것은 물론이지만 급・배수 또는 연료류의 보급도 용의해야 할 것이다. 특히 엔진의 운전에 따르는 진동, 그리고 배기가스의 배출 조건도 충분히 고려하여 실내의 환기를 충분히 할 수 있도록 배려해야 한다.

위와 같은 입지조건하에 발전기실의 바닥면적을 결정하는 데 실내에 장치되는 기기와 벽면과의 간격을 800~1,000 mm 정도로 유지할 수 있는 공간을 확보하여야 하겠다. 실의 가로, 세로의 관계는 보통의 경우 1:1.5~1:2가 되도록 하는 것이 바람직하다. 천장 높이는 주로 피스톤이 움직이는 높이, 체인 블록을 설치하는 데 필요한 높이, 체인 블록장치와 천장과의 거리 등을 감안해서 결정하여야 할 것이며, 보통은 5 m 정도로 되어야 한다.

발전기실의 넓이를 수식에 의하여 구할 때에는 다음 식을 이용한다.

$$S > 1.7\sqrt{P}\ \mathrm{m}^2 \qquad (3\text{-}6)$$

추장치는 $S \geqq 3\sqrt{P}\ \mathrm{m}^2$으로 되어 있으며, S : 발전기실의 소요면적 m^2, P :기관의 마력 P.S 이다. 그리고 발전기실의 높이는

$$H = (8 \sim 17)D + (4 \sim 8)D \qquad (3\text{-}7)$$

단, D : 실린더의 지름 mm

$(8{\sim}17)D$: 실린더 상부까지의 엔진의 높이(속도에 따라 결정)

$(4{\sim}8)D$: 실린더를 떼어낼 때 필요한 높이(체인 블록의 유무에 따라 결정되며 체인 블록이 없으면 $4D$ 정도)

표 3-13 발전기 출력과 발전기실의 크기

발전기 출력 kVA	회 전 속 도 rpm	실린더수	발전기실의 크기 길이 m ×폭 m ×천장높이 m
20	1,500, 1,800	3~4	4×3×3
40	1,500, 1,800	4~4	4.5×3.5×3
100	1,500, 1,800	4~6	5.5×3.5×3.5
200	1,500, 1,800	6	6.5×5×4
300	1,000, 1,800	6	7.5×5×4
500	1,000, 1,200	6	9×6×4.5
1,000	900, 1,000	6~12	10×7×4.5
1,250	900, 1,000	6~12	10×7×5
1,500	900, 1,000	6~12	10×7×5
1,750	900, 1,000	6~12	10×7×5

(2) 디젤 발전장치의 기초

디젤 발전장치의 기초는 발전기 자체 중량과 엔진 운전으로 인한 진동에 충분히 견딜 수 있는 강도를 갖고 있어야 한다. 특히 운전할 때에 유발되는 진동이 다른 기기나 건물에 가급적이면 영향을 주지 않도록 고려되어야 한다.

고정기초(방전장치를 시설하지 않는 기초)는 기초의 중량을 크게 해서 진동의 전달을 감쇠하는 방법이고, 그의 크기는 대략 그림 3-8에 제시한 수식에 따라 결정한다. 이 때 대지의 지내력이 디젤 발전장치의 중량과 기초의 중량에 대해서 충분할 것인가를 검토하고 부족한

경우에는 지내력을 보강하여야 할 것이다.

디젤 발전장치를 빌딩 내부에 설치하는 경우는 엔진과 발전기를 직결하는 공통 프레임의 밑에 고무 또는 스프링을 삽입하여서 기초에 전달되는 진동을 감소시키는 방진장치를 하여야 한다(그림 3-8). 이때에 기초에 전달되는 가진력(加振力) 및 진동 사이클은 엔진의 형식에 따라서 다르지만 건물의 바닥 강도를 검토하는 기준은, 발전장치 중량의 1.5배 정도의 정하중(靜荷重)에 견딜 수 있으면 충분한 것으로 되어 있다. 그리고 방진장치를 장착한 경우에는 엔진을 기동할 때나 정지할 때에 약 1～2초간 이상진동이 발생하므로, 각 배관계통에는 가요관(flexible pipe)을 사용하는 것이 좋다.

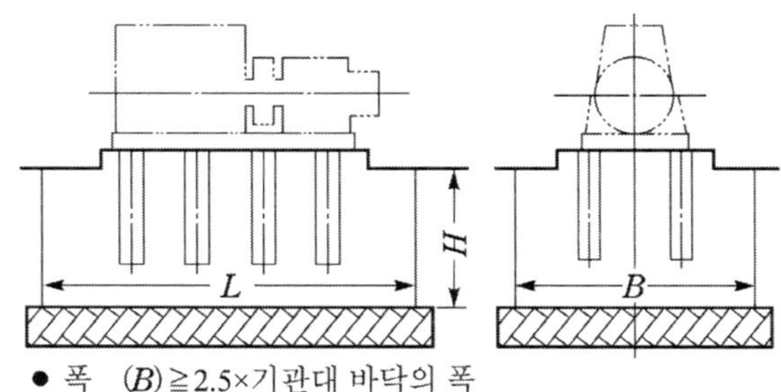

● 폭 $(B) \geqq 2.5 \times$ 기관대 바닥의 폭
길이$(L) \geqq 2.5 \times$ 기관대 바닥의 전장(발전기는 불포함)
높이$(H) \geqq 5.0 \times$ 실린더 지름(또는 3~4X 피스톤 행정)

그림 3-8 고정기초의 예

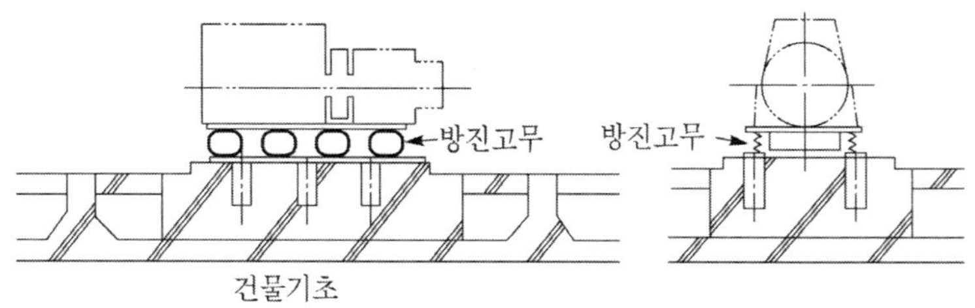

그림 3-9 방진장치를 시설한 기초의 예

(3) 디젤 발전장치의 소음

디젤 발전장치에서 발생하는 소음은 디젤 엔진의 기계음, 흡・배기음, 진동음, 발전기음 등으로 구분된다. 이 중에서 진동음과 발전기음은 다른 것에 비하여 작기 때문에 디젤 발전장치의 소음이라면 엔진의 기계음이라고 생각해도 된다.

엔진의 기계음을 방지하기란 대단히 어려운 일로 결정적인 방지장치가 아직도 개발되어 있지 않고 계속해 연구하고 있는 것으로 안다. 현재는 발전기실의 벽에 흡음률이 높은 흡음판을 붙이기도 한다.

배기음을 감쇠하기 위해서 소음기를 사용하고 있는 데 보통 10~15폰의 감쇠 능력이 있다.

(4) 발전기실의 환기

디젤 발전기실의 환기량은 연소에 필요한 공기의 보급, 온도상승의 억제, 근무요원의 위생 등등 여러 가지 측면에서 결정하고 있다. 환기방법은 창문, 갤러리 등에 의한 자연환기와 급기팬, 배기팬 등에 의한 강제 환기가 있다. 간단한 계산식을 소개하면 다음과 같다. (그림 3-10)

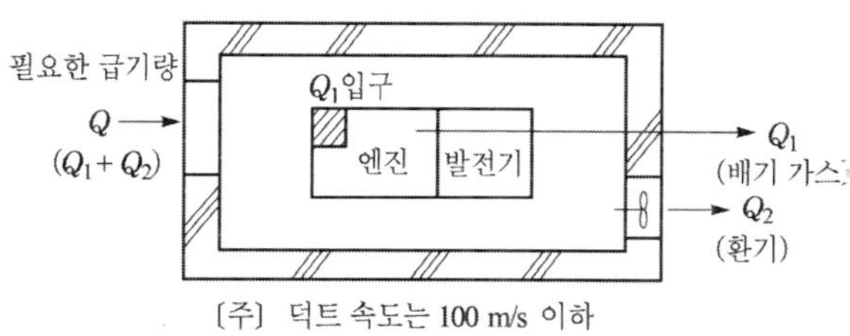

그림 3-10 발전기실의 환기

① 연소공기량(Q_1)

$$Q_1 \fallingdotseq 0.1\ \mathrm{m^3/min \cdot P.S}$$

② 실내온도를 억제하기 위한 공기량(Q_2 : 온도상승을 10 ℃로 하였을 때)

$$Q_2 \fallingdotseq 0.4 \sim 0.5\ \mathrm{m^3/min \cdot P.S}$$

그러므로 급기측 환기량(Q)은

$$Q = Q_1 + Q_2 = 0.5 \sim 0.6\ \mathrm{m^3/min \cdot P.S}$$

이다. 또 보수요원 한 사람마다 필요한 공기량(Q_3)은 0.5 $\mathrm{m^3/min}$으로 되어 있으므로 보수요원의 수에 따라서 필요한 양을 더해야 한다. 그리고 라디에이터 냉각방법을 택하고 있는 엔진이라면 라디에이터 팬의 풍량을 감안해야 하고, 그 양은 엔진의 종류에 따라서 다르지만 보통은 약 3 $\mathrm{m^3/min \cdot P.S}$의 환기를 해야 하는 것으로 되어 있다.

3-3 축전지 설비

축전지 설비는 소방법에 의하면 축전지, 충전장치, 역변환장치로 구성된다. 축전지는 독립된 전력원이고 동시에 순수한 직류 전력원이라는 것과 즉각적인 급전이 가능하다는 것, 그리고 조용하고 안전하며 보수가 용이하다는 것 등 장점이 많다.

예비전원의 일종인 축전지 설비는 상용전원이 정전되었을 때에 자가용 발전설비가 가동되어 정격전압을 확보할 때까지의 전원으로 사용되는 경우가 많다.

3-3-1 축전지의 종류와 규격

축전지(2차 전지)중에서 현재 가장 많이 사용하고 있는 것은 연(鉛)축전지와 니켈・카드뮴식 알칼리 축전지이다. 일반적으로 사용하는 거치식 축전지의 규격은 표 3-14와 같다.

표 3-14 거치식 축전지의 제원

종 류		연 축 전 지		알 칼 리 축 전 지				
극판의 종류		클래드식	페이스트식	포 켓 식			소 결 식	
형 식	벤 트 형 시 일 형	CS CS-E	HS HS-E	AM AM-E	AMH AMH-E	AH-P AH-PE	AH-S AH-SE	AHH AHH-E
용 량 Ah	정격방전율[1] 정격용량 범 위[2]	10h 15-2000	10h 30-2500	5h 10-800	5h 10-900	5h 20-250	5h 20-600	1h 20-600
용 도		거치형 일반형	고 율 방전용	저율방전	고율방전용		고 율 방전용	초고율 방전용
전 압 V/셀	공 칭 부 동[2] 균등회복[2]	2 2.15 2.30	2 2.18 2.30	1.2 1.42 1.52	1.2 1.42 1.52	1.2 1.42 1.52	1.2 1.35 1.47	1.2 1.35 1.47
표준 충전 전류 최대방전전류 A/5S		0.1C[4] 3C	0.1C 3C	02-0.1C 4C	02-0.1C 5C	02-0.1C 6C	02-0.1C 6C	02-0.1C 9C
설치방식의 용량범위 Ah[3]	가대식 큐비클식	15-2000 15-400	30-2500 30-600	10-800 10-300	10-900 10-450	20-250 20-250	20-600 20-500	20-600 20-500
주요 구성	극관재질 전 해 액 전 해 액 비 중	PbO_2/Pb 희유산 1.215	PbO_2/Pb 희유산 1.240	$Ni(OH)_3$/Cd KOH 1.170-1.230			$Ni(OH)_3$/Cd KOH 1.170-1.230	
해당 규격	벤 트 형	KSC8505/JISC8740		SBA[5] 5005				
		SBA3007	SBA3011					
	시 일 형	KSC8505	JISC8704	SBA 5006				
		SBA 3012						

[비고] 1) 축전지의 용량은 대전류로 단시간 방전할수록 감소하기 때문에 정격용량을 정하는 경우에는 방전전류(방전시간)를 정해주어야 한다. 예를 들면 10hr(10시간율) 용량이란 100Ah 축전지의 경우에 10A로 10시간 방전했을 때 규정된 방전 종료전압에 도달하는 용량을 말한다.
2), 3)은 알칼리 축전지의 경우 제작회사에 따라 다소의 차이가 있다.
4) 여기에 표시된 C란 축전지의 공칭용량값(Ah)을 의미한다.
5) SBA는 일본 축전지 공업협회 규격이다.

3-3-2 축전지의 용량계산

(1) 용량을 산출하는 데 필요한 조건

축전지의 용량을 산출하기 전에 그 용량을 좌우하는 다음 조건을 정해 둘 필요가 있다.

① 방전기간

예상되는 최대 부하시간으로 한다.

② 방전전류

방전개시부터 종료시까지 부하전류의 크기와 그 경시변화를 명확하게 해야 한다.

③ 예상되는 최저 전지온도

설치장소의 온도조건을 추정하고 전지온도의 최저값을 정한다. 실내에 설치하는 경우에는 +5 ℃, 특히 한냉지는 -5 ℃로 한다. 또 공기조화 등에 의하여 온종일 실내온도를 보장할 수 있는 경우에는 그 온도로 정한다.

④ 허용 최저전압

부하측의 각 기기에서 요구하는 최저전압 중에서 최고의 값에다 전지와 부하 사이 접속선의 전압강하(배선강하)를 합산한 것이다. 즉

$$\text{1셀의 허용 최저전압 V/cell} = \frac{\text{부하의 허용 최저저압 + 배선의 전압강하}}{\text{축전지 직렬접속 셀수}}$$

⑤ 셀수의 선정

셀수는 부하의 제한전압과 최저 제한전압을 고려해서 결정한다.

일정한 부하에 대하여 셀수를 적게 하면 최고 제한전압에 대해서는 안전하지만 용량이 큰 축전기가 필요하다. 또 셀수를 많이 하면 축전지의 용량은 작아도 되지만 충·방전시의 과대전압을 피하기 위하여 전압조정장치가 필요하다. 그러므로 셀수의 선정은 이들 관계를 종합적으로 검토해서 결정하는 것이 좋다.

⑥ **보수율**

축전지의 사용연한을 경과 또는 보수조건을 변경하는 것 때문에 생기는 용량변화를 보상하는 보정치로 0.8이 적당하다.

(2) 용량 산출식

$$C = \frac{1}{L}\left[K_1 I_1 + K_2(I_2 - I_1) + K_3(I_3 - I_2) + \cdots\cdots + K_n(I_n - I_{n-1})\right] \qquad (3-8)$$

여기서, C : 25 ℃에서 정격방전률 환산용량 Ah

K : 방전시간 T, 전지의 최저온도와 허용 최저전압에 의하여 결정되는 용량 환산시간(제조회사에 문의하거나 축전지 공업협회의 규격을 참고)

I : 방전전류 A

L : 보수율(0.8)

1, 2, 3, ……, n : 방전전류가 변하는 순서에 따라서 붙이는 T, K, I (그림 3-11을 참조).

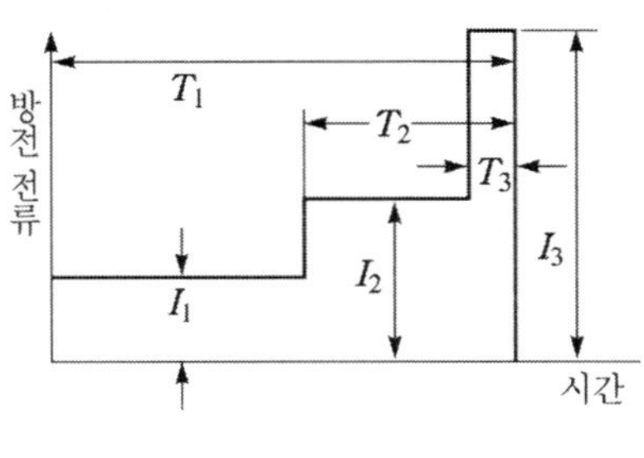

그림 3-11

(3) 용량산출의 예

① 방전전류가 시간과 더불어 증가하는 경우(그림 3-12)

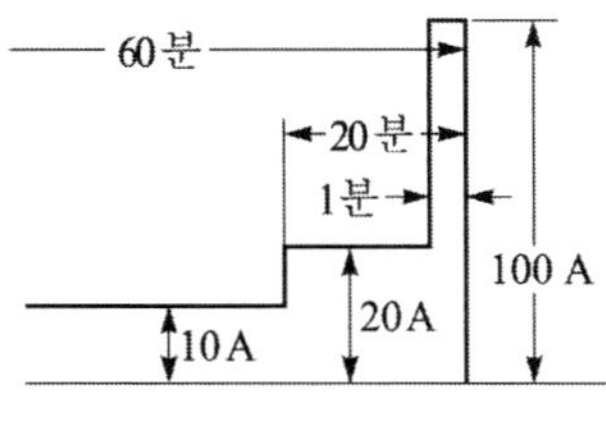

그림 3-12

사용축전지 : 연축전지
최저 전지온도 : 5 ℃
허용 최저전압 : 1.7 V/cell

$$L=0.8 \quad I_1=10\ \text{A} \quad I_2=20\ \text{A} \quad I_3=100\ \text{A}$$
$$T_1=60\text{분} \quad T_2=20\text{분} \quad T_3=1\text{분}$$
$$K_1=1.89 \quad K_2=1.00 \quad K_3=0.59$$

$$\therefore C=\frac{1}{L}\left[K_1I_1+K_2(I_2-I_1)+K_3(I_3-I_2)\right]=95.2\ \text{Ah}$$

그러므로 95.2 Ah 이상, 즉 100 Ah의 연축전지가 적당하다.

② 방전전류가 시간과 더불어 감소하는 경우(그림 3-13)

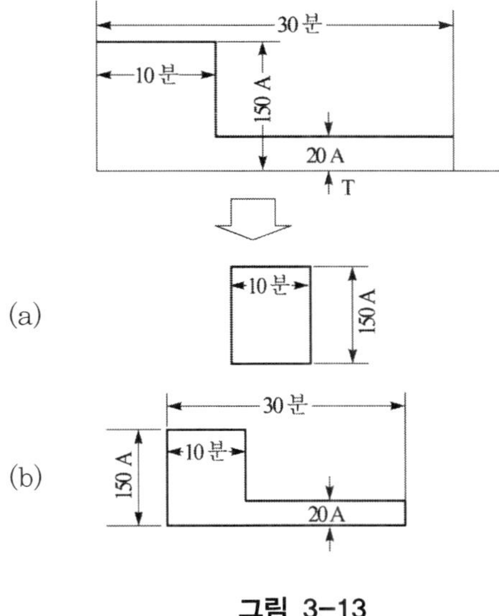

그림 3-13

사용축전지 : 알칼리 축전지
최저 전지온도 : 5 ℃
허용 최저전압 : 1.06 V/cell
이 경우는 그림과 같이 (a), (b)로 분할해서 계산하고 용량이 큰 쪽을 택한다.

(a) $L=0.8$, $I=150$ A, $T=10$분, $K=0.35$

$$\therefore\ C_a=\frac{1}{L}KI=65.6\ \text{Ah}$$

(b) $L=0.8$, $I_1=150$ A, $T_1=30$분, $K_1=0.65$

$I_2=20$ A, $T_2=20$분, $K_2=0.50$

$$\therefore\ C_b=\frac{1}{L}[K_1I_1+K_2(I_2-I_1)]=40.7\text{ Ah}$$

그러므로 이 경우에는 C_a와 C_b 중에서 큰 쪽을 택하여 65.6 Ah 이상, 즉 80 Ah의 알칼리 축전지가 적당하다.

3-3-3 충전장치

(1) 자동 정전압 부동충전방식

거치용 축전지는 거의 이 부동충전방식에 의하여 충전하고 있다. 이는 정전압 충전과 정전류 충전의 두 가지를 짝지은 것으로, 충전 초기에는 정전압이기 때문에 충전전류가 많이 흘러서 수하특성(그림 3-14)을 나타내기 때문에 일정한 값 이상의 충전전류가 흐르지 못하도록 하여 정전류 충전을 한다. 충전이 완료될 때가 되면 정전압 영역으로 들어가기 때문에 전류가 적게 흐르게 된다(그림 3-15).

균등충전이나 회복충전도 자동적으로 하고 있는 것이 많다.

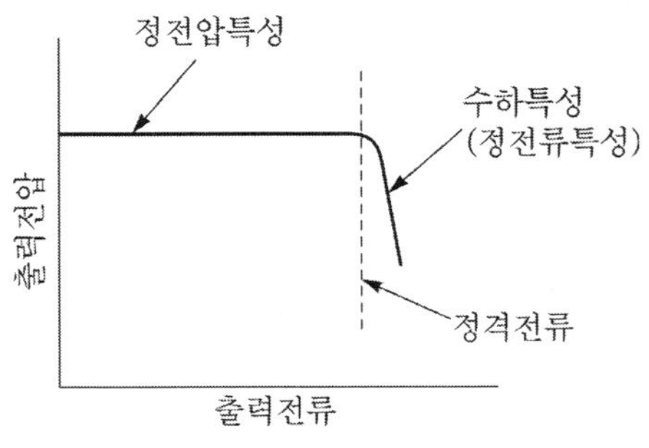

그림 3-14 수하특성

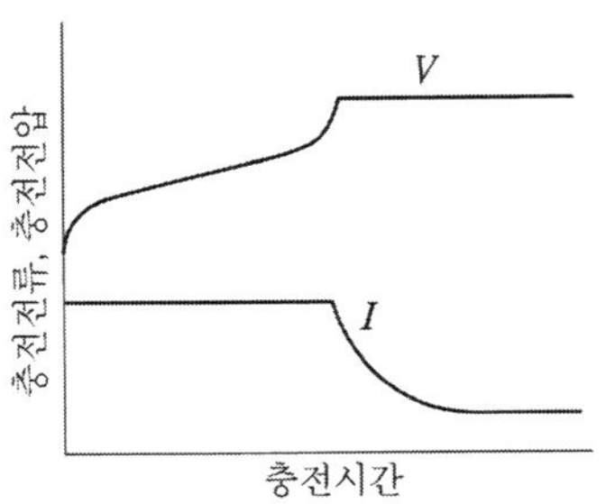

그림 3-15 충전전압 · 전류 · 시간특성

예 제 3-2

비교적 단시간 내에 보통 충전전류의 2~3배의 전류로 충전하는 방식을 무엇이라 하는가?

풀이 사용 중의 충전방식은 다음과 같다.

① 보통충전 : 필요할 때마다 표준시간율로 소정의 충전을 하는 방식
② 급속충전 : 비교적 단시간에 보통 충전전류의 2~3배의 전류로 충전하는 방식
③ 부동충전 : 전지의 자기방전을 보충함과 동시에 상용부하에 대한 전력공급은 충전기가 부담하도록 하고, 충전기가 부담하기 어려운 일시적인 대전류 부하는 축전지로 하여금 부담 하게 하는 방식
④ 균등충전 : 부동충전방식에 의하여 사용할 때 각 전해조에 일어나는 전위차를 보정하기 위하여 1~3개월마다 1회 정전압으로 10~12시간 충전하는 방식
⑤ 세류충전 (트리클 충전) : 자기방전량만 항상 충전하는 부동충전방식의 일종이다.

답 급속충전

(2) 부하보상장치

축전지의 통전말기 전압이나 균등충전 전압이 부하의 최고 허용전압보다 높아서 부하에 나쁜 영향을 미칠 수도 있다고 판단되는 경우에 부하보상장치를 부착한다. 일반적으로 실리콘의 정방향 전압강하 특성을 이용한 실리콘 강압장치(Silicon dropper)를 사용하고 있다. 부하전압의 허용차가 많은 경우에는 직렬로 접속된 실리콘 강압장치의 중간에서 탭을 내어 단계적으로 제어할 수도 있다.

예 제 3-3

예비전원으로 사용하는 축전지에서 부하에 이르는 전로에는 최소한 어떠한 기기를 시설하여야 하는가?

풀이 내선규정 680-5(개폐기 및 과전류 차단기) 예비전원으로 시설하는 축전지에서 부하에 이르는 전로에는 개폐기 및 과전류 보호기를 시설하여야 한다.

(3) 충전기의 용량

축전지 충전용 정류기의 용량은 다음 식을 이용하여 계산한다.

$$I_R = I + I_B \tag{3-9}$$

여기서, I_R : 정류기 용량

I : 최대 연속부하 전류

I_B : 축전지의 정격시율 전류

예 제 3-4

연축전지의 정격용량 200 Ah, 상시부하 10 kW, 표준전압 100 V인 부동충전방식 충전기의 2차 충전전류는 몇 A인가? 단, 연축전지의 방전율은 10시간율로 한다.

풀이 부동충전방식인 경우 부하에는 축전지와 상시부하가 있기 때문에

$$2차\ 충전전류 = \frac{충전지의\ 정격용량}{축전지의\ 방전율} + \frac{상시부하}{표준전압}\ \text{A}$$

$$\therefore\ I_c = \frac{200}{10} + \frac{10 \times 10^3}{100} = 120\ \text{A}$$

답 120 A

3-3-4 큐비클식 직류전원장치

과거에 축전지는 축전지실에 설비하였지만 근래에는 산무(acid fume)나 알칼리무(alkali fume)를 발산하지 않는 구조의 축전지가 개발되어 축전지와 충전장치를 동일 금속함안에 수납한 큐비클식 직류전원장치를 사용하게 되었다.

큐비클식은 별도로 축전지실을 마련하지 않고 다른 기기와 같이 설치하여 사용할 수도 있고, 소형 경량이고 보수점검이 용이하다. 큐비클식은 정류기와 축전지를 수납하는 방식에 따라서 동일 금속함 안에 수납하는 조립 큐비클식과 각각 별도의 금속함에 수납하는 별치(또는 列盤) 큐비클식이 있다.

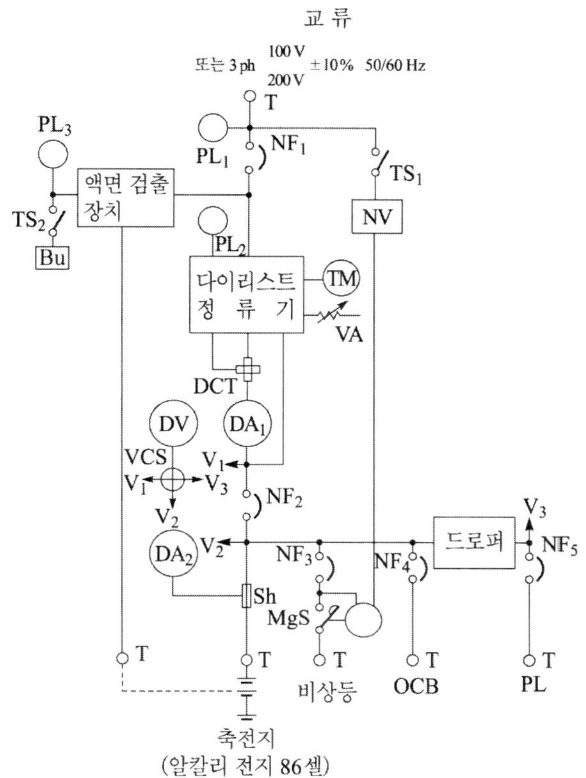

그림 3-16 큐비클식 직류전원장치 단선결선도(알칼리 축전기의 경우)

3-3-5 축전지실

과거의 축전지실은 연축전지가 설치대상이었기 때문에 산무에 의한 부식을 방지하기 위하여 내산처리를 하였지만 지금의 연축전지(실드형, 벤디드형)는 밀폐화 되어 산무를 발생하지 않고, 알칼리 축전지는 유해 가스를 발생하지 않게 되었기 때문에 축전지실을 별도로 마련하지 않아도 된다. 그래서 앞서 살펴본 큐비클식을 널리 채택하게 되어 발전기실이나 기계실 등에 다른 기기와 같이 설치하고 있다. 그러나 지역에 따라서 다르지만 소방법령에 의하여 규정용량 이상의 축전지 설비를 설치하는 경우에는 축전지실을 별도로 마련하도록 규정해 놓은 곳도 있다. 큐비클식의 축전지실을 별도로 마련하는 경우에는 큐비클의 구조기준과 설치기준을 정해 놓고 있으므로 잘 알아보아야 한다.

축전지의 배열은 각 축전지를 점검하기 쉽고, 또 반입할 때의 통로와 보수하는 데 필요한 공간 등을 고려하여 결정하여야 한다. 축전지의 가대와 축전지 설비의 보유거리를 표 3-15에 제시한다.

표 3-15 축전지 설비의 보유거리

보유거리를 확보하지 않으면 안 되는 부분			보 유 거 리
큐 비 클 식		조 작 면	1 m 이상의 공간을 확보할 것
		점 검 면	폭 0.6 m 이상의 점검 스페이스를 확보할 것. 다만, 큐비클식 이외의 변전설비, 발전설비, 축전지설비, 또는 건축물과 서로 마주 대하고 있는 경우에는 1.0 m 이상
큐비클식 이외의 것	축전지	벽면과의 사 이	벽에서 0.1 m 이상
		열상호간	동일한 室에 2대 이상 설치하는 경우에는 0.6 m 이상. 다만, 架臺를 설치하여 높이가 1.6 m 이상이 되는 경우에는 1 m 이상
		점 검 면	0.6 m 이상
	충전장치	조 작 면	1 m 이상
		점 검 면	0.6 m 이상

연축전지는 충전 중(균등, 회복충전 중)에 산과 수소 가스가 발생하므로 통풍이 잘 되게 하기 위하여 배기구나 환기선을 마련할 필요가 있다. 그러나 실드형 축전지는 주위의 온도상승이 극심한 경우 외에는 특별히 환기장치를 하지 않아도 된다.

알칼리 축전지는 수소와 산소 가스가 발생하므로 연축전지와 같이 실내 환기를 하여야 한다. 그러나 실드형을 전기실에 설치하는 경우에는 별 문제없다. 또 축전기실에 설치하는 경우라도 실드 1종(완전 밀폐형)은 환기를 할 필요가 없지만 실드 2종(밀폐형)은 해야 한다.

3-4 무정전 교류 전원장치

교류의 부하 중에서 잠깐 동안의 정전도 용납할 수 없는 통신설비나 컴퓨터 전원 등의 공급은 신뢰도를 향상시키기 위한 무정전 교류 전원장치를 설치한다. 현재는 다이리스터식 CVCF를 채택하고 있으며 용도와 사용목적에 따라서 표 3-16과 같은 회로구성으로 된 것이 제작되고 있다.

100 V 또는 200 V용으로 5~10 kVA, 200 V 또는 400 V용으로 30~400 kVA가 표준정격이다.

표 3-16 CVCF의 기본구성

CVCF의 기본구성	특 징
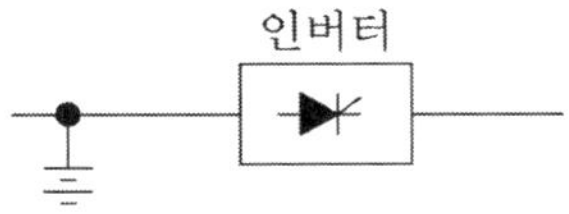 인버터	비교적 소용량(30 kV 이하)에 적합하다.
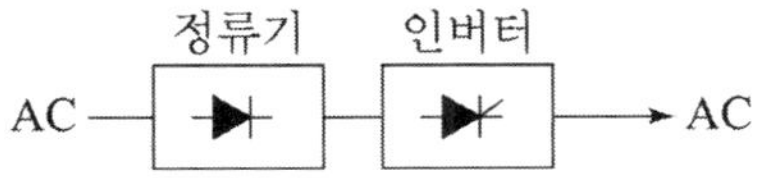 AC — 정류기 — 인버터 → AC	상용주파수 외에 400 Hz도 가능
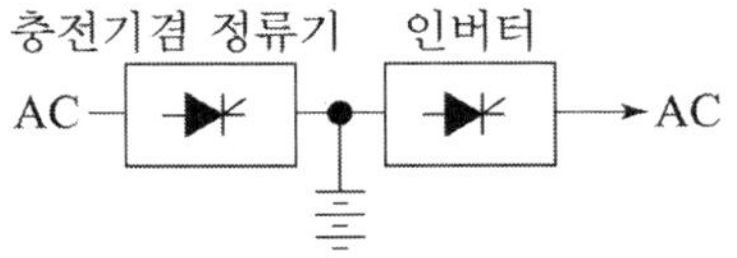 AC — 충전기겸 정류기 — 인버터 → AC	무정전 CVCF의 기본방식 (소용량 50 kVA에 적합)
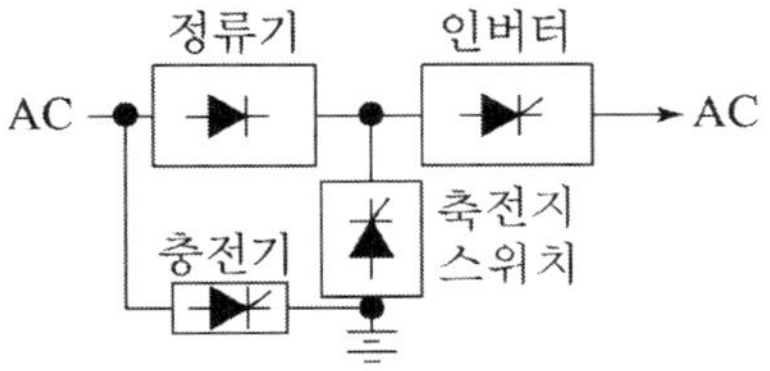 AC — 정류기 — 인버터 → AC, 충전기, 축전지 스위치	무정전 CVCF의 기본방식
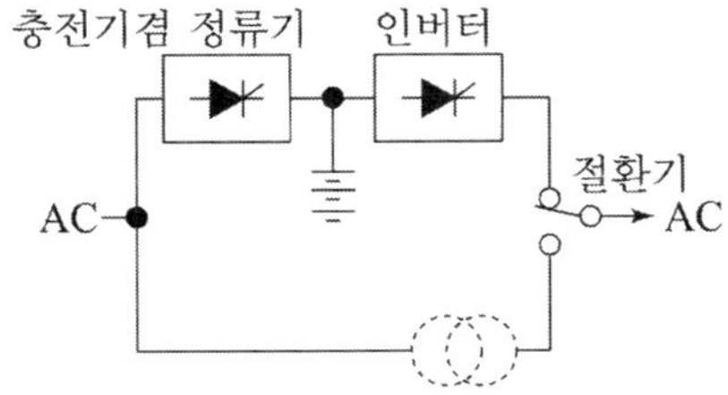 AC — 충전기겸 정류기 — 인버터 — 절환기 → AC	CVCF 점검시에 절환기를 조작하여 직송회로를 살릴 수 있다. 단, 소용량
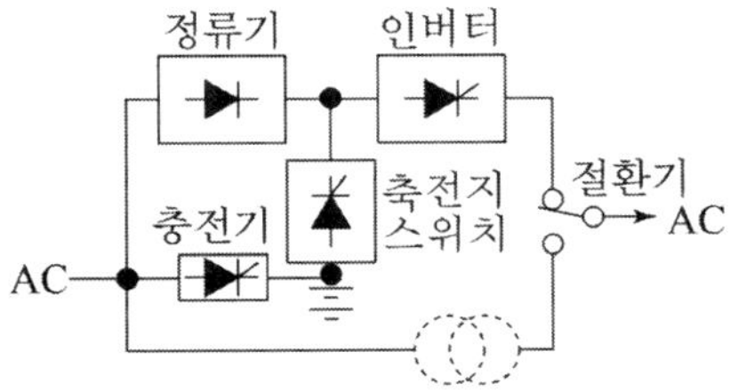 AC — 정류기 — 인버터 — 절환기 → AC, 충전기, 축전지 스위치	위와 같고, 대용량에 적합

3-5 비상용 발전설비의 검사

예비전원 설비에 대한 검사는 공장입회검사, 현장설치 후의 인도검사 그리고 관계기관의 입회검사가 있다. 관계기관의 검사항목을 열거하면 다음과 같다.

(1) 일반 점검사항

① 공사계획서와의 비교 확인
② 재료, 공사방법 등 전기설비기술기준의 적용사항에 대한 검사

(2) 접지저항 측정

(3) 절연저항 측정

(4) 절연내력 시험

(5) 계전기의 동작시험

(6) 기동 시험

(7) 자동기동장치의 시험

(8) 보호 장치의 시험

① 가속도에 대한 엔진 자동정지 시험
② 냉각수의 단수 또는 온도상승에 의한 엔진 자동정지 시험
③ 윤활유의 압력저하에 의한 엔진 자동정지 시험
④ 발전기의 과전류 또는 과전압에 의한 엔진 자동정지 시험
⑤ 각종 경보장치에 대한 경보시험

(9) 조속기의 시험

물 저항 등 유사한 부하를 사용하여 부하를 급변시켰을 때의 회전속도, 전압, 주파수, 정해진 회복시간을 측정하고 검사한다.

① 50 % 부하(차단), 0 → 50 % 부하(투입)
② 70 % 부하(차단), 0 → 70 % 부하(투입)
③ 100 % 부하(차단), 0 → 70 % 부하(투입)

다만, 과급기와 공기냉각기가 부착된 엔진은 100 % 부하의 차단을 하고 50~70 % 부하의 투입을 한다.

(10) 부하시험

다음과 같이 시험하여 이상 유무를 검사한다.

1/4 부하 10분, 4/4 부하 2시간
1/2 부하 10분
3/4 부하 10분

(11) 기타

① 인터록(inter lock) 장치의 연동시험
② 동기 검정장치의 시험(병렬운전을 하는 경우)
③ 진동 및 소음 시험

Chapter

연 습 문 제

e x e r c i s e

01 건축법과 소방법에 따라서 시설하는 예비전원이 자가용 발전장치인 경우에 정전 후 몇 초 이내에 전압을 확립하여 부하에 전력을 공급하여야 하는가?

답 10초

02 충전기를 갖춘 축전지와 자가용 발전장치를 병용하는 경우에 자가용 발전설비가 비상시에 몇 초 이내에 기동하여 30분 이상 안정된 전원을 공급할 수 있어야 하는가?

답 45초

03 빌딩에서 예비용 자가발전 용량은 수전설비 용량의 약 몇 % 정도가 적당한가?

답 20 %

04 용량 1000 kVA의 발전기를 역률 0.8로 운전할 때의 연료소비량 l/h을 구하여라. 단, 발전기의 효율은 0.93, 엔진의 연료 소비율은 180 gr/PS · h 이며 연료의 비중은 0.92이다. 답은 소수점 둘째자리에서 반올림하여라.

답 228.3 l/h

05 3상 교류발전기를 운전하고 있는 데 불평형부하로 되었을 때 최대의 전류가 흐르는 상과 최소의 전류가 흐르는 상의 전류비는 얼마 이하가 되지 않아야 하는가?

답 10 : (7~8)

06 1000 kVA의 디젤 발전기가 엔진 정격출력 P=1200 P.S, 연료소비율 b=175 gr/PS · h, 과급기의 과잉률 ε=2.5, 공기밀도 ρ=1,165, 실내온도 30 ℃라 할 때에 환기량 Q m^3/min을 구하여라. 단, 소수점 둘째자리에서 반올림 할 것

답 105.2 $\mathrm{m^3/min}$

07 정격전압 220 V의 자가용 발전기에 대한 내압시험을 하는 데 전기자 권선에 가해야 하는 시험 전압 V은 얼마인가?

답 1500 V

08 3상 교류발전기의 전기자에 대한 전연저항을 1000 V 메가로 측정하면 몇 MΩ 이상 되어야 하는가?

답 5 MΩ

09 공사완료 후에 사용 전 검사를 받지 않고 사용개시 신고만으로 사용이 가능한 비상용 예비 발전기의 용량은 몇 kW 이하인가?

답 100 kW

10 발전기의 출력이 500 kVA일 때 발전기용 차단기의 차단용량을 산정하여라. 단, 변전소로부터 수전하는 회로의 차단용량은 30 MVA이며, 발전기의 과도 리액턴스는 0.25로 한다.

답 30 MVA

11 자동화재탐지설비, 비상경보설비 유도등의 비상전원에 사용하는 축전지는 몇 분 이상의 방전 능력이 있어야 하는가?

답 20분

12 예비전원으로 시설하는 축전지에 대하여 연축전지는 1단위당 2 V로 계산하는데, 알칼리 축전지의 전압은 몇 V로 계산하는가?

답 1.2 V

13 부하의 허용 최저전압이 95 V, 축전지와 부하사이 접속선의 전압강하가 3 V일 때 직렬로 접속한 축전지의 개수가 50개라면 축전지 한 개의 허용 최저전압은 몇 V인가?

답 1.96 V

14 **알칼리 축전지의 정격용량은 100 Ah, 상시부하 6 kW, 표준전압 100 V인 부동 충전방식 충전기의 2차 전류는 몇 A인가? 단, 알칼리 축전지의 방전율은 5시간율로 한다.**

답 80 A

15 **예비전원으로 시설하는 저압의 발전기에서 부하에 이르는 전로에는 발전기에 가까운(쉽게 점검하고 개폐할 수 있는) 곳에 설치해야 하는 기기 4가지를 들어라.**

답 개폐기, 과전류 차단기, 전압계, 전류계

04장 조명설비

4-1 조명의 계획과 설계

조명의 목적은 크게 두 가지로 나눌 수 있다. 그 하나는 명시를 중요시하는 것이고, 또 하나는 분위기를 중요시하는 것이다.

전자는 작업을 하는 데 장시간에 걸쳐서 피로하지 않고 능률적으로 일을 할 수 있는 것으로 사무실, 공장, 학교, 교통 도로 등의 조명을 말한다. 후자는 응접실, 오락장, 식당 등에서 분위기를 살려서 평화롭고 즐거운 마음을 갖도록 하기 위한 것이다. 백화점이나 주택은 양자를 겸하는 경우가 많다.

이 양자의 조명효과를 향상시키기 위해서는 사용목적에 적합하고 건축과 어울리는 조명기구의 선정, 광원의 위치선정, 조명방법 및 조도의 결정 등이 중요한 요소이다.

4-1-1 명시를 중요시 하는 조명

(1) 충분한 밝기

밝을수록 잘 보인다. 또 조도가 높을수록 시력이 향상된다는 것은 당연한 것이다. 이상적인 밝기는 맑게 개인 날에 나무 그늘 정도의 밝기(10,000 lx)라고 하지만 이러한 조도는 현실적으로 얻을 수 없고, 독서하기에 알맞은 조도는 500 lx 이상, 세밀한 시작업(視作業)에는 1000~2000 lx라고 한다.

희망하는 조도의 기준은 나라마다 다르지만 큰 차이가 있는 것은 아니고 조명설계를 하자면 먼저 작업장소와 작업종류에 따라서 알맞은 조도를 정해야 한다. 표 4-1은 한국공업규격의 조도기준 중에서 사무실에 관한 것이고 표 4-2는 국제 조명위원회 조도기준(CIE)이다.

표 4-1 한국공업규격(KS)의 조도기준(사무실)

조 도 lx	장 소[1]			작 업
2000~1500	–			• 설계도 ↑ • 제 도 • 타이프 • 계 산 • 키펀치
1500~750	사무실(a)[2], 영업실, 설계실, 제도실, 현관홀(주간)[3]			
750~500	–	사무실(b), 종업원실, 회의실, 인쇄실 전화교환실, 전자계산실, 제어실, 진찰실 • 접수실 • 전기실, 기계실 등의 배전반 및 계기반		–
500~300	집회실, 응접실, 대합실, 식당, 주방, 오락실, 휴게실, 수위실, 현관홀(야간) 엘리베이터홀			
300~200		서고, 금고실, 전기실, 강당, 기계실, 엘리베이터, 잡종작업실	–	–
200~150	–		세면장, 욕실, 복도, 계단, 변소, 세탁실, 보일러실	
150~75	다실, 휴게실, 숙직실, 탈의실, 창고, 현관(주차장)			
75~50			–	
50~30	옥내 비상계단			

[주] (1) 사무실은 세밀한 시작업을 동반할 경우 및 주광의 영향에 따라 창밖이 밝고, 실내가 어두운 느낌이 들 경우는 (a)를 택하는 것이 좋다.

(2) 현관홀은 주간에 옥외의 자연광에 따른 수 만 lx의 조도에 눈이 순응하고 있으면, 홀 내부가 어둡게 보이므로 조도를 높게 하는 것이 바람직하다. 또한, 현관홀(야간)과 (주간)은 단계적으로 조절해도 좋다.

표 4-2 국제 조명위원회 조도기준(CIE)

분 류	추천조도 lx	작업의 형태
A 별로 사용하지 않는 장소 또는 단순한 모임이 필요한 장소의 전반조명	20	
	30	주변이 어두운 공공 장소
	50	
	75	단시간에 출입할 때의 방향조명
	100	연속적으로 사용하지 않는 작업실
	150	예 : 창고, 입구홀
	200	
B 작업실의 전반조명	300	한정된 조건의 시작업
	500	예 : 강의실, 거친 기계작업
	750	보통의 시작업
	1000	예 : 조각, 직물공장의 검사
	1500	특별한 시작업
	2000	예 : 조각, 직물공장의 검사
C 정밀한 시작업의 부가조명	3000	극히 장시간의 정밀시작업
	5000	예 : 세밀한 회로나 시계조립
	7500	예외적인 정밀시작업
	10000	예 : 극미전자부품조립
	15000	극히 특별한 시작업
	20000	예 : 외과수술

(2) 명암이 없는 밝기

휘도의 분포가 균일하지 못해서 밝기에 얼룩이 생기면 물체를 보기가 어렵고 기분도 좋지 않다. 즉, 명암(明暗)이 있으면 그 밝기에 눈이 순응해야 하므로 빨리 피로하게 된다는 것이다.

명암이 없는 균일한 밝기를 얻자면

① 전반조명을 균일하게 한다. 구체적으로 등기구의 간격은 작업면에서 광원까지의 높이의 1.5배 이내

$$L \leqq 1.5(H - 0.85)$$

또 벽과 벽에 가장 가까운 등기구의 거리 L_0는

$$L_0 \leqq H/2$$

그리고 L과 L_0의 관계는

$$L_0 = L/2$$

로 하는 것이 바람직하다.

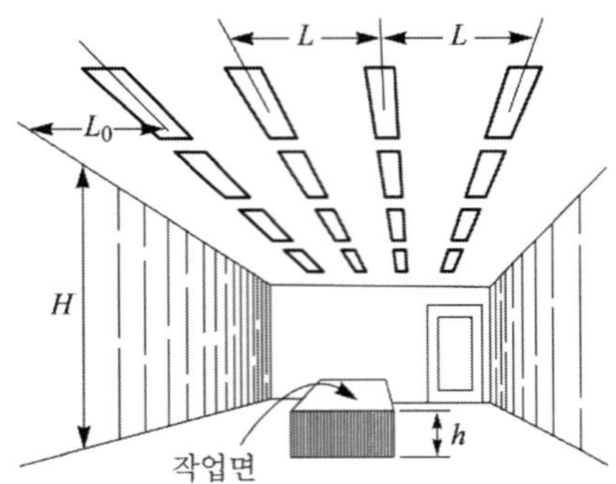

그림 4-1 기구 배치기준(간격과 높이)

② 전반조명과 국부조명의 조도차는 없는 것이 좋다. 불가피한 경우에 전반조명의 조도는 국부조명 조도의 1/10 이하로 한다.

③ 벽면을 밝은 색으로 처리하고 실내의 색채를 조절한다.

(3) 눈부심(glare)이 없을 것

조도를 높게 하기 위하여 휘도가 높은 광원을 사용하면 눈부심 현상이 생기고, 오히려 조명효과를 해치게 된다. 가장 눈부심 현상을 일으키기 쉬운 것은 시야 안에 휘도가 높은 광원이 들어오는 때이다.

눈부심 현상을 예방하기 위해서는

① 형광 램프와 같이 휘도가 낮은 광원을 선택하든지 아니면 플라스틱 커버가 붙은 기구를 선택한다.

② 시선을 중심으로 하여 30° 범위(glare zone) 안에 광원을 두지 않는다.

③ 광원의 주위를 밝게 처리한다.

(4) 적당한 그림자

그림자는 물체를 보는 데 필요한 경우와 필요치 않은 경우가 있다. 손에 가려서 생기는 그림자는 없는 것이 좋지만 물체 표면의 요철(凹凸)부에 생기는 그림자는 입체감을 강조하는 데 도움이 된다.

작업을 하는 데 방해가 되는 그림자를 없애려면

① 광원의 위치를 바꾼다.

② 광원의 수를 늘린다.

③ 형광 램프와 같이 면적이 넓은 광원을 사용한다.

(5) 광색이 좋고 열이 적을 것

빛의 색은 물체의 색상을 좌우하는 요소이다. 일반적으로 백열전등과 같이 붉은 빛이 감도는 빛은 조도가 낮은 경우에 쾌적함을 느낄 수 있고, 형광 램프와 같이 푸른 빛이 감도는 빛은 조도가 높아야만 쾌적함을 느낄 수 있다.

우리 인간의 눈은 원래 태양의 자연광에 익숙해져 있기 때문에 인공조명의 광색도 자연광에 가까운 것, 즉 주광색이 쾌적함을 느끼게 하는 빛이다. 그리고 열이나 자외선 등은 포함되지 않는 것이 좋다.

(6) 기구의 디자인과 배치

조명기구의 디자인과 배치방법은 분위기를 조성하는 데 그 영향이 크다. 즉, 조명기구는 밝게 눈에 띠는 것이기 때문에 그 디자인이나 색은 느낌이 좋고 건축의 실내장식과도 조화를 이루어야 한다.

기구의 디자인은 간결하고 효율이 좋은 것을 선택하고 배치는 균형을 이루는 것이 바람직하다.

(7) 보수하기 쉽고 경제적일 것

설치한 후에 장시간 쾌적한 밝기를 유지하기 위해서 정기적인 점검과 청소, 램프의 교환도 해야 하기 때문에 기구의 손질을 하기 쉬운가를 검토해야 한다.

또 조명설비비, 보수비, 전기사용료 등을 종합한 조명비당의 lx가 최고가 되도록, 바꾸어 말하면 일정한 조도를 유지하기 위한 연간경비를 최소로 하는 것이 가장 경제적이다.

4-1-2 분위기를 중요시하는 조명

(1) 알맞은 밝기

조명효과와 경제성을 고려하여 알맞은 밝기를 정한다. 기구의 디자인과 배치관계, 조광(照光) 또는 점멸에 의하여 조도를 바꿀 필요가 있는 경우도 있다.

(2) 명암과 눈부심

계획적으로 광속발산도를 조절하기도 한다. 그리고 때에 따라서는 주의를 환기시키기 위하여 눈부시게 할 필요도 있다. 이때에 조심할 것은 불쾌감을 주지 않을 정도로 해야 하고 명암과도 잘 어울리면 보다 효과적이다.

(3) 그림자

그림자는 분위기를 조성하는 데 필요한 것이다. 입체감이나 원근감을 살리기 위해서 2:1, 경우에 따라서는 7:1 정도로 명암을 조절하기도 한다.

(4) 분광분포

광원을 선택하기에 따라서 각각 장소나 시기에 알맞은 심리적 효과를 증진시킬 수 있다. 이는 실내의 색채 분위기와 잘 조화되어야 한다.

(5) 기구의 디자인과 배치

기대하는 조명효과와 기능을 충분히 살릴 수 있도록 기구의 디자인을 한다. 그리고 조명기구의 배치는 실내 공간의 분위기를 해치는 일이 없게 하기 위하여 건축디자인 담당자와 협의하여 결정하는 것이 바람직하다.

예 제 4-1

조명에서 사용되는 용어 중 광속의 정의를 간단히 설명하고 단위를 써라.

풀이 조명에 관한 용어 해설은 표와 같다.

용어 해설

술어	정 의	해 설	기호	단 위
광 속	빛의 양 (광원의 밝기)	광원으로부터 발산되는 빛의 양	F	루멘 lm
광 도	빛의 세기 (광원에서 어느 방향에 대한 밝기)	광원으로부터 발산되는 광속을 반사갓으로 더욱 밝게 한다.	I	칸델라 cd
조 도	어느 장소에 대한 밝기	밝음의 기준	E	럭스 lx
휘 도	표면의 밝기(광원)	광원의 발광면적이 작으면 휘도가 높다.	B	스틸브 sb
광속발산도	물체의 밝기	조도×반사율, $\frac{\text{광속} \times \text{투과율}}{\text{그 면의 면적}}$ m^2	R	레드럭스 rlx

답 광원으로부터 발산되는 빛의 양으로 단위는 루멘 lm

4-1-3 광원

조명의 조건에 알맞은 설계를 하기 위해서는 광원하고 기구의 조화가 중요한 요건이다. 특히 광원의 선정은 신중히 해야 한다. 즉 크기, 밝기, 빛의 질, 연색성, 효율, 수명 등을 다각적으로 검토하여 결정하여야 한다. 표 4-3은 각종 광원의 특성을 간추린 것이고 표 4-4는 최근 많이 사용되고 있는 절전형 램프의 성능을 비교한 것이다.

표 4-3 각종 광원의 특성 예

광원의 종류 \ 제 특 성		램프의 크기 W	램프의 광속 lm	램프의 효율 lm/W	결합 효율 lm/W	평균연색 평가수 Ra	색온도 K	평균 수명 시간	주된 용도
전구류	백색도장전구	100	1520	15.2	15.2	100	2850	1000	주택, 상점
	백색도장전구(전력절감형)	95	1520	16.0	16.0	100	2850	1000	
	크립톤 전구	90	1400	15.6	15.6	100	2850	2000	
	할로겐전구(편단자형)	250	4500	18.0	18.0	100	2950	2000	상점, 공장
형광램프	백색형광램프	40	3100	78	63	63	4200	10000	주택, 상점 사무소, 학교 공장
	백색형광램프(전력절감형)	38	3100	82	66	63	4200	10000	
	주광색형광램프	40	2700	68	55	77	6500	10000	
	주광색형광램프(전력절감형)	38	2700	71	57	77	6500	10000	
	3파장형광램프	40	3100	78	63	84	5000	10000	
	백열전구식 형광램프	40	2850	71	58	65	3200	10000	주택, 상점
HID램프	형광수은램프	400	22000	55	51	42	4100	12000	옥외조명전반 공장, 지하가
	백색형광수은램프	400	23000	58	53	50	5000	12000	
	은백색형광수은램프	250	11500	46	42	50	3200	12000	상점, 지하가
	메탈할라이드램프	400	31000	78	71	63	5700	9000	옥외조명전반 스포츠시설 상점, 지하가
	Sc계 메탈할라이드 램프	400	38000	95	87	70	4000	9000	
	Sc계 메탈할라이드 램프(저시동전압형)	400	36000	90	83	70	4000	9000	
	고압나트륨 램프	400	50000	125	112	29	2100	12000	옥외조명전반 공장
	고압나트륨 램프(시동기내장형)	360	50000	139	128	25	2100	12000	
저압나트륨 램프		90	12500	139	102	–	–	9000	터널, 도로

표 4-4 절전형 램프의 성능 비교

종 류	전력절약률 %	광속의 증감 %	수명의 증감 %	크기 W
성전력형 백색도장 전구	5	0	0	19, 38, 57, 95
성전력형 백색도장 볼전구	5	0	0	38, 57, 95
성전력형 열선차단형 빔전구	10	0	0	68, 90, 135
크림톤전구(백색 도장전구에 비하여)	10	−7~8	+100	36, 54, 90
소형 크림톤 전구(백색 도장전구에 비하여)	0	+4	+100	50, 60
성전력형 형광램프	5	0	0	19, 38
성전력형 형광서크라인	5	0	0	28, 30, 38
성전력형 래프트스타트 형광램프	7.3~7.5	0	0	37, 102
전구형 형광램프 (60 W 백색 볼전구에 비해)	67	직하조도 거의 동일	+200	20
성전력형 형광수은 램프(수직점등)	5.7~8.4	0	0	235, 280 375, 660, 940
수은등 안정기형 메탈할라이드램프 (형광수은램프에 비해)	0	+42~+46	−25	250, 300, 400
수은등 안정기형 고압나트륨 램프 (형광수은램프에 비해)	5.5~9.4	+102~+132	0	180, 220, 270, 360, 660, 940

예 제 4-2

다음의 물음에 답하여라.

① HID 램프의 뜻을 표기하여라.

② 그 종류를 가장 많이 사용되는 순서대로 열거하여라.

풀이 ① 고휘도 방전 램프(High Intensity Discharge Lamp)

② 고압 수은등, 고압 나트륨등, 초고압 수은등, 고압 크세논 방전등, 메탈 핼라이드 램프

4-1-4 조명기구의 종류와 특성

(1) 기구의 형태와 배광

조명기구는 조명방식에 따라서 그에 적합한 형태의 기구를 선택하는 것이 좋다. 한편, 기구의 형태에 따라서 각기 배광량이 다르고 표 4-5는 기구의 형태와 배광량 및 그 특징을 요약 정리한 것이다.

표에서 알 수 있는 것과 같이 간접조명이나 반간접조명 혹은 전반확산 조명에 쓰이는 기구보다 직접조명에 쓰이는 기구의 효율이 좋다. 그리고 포위형의 조명기구라도 투과율이 좋은 재료를 사용한 등기구는 조명률이 어느 정도 향상된다.

표 4-5 기구의 배광에 의한 분류

조명방식	기구의 형태	배광 분류	특 징	용 도
직 접 조 명		% 10~0 90~100	광의 손실이 적고, 효율이 높다. 천장이 어둡고, 진한 그늘이 생기며, 불쾌 눈부심 방지책 필요	공장
반직접 조 명		10~40 60~90	기구상부를 반투명의 것으로 하여, 직접조명의 결점을 보완한다.	일반사무실 주택
전 반 확 산 조 명		60~40 40~60	광 손실이 50 %전후, 빛이 상하좌우로 나가므로 부드러운 조명으로 된다	고급사무실 상점 고급주택
반간접 조 명		60~90 10~40	천장, 벽전체가 광원으로 되므로 부드러운 빛이 얻어진다. 효율은 나빠진다.	
간 접 조 명		90~100 10~0	매우 부드러운 빛이기는 하나 효율이 나쁘고, 특수한 장소 이외는 추천 곤란	대합실 회의실 임원실

(2) 고효율의 조명기구

조명설계를 할 때에 전력의 절감방안으로 검토할 사항은 첫째로 기구 효율의 향상이고 그 다음으로 방전등의 경우에 안정기의 소비전력 절감이다.

조명기구에 부착한 램프로부터 발산되는 빛은 전량이 피조면에 조사(照射)되는 것이 아니다. 그러므로 기구의 효율과 조명률은

$$\text{기구효율} = \frac{\text{조명기구로부터 방사되는 빛의 양 lm}}{\text{조명기구의 램프로부터 방사되는 빛의 양 lm}} \times 100\ \% \qquad (4-1)$$

$$\text{조명률} = \frac{\text{피조면에 도달하는 빛의 양 lm}}{\text{조명기구의 램프로부터 방사되는 빛의 양 lm}} \times 100\ \% \qquad (4-2)$$

으로 나타낸다.

(3) 형광 램프용 조명기구

형광 램프용 조명기구의 전자식 안정기(절전형)는 효율이 높고 종전의 철심형 안정기에 비하여 입력전력이 15~20 % 절감된다(표 4-6 참조). 또 최근에는 전력손실이 매우 적은 절전형의 래피드 스타트형 안정기도 시판되고 있다.

표 4-7은 40 W 형광 램프 2등용의 각 종 기구 효율을 나타낸 것이다.

표 4-6 40 W 형광램프 1등용의 전자식 안정기와 철심형 안정기의 비교

	40 W 1등용			
	100 V 형		200 V 형	
	전자식 안정기	철심형	전자식 안정기	철심형
전원전압 V	100	100	200	200
입력전류 A	0.415	0.55	0.21	0.29
입력전력 W	40(75 %)	53(100 %)	40(75 %)	53(100 %)
역률	고역률	고역률	고역률	고역률
램프비광속 %	100	100	100	100
외형치수 mm	38×40×260	40×57×220	38×48×260	41×57×215
중량 kg	0.3(27 %)	1.1(100 %)	0.39(44 %)	0.88(100 %)

* 사용램프 : 현행품은 일반의 래피드 스타트, 전자식의 데이터는 전력 절약형 래피드 스타트형

표 4-7 각종 40 W 형광램프 2등용 기구의 기구효율과 조명률

형 태	기구 효율	조명률
4각형	93	0.84
역3각형	93	0.86
반매입형	85	0.79
H형	83	0.75
반사갓	84	0.87
매입형 (하면젖빛색커버부)	57	0.57
매입형 (하면투명프리즘커버부)	69	0.74
매입형 (하면개방)	82	0.90

*산출조건 : 방지수 ; 3.0, 반사율 ; 천장 90 %, 벽 50 %, 바닥 30 %

(4) HID 램프용 조명기구

천장 높이가 5 m 이상 되는 공장 조명에는 한 등당의 빛 출력이 큰 HID 램프를 사용하는 것이 형광 램프보다 경제적이다. HID 램프용 조명기구는 고천장용 반사갓이 널리 사용되고 있으며 표 4-8은 고천장용 반사갓의 특성을 나타낸 것이다.

표 4-8 고천장용 반사갓의 특성 예

HID 램프 와트수	배광의 형식	기구효율 %	최대설치간격
200 W	협 조 형	76(71)	협조형
|	광 조 형	82(76)	0.8~0.91H
400 W	특광조형	80(-)	광조형
700 W	협 조 형	77(75)	1.4~1.5H
|	광 조 형	86(76)	특광조명
1000 W	특광조형	81(-)	2.0~2.11H

[주] ① 형광수은등의 경우의 와트수
② (　　)은 재래품의 성능표시
③ H는 광원의 높이

4-1-5 조명계산

실내 전체를 일정한 밝기로 하는 전반조명은 광속법, 국부조명은 축점법을 이용하여 계산한다. 사무실이나 공장 등에는 전반조명이 보편화되어 있으므로 광속법을 이용한 계산방법에 대하여 살펴보기로 하자.

(1) 조명계산에 필요한 요소

조명계산을 하기 전에 다음 사항들에 대하여 미리 알아보고 결정해 주어야 한다. 사무실의 경우에는

① 방의 크기(가로, 세로, 천장높이)
② 방의 마감상태(천장과 벽의 반사율)
③ 보와 기둥의 간격 공조덕트와 천장내부의 상태
④ 방의 사용목적과 작업내용
⑤ 조도(방의 사용목적이나 작업내용에 따라서 조도기준을 근거로 하여 결정한다)
⑥ 조명방식, 광원, 기구의 종류

①~④는 조사할 사항이고 ⑤,⑥은 결정할 사항이다.

(2) 계산 방법

광속법에 의한 계산은 다음 식을 이용해서 한다.

필요한 광속 $N \times F = \dfrac{E \times A}{U \times M}$ lm

필요한 램프 수 $N = \dfrac{E \times A}{F \times U \times M}$ 개

평균조도 $E = \dfrac{N \times F \times U \times M}{A}$ lx

여기서, F : 램프 한 개의 광속 lm

A : 조명을 해야 하는 면적 m^2

M : 보수율(램프의 광속은 점등시간이 경과함에 따라서 감광되므로 이것을 참작하고, 또 먼지 등이 끼어서 조명기구의 효율이 낮아지는 것을 미리 참작해 두는 정수)

U : 조명률(광원에서 방사되는 총광속 중 실제로 작업면에 도달하는 광속의 비율 %을 나타내는 수치

조명률은 방의 크기와 형태, 천장과 벽, 바닥의 반사율(표 4-9), 그리고 조명기구의 배광 등에 따라서 다르다.

표 4-10은 대표적인 조명률 표의 예이다.

표 4-9 실내면 반사율

재 료	반사율 %
백색 플라스틱 벽	60~80
백색벽	60
담색(淡色) 벽	50~60
목재 그대로의 색	40~60
목재(황색 바니시칠)	30~50
창호지	40~50
적색 벽돌	10
회색 택스	40
콘크리트 색	25
백색 타일	60
리노륨	15
백색 페인트	60~80
흑색 페인트	5
담색 페인트	30~60

표 4-10 조명률, 보수율, 설치간격

조 명 기 구	배 광 기 구 효 율	보 수 율 기구간격의 최 대 한 도	반사율 천장 %	80 %			70 %			50 %			30 %	
			벽 %	50	30	10	50	30	10	50	30	10	30	10
			바닥 %	10 %										
			실 지 수	조 명 율										
노 출 형	31 %	보수율 상 0.80 중 0.74 하 0.70	0.60(J)	24	18	13	24	18	13	23	17	13	17	13
			0.80(I)	32	24	19	31	24	19	30	23	18	22	18
			1.00(H)	38	30	24	39	29	23	35	28	23	27	22
			1.25(G)	45	36	30	43	35	29	39	33	28	31	27
			1.50(F)	50	41	34	48	40	33	44	37	32	35	30
			2.00(E)	56	48	41	54	40	46	50	44	38	40	36
			2.50(D)	62	54	47	59	52	46	54	48	43	45	41
	61「%」 기구효율 92 %	1.4H	3.00(C)	66	58	52	63	56	50	57	52	47	47	44
			4.00(B)	71	65	59	68	62	57	62	57	53	52	49
			5.00(A)	75	70	65	72	67	62	65	61	58	56	53
노 출 형	37 %	보수율 상 0.80 중 0.74 하 0.70	0.60(J)	30	24	20	29	22	18	25	20	16	18	15
			0.80(I)	39	32	27	37	31	26	33	28	23	25	21
			1.00(H)	47	39	33	44	37	32	39	33	29	29	26
			1.25(G)	54	46	40	51	44	39	45	39	35	34	31
			1.50(F)	59	52	46	55	49	43	49	43	39	38	34
			2.00(E)	66	59	54	62	56	51	54	50	46	43	39
			2.50(D)	71	64	59	66	61	56	58	54	50	46	43
	56「%」 기구효율 93 %	1.4H	3.00(C)	73	68	63	69	64	60	61	57	53	49	46
			4.00(B)	78	74	69	73	69	65	64	61	58	52	50
			5.00(A)	80	77	73	77	73	70	67	64	62	56	54
매입형, 하면개방	0 %	보수율 상 0.75 중 0.70 하 0.65	0.60(J)	33	27	22	33	27	22	32	27	22	26	22
			0.80(I)	43	36	31	42	36	31	41	35	31	35	31
			1.00(H)	50	43	38	49	42	37	48	42	37	41	37
			1.25(G)	57	50	45	57	50	45	55	49	45	48	44
			1.50(F)	63	56	51	62	55	50	60	50	53	53	49
			2.00(E)	69	63	58	68	62	58	66	61	57	60	56
			2.50(D)	73	68	63	72	67	63	70	66	63	65	62
	87「%」 기구효율 87 %	1.4H	3.00(C)	77	72	68	76	71	67	73	69	66	68	65
			4.00(B)	81	76	73	79	76	72	77	74	71	72	70
			5.00(A)	84	80	77	82	79	76	80	78	75	76	74
하면플라스틱	2 %	보수율 상 0.70 중 0.65 하 0.55	0.60(J)	18	15	13	18	15	13	18	15	13	15	13
			0.80(I)	24	20	18	23	20	18	22	20	17	19	17
			1.00(H)	27	24	21	27	24	21	26	23	21	23	21
			1.25(G)	31	27	25	30	27	25	26	27	25	26	24
			1.50(F)	33	30	27	33	30	27	32	29	27	29	27
			2.00(E)	35	32	29	35	32	29	33	31	29	30	29
			2.50(D)	37	35	32	37	34	32	36	33	32	33	31
	45「%」 기구효율 47 %	1.2H	3.00(C)	40	38	36	40	37	35	38	36	35	36	35
			4.00(B)	42	40	38	41	40	38	40	39	37	38	37
			5.00(A)	43	42	40	43	41	39	42	40	39	40	39
반사갓	0 %	보수율 상 0.75 중 0.70 하 0.65	0.60(J)	28	23	20	28	23	20	27	23	20	23	20
			0.80(I)	36	31	27	36	31	27	35	31	27	30	27
			1.00(H)	43	37	33	42	37	33	41	37	33	36	33
			1.25(G)	49	44	40	49	43	40	48	43	39	42	39
			1.50(F)	54	48	44	53	48	44	52	48	44	47	44
			2.00(E)	59	55	51	59	55	51	58	54	50	53	50
			2.50(D)	65	60	56	64	59	56	62	58	55	58	55
	79「%」 기구효율 79 %	1.3H	3.00(C)	68	63	60	67	63	59	65	62	60	61	58
			4.00(B)	72	68	65	71	67	64	69	66	64	65	63
			5.00(A)	75	72	69	74	71	68	72	70	68	68	67

조 명 기 구	배 광 기구효율	보 수 율 기구간격의 최 대 한 도	반사율 천장 %	80 %			70 %			50 %			30 %	
			벽 %	50	30	10	50	30	10	50	30	10	30	10
			바닥 %	10 %										
			실지수	조 명 율										
루미너스실링			0.60(J)	6	21	17	천장 안의 반사율은 75 % 플라스 파넬의 투과율은 70 %							
			0.80(I)	33	27	24								
		보수율	1.00(H)	38	33	29								
		상 0.70	1.25(G)	43	37	34								
		중 0.65	1.50(F)	46	41	38								
		하 0.55	2.00(E)	51	46	43								
			2.50(D)	54	50	47								
			3.00(C)	56	52	50								
			4.00(B)	59	56	54								
			5.00(A)	61	58	56								
반매입 노출형	9 %		0.60(J)	29	23	18	29	22	18	27	22	18	22	18
		보수율	0.80(I)	37	30	25	36	30	25	36	30	25	29	25
		상 0.75	1.00(H)	44	36	31	43	36	31	42	35	31	35	31
		중 0.67	1.25(G)	50	43	37	49	42	37	48	42	37	41	37
		하 0.60	1.50(F)	54	48	42	54	47	42	52	45	42	45	41
			2.00(E)	61	54	49	60	54	49	58	52	48	51	48
			2.50(D)	65	59	54	64	59	54	62	57	53	56	53
	82「%」		3.00(C)	68	62	57	66	61	56	64	59	56	58	55
	기구효율 91 %	1.4H	4.00(B)	73	68	63	71	67	63	69	65	62	64	61
			5.00(A)	76	72	68	75	71	68	72	69	67	68	66
직부 코브 조명			0.60(J)	11	09	06	09	07	06	07	05	04		
			0.80(I)	15	12	10	13	10	08	09	07	06		
		보수율	1.00(H)	18	15	12	16	13	10	10	09	07		
		상 0.60	1.25(G)	22	18	16	20	16	14	13	11	10		
		중 0.50	1.50(F)	25	21	19	21	19	17	15	13	11		
		하 0.40	2.00(E)	29	26	22	25	22	20	17	15	11		
			2.50(D)	33	30	28	28	26	24	20	19	17		
			3.00(C)	35	32	30	31	28	26	21	20	19		
			4.00(B)	36	34	32	32	30	28	22	21	20		
			5.00(A)	39	38	36	35	34	32	24	23	23		
매입밑면 루버	0 %		0.60(J)	31	27	24	30	26	24	30	26	23	25	22
		보수율	0.80(I)	38	34	31	38	34	30	37	33	30	32	29
		상 0.71	1.00(H)	43	39	35	43	38	35	42	38	35	37	34
		중 0.67	1.25(G)	48	44	40	47	43	40	46	43	40	42	39
		하 0.63	1.50(F)	51	47	44	50	47	44	49	46	44	45	42
			2.00(E)	55	52	49	55	51	48	53	50	48	49	47
			2.50(D)	58	55	52	57	54	52	56	54	53	51	49
	64「%」		3.00(C)	60	57	55	59	56	54	58	55	53	53	51
	기구효율 64 %	0.8H	4.00(B)	62	60	58	61	59	57	60	58	57	56	55
			5.00(A)	64	62	60	63	61	59	61	60	58	58	56
루버 천장			0.60(J)	19	16	15	19	16	15					
			0.80(I)	23	20	19	23	20	19					
		보수율	1.00(H)	25	22	21	25	22	21					
		상 0.71	1.25(G)	27	25	24	26	25	24					
		중 0.63	1.50(F)	30	26	25	29	26	25					
		하 0.56	2.00(E)	32	30	29	31	30	29					
			2.50(D)	33	31	30	32	31	30					
			3.00(C)	34	32	32	33	32	31					
			4.00(B)	35	34	33	34	33	32					
			5.00(A)	36	35	34	35	34	33					

조명기구	배광 기구효율	보수율 기구간격의 최대한도	반사율 천장 %	80 %			70 %			50 %			30 %	
			벽 %	50	30	10	50	30	10	50	30	10	30	10
			바닥 %	10 %										
			실지수	조명율										
다운라이트 (밑면 루버)	0 %	보수율 상 0.71 중 0.67 하 0.63	0.60(J)	30	28	26	29	27	26	28	27	26	27	27
			0.80(I)	35	34	32	34	33	32	33	32	32	32	32
			1.00(H)	40	38	36	37	36	36	36	35	35	35	34
			1.25(G)	42	40	38	39	39	38	38	37	37	37	36
			1.50(F)	42	41	39	41	40	39	40	39	38	39	38
			2.00(E)	45	44	42	43	42	42	42	41	40	41	40
			2.50(D)	46	45	43	45	44	43	44	43	42	42	42
	55「%」 기구효율 55 %	0.8H	3.00(C)	47	46	44	46	45	44	45	44	43	43	43
			4.00(B)	48	47	45	47	45	45	46	44	44	44	43
			5.00(A)	48	47	46	47	46	46	46	45	44	44	44
다운라이트 (밑면유리)	0 %	보수율 상 0.71 중 0.67 하 0.63	0.60(J)	28	24	21	26	23	20	25	22	19	21	19
			0.80(I)	33	30	26	32	29	26	31	28	26	28	26
			1.00(H)	36	33	31	35	32	30	34	32	30	31	30
			1.25(G)	38	36	33	38	35	32	37	35	32	34	32
			1.50(F)	41	38	36	40	37	35	39	37	35	36	35
			2.00(E)	44	43	40	43	41	39	42	40	39	40	39
			2.50(D)	47	45	43	46	44	42	45	43	42	43	42
	50「%」 기구효율 50 %	0.8H	3.00(C)	48	46	44	48	46	44	46	45	44	44	43
			4.00(B)	50	48	46	50	48	46	48	47	46	46	45
			5.00(A)	51	50	49	51	49	48	50	48	47	47	46

[비고] 조명률은 이 표의 수치 × $\frac{1}{100}$로 된다.

(예) 24는 0.24라고 볼 것

조명률은 먼저 실지수를 구하고 다음에 천장 벽(바닥)의 반사율을 알고 이들 3자를 적용한 값을 표에서 찾아내면 된다.

실지수는 다음 식으로 구한다.

$$\text{실지수} = \frac{X \cdot Y}{H(X+Y)}$$

여기서, X : 가로의 길이 m

Y : 세로의 길이 m

H : 피조면에서 조명기구까지의 높이 m

예를 들면 가로 14 m, 세로 7 m, 높이 2 m인 경우에 실지수는 약 2.33이다. 그런데 조명률 표의 실지수에는 이 수치가 없으므로 2.5(D)가 적당하다.

또, 실지수는 위의 식을 이용하지 않더라도 그림 4-2를 이용하면 쉽게 구할 수 있다.

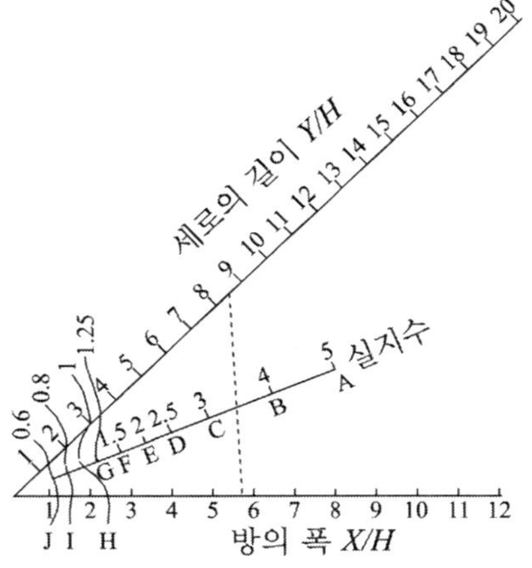

그림 4-2 실지수도

4-1-6 조명기구의 배치

(1) 기구의 간격, 벽과의 거리

계산으로 구한 등수를 알맞게 배치하여 실내 전체에 명암이 없는 조명을 해야 하고 기구의 간격은 카탈로그의 조명률표에 제시된 최대 설치간격 이내로 하면 된다.

일반적으로 기구의 간격 L과 작업면에서 광원까지의 거리 H의 관계는

$$L \leqq 1.5\ H$$

또 벽과 벽에서 가장 가까운 등과의 거리 L_0은

$L_0 \leqq H/2$(벽 가까이에서 작업을 하지 않는 경우)

$L_0 \leqq H/3$(벽 가까이에서 작업하는 경우)

L_0과 L의 관계는

$$L_0 = L/2$$

가 되도록 한다. 그림 4-3은 이 관계를 나타낸다.

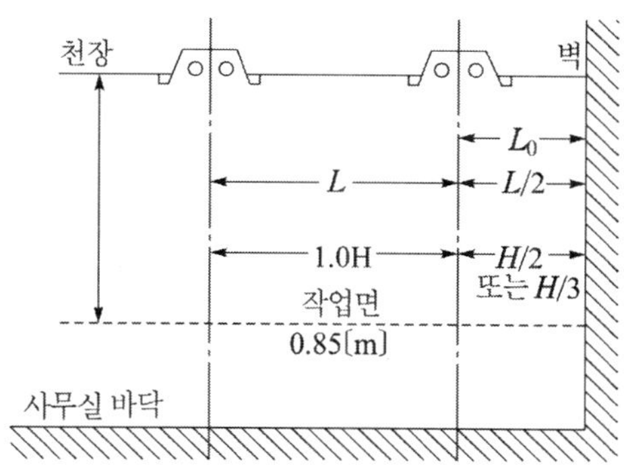

그림 4-3 등기구 배치

(2) 위치를 선정하는데 주의할 사항

조명기구는 주로 천장에다 설치하고 있으므로 천장 내부의 상태를 잘 알고 있어야 시공할 때에 일어날 수 있는 분쟁을 미연에 방지할 수 있다.

① 매입형 기구가 공조덕트, 급배수의 배관과 접촉하지 않는가, 크고 작은 보는 어떠한가, 천장 내부의 공간은 충분한가, 등 천장안의 장애물에 대하여 충분히 검토하고 기구의 크기를 결정하도록 한다.

② 2중 천장의 바탕재료가 무엇으로 되어있는가, 즉 경량형강, 목재, T라인의 특수천장 등에 따라서 조명기구의 설치방법이 달라진다. 특히 최근에는 공사기간을 단축하기 위하여 2중 천장의 마감 재료를 붙이기 전에 조명기구를 설치하는 공법을 채택하기도 하므로 건축담당자와 충분히 협의할 필요가 있다.

③ 천장 마감 재료의 크기와 부착방법에 따라서 기구의 형태를 정하게 되는 경우도 있다. 특히 마감 재료가 알루미늄, 스테인레스 등 금속판인 경우에는 기구의 설치 상세도를 작성해야 한다.

④ 천장면에 설치하는 공조와 디퓨저(diffuser) 등 다른 설비와의 배치관계는 각 설비담당자와 협의하여 설치 상세도를 별도로 작성하는 것이 좋다.

예 제 4-3

폭 12 m, 길이 18 m, 천장높이 3.1 m, 작업면(책상)의 높이 0.85 m, 천장은 백색 택스로 마감하고 벽면은 옅은 크림색으로 마감한 사무실이 있다. 조도는 500 lx로 하고 32 W 2등용(H형) 펜던트를 설치하고자 한다. 조명계산을 하여라.

풀이 ① 설계조건 : $X = 12$ m, $Y = 18$ m, $H' = 3.1$ m
반사율 $\rho_c = 50$ %(천장), $\rho_w = 30$ %(벽)
평균조도 $E = 500$ lx
램프의 광속 $F = 3{,}300 \times 2$ lm(FL-32W×2)

② 광원의 높이
펜던트의 길이를 0.5 m로 하면 광원과 책상면과의 거리(H)는

$$H = 3.1 - (0.5 + 0.85) = 1.75 \text{ m}$$

③ 실지수

$$K_r = \frac{X \cdot Y}{H(X+Y)} = \frac{12 \times 18}{1.75(12+18)} = 4.1 \text{ (지수구분 : } B)$$

④ 조명률
조명률 표에서 $\rho_c = 50$ %, $\rho_w = 30$ %, $K_r = B$인 경우에 H형 펜던트의 기구를 사용하면 $U = 0.61$이다.

⑤ 보수율
조명률(표 4-10)에서 H형 펜던트 기구는 중을 택하면 $M = 0.75$

⑥ 조명기구의 수

$$N = \frac{E \cdot A}{F \cdot U \cdot M} = \frac{500 \times (12 \times 18)}{(3{,}300 \times 2) \times 0.61 \times 0.75} = 35.5 \fallingdotseq 36 \text{ 조}$$

⑦ 기구의 배치
기수 수는 계산상 36조이지만 균등한 배열을 하기 위하여 40조로 정한다. 이때의 조도는 다음과 같이 조정된다.

$$\dot{E} = \frac{40 \times (3{,}300 \times 2) \times 0.61 \times 0.75}{(12 \times 18)} \fallingdotseq 562 \text{ lx}$$

※ 배치도는 5열×8조 = 40조로 하여 독자 여러분이 그려보기로 하자.

4-1-7 조명설계의 예

(1) 광속법에 의한 조명계산

그림 4-4와 같은 빌딩의 사무실(다음부터 모델 빌딩이라 한다)에 대한 조명계산을 한다.

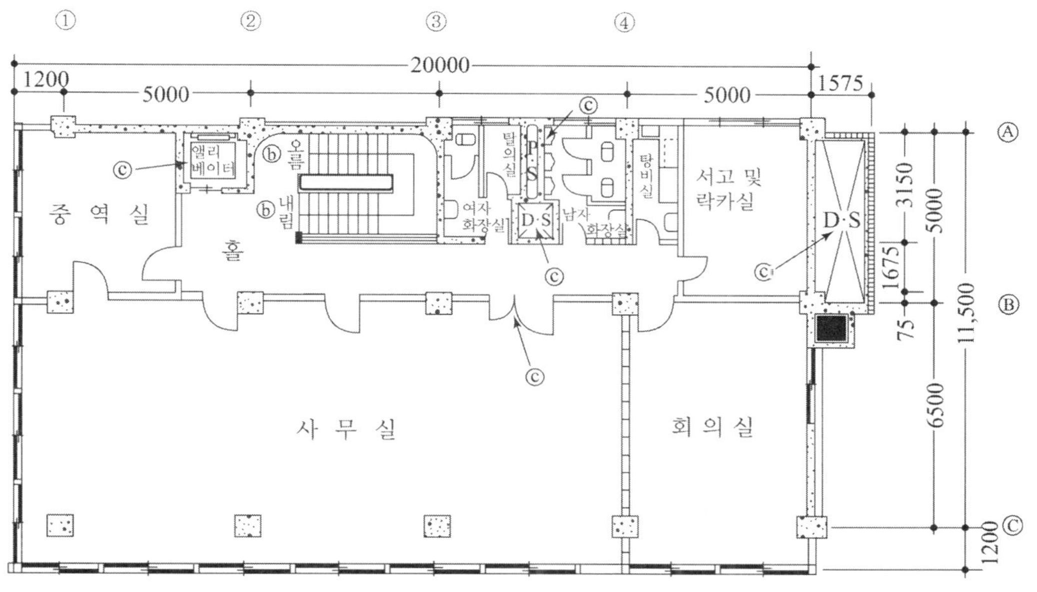

그림 4-4 건축 평면도

① 설계조건

사무실의 크기 : 8×18=144 m^2

천장높이 : 3 m

반사율 : 천장은 백색 흡음택스 $\rho_c = 70$ %

벽은 담색 페인트칠 $\rho_w = 50$ %

평균조도 : 1000 lx

사용 램프와 기구 : FL-110W(백색 8800 lm) 2등용 밑면 개방 매입형

② 실지수

$$K_r = \frac{8 \times 18}{(3-0.75)\times(8+18)} \fallingdotseq 2.5\,(D)$$

③ **조명률**

조명률표에서 $\rho_c = 70\ \%$, $\rho_w = 50\ \%$, $K_r = D$, 밑면 개방 매입형 기구인 경우에 0.72

④ **보수율**

중(中)을 택해서 0.7

⑤ **램프 수**

$$N = \frac{1000 \times 144}{8800 \times 0.72 \times 0.7} \fallingdotseq 32 \text{ 개}$$

기구의 수는 32/2 = 16 조이지만 균일한 배치를 하기 위하여 18 조로 한다.

(2) 기구의 배치

기둥과 보의 위치를 고려하여 3블록으로 나누고 1블록에 6 조, 합계 18 조를 그림 4-5와 같이 배치한다. 중역실과 회의실은 평균조도를 500 lx로 한 것이다. 이 설계 예는 비교적 간단한 것이지만 미국의 조명학회에서 추천하는 방법에 의한 것이다. 따라서 작업자의 시선이 동일방향으로 향하는 경우에는 좋지만 시선이 일정하지 않은 경우에는 조명기구의 휘도가 허용치를 초과한다는 의견이다.

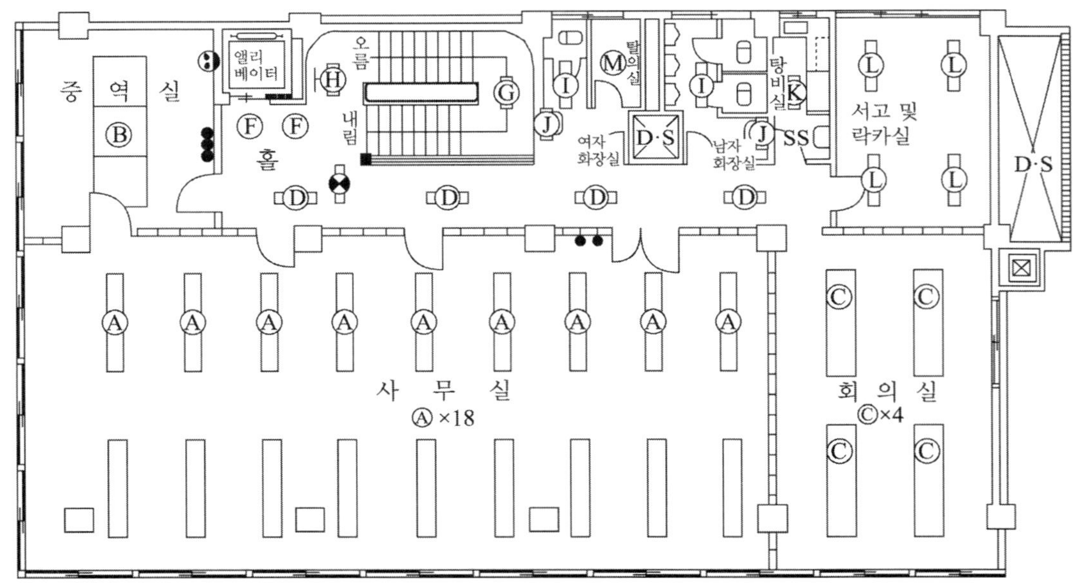

그림 4-5 모델 빌딩의 조명기구 배치도

(3) 광원과 기구의 선택

조도를 너무 높게 잡으면 전반조명에 눈부신 현상이 문제이다. 사무실의 경우에 형광 램프는 32 W 아니면 110 W를 사용하는 것이 표준으로 되어있다. 그런데 110 V 램프의 휘도는 0.96 sb (32 W는 0.76 sb)이고 눈부심이나 쾌, 불쾌의 한도와 비교하면 휘도가 높은 편이지만 경제적인 면을 중시하여 110 W를 선택한 것이다.

기구는 2중 천장내부의 공간이 충분하고 천장면이 낮은 편이기 때문에 매입형으로 하였다. 그림 4-6은 모델 빌딩에서 선택한 조명기구의 디자인이고 가장 널리 사용되고 있는 형태이다.

조명기구 일람표

기 호	실 명	광원 및 조명기구
A	사 무 실	1,000 lx, FL 110W×2 매입형 밑면 개방
B	중 역 실	500 lx, FL 32W×7×3 매입형 밑면 아크릴커버
C	회 의 실	500 lx, FL 32W×4×2 매입형 밑면 아크릴커버
D	복 도	FL 32W×2 매입형 밑면 개방
E	복 도	FL 10W×1 비상계단 유도등(전지내장형)
F	복 도	IL 100W×1 다운라이트
G	계 단 실	FL 20W×2 V형 직부 보안등(교직양용)
H	계 단 실	FL 20W×2 브래킷
I	화 장 실	FL 32W×1 V형 직부
J	화장실 거울	FL 20W×1 브래킷
K	탕비실	FL 20W×2 V형 직부
L	서고 및 락카실	FL 32W×1 V형 직부
M	탈 의 실	IL 60W×1 환형 글로부 직부

(4) 조명기구의 디자인

① 축척을 1/10 정도로 한 각종 조명기구의 의장도를 그린다. 그러나 흔히 쓰이는 것까지 전부를 그릴 필요는 없다고 본다.

② 규모가 작은 건물이면 배선도를 기입한 후 공백부분에 의장도를 그려도 무방하지만 기구의 종류가 많을 때에는 별도의 용지를 사용하는 것이 바람직하다.

③ 의장도에는 다음 사항을 기입한다.

㉠ 기구의 약호

㉡ 사용하는 램프와 와트 수

㉢ 기구의 시방사항 및 마무리 사항

㉣ 설치장소 및 수량

그림 4-6에 모델 빌딩에 설치하기로 선택한 조명기구의 의장도를 예시한다. 그런데 한 가지 유의할 점은, 기구의 디자인을 너무나 특수하게 하면 특별 제작을 해야 하므로 제작비가 많아져서 전체공사에 상당한 영향을 미친다는 사실이다.

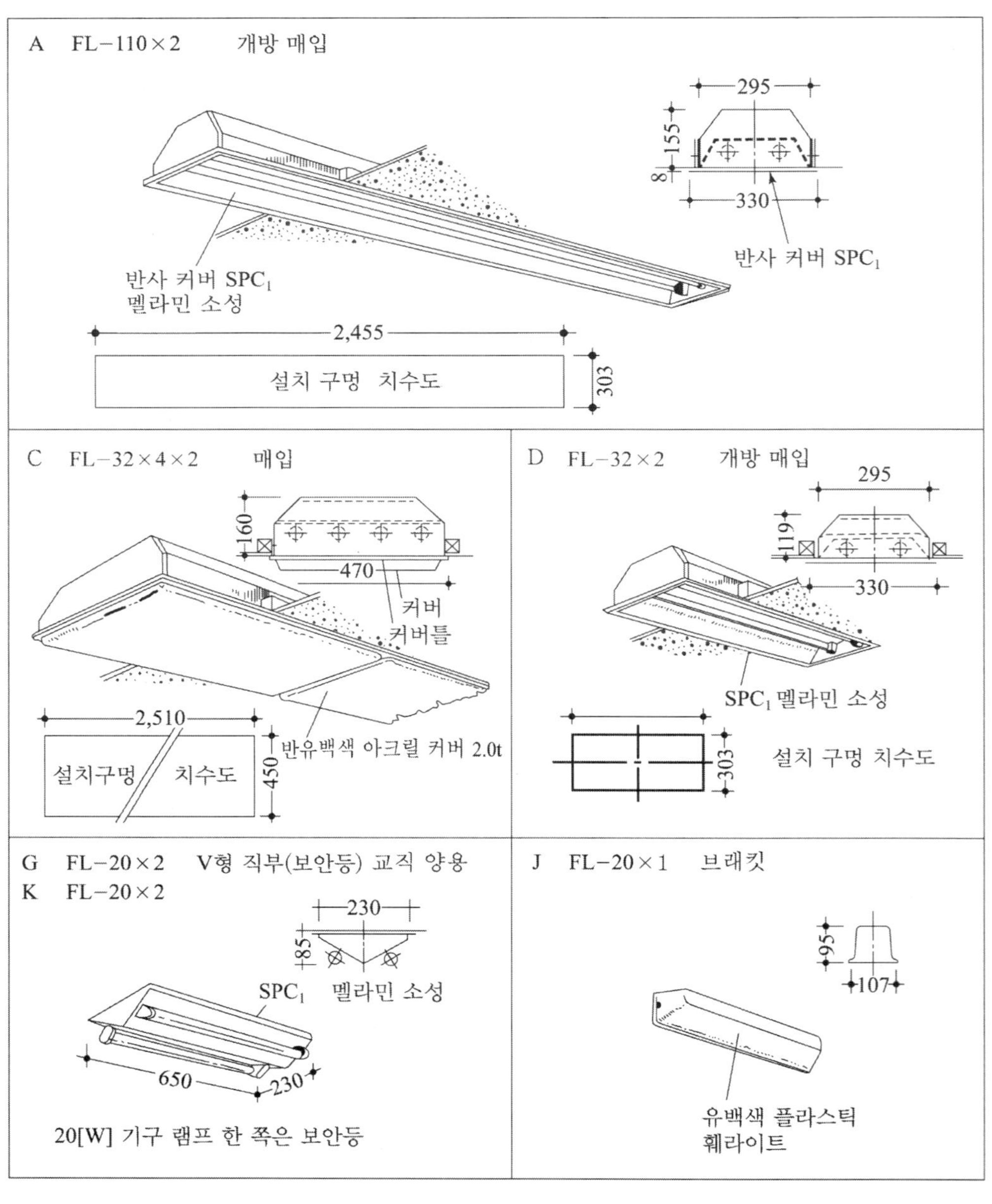

(a)

그림 4-6(a) 조명기구의 형태도(모델 빌딩에 사용한 조명기구 A,B,C는 등기구의 기호임)

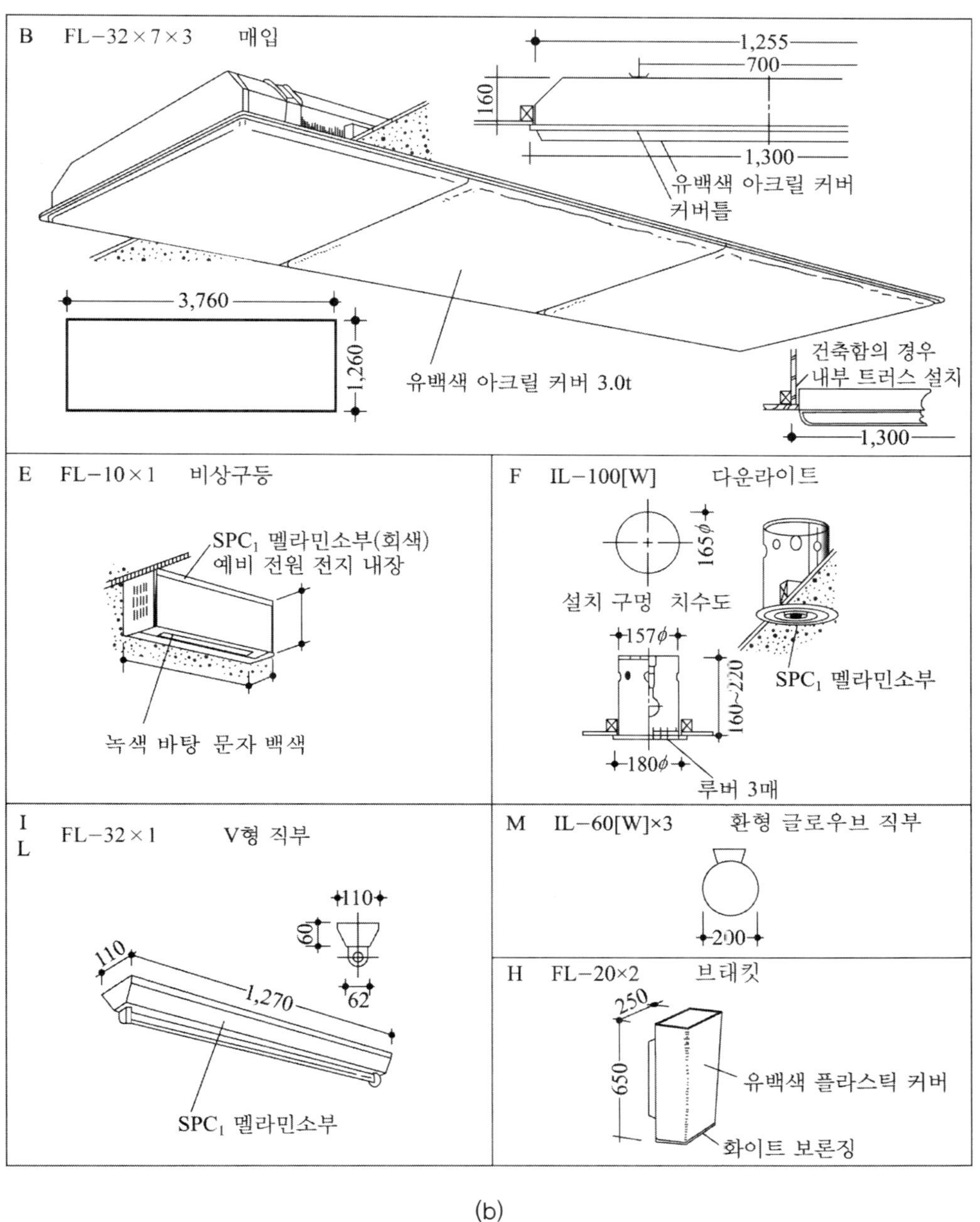

(b)

그림 4-6(b) 조명기구의 형태도(모델 빌딩에 사용한 조명기구 A,B,C는 등기구의 기호임)

4-2 아우트렛의 위치

조명설비를 구성하는 전등, 스위치, 콘센트 등에 대한 각 아우트렛의 위치와 배치는 건물의 종류, 방의 사용목적, 작업내용 등에 따라서 결정되어야 한다. 따라서 사용자의 입장에서 위치를 선정하는 것이 바람직하다.

위치 선정상 유의할 점을 모델 빌딩(사무용 빌딩)을 예로 하여 살펴보기로 한다.

4-2-1 전등

(1) 조명기구의 배치

① 넓은 사무실

넓은 사무실이나 공장 등에서 고조도가 필요한 경우 이에 소요되는 등기구의 수량이 많을 때에 어떻게 기구를 배열할 것인가에 관하여 검토해 보자.

설치하여야 할 등기구를 형광등 32W 2등용이라고 가정한다면 다음과 같은 방법이 있다. 즉,

㉠ 형광등 32W×2를 단체(單体) 로 배열하는 방법

㉡ 형광등 32W×2를 2연결 또는 3~4 연결로 하여 배열하는 방법

그림 4-7에서 실면적 (7.2 m×7.2 m)에 대해서 평균조도를 500 lx로 보고 조명계산을 한 바, 10.7등이 나왔으나 천장 모듈(module)의 견지에서 12등으로 하여 배치한 것이다.

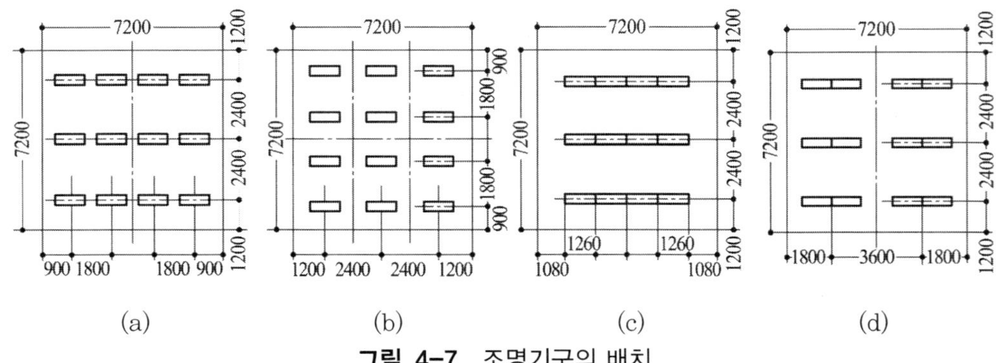

그림 4-7 조명기구의 배치

그림 4-7 (a)~(d)에 대하여 검토하여 본다. (a), (b)는 조도분포면에서 볼 때에 다른 방법보다 우수하지만 기구가 단체이기 때문에 등수가 많아서 천장면의 미관이 저하된다. 또한 1등식 배관배선을 하여야 하는 관계로 공사하기에 시간과 노력이 많이 든다. (c), (d)는 기구 내에서 배선을 할 수 있기 때문에 배관, 배선이 간단하고 경제적인 방법이다.

실면적이 넓은 사무실이나 임대용 빌딩에서는 간이 칸막이를 하거나 방의 배치를 바꾼다 할지라도 조명기구의 배치는 변경할 필요가 없는 융통성 있는 기구배치가 필요한 것이다. 이러한 관점에서 볼 때에 (a), (d)는 두 블럭으로 분할이 가능하고 (c)는 분할하기 어렵다. (b)는 6 블럭으로 분할할 수도 있다. 그러므로 방의 분할에 관해서는 예상되는 방법을 건축설계자와 협의하여 그 모듈에 맞는 기구배치를 하는 것이 바람직하다.

② 폭이 좁고 긴 방

그림 4-8과 같이 폭이 좁고 긴 방은 형광등의 배광곡선을 생각하면 (a)의 방법이 조도분포가 균일하다. (b)의 방법은 조도분포면에서 (a)보다 떨어지지만 디자인상, 미관상으로는 조화를 이룬다. 복도와 같은 곳에서 조도분포를 중요시하지 않는다면 미관을 위주로 해서 (b)의 방법을 채택하는 경우가 많다. 그러나 등기구가 노출형이 아닌 매입 밑면 개방형인 경우는 (a)의 방법이 글레어를 느끼지 않아 바람직하다.

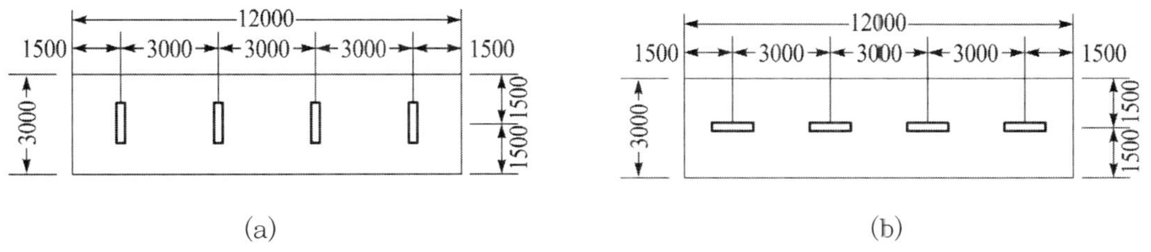

그림 4-8 좁고 긴 방의 배치

③ 브래킷의 높이

미국 전기공사청부협회의 표준을 소개하면 등기구 중심의 표준 높이는 거실 1.7 m, 침실 1.5 m, 사무실 1.3 m, 복도 1.9 m로 되어 있다.

4-2-2 스위치

스위치의 수를 많게 하면 전력사용의 합리화는 기할 수 있으나 점멸조작이 번잡스럽고 또한 시설비가 많이 든다. 따라서 스위치는 건물의 종류, 방의 사용목적을 감안하여서 점멸방법과 위치를 선정하여야 한다.

(1) 위치

① 스위치의 높이는 1.2 m 전후로 한다.

② 스위치의 위치는 창고, 변소 등과 같이 평상시 내부에 사람이 거주하지 않는 곳이면 들어갈 때 점등하고 나와서 소등하기 쉽도록 실외에 설치한다. 그러나 사람이 많이 통행하는 복도에서는 스위치가 벽에 많이 붙으면 미관을 해치기 때문에 이와 같은 경우일지라도 실내에 설치하기도 한다. 평상시에 사람이 실내에 있는 경우이면 필요할 때 점멸이 편리하도록 실내에 설치한다.

③ 입구 측에 시설하는 경우이면 문이 열리는 쪽을 잘 검토하여 문 뒤쪽에 스위치를 설치하지 않도록 한다(그림 4-9).

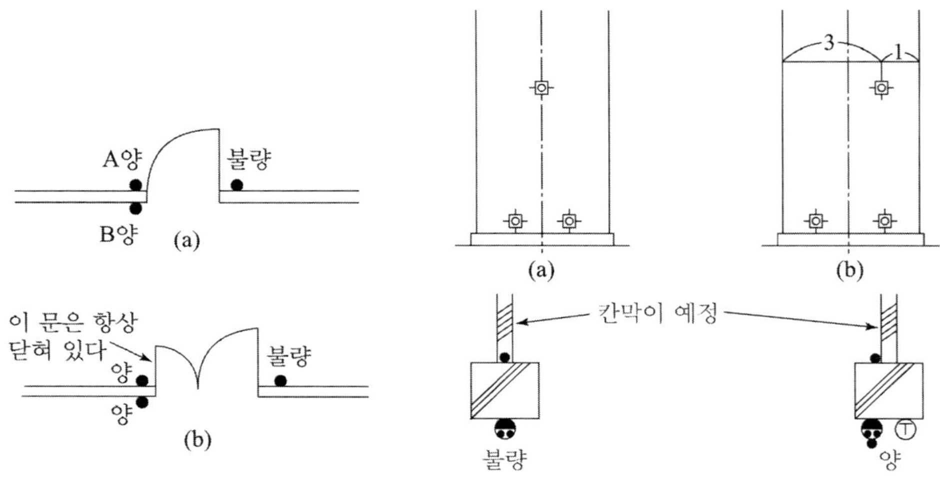

그림 4-9 스위치의 위치도 **그림 4-10** 스위치 콘센트의 위치도

(2) 점멸방법

방의 면적이 큰 사무실의 점멸방법으로 그림 4-11과 같이 6가지 방법을 생각할 수 있다.

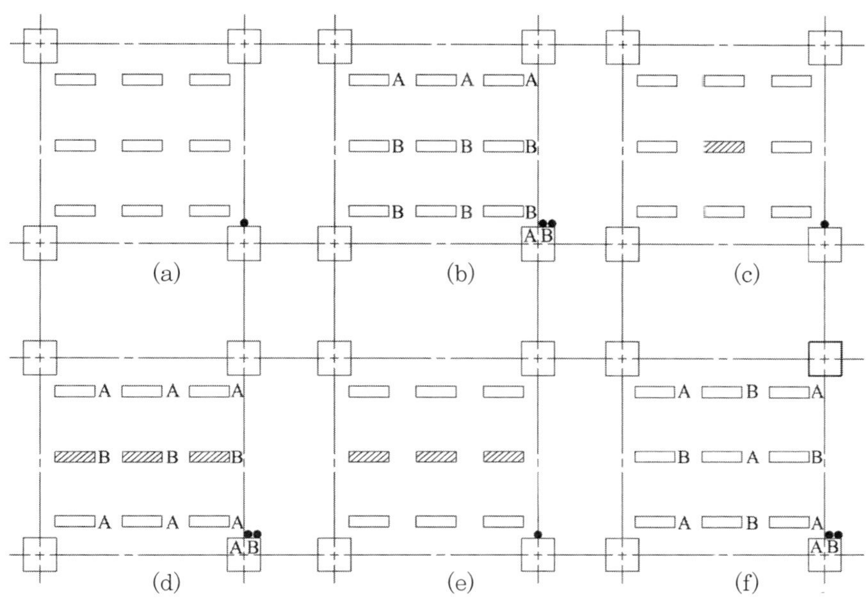

그림 4-11 스위치 배치도

(a)의 방법은 블록 단위로 점멸하는 방법으로 설비비는 적지만 요금의 절감을 기할 수 없다. (b)의 방법은 한 블록을 2회로로 구성한 것이다. A부분이 창가에 접한 부분이라면 자연광 때문에 점등할 필요가 없을 때 소등이 가능하므로 전력요금의 절감이 가능하다. (c)의 방법은 방 중앙에 위치한 전등을 상야등 또는 순시등으로 하고, 그 스위치를 방의 입구 부근에 시설한 것이다. (d)의 방법은 A를 일반전등, B를 발전기 회로(또는 비상 전원 회로)에 접속해서 각각 별개의 스위치를 시설한 것이다. (e)의 방법은 (d)의 방법과 같은 것을 쌍극 스위치를 써서 동시에 점멸하는 방법이다. (f)의 방법을 지그재그(zig zag) 점멸식이라 한다.

계단을 올라갈 때 또는 내려올 때 어느 곳에서나 점멸이 가능하도록 3로 스위치와 4로 스위치를 짝 지운다(그림 4-12).

그림 4-13은 계단을 올라갈 때 점등하고, 올라가서 소등할 수 있도록, 즉 2개소 점멸이 가능하도록 계단의 상·하에 3로 스위치를 시설하는 경우이다. 3로 스위치는 한 방에 입구가 둘 있을 때에도 사용하면 편리하다.

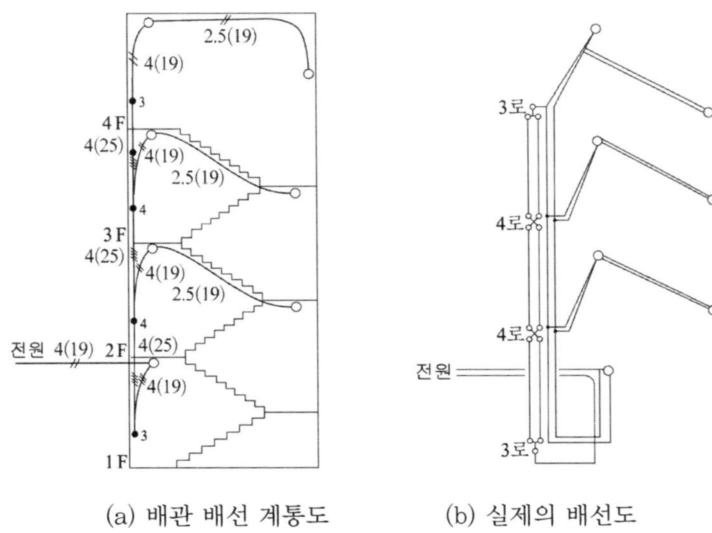

(a) 배관 배선 계통도 (b) 실제의 배선도

그림 4-12 계단전등의 배선도

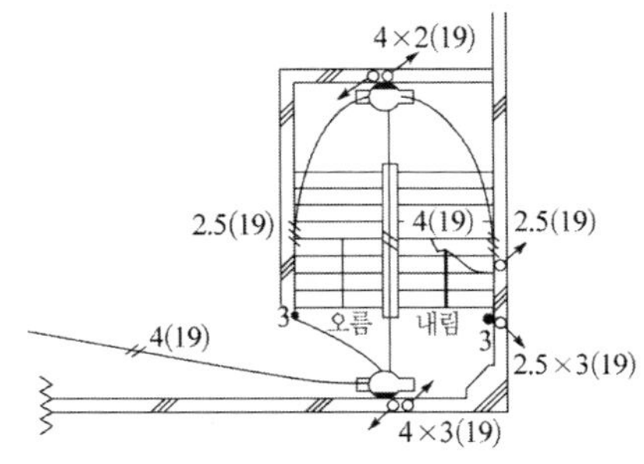

그림 4-13 계단전등의 배선도 (평면도)

최근 개발되어 사용하게 된 sensor lamp를 이용하면 이런 문제(계단 등을 점멸하기 위한 방법)를 간단하게 해결할 수 있어, 점차 이 방법으로 전환되고 있다.

4-2-3 콘센트

콘센트 시설에서 유의할 사항을 열거하면 다음과 같다.

① 콘센트의 설치 높이는 보통 0.2~0.3 m 전후로 한다. 단, 일반사무실은 벽이 바닥과 접하는 부분에는 걸레받이가 있는 데, 이 걸레받이의 높이는 10~15 cm 정도이므로 콘센트 설치 높이를 결정할 때는 걸레받이의 높이를 고려하여야 할 것이다.

② 콘센트의 위치는 출입구의 문, 가구, 기계 등의 후면에 오지 않도록 한다.

③ 콘센트는 1구용, 2구용, 3구용, 또는 방수형 접지단자가 있는 것 등이 있고, 용량도 10 A, 15 A, 20 A 이상 등 여러 종류가 있으므로 사용목적에 부합하는 것을 골라야 한다.

④ 동일 구내일지라도 전기방식(AC, DC, 전압, 상수, 주파수)이 다른 분기회로에서 각 콘센트는 용도를 달리하는 플러그를 꽂아서 사고가 나지 않도록 표 4-11과 같은 콘센트 중 적합한 것을 선정하여야 할 것이다.

⑤ 엘리베이터 홀, 복도 등에는 청소용 콘센트를 20~30 m마다 1개씩 배치한다.

표 4-11 콘센트의 종류, 극성, 극배치 및 정격

종목		극수	극배치		정격
명칭	형별		칼받이	칼	
코드볼은 꽂음 플러그 콘센트, 코드 커넥터 보디	보통형·방수형·방침형	2	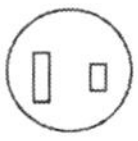	 (2)	15 A 125 V
					20 A 125 V
					15 A 250 V 20 A 250 V
				 (2)	30 A 250 V 50 A 250 V
		2 (접지형)			15 A 125 V
			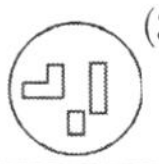 (3)	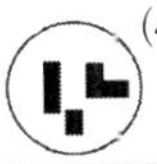 (4)	20 A 125V
			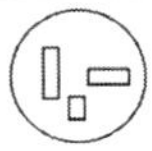		20 A 250 V
					15 A 250 V
		3			15 A 250 V 20 A 250 V 30 A 250 V 50 A 250 V
		3 (접지형)	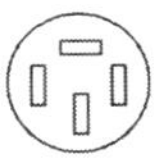		15 A 250 V 20 A 250 V 30 A 250 V 50 A 250 V
		2			3 A 250 V 15 A 250V

⑥ 간이주방 등에는 전기 히터용으로 20 A 콘센트를 시설한다. 이와 같이 용량이 큰 것은 단독 회로로 하여야 한다.
⑦ 화장실에는 전기면도기용으로 거울 밑에 콘센트를 시설한다.
⑧ 기둥에 콘센트 시설을 할 경우 칸막이를 할 때 지장이 없도록 위치를 선정한다.
⑨ 일반사무실에서는 사무용 기기를 사용할 때에 편리하도록 플로어 콘센트를 1칸(6 m×6 m)당 4개 이상 시설하는 것이 바람직하다. 또 벽에 시설하는 콘센트는 1칸 2~4개로 하는 것이 적당하다.
⑩ 전기세탁기용이나 전기 렌지용 콘센트는 접지극이 붙은 것으로 한다.

4-2-4 분전반

분전반은 전등설비의 심장부에 해당하는 부분이므로 시설하는 데 신중을 기해야 한다.

① 분전반은 부하 중심부에 위치를 정하는 것이 배선비가 적게 들기 때문에 경제적이다. 그러나 중심부일지라도 현관홀 등 사람 눈에 잘 띄는 곳은 피하고 미관을 고려해서 복도 등에 시설하는 것이 바람직하다. 대규모의 건물이면 간선 라이저 시프트를 분전반실로 한다.
② 분전반 1면으로 전력공급을 하는 범위는 1,000 m^2가 적당하다. 즉, 그림 4-14와 같이 반지름 20~30 m를 공급범위로 잡는 것이 분기회로의 전압강하면에서 적정범위라고 한다.
③ 매입형 분전반일 때는 분전반이 벽속에 충분히 매입될 수 있도록 벽 두께를 검토하여야 한다.
④ 보수점검이 용이하고 부근에 계기나 가구가 놓이지 않는 장소를 선정한다.

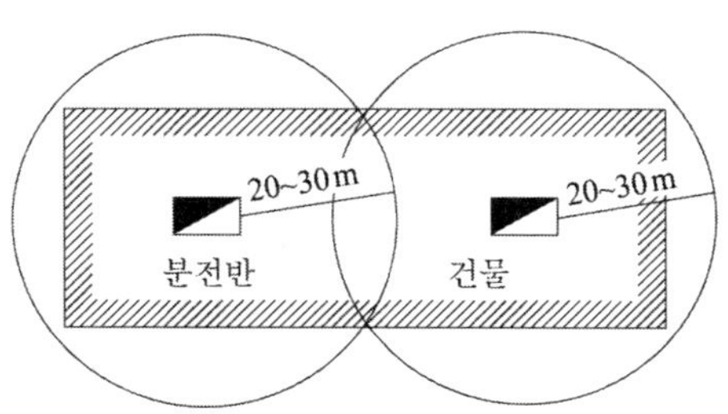

그림 4-14 분전반의 적정공급 범위

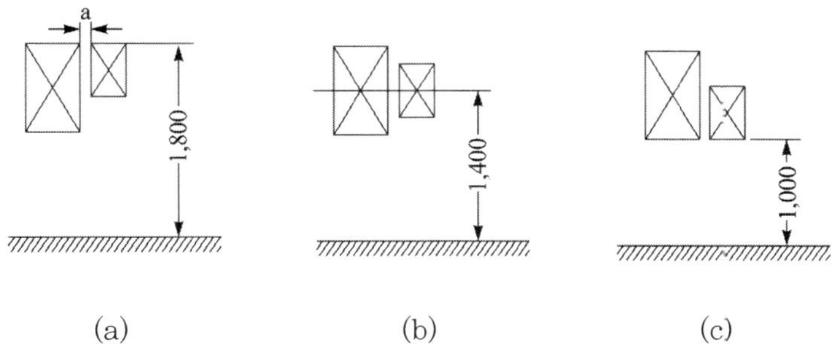

그림 4-15 분전반 설치 높이

⑤ 분전반을 설치하는 높이는 그림 4-15의 (a), (b), (c), 3가지 방법이 있는 데 일반적으로 (a)와 같이 분전반의 상단을 맞추는 방법을 택하는 것이 상례이다. 그림에 표시된 치수는 일반적인 치수이며 a의 간격은 벽의 마무리 공사상 60 mm가 필요하다.

⑥ 분전반의 외함에는 '기술기준'에 의하여 알맞은 접지공사를 하여야 한다.

4-2-5 모델 빌딩의 아우트렛 배치 예

지금까지 살펴본 스위치, 콘센트, 분전반 등에 대한 설치조건이나 용도 등을 참작해서 모델 빌딩의 아우트렛 위치를 도면화하면 그림 4-16과 같다.

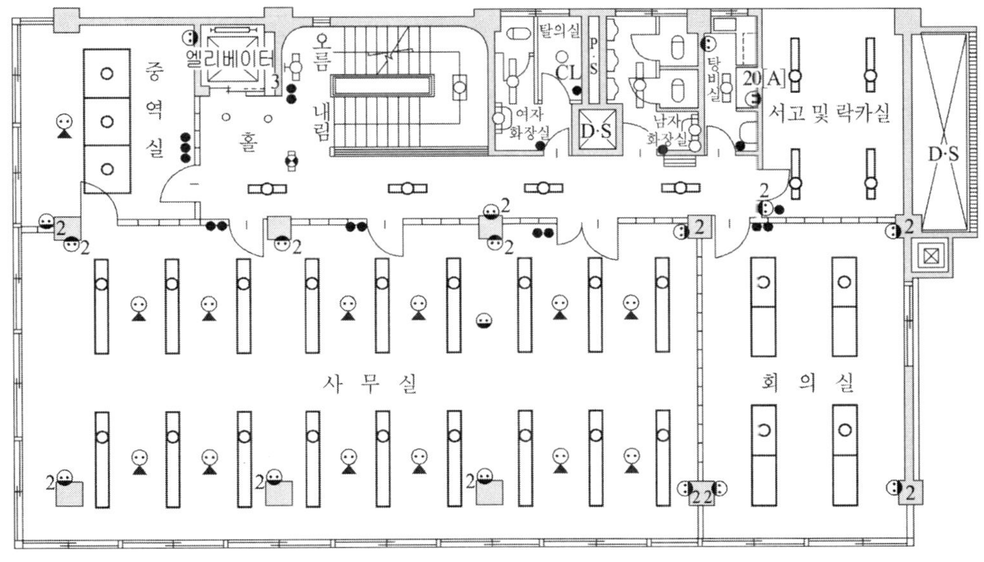

그림 4-16 아우틀렛 위치도

4-3 배선설계

분전반에서 각 전등, 스위치, 콘센트까지 이르는 조명설비의 배선(분기회로)을 어떻게 꾸며나갈 것인가에 대하여, 일반 사무실에서 주로 채택하고 있는 합성수지관공사를 중심으로 기술하기로 한다.

분기회로의 설계방법에 대한 요구조건으로 분기회로에 시설되는 보호장치는 과부하전류에 대한 보호 및 단락전류에 대한 보호를 위한 보호장치의 설치 방법에 따라 시설하여야 한다.

4-3-1 분기회로의 설계

(1) 분기회로의 종류와 아우트렛 수

분기회로에 시설하는 아우트렛(소형 리셉터클, 콘센트 및 조명기구 소켓 등을 말한다)의 수는 표 4-12에 자세한 수를 기준으로 한다.

표 4-12 분기회로의 종류 및 아우트렛 수

<table>
<tr><th>분기회로의 종류</th><th>아우트렛의 종류</th><th colspan="2">최대 아우트렛 수</th></tr>
<tr><td rowspan="4">15 A 분기회로
20 A 배선용 차단기
분기회로</td><td>전등 소켓 전용</td><td colspan="2">제한하지 않음</td></tr>
<tr><td rowspan="2">콘센트 전용</td><td>주택 및
아파트</td><td>제한하지 않음. 다만, 정격 소비전력 2 kW
(110 V 때는 1 kW)를 초과하는 냉방기기, 취사용 기기 등
대형 전기기계기구를 사용하는 콘센트는 1개로 함.</td></tr>
<tr><td>기 타</td><td>10개 이하. 미용원이나 세탁소 등에서 업무용 기계기구를
사용하는 콘센트는 1개를 원칙으로 하고, 동일 실내에 설
치하는 경우에 한하여 2개까지로 함.</td></tr>
<tr><td>전등 소켓과
콘센트 병용</td><td colspan="2">전등 소켓은 제한하지 않음. 콘센트는 콘센트 전용란에 따른다.</td></tr>
<tr><td rowspan="2">20 A 분기회로
30 A 분기회로
40 A 분기회로
50 A 분기회로</td><td>대형 전등 소켓
전용</td><td colspan="2">제한하지 않음.</td></tr>
<tr><td>콘센트 전용</td><td colspan="2">2개 이하</td></tr>
</table>

(2) 분기회로의 길이와 전선의 굵기

일반적으로 사용하는 조명기구와 15 A 콘센트의 회로 (15 A 또는 B20 A 분기회로)에 사용하는 전선의 최소 굵기는 2.5 mm^2이면 된다. 그 다음에 고려해야 할 사항은 전압강하에 관한 것이다. 즉, 전압강하는 규정상 2 % 이내로 되어 있다. 따라서 분전반부터 맨 끝의 아우트렛까지 전압강하가 2 %를 초과하지 않게 하는 설계기법을 찾아야 한다.

맨 끝부분(단말 3~4 등)의 전선 굵기는 2.5 mm^2으로 하고, 다음에 중간 부분은 4 mm^2, 그 다음 분전반에 가까운 부분의 전선 굵기는 보통 4~6 mm^2으로 하는 기법도 있다.

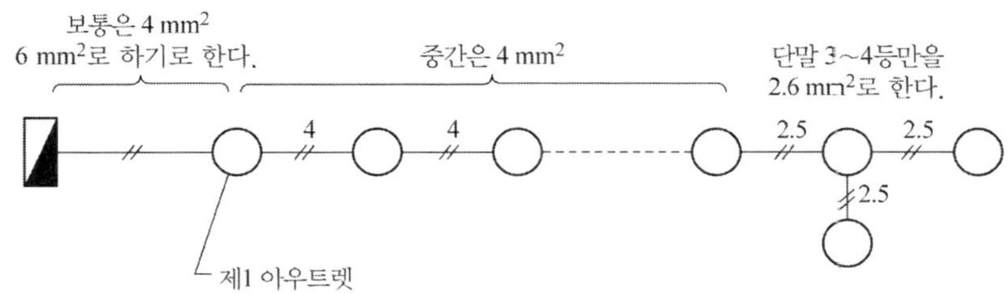

그림 4-17 전선굵기의 선정 예

(3) 분기회로의 부하용량

분기회로를 구성하는 전등 또는 콘센트는 부하전류의 합계가 분기회로 정격의 80 %정도로 되도록 그룹을 형성한다. 즉, 전등분기회로는 15 A이므로 1회르의 부하용량의 합계는 1200 VA 정도로 하면 된다는 것이다.

부하의 계산은,

① 백열등이면 와트 수를 그대로 계산하면 된다.

② 형광등은 램프 외에도 안정기의 손실이 있고, 역률도 낮기 때문에 램프 용량으로부터 산출한 전류보다 많은 전류가 실지로 흐른다. 그러므로 회로설계를 할 때에는 카탈로그나 명판에 기재된 값에 의거한 실제의 입력전류를 계산하여야 한다. 그리고 설계 당초에는 메이커가 정해지기 전이므로 다음과 같은 기준을 적용하여 계산하면 편리하다.

㉠ 자가용 시설인 경우 : FL의 와트 수×1.25

㉡ 저압 공급인 경우 : 고역률형 FL의 와트 수×1.5
저역률형 FL의 와트 수×2.0

③ 수은등은 기동시에는 안정시의 150 % 이상의 전류가 수 분 간 지속되므로 정격전류의 150 %를 취한다.

④ 메탈 헬라이드 램프(metal halide lamp)는 기동시에 큰 전류가 흐르고 재차 기동하자면 점등시까지 약 5분 걸리므로 메이커의 카탈로그에 기재되어 있는 무부하 전류값을 부하전류로 한다.

⑤ 콘센트는 접속되는 부하용량을 알 수 있을 때에는 그 부하의 정격전류로서 정하면 되겠지만 일반적으로 부하가 분명하지 않으므로 정격전류가 15 A인 일반용 콘센트는 1개소(2구용이건 3구용이건 1개로 간주한다)의 와트 수를 다음과 같이 계산한다.

㉠ 자가용 시설인 경우 : 1개 100~150 W

㉡ 저압 공급인 경우 : 1개 150 W

분기회로에 접속하는 아우트렛 수는 표 1-12에 따르는 것을 원칙으로 한다. 그런데, 전등회로는 접속 개수에 제한은 없지만 부하전류의 합계가 15 A의 80 % 정도로 한다. 그리고 콘센트 전용회로는 일반사무실용 빌딩에서는 7~8개를 가지고 1회로로 구성하는 것이 바람직하다.

(4) 분기회로의 구성

전등과 콘센트는 별개의 분기회로로 하는 것이 바람직하다. 그러나 규모가 아주 작은 주택에서는 동일회로로 해도 무방하다.

다음에서 분기회로를 설계할 때 주의해야 할 사항을 살펴본다.

① 형광등 32 W 부하회로는 1회로의 부하전류를 12 A 정도 한다면, 형광등 기구(32 W 2등용 고역률)는 1회로에

$$12 \div (0.32 \times 2 \times 1.5) \fallingdotseq 10$$

즉, 10대를 접속할 수 있다. 그러나 그림 4-18 (a)와 같이 하면 분기회로가 혼잡해지므로 9대로하여 (b)와 같이 하면 회로구성도 단순해지고 보수면에서도 바람직한 구성이 된다.

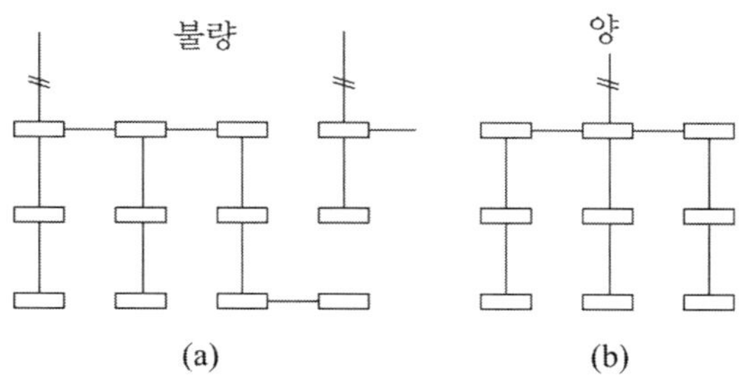

그림 4-18 등기구의 치

② 분기회로의 전선의 길이는 전압강하와 시공상의 편의를 고려하여 약 30 m 이하로 한다. 전선의 굵기는 10 mm^2 이하의 것을 사용하고 전선관도 가능하면 25 mm 이하의 것을 사용하는 것이 시공상 합리적이라 하겠다. 이와 같이 하면 대체적으로 전압강하가 2 % 이내로 될 수 있을 것이다.

③ 분기회로의 설계는 실제의 부하전류에 의거하여야 한다고 하였다. 그러나 건물을 이용하는 면에서 볼 때에 사무실이나 상점 등 큰 건물에서는 보와 보로 나누어지는 1칸(보통은 6 m×6 m = 36 m^2)마다 1회로로 구분하든지, 건물을 대여할 때에 칸막이가 이동할 것에 대비하여 회로를 구성하는 것도 필요한 때가 있겠다. 그리고 복도나 계단은 70 m^2마다 1회로로 하는 것이 보통이다.

4-3-2 배관 및 배선

(1) 합성수지관공사

① 시설조건

㉠ 전선은 절연전선(옥외용 비닐절연전선을 제외한다)일 것.

㉡ 전선은 연선일 것. 다만, 다음의 것은 적용하지 않는다.

- 짧고 가는 합성수지관에 넣은 것.
- 단면적 10 mm^2(알루미늄선은 단면적 16 mm^2) 이하의 것.

㉢ 전선은 합성수지관 안에서 접속점이 없도록 할 것.

㉣ 중량물의 압력 또는 현저한 기계적 충격을 받을 우려가 없도록 시설할 것.

② 시설장소

합성수지관공사는 아래 표에서와 같이 거의 모든 장소의 공사에 사용할 수 있는 방법으로 가용장소는 다음과 같다.

표 4-13(1) 합성수지관공사의 시설 장소

옥내						옥측/옥외	
노출장소		은폐장소					
		점검가능		점검불가능			
건조한 장소	습기가 많은 장소 또는 물기가 있는 장소	건조한 장소	습기가 많은 장소 또는 물기가 있는 장소	건조한 장소	습기가 많은 장소 또는 물기가 있는 장소	우(雨)선내	우선 외
○	○	○	○	○	○	○	○

○ : 시설할 수 있다.　　× : 시설할 수 없다.
[비고 1] 점검가능장소 예시 : 건물의 빈 공간 등
[비고 2] 점검불가능장소 예시 : 구조체 매입, 케이블채널, 지중 매설, 창틀 및 처마도리 등

표 4-13(2) 경질비닐전선관의 규격

관의 호칭	바깥지름 mm	두께 mm	관의 호칭	바깥지름 mm	두께 mm
14	18	2.0	42	48	4.0
16	22	2.0	54	60	4.5
22	26	2.0	70	76	4.5
28	34	3.0	82	89	5.9
36	42	3.5	100	114	6.5

(2) 금속관공사

① 시설조건

㉠ 전선은 절연전선(옥외용 비닐절연전선을 제외한다)일 것.

㉡ 전선은 연선일 것. 다만, 다음의 것은 적용하지 않는다.

- 짧고 가는 금속관에 넣은 것.
- 단면적 10 mm^2(알루미늄선은 단면적 16 mm^2) 이하의 것.

㉢ 전선은 금속관 안에서 접속점이 없도록 할 것.

금속관공사는 케이블공사와 함께 모든 장소의 공사에 사용할 수 있는 방법으로 금속관배선의 시설 조건에 대한 내용을 규정하고 있다.

표 4-14 금속관공사의 시설 장소

옥내						옥측/옥외	
노출장소		은폐장소					
		점검가능		점검불가능			
건조한 장소	습기가 많은 장소 또는 물기가 있는 장소	건조한 장소	습기가 많은 장소 또는 물기가 있는 장소	건조한 장소	습기가 많은 장소 또는 물기가 있는 장소	우(雨)선내	우선외
○	○	○	○	○	○	○	○

○ : 시설할 수 있다.　　× : 시설할 수 없다.
[비고 1] 점검가능장소 예시 : 건물의 빈 공간 등
[비고 2] 점검불가능장소 예시 : 구조체 매입, 케이블채널, 지중 매설, 창틀 및 처마도리 등

(3) 금속제 가요전선관공사

① 시설조건

㉠ 전선은 절연전선(옥외용 비닐절연전선을 제외한다)일 것.

㉡ 전선은 연선일 것. 다만, 단면적 10 mm^2(알루미늄선은 단면적 16 mm^2) 이하인 것은 그러하지 아니하다.

㉢ 가요전선관 안에는 전선에 접속점이 없도록 할 것.

㉣ 가요전선관은 2종 금속제 가요전선관일 것. 다만, 전개된 장소이거나 점검할 수 있는 은폐된 장소(옥내배선의 사용전압이 400 V 초과인 경우에는 전동기에 접속하는 부분으로서 가요성을 필요로 하는 부분에 사용하는 것에 한한다) 또는 점검 불가능한 은폐장소에 기계적 충격을 받을 우려가 없는 조건일 경우에는 1종 가요전선관(습기가 많은 장소 또는 물기가 있는 장소에는 비닐 피복 1종 가요전선관에 한한다)을 사용할 수 있다.

휨(가요)전선관공사는 공장 등에서 전동기로 배선하는 경우나 건물의 확장 부분 등에서 배선하는 경우에 사용되는 공사방법이며 휨(가요)전선관에는 1종 금속제 휨(가요)전선관[플렉시블 컨듀트(flexible conduit)로 칭하고 있다]과 2종 금속제 휨(가요)전선관[프리카 튜브(plica tube)라고 칭하고 있다]이 있고, 그 중에서 1종 금속제 휨(가요)전선관은 외적 충격이나 하중에 대해서는 그리 튼튼하지 않으므로 창고 등과 같이 중량물의 압력이 가해 질 우려가 있는 개소라던가 통로 부근 등과 같이 기계적 충격을 받을 우려가 있는 개소에는 사용해서는 안 된다.

㉡은 전선관을 금속제 휨(가요)전선관에 인입하기 위해 유연성이 있는 연선을 사용하여야 하기 때문에 정해진 규정이지만, 짧은 길이의 금속제 휨(가요)전선관(길이 1 m 정도의 것)에 넣는 것은 입선할 때에 유연성도 크게 필요하지 않고, 또한 지름이 작은 것은 단선으로도 유연성이 있으므로 이러한 2가지의 경우는 이 규정에서 제외되고, 단면적 10 mm^2(알루미늄선은 16 mm^2)을 기준으로 하여 초과분에 대하여만 연선 사용에 대한 규정을 제공하고 있다.

㉣은 휨(가요)전선관공사에 2종 금속제 휨(가요)전선관공사를 사용하는 경우는 시설장소 및 사용전압에 제한을 받지 않으나, 1종 금속제 휨(가요)전선관을 사용하는 경우는 전개된 장소 또는 점검할 수 있는 은폐된 장소에 한하며 습기가 많은 장소 또는 물기가 있는 장소에는 비닐 피복 1종 가요전선관을 사용하여야 한다. 또한 사용전압이 400 V 이상인 경우는 전동기에 접속하는 부분에서 가요성을 필요로 하는 부분으로 한정하고 있다. 2종 금속제 휨(가요)전선관은 1종 금속제 휨(가요)전선관에 비하여 기계적 강도 및 내수성이 우수하기 때문에 은폐공사(콘크리트 내에 매입배선 등)에서 사용하는 것이 인정되고 있다.

[비고] 케이블 또는 절연도체의 내부 단면적이 휨(가요)전선관 단면적의 1/3을 초과하지 않도록 하는 것이 바람직하다(KS C IEC/TS 612000-52의 521.6 표준 준용)

표 4-15 금속제휨(가요)전선관공사의 시설 장소

금속제 휨(가요)전선관 종류	옥내						옥측/옥외	
	노출장소		은폐장소					
			점검가능		점검불가능			
	건조한 장소	습기가 많은 장소 또는 물기가 있는 장소	건조한 장소	습기가 많은 장소 또는 물기가 있는 장소	건조한 장소	습기가 많은 장소 또는 물기가 있는 장소	우(雨)선내	우선외
1종 휨(가요)전선관	○	×	○	×	×	×	×	×
비닐 피복 1종 휨(가요)전선관	○	○	○	○	×	×	×	×
2종 휨(가요)전선관	○	×	○	×	○	×	○	×
비닐 피복 2종 휨(가요)전선관	○	○	○	○	○	○	○	○

○ : 시설할 수 있다. × : 시설할 수 없다.
[비고 1] 점검가능장소 예시 : 건물의 빈 공간 등
[비고 2] 점검불가능장소 예시 : 구조체 매입, 케이블채널, 지중 매설, 창틀 및 처마도리 등

(4) 전선관의 굵기 선정

굵기가 동일한 전선을 동일 전선관에 넣는 경우에 전선관의 굵기는 전선의 피복절연물을 포함한 전선 단면적의 총 합계가 전선관 내단면적의 40 % 이하로 되게 하면 된다. 따라서 후강전선관의 경우는 표 4-16(1), 경질비닐관의 경우는 표 4-16(2)를 따르면 된다.

표 4-16(1) 후강전선관의 굵기 선정

도체 단면적 mm^2	전선본수									
	1	2	3	4	5	6	7	8	9	10
	전선관의 최소 굵기 mm									
2.5	16	16	16	16	22	22	22	28	28	28
4	16	16	16	22	22	22	28	28	28	28
6	16	16	22	22	22	28	28	28	36	36
10	16	22	22	28	28	36	36	36	36	36
16	16	22	28	28	36	36	36	42	42	42
25	22	28	28	36	36	42	42	54	54	54
35	22	28	36	42	54	54	54	70	70	70
50	22	36	54	54	70	70	70	82	82	82
70	28	42	54	54	70	70	70	82	82	82
95	28	54	54	70	70	82	82	92	92	104
120	36	54	54	70	70	82	82	92		
150	36	70	70	82	92	92	104	104		
185	36	70	70	82	92	104				
240	42	82	82	92	104					

[비고] 1. 전선 1본에 대한 숫자는 접지선 및 직류회로의 전선에도 적용한다.
2. 이 표는 실험결과와 경험을 기초로 하여 결정한 것이다.
3. 이 표는 KS C IEC 60227-3의 450/750 V 일반용 단심 비닐절연전선을 기준한 것이다.

표 4-16(2) 경질비닐전선관의 굵기 선정

도체 단면적 mm^2	전선본수									
	1	2	3	4	5	6	7	8	9	10
	전선관의 최소 굵기 mm									
2.5	14	14	16	16	16	22	28	28	28	36
4	14	16	16	22	22	28	28	28	36	36
6	14	16	22	28	28	36	36	36	36	42
10	14	22	28	28	36	36	42	42	54	54
16	16	28	28	36	42	42	54	54	54	54
25	16	28	42	42	54	54	54	54	70	70
35	16	36	42	54	54	54	70	70	70	70
50	22	42	54	54	70	70	70	82	82	
70	28	54	54	70	70	70	82	82		
95	28	54	70	70	82	82				
120	36	54	70	82	82					
150	36	70	70	82						
185	42	70	82							
240	54	82	82							

[비고] 1. 전선 1본에 대한 숫자는 접지선 및 직류회로의 전선에도 적용한다.
2. 이 표는 실험결과와 경험을 기초로 하여 결정한 것이다.

(5) 아우트렛 사이의 길이 및 굴곡

금속관공사의 배선설계를 할 때에 주의해야 할 사항을 살펴본다.

① 금속관의 길이는 3.6 m이고, 이를 커플링(coupling)으로 접속하면 길게 연장되지만, 통상 작업상의 한계가 있는 것이므로, 일반적으로 박스 간의 길이는 30 m를 넘지 않도록 한다.

보통 전등회로의 위치 박스 사이의 평균길이는 약 5 m이므로 별 문제는 없지만 특수 콘센트의 단독회로는 분전반으로부터의 회로길이가 길어질 때도 있으므로 이러한 경우는 그림 4-19 (a)와 같이 길이 25 m 이내에 정크션 박스(junction box)를 마련한다.

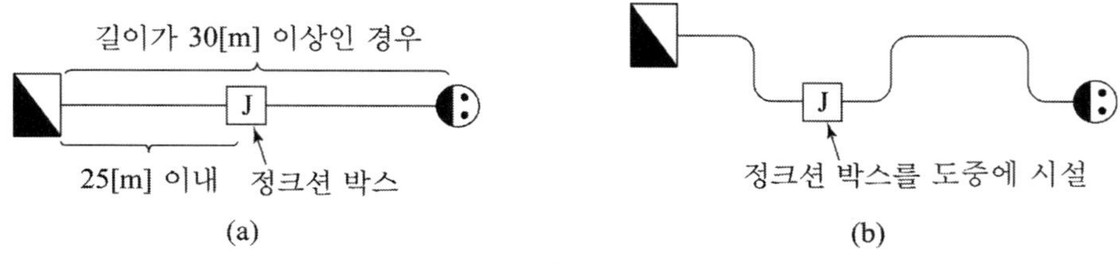

그림 4-19 정크션 박스의 시설

② 그림 4-19 (b)와 같이 위치 박스 사이에 금속관의 굴곡이 4직각 이상 되어서는 곤란하다. 이러한 경우에는 그 도중에 정크션 박스를 마련하도록 한다. 그런데 배선도로서 작도하는 경우에는 4직각 이상이 되지 않지만 실제의 배관을 상정하면 4직각 이상이 되는 경우가 흔히 있으므로 면밀히 검토해 가면서 배선설계를 하여야 할 것이다.

4-3-3 배선설계의 예(배선도의 작성요령)

지금까지 살펴본 것을 정리하는 뜻에서 그림 4-5의 모델 빌딩에 대한 배선설계도를 그림 4-22에 제시하고 설계순서를 설명한다.

(1) 전기방식 및 전압

모델 빌딩에 대한 전기방식 및 전압은 다음과 같이 정한다.

① 전기방식은 110/220 V 단상 3선식으로 한다.
② 일반사무실 계통은 220 V 회로로 한다.
③ 화장실, 간이주방, 복도, 현관 부분은 110 V 회로로 한다.
④ 콘센트는 110 V 회로로 한다.

(2) 전등 배선

① 각 분기회로가 수용하게 될 범위를 정한다.

㉠ 사무실, 회의실, 중역실, 서고 부분은 경제성을 고려하여 220 V 회로로 하고 복도, 엘리베이터홀, 간이주방, 화장실은 110 V 회로로 한다.

㉡ 사무실의 조명기구는 FL 110W×2 이므로 입력은 110×2×1.25=275 W가 된다. 1회로당의 부하전류를 12 A로 잡으면 12÷(275÷220)≒8 등을 1회로에 접속할 수 있다. 그러나 칸막이가 변경되는 경우를 고려해서 1칸에 6등씩 할당하면 3회로가 되고 그 회로는 No. 1, 2, 3이 된다.

㉢ 회의실의 입력을 계산하면

$$32\ \text{W} \times 4\text{등} \times 2\text{연} \times 4\text{대} \times 1.25 = 1280\ \text{VA} \cdots \fallingdotseq 6\ \text{A}$$

아직 여유가 있으므로 옆방의 서고까지를 합하여 1회로 No. 4로 한다.

㉣ 같은 요령으로 중역실을 1회로 No. 5로 한다.

㉤ 복도, 화장실 등을 하나로 묶어서 No. 7로 한다.

㉥ 계단등과 비상계단 유도등은 전원이 아래층에 있으므로 2층에 있는 분전반과는 관계가 없다.

② 배선내용을 도면화한다.

㉠ 각 전등의 위치 박스를 배선으로 연결한다. 그런데 이 경우는 금속관공사이므로 최단거리를 직선으로 그린다.

㉡ 스위치에 대한 배선은, 그 스위치로 조작되는 전등 중 전원과 가장 가까운 위치의 전등과 접속하는 것이 좋다.

㉢ 스위치와 전등과의 관계는 a, b 또는 ㄱ, ㄴ 하는 식으로 구분한다.

㉣ 전선의 가닥수를 기입한다. 특히 스위치에 대한 전선 가닥 수를 정확하게 기입하여야 한다.

③ 전선굵기를 기입한다.

㉠ 각 분기회로는 부하전류가 15 A 이하이므로 허용전류 19 A인 2.5 mm^2 전선이면 충분하지만 전압강하와 약간의 여유를 고려하는 것이 바람직하다. 그리고 첫째 박스는 분기회로 상에서 분전반에 가장 가까운 박스를 택하여야 할 것이다.

㉡ 스위치의 점멸방식을 구성하면 그림 4-20과 같이 된다. 그림 4-21을 참고로 하여 알맞은 점멸 방식을 연구하기 바란다.

㉢ 중역실 회로는 제1박스까지의 길이가 비교적 긴 편이므로 6 mm^2로 하였는데 4.0 mm^2로 하여도 지장은 없다.

④ 전선관(금속관)의 굵기를 기입한다.

㉠ 전선을 수납하는 금속관의 굵기는 5-3-2절의 (1)과 같은 방법으로 선정한 후 그 굵기를 기입한다.

㉡ 2.5×2(16)인 부분이 많으므로 하나하나 기입하지 않고 도면의 범례 또는 기타의 난에 '특기하지 않은 배관배선은 2.5×2(16)로 한다'라고 기입하면 간단하다.

⑤ 배선의 상향 또는 하향

㉠ 계단등은 아래층 전원에서 보내지고 있으므로 상향, 하향을 분명히 기입한다.

㉡ 유도등도 위 ㉠항에서와 같이 아래 위층에 걸쳐 있고, 또한 그 층에서 가로방향으로 가는 배관(횡주배관)이 있으므로 특히 정크션 박스를 시설하여 둔다.

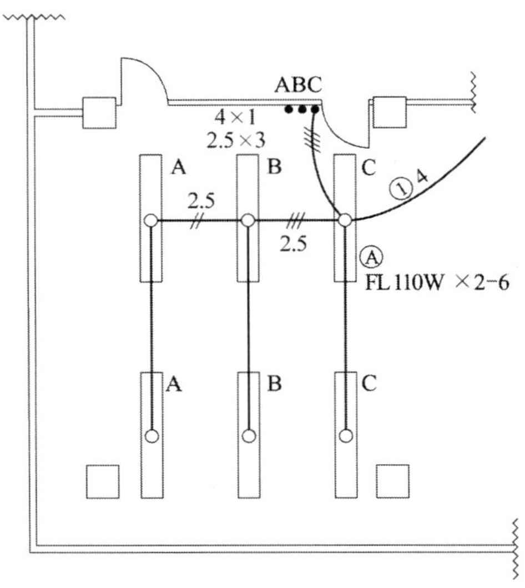

그림 4-20 스위치 배치 표시

2등을 1스위치로 동시에 점멸한다.	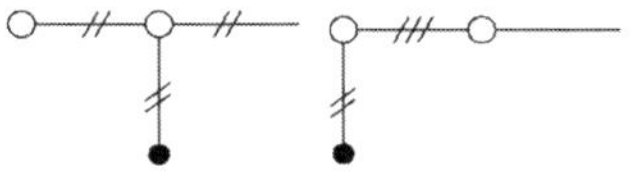	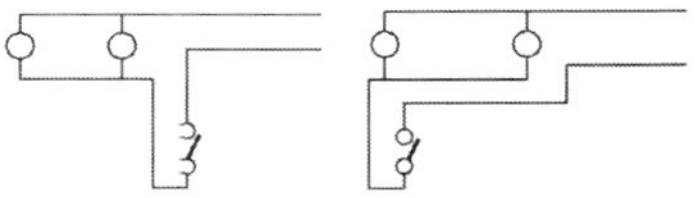
2등을 별개의 스위치로 점멸한다.	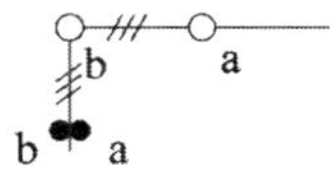	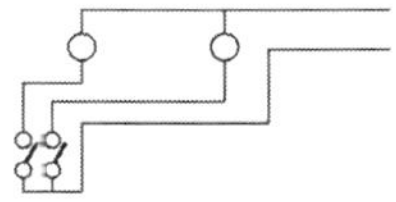
1등을 2개소에서 점멸하는 경우	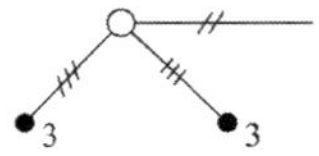	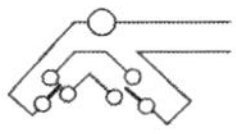
2등을 동시에 2개소에서 점멸하는 경우	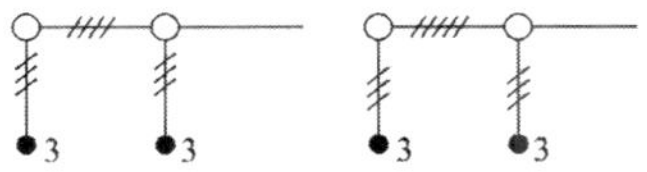	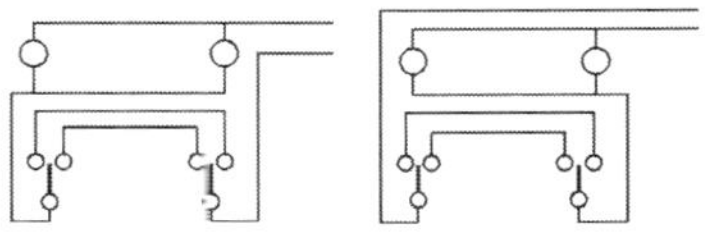
1등을 3개소에서 점멸하는 경우	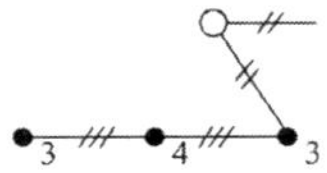	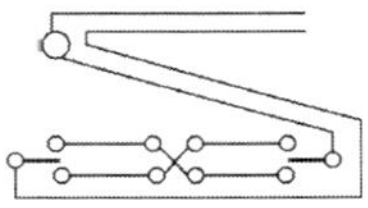

그림 4-21 스위치 배선도

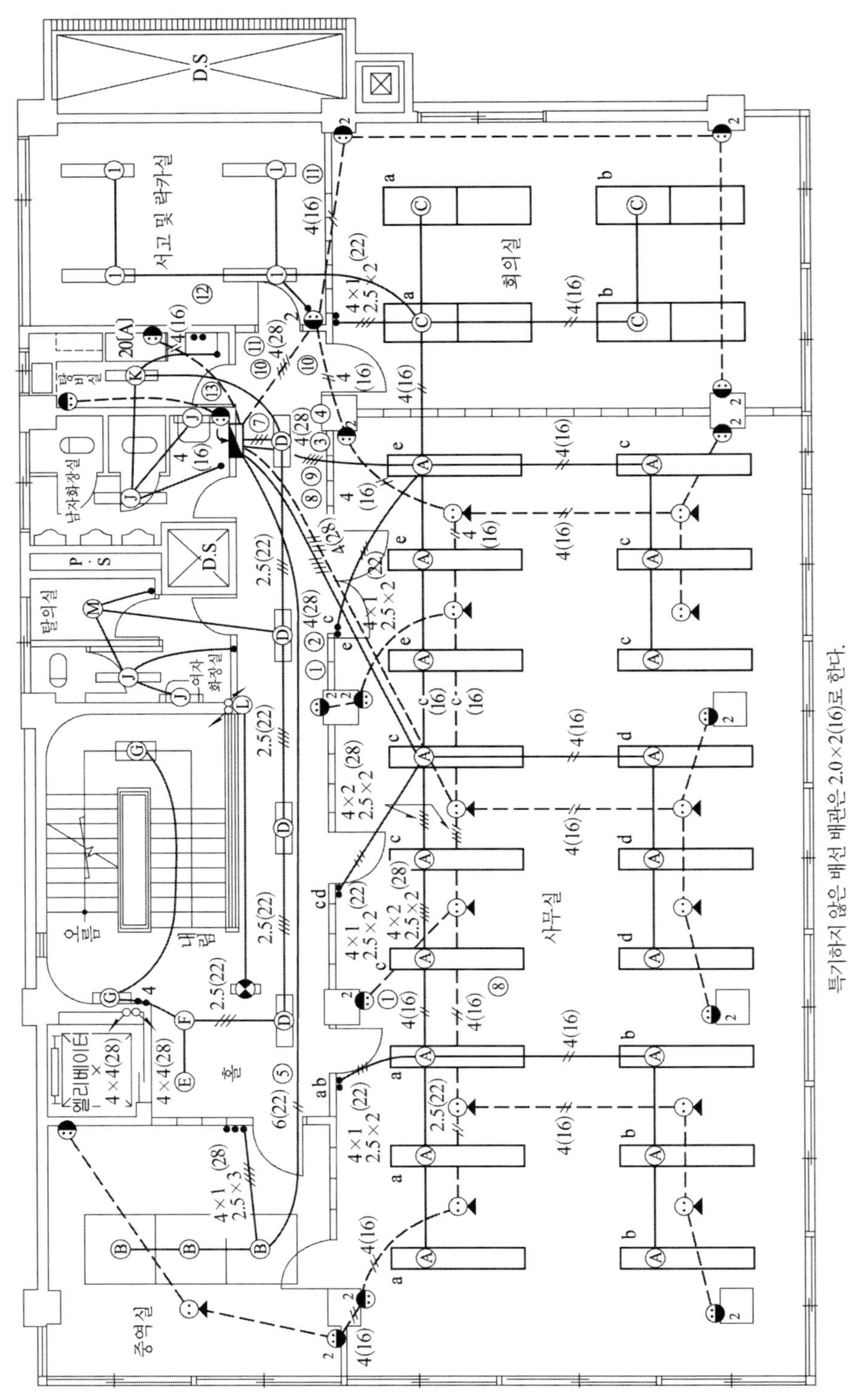

그림 4-22 배전설계도 예

(3) 콘센트 배선

① 각 분기회로가 수용할 범위를 정한다.

㉠ 콘센트는 1회로당 8개 정도로 보기 때문에 1칸마다 1회로를 기준으로 하고 공사비의 절감을 꾀하는 방향에서 조절하여 증감한다. 예를 들면 중역실의 콘센트 3개는 No. 8 회로의 콘센트 6개와 9개를 1회로로 묶는다.

㉡ 간이주방의 20 A 콘센트 전열용으로 보고 No. 12 단독회로로 한다.

㉢ 간이주방 구석에 있는 콘센트는 전열기용이므로 접지단자가 붙은 콘센트를 사용하고 이것과 화장실의 콘센트를 한 회로로 한다.

㉣ 복도의 콘센트는 경제성을 고려하여 가까운 분기회로 No. 10에 수용한다.

㉤ 복도 등 공용부분의 콘센트는 대여할 건물이면 화장실, 간이주방과 함께 공용 부분 회로로 하여 대여할 방의 것과 분리시켜 두면 사용전력을 계량하는 데 편리할 것이다.

② 배선, 전선, 전선관을 기입한다

콘센트는 어느 곳에서 집중적으로 사용할지도 모르는 일이므로 2 mm 전선을 사용하는 것이 바람직하고 특수한 것은 부하전류를 감안하여 굵기를 결정한다.

(4) 분전반 결선도

① 분전반은 다음 사항을 기입하여 결선도를 작성한다.

㉠ 분전반 기호

㉡ 간선 및 분기회로의 전기방식

㉢ 주개폐기, 분기개폐기의 극수, 종류, 용량, 개수

㉣ 퓨즈 또는 차단기의 용량

㉤ 분기회로의 부하용량

② 각 형별로 대표적인 것에 대한 구조도를 그린다. 그러나 일반적인 분전반이면 그리지 않아도 된다. 대규모 빌딩과 같이 분전반의 회로 수가 많고 형태도 다양할 때에는 대표적인 것에 관한 결선도를 작도하고 나머지는 일람표에 표시한다.

③ 분전반의 예비회로는 장차 있을 증설에 대비하여 필요한 회로 수의 10~20 % 정도로 한다.

④ 결선도는 회로가 복잡한 것이면 복선도로 하고 보통은 단선도로 작도한다.

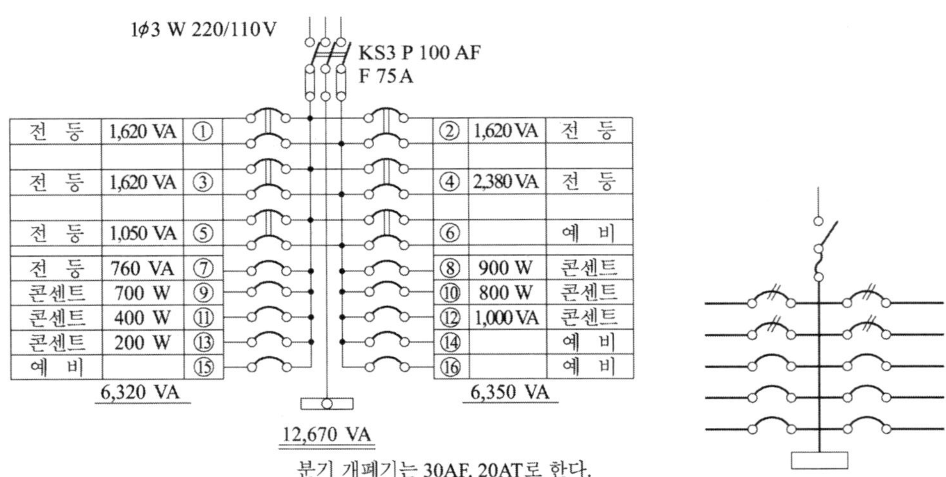

(a) 3선 결선도의 예

(b) 단선결선도의 예

그림 4-23 분전반 결선도 예

(5) 범례 기입

① 도면에 나오는 심벌을 범례로서 표 4-17과 같이 기입한다.

② 전등 배선도가 여러 장일 때에는 각 장마다 범례를 기입할 필요는 없고, 첫 번째 장에 기입한다.

③ 범례와 분전반 결선도는 배선도의 공백란에 기입할 수 도 있다.

표 4-17 범 례

기 호	명 칭	비 고
	형광등(천장등)	
	형광등(벽등)	
	비상구 유도등	카드뮴 전지 내장
	백열등	
	매입 텀블러 스위치	
4	매입 텀블러 스위치	4로용
	매입 콘센트	2P 10 A 2구용
E	매입 콘센트	접지 극부

기 호	명 칭	비 고
20A	매입 콘센트	2P 20 A
	플로어 콘센트	
J	정크션 박스	
	분전반	
	천장 은폐 배선	
C	예비 배관	
	바닥 은폐 배선	
	오름 · 내림	

(6) 도면 작성 후의 검토

배선도가 작성되면 다음 지적사항들을 검토해 볼 필요가 있다.

① 조명계산은 잘 되었는가?
② 조명기구의 종류가 너무 많지는 않는가?
③ 스위치의 점멸방법과 위치는 적합한가?
④ 콘센트의 위치는 알맞은가?
⑤ 분전반의 위치와 부하분담은 합리적인가? 특히 분전반의 위치에 관하여 건축 의장상의 의의는 없는가?
⑥ 배선과 전선의 가닥수에 잘못은 없는가?
⑦ 배선 및 전선관의 굵기는 알맞은가?
⑧ 도면은 판독하기 쉬운가? 특히 분전반 부분에 집중되는 각 회로의 구별은 분명한가?
⑨ 축척표시는 되어 있는가?
⑩ 범례의 기입사항에 빠진 것은 없는가?

끝으로 훌륭한 설계도를 작성하기 위하여 현장에서의 시공을 연상하며 시공상 불합리한 점을 없애야 한다는 것을 지적하여 둔다.

Chapter

연 습 문 제

e x e r c i s e

01 전기설비 용어에서 관등회로란?

답 방전등용 안정기(방전등용 변압기포함)로부터 방전관까지의 전로

02 사무실은 부분조명이 가능하도록 전등군마다 점멸기를 설치하도록 되어 있다. 1개 전등군에 속하는 등기구 수는 몇 개 이하로 하는가?

답 6개

03 욕실 안에는 콘센트를 설치하지 않는 것을 원칙으로 하고 있다. 그러나 환풍기용으로 방수형을 사람이 쉽게 닿지 않는 위치에 설치하는 경우에는 가능하다. 이 콘센트는 바닥에서 몇 cm 이상의 높이에 설치하는가?

답 80 cm

04 수은 램프, 저압 나트륨 램프, 메탈 핼라이트 램프, 형광 램프 중 가장 효율이 좋은 것부터 나열하여라.

답 저압 나트륨 램프, 메탈 핼라이드 램프, 형광 램프, 수은 램프

05 고주파 전류에 의한 장해를 방지하기 위하여 형광 방전등에 부착하는 콘덴서의 용량은?

답 0.006~0.5 μF

06 다음의 부하용량은 어떻게 산정하는 것이 적당한가?

(1) 고역률 형광등의 와트 수×(몇)배

(2) 저역률 형광등의 와트 수×(몇)배

(3) 보통의 소형 콘센트 1아우틀렛 당 몇 VA

답 (1) 1.5, (2) 2, (3) 150

07 폭 24 m의 도로의 양쪽에 30 cm 간격 지그재그식으로 가로등을 배치하여 노면의 평균조도를 5 lx되게 하고자 한다. 수은 램프를 사용하면 몇 W가 적당한가? 단, 수은 램프의 광속은 다음과 같고 노면 광속의 이용률은 30 %, 등기구의 유지율은 76 %로 한다.

수은 램프의 광속

크 기 W	램 프 전 류 A	전 광 속 lm
100	1.0	3,200~4,000
200	1.9	7,700~8,500
250	2.1	10,000~11,000
300	2.5	13,000~14,000
400	3.7	18,000~20,000

답 200 W의 수은 램프

08 평균조도 500 lx로 전반조명을 한 40 m^2의 방이 있다. 이 방에 램프의 광속 5000 lm, 조명률 50 %, 유지율 80 %의 등기구를 설치하고자 한다. 이때 조명기구 1조의 소비전력이 70 W라면 24시간 계속 점등한 경우 하루의 전력량은 몇 kWh인가?

답 16.8 kWh

09 교통량이 많은 도로의 폭이 30 m 이다. 가로등의 간격을 40 m로 하고 조명률 35 %, 감광보상률 1.3, 전광속 11000 lm의 250 W 수은등을 대치식으로 시설할 때 평균조도는 몇 lx인가?

답 4.9 lx

10 교통의 지장이 없는 곳에서 전주에 외등을 시설하고자 한다. 전등기구의 하단의 높이는 지표상 얼마 이상으로 하여야 하는가?

답 3 m

11 전주 외등의 배선은 최고 몇 mm 이상의 절연전선을 사용하여야 하는가? 또 공사방법 3가지를 열거하여라.

답 2.5 mm^2, ① 케이블 배선, ② 합성수지관 배선, ③ 금속관 배선

12 **사용전압이 1000 V를 넘는 수은등은 금속제의 견고한 기구에 넣고 옥측이나 옥외에 시설하는 경우 지표상의 최소 높이 m는?**

답 4.5 m

13 **네온 관등회로의 배선공사 방법은?**

답 애자사용공사

05장 전동력설비

5-1 전동기

교류전동기 중에서 유도전동기는 다른 전동기에 비하여 구조가 간단하고 견고하며 보수하기도 용이하다. 또, 제어기술의 발달과 더불어 운전특성도 향상되어 원활한 속도제어도 가능하게 되었다. 이장에서 빌딩이나 공장 또는 플랜트 장치 등에 가장 많이 사용하고 있는 3상 교류전동기의 선정기준을 설명하겠다.

5-1-1 전동기의 특성

(1) 3상 유도전동기의 특성 개요

전동기의 특성은 공업규격으로 정해 놓고 있다. 특성치는 전부하 특성, 기동특성 등에 의하여 결정되고, 그 항목은 효율, 역률, 기동전류, 전부하전류, 슬립, 토크(기동 토크, 정동 토크 또는 최대 토크), 최대출력 등이다.

그림 5-1은 회전자의 회전속도, 다시 말하면 슬립에 따라서 1차 전류(고정자에 흐르는 전류)와 토크가 어떻게 변화하는가를 나타내는 것으로 전동기의 속도특성을 나타낸 것이다.

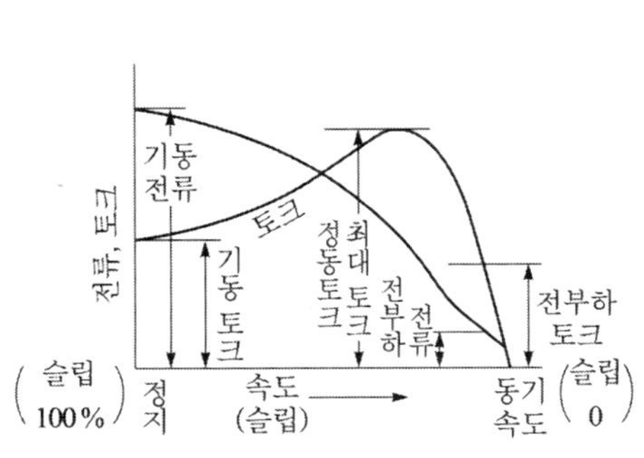

그림 5-1 전류-속도, 토크-속도 특성

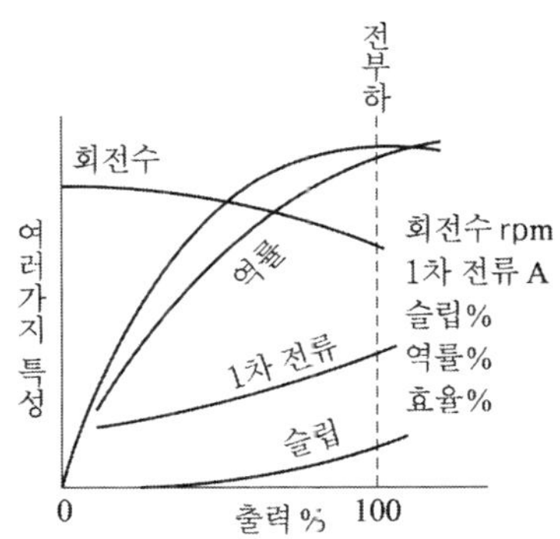

그림 5-2 출력 특성

그림 5-2는 전동기의 출력이 변하는데 따라서 효율, 역률, 1차 전류, 슬립, 회전수 등의 변화를 나타낸 것으로 특성곡선이라고 한다. 3상 유도전동기는 회전수의 변화가 적어서 거의 정속도 특성을 지닌다. 또 정격출력 부근에서 효율이 최대로 되기 때문에 정격출력에서 크게 벗어난 출력으로 운전한다는 것은 역률과 효율이 저하하여 비경제적이다.

표 5-1은 전동기의 특성을 나타내는 용어와 관계식을 정리한 것이다.

표 5-1 특성에 관한 용어

항 목	계 산 식
동기속도	$N_s = \dfrac{120 \times \text{주파수}}{\text{극수}}$ rpm
슬립	$s = \dfrac{\text{동기속도} - \text{전동기의 속도}}{\text{동기속도}} \times 100\%$
전부하 슬립	위의 식에서 전동기의 속도를 전부하 속도로 하였을 때의 s
전동기의 속도	$N = N_s(1-s)$
전부하 속도	위의 식에서 s =전부하 슬립으로 하였을 때의 N
전부하 전류	$I = \dfrac{\text{정격출력 W}}{\sqrt{3} \times \text{전압} \times \text{효율} \times \text{역률}}$ A
출력	$P = \sqrt{3}\,\text{전압} \times \text{전류} \times \text{효율} \times \text{역률}$ W
입력	$W = \sqrt{3}\ \text{전압} \times \text{전류} \times \text{역률}$ W
효율	$\text{효율} = \dfrac{\text{출력}}{\text{출력} + \text{손실}} \times 100\ \% = \dfrac{(\text{입력} - \text{손실})}{\text{입력}} \times 100\ \%$
역률	전류와 전압의 위상차
전부하 토크	$T = \dfrac{974 \times \text{정격출력 kW}}{N}$ kg·m
기동 토크 정동 토크	전부하 토크의 %로 나타낸다.

(2) 회전자의 종류와 특성

3상 유도전동기는 회전자의 구조에 따라서 농형과 권선형으로 나누고, 그 기동특성은 표 5-2와 같이 다르다.

표 5-2 회전자의 종류와 특성

<table>
<tr><th colspan="2">분 류</th><th>토크-속도 특성</th><th>비 고</th></tr>
<tr><td rowspan="4">농형</td><td>보통
농형</td><td rowspan="4">토크 / 회전수 (④ ③ ① ②)
① 보통농형 : 기동전류(600~700 %)에 비하여 기동 토크는 작다. 운전시에 효율, 역률, 정동 토크는 다른 농형에 비하여 우수하다.
② 특수농형 1종 : 기동전류는 650 % 정도, 기동 토크는 100 % 이상
③ 특수농형 2종 : 기동전류는 500~700 %, 기동 토크는 150 % 이상
④ 고저항 농형 : 기동전류는 400~450 %, 기동 토크는 300 % 정도 가능, 운전특성은 좋지 않다.</td><td>기동 토크가 중요하지 않은 것.
3.7 kW 이하의 보통 용도</td></tr>
<tr><td>특수
농형
1종</td><td>비교적 브하의 반항 토크가 크지 않은 일반용 펌프, 블로어, 팬 등의 2극 전동기, 고압전동기</td></tr>
<tr><td>특수
농형
2종</td><td>부하의 반항 토크가 큰 것.
단, 관성이 큰 것은 좋지 않음.
컴프레서, 컨베이어, 분쇄기</td></tr>
<tr><td>고저항
농형</td><td>기동정지가 빈번하고 연속운전을 않는 용도에 적합.
호이스트, 엘리베이터.</td></tr>
<tr><td>권선형</td><td></td><td>토크 / 회전수
① 기동 시
② 가속도
③ 운전 시
곡선 ①, ②, ③과 같이 2차 저항을 변화시켜서 전류・토크를 제어할 수 있다.</td><td>기동 토크가 크고, 전원용량이 작고, 또 기동전류를 제한해야 하는 용도.
컨베이어, 압연기, 컴프레서, 공기압축기</td></tr>
</table>

5-1-2 전동기의 선정기준

부하 기계에 가장 적합한 전동기를 선정하기 위하여서 다음 사항을 검토하여야 한다.

① 부하(상대기계)의 특성

② 전동기의 사용조건

③ 설치조건

④ 전원의 상태

이들을 전기적 시방사항과 기계적 시방사항으로 구분하고 전기적 시방사항에 관한 것을 그림 5-3에 제시한다.

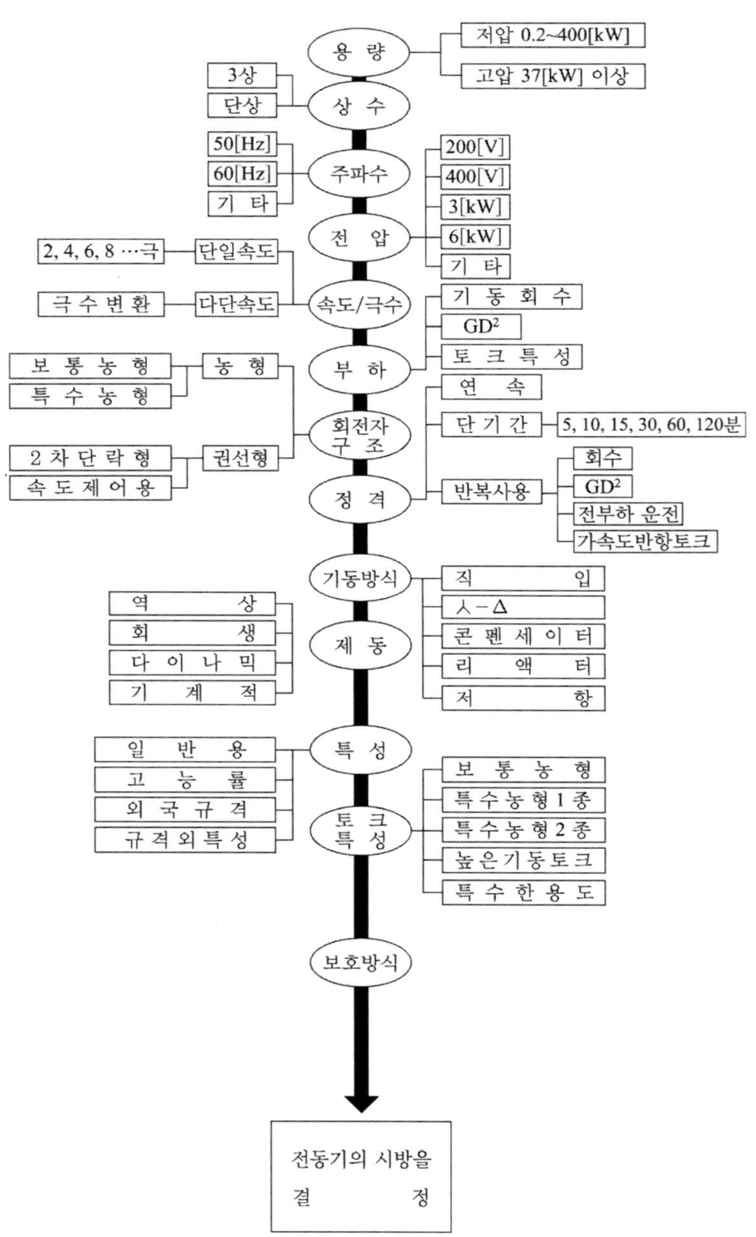

그림 5-3 전동기의 시방을 결정하는 흐름도(전기적 시방)

(1) 부하특성

① GD^2 : 부하의 관성(fly wheel effect), 즉 일정한 힘으로 기동할 때에 재빨리 기동하느냐 느리게 기동하느냐 하는 정도를 나타내는 것을 GD^2이라 한다. 블로어나 프레스와 같이 부하의 관성이 커서 기동하는 데 장시간을 요하는 경우 또는 정전 · 역전, 기동과 정지를 자주 되풀이하는 기계는 그 기계의 GD^2을 검토하여 전동기를 선정할 필요가 있다.
GD^2은 다음과 같이 계산한다.

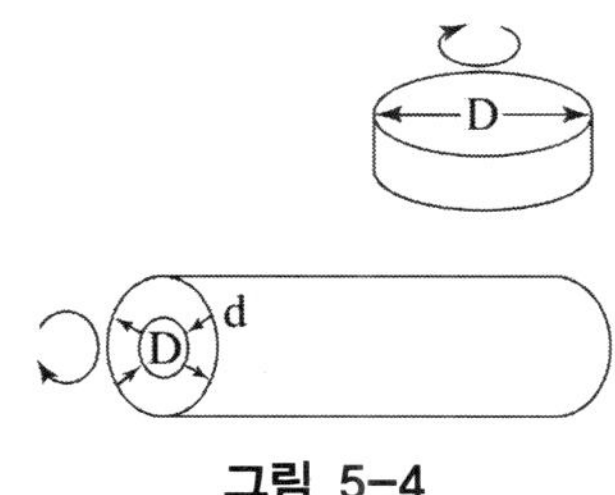

그림 5-4

㉠ 회전체가 원판상인 경우
중량 : W kg, 직경 : D m이면

$$GD^2 = \frac{1}{2} WD^2 \ \ \mathrm{kg \cdot m^2} \qquad (5-1)$$

㉡ 회전체가 원통상인 경우
중량 : W kg, 외경 : D m, 내경 : d m이면

$$GD^2 = \frac{1}{2} W(D + d^2) \ \ \mathrm{kg \cdot m^2} \qquad (5-2)$$

각 전동기에 대한 부하 GD^2의 허용값은 JEM1224' 고압 3상 농형 유도전동기의 부하 GD^2의 허용값에 의하고 또 NEMA 규격으로 정해 놓고 있으므로 참고하기 바란다.

② 부하 토크 : 전동기의 기동 토크와 정동 토크(최대 토크)의 크기는 전부하 토크를 100으로 할 때에 그것이 몇 %에 해당하느냐 하는 것으로 나타낸다. 전부하 토크는

$$\text{전부하 토크} = \frac{\text{출력 kW}}{\text{회전수 rpm}} \times 974 \ \ \mathrm{kg \cdot m} \qquad (5-3)$$

로 구한다. 그러므로 전동기를 선정할 때에는 상대 기계(부하)의 기동 토크와 정동 토크 그리고 전원의 용량을 검토해 보고 부하의 토크 특성(정출력, 정 토크, 변동 토크)에 알맞은 것을 선정하여야 한다.

NEMA 규격으로 규정된 기계의 기동 토크와 정동 토크의 값을 표 5-3에 제시한다.

표 5-3 용도별 기동 토크와 정동 토크

부하의 종류	기동 토크 %	정동 토크 %
원심력 펌프		
출구변 : 폐쇄	40	150
출구변 : 개방	40	150
왕복동식 펌프		
바이패스 변부	40	150
부하기동(3기통)	150	150
스크류 펌프	40	150
진공 펌프	60	200
터보 블로어		
흡입변 : 폐쇄	40	150
흡입변 : 개방	40	150
터보 팬		
흡입변 : 폐쇄	40	150
흡입변 : 개방	40	150
프로펠러 팬		
토출변 : 개방	40	150
레시프로 컴프레서(왕복동)		
언로더부	30	150
터보 컴프레서	40	150
로터리 컴프레서	40	150

(2) 정격전압과 출력

전동기의 정격전압과 출력에 대하여 올바른 지식을 갖는다는 것은 전동기의 기능을 충분히 발휘하도록 하기 위해서도 중요하지만 나아가서 동력설비를 경제적으로 설치·운영한다는 면에서도 대단히 중요한 사항이다.

예컨대, 높은 정격전압으로 소출력 또는 저전압으로 대출력의 전동기를 운전한다는 것은 바람직하지 못한 것이다. 그래서 전동기의 전압과 출력의 관계를 규격으로 정해 놓은 나라도 있다. 가령 독일의 VDE 0530을 예로 들면 표 5-4와 같다.

표 5-4 VDE의 전압과 출력의 관계

전 압	최소용량(kW 또는 kVA)
$2\text{ kV} < E \leq 3.3\text{ kV}$	100
$3.3\text{ kV} < E \leq 6.6\text{ kV}$	200
$6.6\text{ kV} < E \leq 11\text{ kV}$	1,000

배전전압을 고려하였을 때에 적당한 정격출력의 범위를 표 5-5에서 볼 수 있다.

표 5-5 정격전압과 출력의 범위

전압	200 V급	400 V급	3 kV급	6 kV급
200 V, 3 kV	90 kW 이하		75 kW 이하	
380 V, 3 kV		200 kW 이하	90 kW 이상	
200 V, 6 kV	200 kW 이하			160 kW 이상
380 V, 6 kV		500 kW 이하		315 kW 이상
200 V, 380 V, 6 kV	45 kW 이하	500 kW 이하		315 kW 이상
200 V, 3 kV, 6 kV	90 kW 이하		75 kW 이상	355 kW 이상
380 V, 3 kV, 6 kV		250 kW 이하	90 kW 이상	355 kW 이상
200 V, 380 V, 3 kV, 6 kV	45 kW 이하	250 kW 이하	90 kW 이상	355 kW 이상

[비고] 200 V급 또는 400 V급에서 대용량기는 전동기 자체보다도 배선, 개폐기의 경제성 또는 기술적인 문제 등을 고려할 필요가 있다.

결국 어떤 전압의 전동기를 선택할 것인가에 대하여는 먼저 타당한 정격출력의 범위 내에서 전압을 고른다. 그 전압으로 2종류를 선택할 수 있는 경우에는 계통, 즉 변압기와 전선 및 전동기반 등을 포함한 경제적 비교를 하여 결정하는 것이 바람직하다.

표 5-6 단상전동기의 규약전류값

출력		규약 전류 A	
kW	환산 HP	100 V 용	200 V 용
0.1	1/8	4.1	2.1
0.125	1/6	5.1	2.6
0.15	1/5	5.5	2.8
0.2	1/4	6.0	3.0
0.25	1/3	8.4	4.2
0.4	1/2	9.5	4.8
0.55	3/4	16	3
0.75	1	18	9
1.1	1.5	23	11.5
1.5	2	28	14
2.2	3	39	19.5
3.7	5	64	32
5.5	7.5	92	46
7.5	10	115	58

[주] 사용하는 회로 전압이 100 V 및 220V일 때는 100 V 및 200 V일 때의 각각 0.9 배로 한다.

표 5-7 3상 유도전동기의 규약전류값

출력		규약 전류 A	
kW	환산 HP	200 V 용	400 V 용
0.2	1/4	1.8	0.9
0.4	1/2	3.2	1.6
0.75	1	4.8	2.4
1.5	2	8.0	4.0
2.2	3	11.1	5.5
3.7	5	17.4	8.7
5.5	7.5	26	13
7.5	10	34	17
11	15	48	24
15	20	65	32
18.5	25	79	39
22	30	93	46
30	40	124	62
37	50	151	75
45	60	180	90
55	75	225	112
75	100	300	150
110	150	435	220
150	200	570	285

[주] 사용하는 회로의 표준전압이 220 V 또는 440 V 이면 200 V 또는 400인 때의 각각 0.9배로 한다.

표 5-8 직류전동기의 규약전류값

출력 kW	규 약 전 류 A		
	110 V용	220 V용	440 V용
0.18	3.2	1.6	
0.25	4.0	2.0	
0.37	5.5	2.8	
0.55	7.8	3.9	2.0
0.75	10.0	5.0	2.5
1.1	14.0	7.0	3.5
1.5	18.8	9.4	4.7
2.2	26.6	13.3	6.7
3.7	43	21.5	10.8
5.5	62	31	15.5
7.5	84	42	21
11	122	61	30.5
15	164	82	41
18.5	200	100	50
22	236	118	59
30	320	160	80
37	392	196	98
45	472	236	118
55	572	286	143
75	—	384	192
90		460	230
110		560	280
150		760	380

[주] 사용회로의 표준전압이 위의 표와 틀리는 경우에는 다음 표에 의해서 환산된다.

사용회로의 표준전압 V	계산 기준으로 하는 전압 V	직류전동기의 규약전류에 곱하는 계수
100	110	1.1
115	110	0.057
200	220	1.1
230	220	0.957
400	440	1.1
500	440	0.88
550	440	0.8

(3) 속도제어

전동기의 속도제어 방법을 개략적으로 소개하면 다음과 같다.

① 극수를 바꾼다.

회전속도는 극수에 반비례하는 원리를 응용하여 극수를 바꾸어서 속도를 변화시키는 것이 극수변환 전동기이다. 속도조정 범위는 1:2(단권선), 1:3(2권선)이고 2속도 운전을 하는 데 적합하다.

② 전압을 바꾼다.

전동기의 속도-출력 특성과 속도-토크 특성은 1차전압의 2승에 비례하여 변하는 것이므로 1차전압을 바꾸어서 속도제어를 한다. 또 권선형은 2차전압을 제어하면 속도-출력 특성과 속도-토크 특성을 변화시킬 수 있으므로 속도제어가 가능하다. 이의 대표적인 예로 정지 셀비어스 제어법은 주 전동기의 보기(補機)로서 회전기를 사용하지 않기 때문에 효율이 좋고 보수하기도 용이하다. 속도제어 범위는 이론상으로 0~100 %로 되어 있지만 실용상으로는 65~100 %라 한다.

③ 변속기를 사용한다.

전동기와 부하 사이에 유도 커플링(induction coupling)이나 유체 커플링을 삽입하는 방법으로 여자전류를 변화시켜서 속도제어를 한다.

④ 브레이크를 사용한다.

기계적 또는 전기적 브레이크를 사용하여 속도제어를 하는 것으로 크레인, 권상기, 케이블카 등에 널리 이용되고 있다. 이는 속도조정 범위가 0~100 %이지만 자동제어를 하지 않으면 단계적으로 속도가 변할 수밖에 없다.

⑤ 주파수를 바꾼다.

회전속도는 입력주파수에 비례하여 변화한다. 그러므로 인버터나 사이클로컨버터 등의 주파수 변환장치를 사용하여 속도제어를 한다.

한편 제어장치는 거의 모든 방식이 반도체를 중심으로 한 정지기로 변해가고 있으므로 보수에 대해서는 별로 어려움이 없다.

속도제어법을 선택하는 기준은 먼저 요구되는 제어성능을 만족하는 방식을 선정하게 되겠지만 아울러 경제성이나 보수점검에 관한 것도 고려하여야 할 것이다.

5-1-3 전동기의 형식

건축설비용으로 사용하는 전동기는 비교적 좋은 환경에서 사용하기 때문에 개방보호형이나 개방방적보호형을 선택하면 되지만 공장 등 시설환경이 좋지 못한 경우와 옥외에 설치하는 경우에는 전폐외선형 아니면 전폐외선 옥외형을 선택하고 있다.

다음에서 공업규격으로 규정되어 있는 형식 중에서 일반적으로 사용되는 전동기에 대하여 살펴보기로 한다.

(1) 외피의 형태에 의한 분류

① 개방형

외피에 개구(開口)가 있고 기체(機体) 주위의 외기가 기내와 유통할 수 있도록 된 구조

② 전폐형

기체 주위의 외기가 기내와 유통할 수 없도록 외피가 폐쇄된 구조

(2) 보호방식에 의한 분류

① 무보호형

개방형에 속하고 기체 상반부에 있는 개구에 특별한 보호를 하지 않은 것

② 반보호형

개방형에 속하고 기체 상반부에 있는 개구를 보호형과 같은 방법으로 보호한 것

③ 보호형

개방형에 속하고 회전부분(축의 표면을 제외)과 도체부분에 이물질이 접촉되지 못하도록 모든 개구를 철망이나 이와 유사한 방법으로 보호한 것

④ 방적형

개방형에 속하고 연직 15° 미만의 각도로 낙하하는 물방울이나 이물질이 직접 내부에 침입하는 일이 없이 기체면에 따르거나 아니면 기체면으로부터 반발하여 나가도록 되어 있는 것

⑤ 방적 보호형

방적형과 보호형 양자의 조건을 만족하고 있는 것

⑥ 개방 옥외형

보호형에 속하고 비, 눈, 먼지 등이 도전부까지 침입하는 것을 최소가 되도록 막고 옥외에 설치해 놓고 사용하는 데 견딜 수 있는 구조

⑦ 전폐 외선형

전폐형에 속하고 회전축에 부착한 날개(fan)로 외피의 표면을 냉각시키는 구조

⑧ 전폐 옥외형

전폐형에 속하고 옥외에 설치해 두고 사용하는 데 견딜 수 있는 구조

(3) 방폭구조의 종류

앞의 (1)과 (2)는 건축설비용으로 사용되는 형식들이다. 특수한 환경, 다시 말하면 폭발성 가스가 발생하는 분위기에서 사용하는 전동기는 산업안전연구소의 방폭 검사에 합격하여야 한다.

방폭 구조는 다음과 같이 3가지로 구분한다.

① 안전증 방폭구조

불꽃이나 아크가 발생하여서는 안 되는 부분 또는 과열되어서는 안 되는 부분에 운전 중에 이것들이 발생하는 것을 방지하도록 구조상 안전도를 증가한 구조, 또 온도상승에 대하여 특별히 안전도를 증가한 구조

② 내압(耐压) 방폭구조

전폐형이고 용기내부에서 폭발성 가스가 폭발하였을 때에 용기가 그 압력에 견딜 수 있고, 또 외부의 폭발성 가스에 인화할 염려가 없는 구조

③ 내압(内压) 방폭구조

용기내부에 보호기체(신선한 공기나 불연성 가스)를 압입하여 내압을 유지하고 폭발성 가스가 침입하지 못하는 구조

5-1-4 전동기의 선정 예

필요한 동력을 계산하는 방법은 부하의 성질에 따라서 다르다. 부하의 변동이 없다고 가정하면

① 중량물(승강하는 경우)의 계산식은

$$P_0 = \frac{VW}{6120} \tag{5-4}$$

여기서, P_0 : 요구되는 동력 kW

W : 중량 kg

V : W의 이동속도 m/min (단, 중량 W의 단위가 ton이면 6.12)

6120 = 102×60 초, 1 kW = 102 kg · m/s

② 토크(회전력)가 필요한 경우의 계산식

$$P_0 = \frac{T \cdot N}{974} \tag{5-5}$$

여기서, T : 필요한 토크 kg · m, N : 회전수 rpm

다음에서 부하의 계산식에 대하여 구체적으로 살펴보자.

(1) 부하가 펌프인 경우

펌프의 비교회수(비속도= N_s)와 그 내부의 유수(流水) 벡터의 방향에 따라서 원심 펌프, 사류 펌프, 축류 펌프 등으로 분류한다. 이 외에도 진공 펌프, 기어 펌프, 전자 펌프, 피스톤식 펌프 등이 있는 데 전동기를 선정할 때는 펌프의 특성이나 종류를 알아보고 나서 결정해야 한다.

① 필요한 동력을 산출하는 방법

펌프에 필요한 전동기의 출력은 다음 식으로 계산한다.

$$P_m = \frac{P(1+a)}{\eta_t} \text{ kW} \tag{5-6}$$

여기서, P_m : 필요한 전동기의 출력 kW

a : 전압 및 주파수의 변동, 설계, 제작상의 여유율(0.1~0.2)

η_t : 전달방식에 의한 효율(0.90~0.98)

P : 펌프의 축동력 kW

펌프의 축동력 P는 다음 식으로 계산한다.

$$P = \frac{0.1635 \ \ rQH}{\eta_p}$$

여기서, Q : 펌프의 토출량 m^3/min　　H : 펌프의 전양정 m

r : 액체의 비중　　η_p : 펌프의 효율 %

② 펌프의 토크 특성

펌프에 요구되는 기동 토크는 마찰 토크 밖에 없으므로 대체적으로 작은 편이다. 그러므로 전동기를 선정할 때에도(왕복동 펌프와 진공 펌프를 제외) 기동 토크와 정동 토크(최대 토크)는 별로 문제되지 않는다.

③ 선정

펌프용 전동기는 유도전동기와 동기전동기 외에도 특별한 경우에는 직류전동기나 교류정류자 전동기도 사용한다. 이들 중에서 구조가 간단하여 취급하기 쉽고 가격도 비교적 저렴한 유도전동기를 가장 많이 사용하고 있다. 유도전동기를 선정하는 경우에는

㉠ 농형 또는 특수농형 전동기 : 펌프는 요구되는 기동 토크와 부하의 GD^2이 작기 때문에 단시간 내에 전속회전을 할 수 있다. 그러므로 전동기는 보통의 농형이나 특수농형을 선택하면 된다.

㉡ 권선형 전동기 : 속도를 조정하고 싶은 때 또는 기동전류를 제한하고 싶은 때는 권선형으로 하는 것이 좋다.

(2) 부하가 팬 또는 블로어인 경우

팬이나 블로어는 송풍기에 속하지만 보통 사용 압력이 1,000 mmAq 미만의 것을 팬이라 하고 10 mAq 미만의 것을 블로어, 1 kg/cm^2 이상의 것을 압축기라 한다.

① 필요한 동력의 산출식

$$P_m = 9.81 \times 10^{-3} HQ \frac{100}{\eta_1}(1+a) \text{ kW} \qquad (5\text{-}7)$$

여기서, Q : 풍량 m^3/s, H : 유효정압 mmAq = 9.81 N/m^2

η_1 : 정압효율 %, a : 여유도

표 5-9 각종 블로어의 정수

	정압효율 η %	여유도 a %	단 열 효 율 η_{ad}
프로펠러 팬	50~75	30	
시로코 팬	45~60	20~30	
플레이트 팬	50~70	15~25	
터보 팬	55~75	15~25	
1단 터보 송풍기	60~80	10~20	(압축비 1.05 ~ 1.5) 65 ~ 83 (압축비 1.5 ~ 2.2) 55 ~ 79
다단 터보 송풍기	50~70	10~20	(압축비 2~3) 60~75
터보 압축기	50~70	10~20	(압축비 5~10) 60~80

② 팬 또는 블로어의 토크 특성

팬이나 블로어는 보통 댐퍼를 닫고서 거의 무부하 상태에서 기동하기 때문에 기동시의 토크는 별로 크지 않다. 그러나 개중에는 댐퍼를 열어 놓은 상태에서 부하를 걸면서 기동하기도 한다. 이러한 경우에 기동 토크는 속도의 2승에 비례하여 커진다. 그러므로 기동방식을 확인하고 토크-속도 특성을 잘 알아보아야 한다.

③ 선정

팬이나 블로어가 대용량인 경우에는 동기전동기보다 유도전동기를 더 많이 사용하고 있다. 유도전동기 중에서도 보통의 농형을 선정하고 있다. 그러나 GD^2이 크고 기동시간이 길기 때문에 보통의 농형으로는 기동하기가 쉽지 않다든지 또는 속도제어를 해야 하는 경우에는 권선형을 사용하기도 한다.

5-2 저압 전동기용 기동반의 예

5-2-1 수납기구의 정격

(1) 전자접촉기

교류 전자접촉기의 규격에 의하면 폐회로 용량과 차단용량을 표 5-10과 같이 급으로 규정하고 있다. 일반의 전자접촉기는 농형 유도전동기의 직입기동을 전제로 하고 있으므로 AC3급 또는 AC4급의 성능을 갖는다.

표 5-10 전자접촉기의 급별

급 별	단락 용량	차단 용량	용 도
AC 1	$1.5I_m$	$1.5I_m$	저항부하
AC 2	$4I_m$	$4I_m$	권선형 전동기의 인칭
AC 3	$10I_m$	$8I_m$	농형 전동기의 기동과 정지
AC 4	$12I_m$	$10I_m$	농형 전동기의 인칭 또는 플러깅

I_m : 전동기의 전부하 전류

직입기동을 하는 데 적합한 전자접촉기는 AC 3급(폐회로 용량 10배, 차단용량 8배)이지만 이는 전압변동이나 기타 조건에 의하여 기동전류가 흔들릴 수 있다는 것을 감안한 것이므로 감압기동을 하는 데 폐회로 차단용량을 기준으로 하여 전자접촉기를 선정하는 경우에도 이 정도의 여유는 갖는 것이 좋다.

또, 감압기동기는 비교적 전원용량이 작은 경우에 선택하기 때문에 기동시에 전압강하가 커질 수도 있다. 특히 open transition 방식의 Y-△기동기는 star에서 delta로 절환할 때에 전동기 권선이 일단 전원에서 끊기고 delta로 투입되면 전원전압과 잔류전압의 위상에 의하여 큰 돌입전류가 흐르게 되어 전원전압이 크게 강하한다. 그러므로 저전압 보상형의 전자접촉기를 사용하는 것이 좋다.

(2) 배선용 차단기

배선용 차단기의 과전류 특성은 퓨즈의 최소 동작전류보다 엄격히 규정하여 더 확실하게 회로를 보호하도록 하고 있다.

5-2-2 저압 전동기반의 표준 시퀀스

컨트롤센터의 단위장치로 가장 많이 사용하는 회로의 예는 다음과 같다.

(1) 비가역 회로

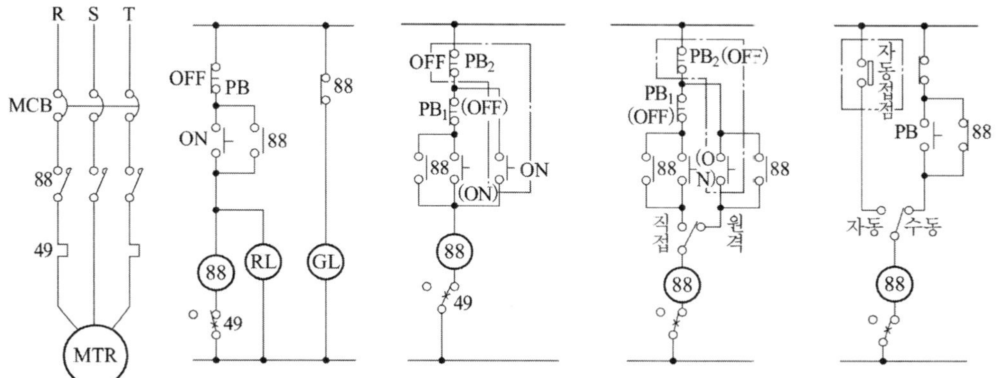

(a) 기본회로　(b) 푸시버튼 2회로　(c) 원격-직접 절환회로　(d) 자동-수동 절환회로

그림 5-5 비가역 회로

(2) 가역 회로

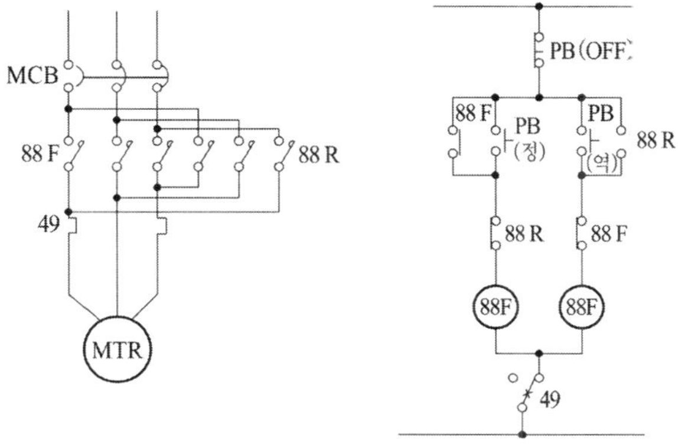

(a) 기본회로

그림 5-6 가역 회로 (1)

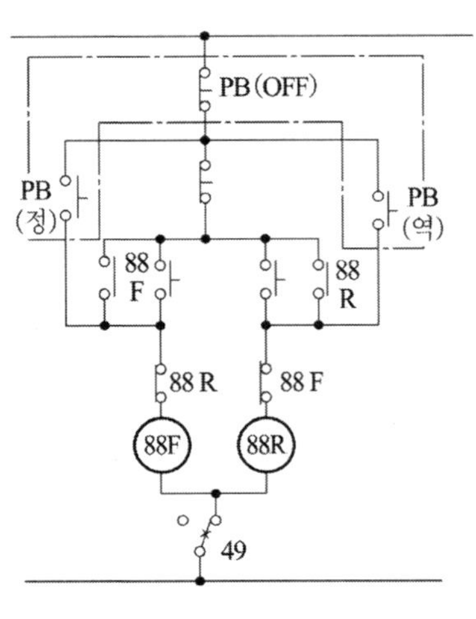

(b) 푸시버튼 2회로

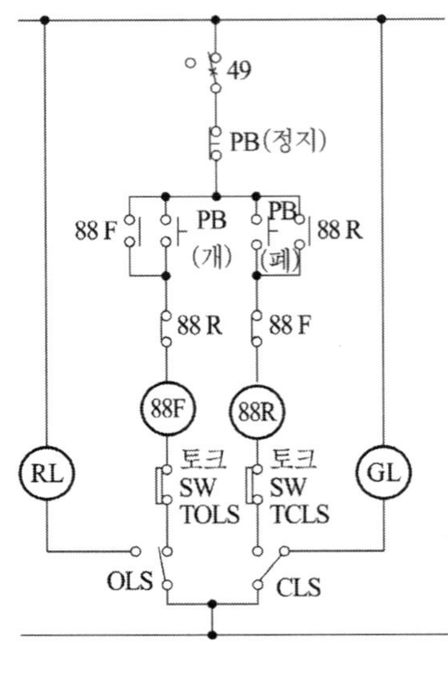

(c) 밸브 회로

그림 5-6 가역 회로 (2)

(3) Y-△기동

① 3접점 방식

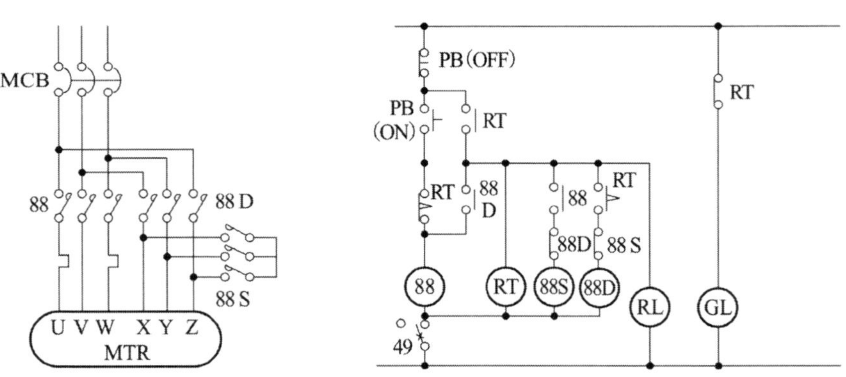

그림 5-7 Y-△회로(3접점방식)

② 2접점 방식

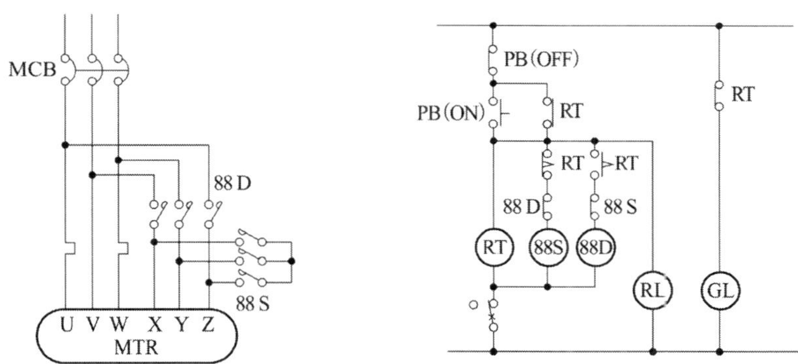

그림 5-8 Y-△회로(2접점방식)

(4) 극수변환

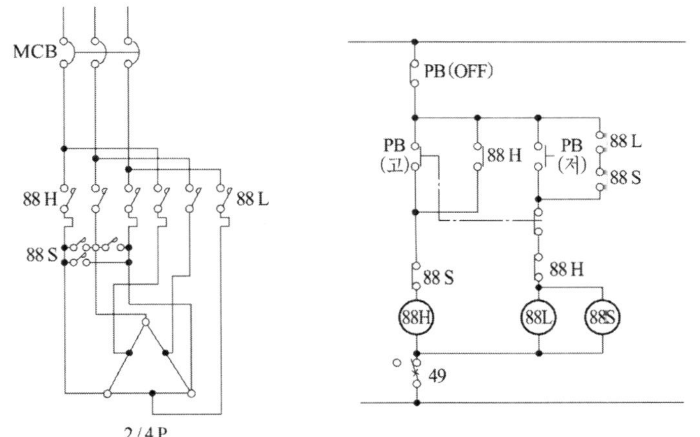

그림 5-9 극수변환 회로(1)

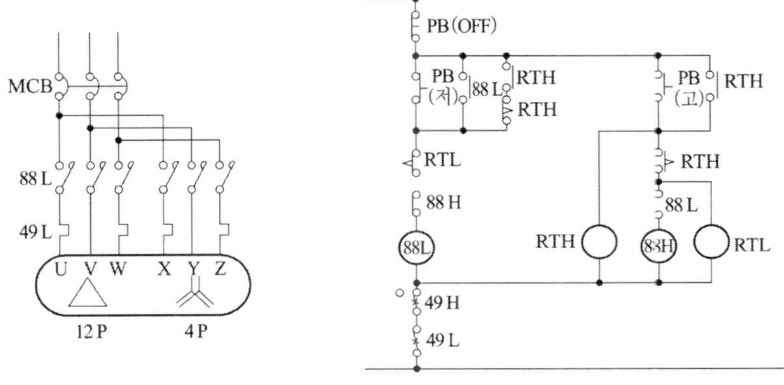

그림 5-9 극수변화 회로(2)

5-3 배선설계

5-3-1 전동기용 분기회로

전동기 분기회로는 전동기 1대에 1분기회로로 하는 것을 원칙으로 하고 있다. 그리고 전선의 굵기를 선정하는 데 전선을 전선관에 삽입하여 시공하는 경우에는 전류감소계수와 주위온도의 체감률 및 시설방법 등에 따라서 달라지는 여러 가지 변수를 고려하여 계산하여야 하는데, 이와 같은 방법은 복잡하고 번잡스러워서 비능률적이다. 그러므로 표 1-7(2) 표준 공사방법의 허용전류(A)와 같은 데이터를 이용하면 편리하고 간편해서 능률적이다.

이와 같은 표는 한국전기설비규정 핸드북의 부록에 여러 가지 데이터가 수록되어 있으므로 독자 여러분도 자유롭게 이용할 수 있게 되기 바란다.

그 다음 순서는 전동기 보호용 과전류 보호장치에 관한 것이다. 이 사항에 대하여서는 1-5-4의 (2) 저압전로 중의 전동기 보호용 과전류 보호장치의 시설(규정 212. 6. 3)에 기술되어 있으므로 이를 숙독하여 정확하게 적용할 수 있게 되기 바란다.

5-3-2 전동기용 간선의 굵기

원칙적으로 그 간선에 흐르는 최대 전류가 흐를 수 있는 굵기로 한다. 이때 전류는 그 간선에서 공급받는 모든 부하의 전류를 산술적으로 합산한 것으로 할 필요는 없고, 수용률이나 역률 등을 고려한 실제에 흐르는 전류를 생각하면 된다. 그리고 다음과 같은 경우는 그 간선의 굵기 및 기구의 용량에 관한 데이터도 각각 다를 것이다.

(1) 전동기만의 간선

(2) 전등 및 전력장치 등을 병용하는 간선의 굵기

5-3-3 역률개선용 콘덴서

(1) 유도전동기의 역률개선

유도전동기는 부하가 변함에 따라서 역률도 변한다. 즉 부하율이 적어질수록 역률은 낮아지고 부하율이 커질수록 역률은 높아진다. 그리하여 전동기의 역률은 대체적으로 무부하시에는 15 % 전후, 50 % 부하시에는 70 % 전후, 전부하시에는 82~86 % 전후로 변한다. 이와 같은 특성을 고려하여 유도전동기에만 적용할 수 있는 역률개선용 콘덴서의 용량을 산출하는 방법이 마련되어 있다. 즉 동일한 전동기에 대해서는 무부하시에 그 역률이 가장 나쁘기 때문에 무부하(또는 경부하)일 때의 여자전류에 대항할 만한 진상전류가 흐를 만큼의 콘덴서 용량을 산정하면 된다는 것이다.

참고로 우리나라 전기공급규정에 정해놓은 콘덴서 용량의 기준 표를 다음에 소개한다.

표 5-11 단상 유도전동기

출력		부설용량 μF	
kW	HP	100 V	200 V
0.1	1/8	40	10
0.2	1/4	50	15
0.25	1/3	75	20
0.4	1/2	100	20
0.55	3/4	100	30
0.75	1	120	30

표 5-12 200 V급, 380 V급 3상 유도전동기

정격 출력		역률	무효 전력	설치하는 콘덴서 용량(90 %까지)					
				200 V		380 V		440 V	
kW	HP	%	KVar	μF	kVA	μF	kVA	μF	kVA
0.2	1/4	60.0	0.262	15	0.2262	–	–	–	–
0.4	1/2	66.5	0.447	20	0.3016	–	–	–	–
0.75	1	73.0	0.691	30	0.4524	–	–	–	–
1.5	2	77.0	1.230	50	0.754	10	0.544	10	0.729
2.2	3	79.0	1.699	75	1.131	15	0.816	15	1.095
3.7	5	80.0	2.767	100	1.508	20	1.088	20	1.459
5.5	7.5	78.5	4.330	175	2.639	50	2.720	40	2.919
7.5	10	79.5	5.716	200	3.016	75	4.080	40	2.919
11	15	80.5	8.099	300	4.524	100	5.441	75	5.474
15	20	81.5	10.845	400	6.032	100	5.441	75	5.474
22	30	82.5	15.340	500	7.54	150	8.161	100	7.299
30	40	82.5	20.544	800	12.064	200	10.882	175	12.744
37	50	83.5	24.380	900	13.572	250	13.602	200	14.598

[비고] 1. 200 V용과 380 V용은 전기공급규정에 의함.
2. 440 V용은 계산하여 제시하는 값으로 참고용임.
3. 콘덴서가 일부 설치되어 있는 경우에는 무효전력 kVar 또는 용량 kVA 또는 μF)합계에서 설치되어 있는 콘덴서의 용량(kVA 또는 μF)의 합계를 뺀 값을 설치하면 된다.

표 5-13 고압전동기에 설치하는 콘덴서의 용량

정격출력		역률	무효율	무효전력	입력	설치하는 콘덴서의 용량		
kW	HP	① cosϕ	② sinϕ	③ KVar	④ KVA	⑤ KVA	⑥ 90 %까지 개선	⑦ 95%까지 개선
37	50	80	60	27.750	46.25	15	9.842 (10)	15.577 (15)
40		80.5	59.3	29.464	49.686	–	10.12 (10)	16.32 (15)
50		81.5	57.9	35.533	61.37	–	11.35 (15)	19.1 (20)
55	75	82.5	57.2	38.385	67.107	25	11.77 (15)	20.295 (20)
60	*80	82.5	56.5	41.088	72.722	–	12.06 (15)	21.36 (20)
75	100	83.0	55.8	50.398	90.319	30	14.1 (15)	25.725 (25)
100		84.0	54.3	63.280	116.538	–	16.2 (20)	31.7 (30)
110	150	84.5	53.5	69.600	130.09	50	16.39 (20)	33.44 (30)
125		85.0	52.7	77.451	146.966	–	17 (20)	36.375 (50)
150	200	85.5	51.85	90.971	175.45	75	18.375 (20)	41.625 (50)
200		86.0	51.0	118.657	232.65	–	21.8 (20)	52.8 (50)
220	*300	*90.0	43.0	110.04	255.915	–	– –	34.1 (30)

[비고] 1. ①은 전기공급규정에 정하고 있는 역률이고 ③은 무효전력이다.
2. ②는 무효율이고 ④는 입력(피상전력)인바 이는 ①과 ③에 의하여 산출한 것이다.
3. ⑤는 전기공급규정에서 정하고 있는 역률개선용 콘덴서 용량이다.
4. ⑥,⑦,⑧은 ①,②,③,④에 의하여 역률을 90 %, 95 % 또는 98 %까지 개선하고자 할 때 설치하여야 할 콘덴서의 용량이며 ( )내의 숫자는 시판 중인 표준용량을 표시한 것이다.
5. 콘덴서가 일부 설치되어 있는 경우에는 무효전력 kVar 또는 용량 kVA 합계에서 설치되어 있는 콘덴서 용량 kVA의 합계를 뺀 값을 설치하면 된다.
6. 고압전동기의 역률은 전동기의 종별에 따라 다 다르므로 실제 설치하는 전동기의 제반특성(무효전력 또는 역률 등)에 따라 산출하여 역률이 90 % 이상 되도록 콘덴서를 설치하는 것이 바람직하다.

(2) 콘덴서의 설치장소

콘덴서를 설치하는 방법은 다음과 같은 3가지를 생각할 수 있다. 즉

① 고압측에 넣는 방법
② 저압측에 일괄해서 넣는 방법
③ 저압측에 각 전동기마다 개별적으로 넣는 방법

위의 3가지 중에서 경제성을 무시하고 전기적 특성만을 고려한다면 말단의 부하마다 각기 병렬로 설치하는 것이 가장 이상적이라 하겠다. 그러나 경제성, 설비의 보수성과 신뢰성 등을 무시할 수 없기 때문에 여러 가지 조건을 종합적으로 검토하여야 할 것이다. 그러므로

① 고압측이냐 아니면 저압측이냐 하는 검토는

㉠ 고압측 : 고압 수전설비에 설치하면 경제성, 보수성에서는 유리

㉡ 저압측

- 소규모의 수변전설비는 용량이 큰 전동기의 운전 상태에 따라서 역률의 변동이 심할 때
- 계절부하 등의 운전 상태에 따라서 역률변동이 심할 때
- 수변전설비에서 말단의 부하에 이르는 길이가 길어서 그 선로의 전력손실이나 전압강하 등을 감소시키는 것이 보다 바람직하다고 인정되는 때

② 콘덴서 여러 대를 하나로 합쳐서 접속하느냐 아니면 각 전동기마다 하나씩 접속하느냐 하는 것을 검토하면,

㉠ 전동기마다 개별적으로 접속하는 경우(그림 5-10)는 각기 전동기의 단자에 직접 접속하고, 전동기의 개폐기로 동시에 개폐된다. 따라서 콘덴서의 용량이 큰 경우에는 개폐기를 투입할 때에 콘덴서의 돌입전류의 크기와 주파수의 변동(커짐) 때문에 개폐기에 직렬로 삽입되는 CT에 섬락이 생기거나 소손될 수 있으므로 주의해야 한다.

㉡ 여러 대의 전동기에 대해서 공통으로 1조를 접속하는 경우(그림 5-11)는 비교적 대용량의 콘덴서를 전동기의 모선에 접속하게 된다. 그래서 여러 대의 전동기 중 일부만을 운전할 때에도 콘덴서는 일괄해서 투입하게 된다. 따라서 운전되는 전동기의 용량에 비해서 콘덴서의 kVA 용량이 어느 정도 이상(100 % 이상)으로 커질 수도 있다. 이러한 경우에는 자기여자현상을 일으키게 될 것이므로 콘덴서의 용량은 전동기의 운전대수율을 고려하여 선정하여야 할 것이다.

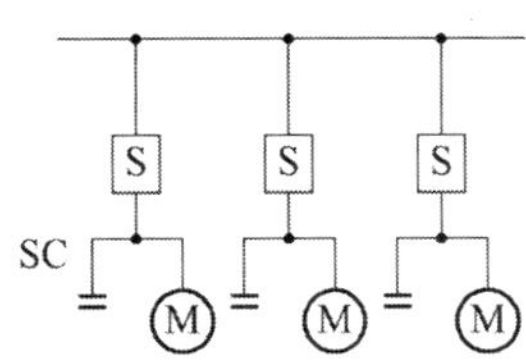

그림 5-10 각 전동기마다 접속

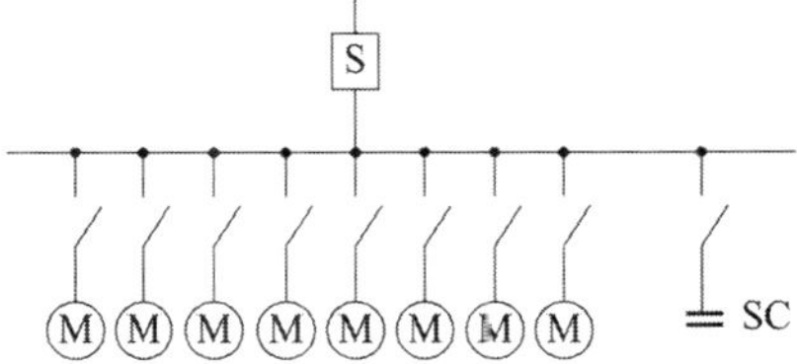

그림 5-11 공통으로 1조를 접속

연습문제

01 정격전류가 각각 20 A, 10.5 A, 4.5 A인 3상 200 V의 전동기를 접속하는 옥내간섭을 보호하는 데 적합한 퓨즈의 정격은 몇 A인가?

답 100 A

02 기중기로 100 ton의 하중은 1.5 m/min의 속도로 권상할 때 요구되는 전동기의 용량 kW은? 단, 기계의 효율은 70 %이다.

답 35 kW

03 지표면상 22 m 높이에 수조가 있다. 이 수조에 분당 8 m^3의 물을 양수하는 펌프 모터에 3상 전력을 공급하기 위하여 단상변압기 2대를 V결선하였다. 펌프의 효율이 67 %이고 펌프축 동력에 15 %의 여유를 둔다면 변압기 1대의 용량 kVA은 얼마인가? 단, 펌프용 3상 유도전동기의 역률은 100 %라고 가정한다.

답 30 kVA

04 사용 전압이 220 V, 정격출력 1 HP인 교류 직권전동기의 단자 상호간 및 각 단자와 금속제 외함 또는 대지사이에 각각 몇 μF의 콘덴서를 설치하는가?

답 단자 상호간 : 0.1 μF, 단자와 대지간 : 0.003 μF

06장 간선

6-1 간선의 종류와 배선재료

6-1-1 간선의 종류

현재 일반적으로 사용되고 있는 전기방식에 따라서 간선을 분류해 보면 다음과 같다.

- 간선
  - 저압 간선
    - 단상 3선식 : 220/110 V
    - 3상 3선식 : 200 V
    - 3상 4선식 : 380/220, 208/120, 415/240, 460/265 V
    - 직류식 : 100 V
  - 고압 간선 : 3상 3선식 : 6.3 kV
  - 특고압 간선 : 3상 4선식 : 22 kV급, 다중접지식

이와 같은 간선의 배선방식은 그 간선의 전압, 시설장소 등을 고려하여 결정되며 간선의 도체는 다음과 같은 것들이 있다.

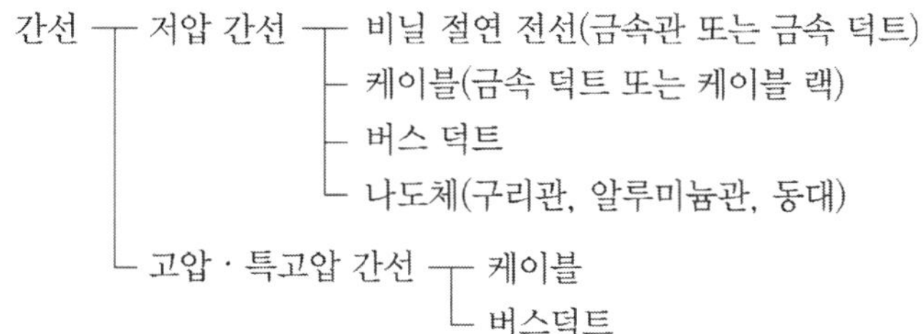

또, 간선계통의 형태에 따라서 분류한 것도 있다. 이는 전등간선에 대하여 주로 적용되며, 분전반이 각 층마다 분산 배치되는 때에 접속방법에 따라서 분류하는 방법이며, 그 예를 그림 6-1에서 볼 수 있다.

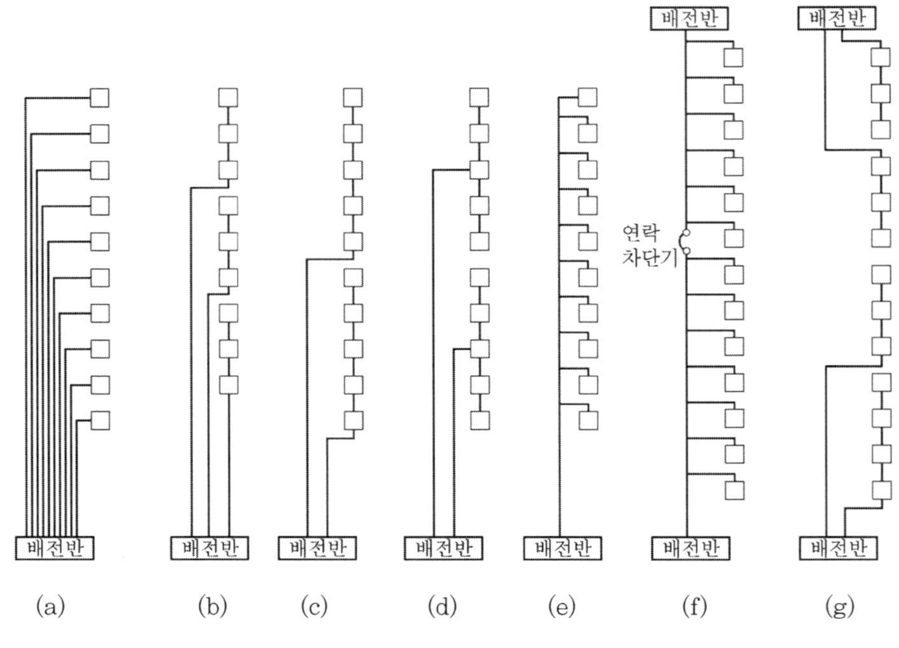

그림 6-1 간선계통도

6-1-2 배선재료

간선용 배선재료 중에서 도체는 비닐 절연전선, 케이블, 버스 덕트(bus-duct), 나도체 등이 있다. 전로재료(電路材料)는 금속전선관, 합성수지관, 케이블 랙(cable-rack 또는 cable-trough), 금속덕트 등이 있다.

도체는 부설하는 장소의 상황과 간선의 전기방식, 용량 및 경제성 등을 고려하여 선정하게 되고 전로재료는 도체와의 관계에 의해서 결정된다. 예를 들면, 비닐 절연전선을 사용하는 간선은 전선관이나 금속덕트에 부설하고, 케이블은 금속 덕트나 케이블 랙을 사용한다.

배선용 도체에 대하여 개략적으로 설명하면 다음과 같다.

(1) 비닐 절연전선

가장 일반적으로 사용하는 전선에 속하며, 간선은 물론 조명용, 동력용, 통신용 등 전기설비의 모든 분야에 걸쳐서 사용되고 있다.

(2) 케이블

전력 간선에 사용되는 케이블은 그 종류가 대단히 많다. 여기서는 현재 흔히 사용되고 있는 대표적인 것에 관하여 간단히 살펴보기로 한다.

① CV 케이블

가교 폴리에틸렌은 내열성 및 내수성이 우수하여 상당히 높은 온도에서도 변형되는 일이 적고 케이블 피트 내에 침수가 있어도 안전하다. 비닐 시이즈는 난연성이 있어 열에 대하여 강한 대신 기름이나 알칼리 등에 의하여 경화(硬化)하기 쉬운 결점도 있다. 또한 CV 케이블은 단단하기 때문에 굴신이 잘 되지 않으므로 다루기가 힘들다.

도체 최고 허용온도는 연속 90 ℃이고 단락시(1초 이내)는 230 ℃이다. 허용전류는 EV, BN 케이블보다 크다.

② EV 케이블

EV 케이블의 약점은 내열성이 낮은 점이다(CV 케이블은 이 점을 개량한 것임). 이 케이블은 절연체인 폴리에틸렌의 온도가 100 ℃ 이상으로 상승하면 절연체가 녹아서 변형을 일으킨다. 따라서 도체 최고 허용온도는 연속 75 ℃이고 단락시(1초 이내)는 140 ℃이다. 그리고 허용전류는 CV, BN 케이블보다도 낮다.

③ BN 케이블

내열성은 CV 케이블보다 약간 떨어지지만 상당히 높은 온도에서도 변형되지 않는다. 그리고 내열성은 CV 케이블이나 EV 케이블보다 떨어지지만 클로로프렌 시이즈가 자소성(自消性)이 있기 때문에 연소하는 일이 적다. 내유성은 가장 떨어지며 휘발유, 중유, 벤졸, 변압기유 등에 의하여 부풀고 파괴되지만 내알칼리성은 양호한 편이다.

BN 케이블은 굽히기 쉽고 충격에 대하여 강하므로 다루기가 용이하다. 그리고 허용전류는 CV 케이블과 EV 케이블의 중간이며, 도체 최고 허용온도는 연속 80 ℃이고 단락시(1초 이내)는 230 ℃이다. 이상 3종의 케이블 외에도 내열성 또는 내화성을 특히 요구하는 장소에 적합한 내열·내화 케이블, 현장작업을 간소화 할 목적으로 분기가 되어 있는 케이블이 간선 재료로서 새로이 등장하고 있다.

④ 내화·내열 케이블

옥내의 소화전, 스프링쿨러, 자동 화재탐지기, 비상경보, 유도등, 배연설비, 비상 콘센트 등에 전력을 공급하는 간선은 내화 케이블을 사용하든가 또는 내화재로 전선을 보호하는 설계를 하지 않으면 사고발생시 원래의 목적을 달성하기가 어렵게 된다. 비상용 승강기, 비상등 등도 이러한 점을 고려하여야 할 것이다(내화전선은 840 ℃에서 30분간, 내열 케이블은 380 ℃에서 15분간 견뎌야 하는 것으로 외국에서는 규정하고 있다).

(3) 버스 덕트

버스 덕트는 도체와 덕트 부분(housing 이라고도 함)의 재료에 따라서 알루미늄 도체 강덕트(Al-Fe), 알루미늄 도체 알루미늄 덕트(Al-Al), 구리도체 강덕트(Cu-Fe) 및 구리도체 알루미늄 덕트(Cu-Al) 등 4종류가 있고, 각각 그에 적합한 장소에 사용된다.

알루미늄 도체는 가볍고 알루미늄과 구리와의 접속기술이 발달하여 접속이 용이해졌기 때문에 Al-Fe 버스 덕트가 가장 많이 보급되어 있다.

각 도체 간에 컴파운드를 넣는 절연 버스 덕트는 부피가 작아지기 때문에 샤프트의 면적을 작게 하는 이점이 있다. 또 저임피던스 버스 덕트는 전압강하가 적기 때문에 배선거리가 긴 경우에 유리하다.

절연버스 덕트의 정격전류는 400 A부터 4000 A에 이르는 것까지 제조되고 있으며 대용량의 간선에 적합하다.

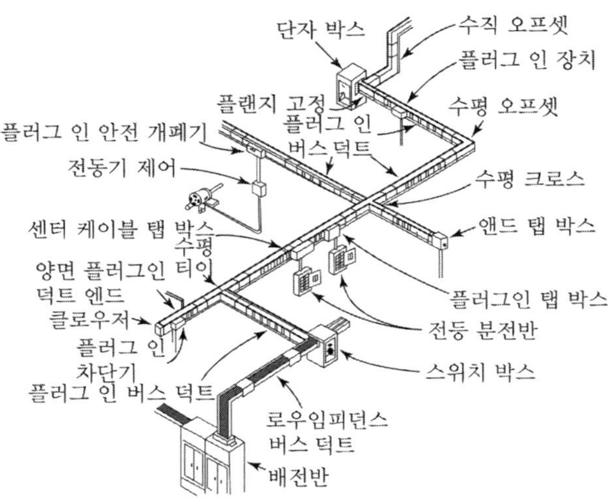

그림 6-2 플러그 인(plug-in) 버스 덕트(전력용) 계통

표 6-1 버스 덕트의 종류

명 칭	형 식		설 명	비 고
피더 버스 덕트 (feeder bus duct)	옥내용	환 기 형 비환기형	도중에 부하를 접속하지 않는 것 (변압기와 배전반간, 배전반과 분전반간의 간선 등)	
	옥외용	비환기형		
플러그 인 버스 덕트 (plug-in bus duct)	옥외용	비환기형	도중에 부하 접속용의 플러그를 시설한 것	그림 6-2
트롤리 버스 덕트 (trolley bus duct)	옥내용 옥외용		도중에 이동 부하를 접속할 수 있도록 트롤리 접촉식 구조로 만든 것	

[주] 버스 덕트(bus duct)는 bus-way라고도 한다.

6-1-3 간선의 부설

(1) 배선용 피트

주로 전기실, 발전기실, 기계실 등 일반인의 출입이 적은 실내에 시설한다. 보통은 실내의 바닥에 정해진 폭으로 홈을 파고 내부는 모르타르로 마감한다. 홈의 덮개는 무늬가 있는 강판을 사용한다.

피트의 깊이는 콘크리트 슬라브 위에 시설한 신더 콘크리트의 두께와 같고 보통은 200~300 mm 정도이다. 폭은 그 속에 넣은 모든 케이블이 포개어지지 않고 일렬로 나란히 배열될 수 있을 정도로 한다.

(2) 금속 덕트

금속 덕트는 공장, 빌딩 등의 전기실에서 다수의 옥내배선을 인출할 때에 절연전선이나 케이블을 넣기 위해서 사용하는 철판제 덕트(두께 1.2 mm 이상의 강관)를 말한다. 금속 덕트 배선은 옥내의 건조한 곳에서 노출되고 점검이 가능한 은폐 장소에 시설한다.

금속 덕트 내부에는 전선 및 케이블 중 어느 것이든지 부설할 수 있다. 이 덕트 내에 부설하는 모든 전선이나 케이블의 절연피복을 포함한 단면적의 합이 덕트 단면의 20 % 이하가 되도록 하여야 한다. 그리고 부설할 때는 전선이나 케이블이 포개어지지 않도록 유의하여야 한다. 이 점은 방열효과와 보수작업이라는 면에서 볼 때 중요한 일이다.

금속 덕트 내부에서 전선이나 케이블의 접속을 해서는 안 된다. 따라서 접속이 필요한 곳에는 풀 박스(pull box)를 설치하든가 또는 그 부분에 점검구를 마련할 필요가 있다.

(3) 케이블 랙(cable-rack 또는 cable-trough)

케이블 랙은 금속제 사다리식 전로재로서 이것을 천장에서 볼트로 고정한다. 장소에 따라서는 벽면에 볼트로 고정하기도 한다. 케이블을 부설할 때는 이 위에 부설하되 삼끈이나 비닐 밴드로 케이블을 랙에 고정하여야 한다.

케이블 랙 위에 부설할 수 있는 것은 케이블로 한정되어 있고 일반전선은 부설하지 않는 것으로 되어 있다. 여기에 부설된 케이블은 금속 덕트와는 달리 케이블이 노출되어 있기 때문에 외력에 대한 방호는 할 수 없지만 손질하기는 용의하다. 따라서 부설경로를 선정할 때에는 이 점을 충분히 고려하여야 할 것이다.

(4) 전선관

전선관은 합성수지관, 금속관, 가요 전선관 등이 있는 데 어느 것이나 기술기준에서 정한 바에 따라서 시설하여야 한다. 이런 것들 중에서 현재 가장 많이 사용되고 있는 것은 금속관이며 간선, 동력, 전등, 약전 등 모든 전기설비에 사용되고 있다.

금속관의 두께는 콘크리트 내에 묻어서 사용할 때에는 두께 1.2 mm 이상, 그 이외의 장소에 사용하는 때에는 1 mm 이상이어야 한다. 금속관 내에 부설되는 전선의 굵기와 가닥수 사이에는 전선의 피복을 포함한 총 단면적이 금속관의 내 단면적의 40 % 이하로 되어야 한다고 규정되어 있다.

합성수지계인 경질비닐관은 근래에 금속관 대용의 전로재로서 각광을 받고 있으며 금속관과 다른 점은 관 재질이 절연물이기 때문에 관로의 접지를 할 필요가 없다.

가요 전선관(flexible conduit)은 금속관(metallic conduit)이나 경질비닐관(hard poly-vinyl-chloride conduit)과는 달리 구부리기가 쉽도록 된 전선관으로 간선의 분기점에서 분전반에 이르는 사이의 짧은 전로 등에 많이 사용된다.

(5) 풀 박스

풀 박스(pull box)는 전선관, 금속 덕트 또는 케이블 랙 등을 사용한 간선에서 케이블이나 전선을 접속하는 장소, 전선관이 직각으로 구부러지는 곳, 또 30 m 이상의 직선부분의 배관 등에서 사용하는 강판제 박스이다. 박스의 크기는 그 속에 시설하는 전선, 케이블의 굵기와 가닥 수 또는 전선관의 굵기 및 가닥 수 등에 의하여 결정되며 시설부분이 직선부분이냐 직각부분이냐에 따라서 그 크기를 달리한다.

풀 박스의 크기를 결정하는 방법은 여러 가지인 데, 어느 것이든지 일종의 기준이라고 생각하는 것이 타당할 것이고 박스를 설치하는 장소의 상황에 따라서 조정되어야 한다.

NEC의 규정에 의하여 풀 박스의 크기를 결정하는 방법을 소개하면 다음과 같다.

① 그림 6-3(a)와 같이 직선상으로 넣을 때는 박스의 길이 A는 가장 큰 전선관의 지름의 8배 이상으로 한다. 폭 B는 각 전선관의 지름에 로크 너트의 스페이스를 가산한 l_1, l_2를 합한 값으로 한다. 전선관 사이의 간격은 보통 25 mm 정도이다. 즉, $d_1 > d_2$인 전선관이라면

$$A = 8 \cdot d_1$$
$$B = l_1 + l_2 = (d_1 + 25) + (d_2 + 25)$$

로 한다.

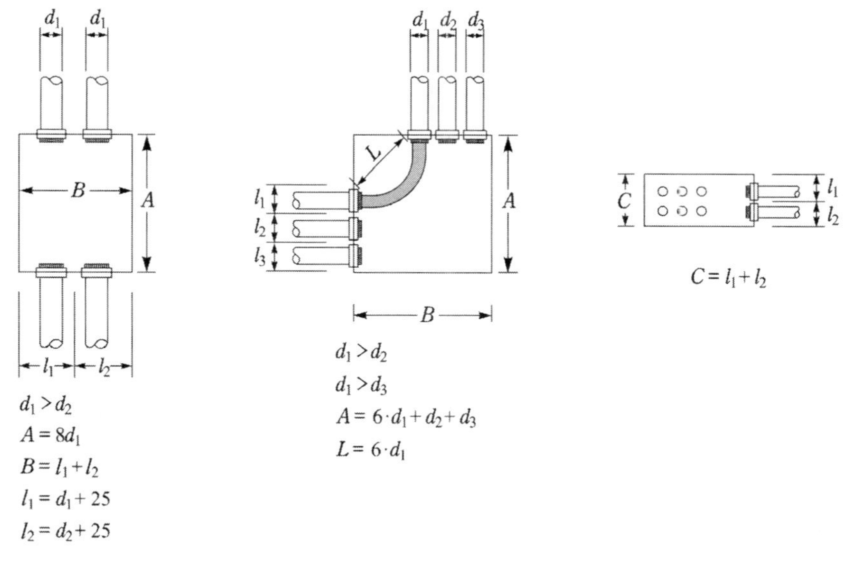

(a) 직선으로 전선을 뽑을 때 (b) 직각으로 구부러지는 곳에서 전선을 뽑을 때 (c) 전선관이 2단 · 3단으로 접속되는 경우

그림 6-3 풀 박스의 크기

② 그림 6-3(b)와 같이 직각으로 구부러지는 경우이면 전선관이 접속된 측면과 반대쪽 측면과의 간격은 가장 굵은 관지름의 합을 가산한 값 이상으로 한다. 즉 d_1을 최대 관지름이라 하면,

$$A = 6 \cdot d_1 + d_2 + d_3$$

로 한다.

③ 관지름이 동일한 전선관이 양쪽에 고정될 때에는 $A = B$이다. 그리고 전선의 곡률반지름을 고려하여 동일전선을 넣는 전선관의 상호간격 L은 그 관지름의 6배 이상으로 한다. 즉,

$$L = 6 \cdot d_1$$

이 된다. 앞서 구한 $A \times B$의 크기에서 이 관계가 성립하는가를 검토하여 풀박스의 크기를 조정한다.

④ 전선관이 2단, 3단으로 접속되는 경우에 풀박스의 깊이 C는 직선상으로 전선을 넣을 때의 폭 B를 결정하는 방법에 준하여 구한다.

6-2 간선의 설계

6-2-1 전력부하의 분포

일반적으로 건물의 내부에서 조명과 콘센트(이 둘을 합쳐서 전등부하라 한다)는 건물 전체에 걸쳐서 분포되어 있다. 한편, 동력부하는 기계실에만 집중되어 있는 경우가 많고 각 층마다 공조기가 분산 배치되어 있는 경우에는 동력부하도 분산 배치된다.

간선에 대한 계획을 하는 시점에 건물 내에 설치하는 전력부하를 정확하게 알고 있다면 별로 문제될 것이 없지만 대개의 경우는 건물의 종류와 규모 등에 따라서 전력부하를 추정하는 것이 보통이다.

① 설비하는 부하용량은 다음 ㉠ 및 ㉡에 표시하는 건축물의 종류 및 그 부분에 해당하는 표준부하에 바닥면적을 곱한 값에, ㉢에 표시하는 건축물 등에 대응하는 표준부하 VA를 더한 값으로 하는 것이 일반적인 설계기법이다.

㉠ 건축물의 종류에 대응한 표준부하

건물의 종류	표준부하 VA/m^2
공장, 공회당, 사원, 교회, 극장, 영화관, 연회장 등	10
기숙사, 여관, 호텔, 병원, 학교, 음식점, 다방, 대중 목욕탕	20
사무실, 은행, 상점, 이발소, 미장원	30
주택, 아파트	40

[비고] 1. 건물이 음식점과 주택부분이 2종류로 될 때에는 각각 그에 따른 표준부하를 사용할 것
2. 학교와 같이 건물의 일부분이 사용되는 경우에는 그 부분만을 적용한다.

㉡ 건축물(주택, 아파트 제외) 중 별도 계산할 부분의 표준부하

건물의 부분	표준부하 VA/m^2
복도, 계단, 세면장, 창고, 다락	5
강당, 관람석	10

㉢ 표준부하에 따라 산출한 값에 가산하여야 할 VA 수

- 주택, 아파트(1세대마다)에 대하여는 500~1000 VA
- 상점의 진열창에 대하여는 진열창 폭 1 m에 대하여 300 VA
- 옥외의 광고등, 전광사인, 네온사인 등의 VA 수
- 극장, 댄스홀 등의 무대조명, 영화관 등의 특수 전등부하의 VA 수

② 제①호에 표시한 값은 일반적으로 적용하는 값이므로 실제 설비되는 부하가 그 이상일 경우에는 그 값에 의할 것. 이 때 예상하기 곤란한 경우는 접속기, 소켓 등이 있을 경우는 다음 표의 예상부하 값 이상으로 계산할 것.

수구의 종류	예상 부하 VA/개
소형 전등수구, 콘센트	150
대형 전등수구	300

[비고] 1. 콘센트는 1구이든 2구이든 몇 개의 구로 되어 있더라도 1개로 본다.
2. 전등수구의 종류는 다음과 같다.
소형 : 공칭지름이 26 mm의 베이스인 것.
대형 : 공칭지름이 39 mm의 베이스인 것.

6-2-2 전력계통의 결정

간선의 계통을 결정하자면 수전점에서 분전반이나 제어반까지의 전 전력계통에 대한 종합적인 검토를 하여야 한다. 다시 말하면 전력계통에는 여러 가지 요인이 상호 관련되어 있으므로 단순한 검토만으로 좋은 계획안을 얻기는 어렵다.

(1) 전기방식

전기방식을 결정하는 데 가장 중요한 것은 그 수용장소 내에서 가장 광범위하게 사용되는 부하의 정격전압이 몇 볼트인가, 간선 1회선의 용량을 얼마로 할 것인가, 비상용 발전기의 정격전압을 몇 볼트로 할 것인가 하는 3가지이다.

일반적으로 사용하고 있는 전기방식에 대하여 그 특징을 비교 요약하면 다음과 같다.

① 단상 2선식

간선으로 이 방식이 사용되는 곳은 소규모의 일반주택 뿐이다. 그러나 110 V 또는 220 V 부하는 사무실, 병원, 호텔, 공장 등 각처에서 널리 이용하고 있으므로 모든 수용 장소에서 이 전압의 전원은 필요하다고 보아야 한다.

② 단상 3선식(220/110 V)

단상 2선식 110 V의 간선은 대용량인 경우에는 간선의 굵기가 커지고 손실도 많아서 비경제적이다. 전류를 반감하기 위하여 회로전압을 220 V로 하고 110 V도 얻을 수 있도록 한 것이다. 이 방식은 중성선이 접지되어 있으므로 대지전압은 110 V이다.

③ 3상 3선식(200 V)

일반 빌딩이나 공장에 설치하는 기계를 구동하는 전동기는 대부분 3상 200 V가 정격 전압이다. 따라서 동력전원으로는 이 방식이 가장 많이 사용되고 있다. 각 상전압이 200 V이고 1상을 접지하여 사용하기 때문에 대지전압은 200 V이다.

④ 3상 4선식(380/220 V, 415/240 V, 460/265 V)

3ϕ4W(380/220 V) 방식은 중성선과 각 상의 전압은 220 V이고 각 상간의 전압은 380 V이다. 비교적 용량이 큰 부하가 많은 빌딩이나 공장의 간선전압으로 적합하다. 이 방식은 유럽의 여러 나라에 많이 채택하고 있는 방식이고 최근에는 우리나라에서도 공급전압으로 정하였다.

3ϕ4W(415/240 V)방식을 채택하면 전동기의 정격전압을 415 V, 형광등의 전압을 240 V로 하는 것이 일반적이다. 그러나 부하의 말단에서 110 V를 얻기 위해서는 각각 소형변압기(415/220/110 V 정격)를 별도로 설치하여야 한다. 또 415/240 V라는 전압은 50 Hz의 경우이고 60 Hz이면 정격전압은 460/265 V로 된다.

⑤ 3상 3선식 6 kV 또는 3 kV

수용장소 근처에 설치하는 변압기의 1차 전압을 6 kV 또는 3 kV로 하는 방식이다. 즉 도로상에 있는 가공 배전선로와 주상 변압기를 그대로 건물의 전기시프트 안으로 옮겨 놓은 것과 같다. 각 층마다 부하가 100 kVA 이상이고 층수가 20층 이상으로 되는 대규모 건물에는 고려해 볼만한 방식이다.

(2) 계통

사용 전기방식이 결정되면 다음에는 간선계통을 정한다. 계통의 보기는 그림 6-1에 제시한 것과 같다. 계통을 선정할 때에는 사용 전기방식의 특징을 잘 살릴 수 있는 계통을 선정하여야 한다.

그림 6-1에서 (a)~(e)까지는 배전반(주변전소)이 1개소에 있는 경우이고 (f), (g)는 2개소에 있는 경우이다. (a), (b)는 각 층마다의 수요전력이 비교적 큰 경우 또는 관리상 각 층마다 구분되어 있는 경우에 사용된다. (c), (d)는 각 층에서의 부하규모가 비교적 작은 경우에 사용되며 여러 층을 묶어서 간선 회선수를 줄이는 점이 특색이다. (a)~(d)는 일반적으로 단상 3선식 및 3상 3선식에 사용된다. (e), (f)는 대용량의 간선을 1회선만으로 하여 소요 용량과 시프트 점유면적의 경감을 도모한 방식이다. (e)의 방식은 간선에 사고가 일어나면 건물 내의 전부하에 영향을 미치므로 간선 자체의 신뢰도를 높여야 한다. (f)의 경우에 배전반 2개소로부터 전력을 공급하는 관계로 하나의 간선에서 사고가 일어나도 건물의 나머지 절반은 급전을 계속할 수 있다. 배전반 중 하나에서 고장이 생겨도 두 간선을 연락차단기를 통해

서 전부하에 급전이 가능하다. 3상 6 kV 또는 400 V급 배전에서 이 방식이 적합하다.

(3) 간선의 보호

간선사고를 예방하기 위하여서 과전류, 지락전류, 단락전류 등에 대한 보호장치를 시설하여야 한다.

① 과전류 보호

각 간선의 전원측에는 그 간선을 과전류로부터 보호하기 위하여 과전류차단기를 설치한다. 이때 과전류 차단기의 정격전류는 간선에 사용하는 전선, 케이블 또는 버스 덕트의 허용전류보다 적은 것으로 하여야 한다.

② 지락 보호

간선에 접지사고가 생겼을 때 자동적으로 전로를 차단하게 하려면 지락차단장치의 시설을 할 필요가 있다. 지락차단장치는 지락계전기를 이용해서 수전용 차단기 또는 각 변압기용 차단기를 동작하게 한다. 그러나 규모가 큰 건물로서 400 V급 대용량의 간선이면 건물 전체를 1계통 간선으로 전력공급을 하기도 하는데 1개소에서 지락사고가 일어나면 건물 전체가 정전된다. 그러므로 이러한 일을 피하기 위하여서는 작은 범위마다 지락차단장치를 시설하는 것이 바람직하다. 그리고 비상조명, 비상용 승강기, 유도등 등이 접속되어 있는 간선에는 지락차단기장치 대신 경보기를 부설하는 것이 바람직하다는 것은 이미 살펴본 바이다.

③ 단락 보호

간선에 사용한 전선, 케이블 또는 버스 덕트에 단락사고가 일어났을 때 흐르는 단락전류를 차단하려면 변압기의 1차측이나 2차측에 단락차단기를 설치한다.

건물규모가 커지면 변압기 용량도 이에 부응해서 커지기 마련이다. 또한 간선은 400 V급 low impedance의 버스 덕트를 사용하는 예가 많은데 단락사고가 일어났을 때의 단락전류값은 대단히 커진다. 더욱이 1개소의 고장일지라도 정전의 파급범위가 넓기 때문에 단락보호에 관한 문제는 신중히 다루어야 한다.

위와 같은 3가지 보호 장치는 어느 것이나 고장을 검출해서 차단기를 개방하는 것이기 때문에 결과적으로 정전상태로 된다. 그러므로 전로의 말단에서 일어난 사고 때문에 주간선 전체가 정전되는 사태가 발생하면 전기적으로는 안전할지라도 정전으로 말미암아 별도의 위험이나 손해를 초래할 염려가 있다. 따라서 고장의 정도, 발생빈도, 다른 설비에 미치는 영향 등 종합적인 검토를 하여서 가급적이면 정전범위가 적게 파급되도록 대책이 강구되어야 할 것이다.

6-2-3 배선방식의 결정

간선계통의 방식이 결정되어 각 간선에 대한 최대 사용전류가 정해지면 배선방식에 대하여 검토한다. 간선에 적용되고 있는 배선방식에는 전술한 바와 같이 여러 가지가 있지만 여기서는 대표적인 3가지 방법. 즉 비닐 절연전선(전선관), 케이블(케이블 랙) 및 버스 덕트(Al−Fe) 등에 대하여 검토해 본다.

(1) 최대 사용전류

비닐 절연전선을 금속관 내에 배선하였을 때의 예를 든다면, 현재 시판되고 있는 것 중 최대의 것은 500 mm^2 3선을 104 mm의 금속관에 배선한 것이다. 이때의 허용전류는 주위온도를 30 ℃, 비닐전선의 최대 허용온도를 60 ℃로 본다면 589 A가 된다.

325 mm^2 3심 케이블이라면, 이의 허용전류는 570 A이다. 그러나 단심 케이블이라면 1,000 mm^2 3본으로 1,620 A가 된다. 버스 덕트는 외국에서 최대 5,000 A까지 제조되고 있다.

이와 같이 배선방법에 따라서 그의 최대 사용전류에는 상당히 큰 차이가 있다는 것을 알 수 있는 데, 500 mm^2의 비닐 절연전선 3본을 금속관 내에 넣는다는 것은 공사과정에서 어려움이 많다. 그리고 단심 케이블을 케이블 랙에 부설할 때는 단락전류에 대한 문제, 임피던스 관계 등 문제가 수반되기 때문에 1,000 mm^2의 케이블은 특수한 공법에 의할 수밖에 없다.

이와 같은 검토를 해 보면 사실상 전선의 최대 사용전류 250 mm^2의 비닐 절연전선 3본을 82 mm의 금속관에 넣는 경우에 390 A, 케이블은 325 mm^2 3심일 때 570 A, 특수 케이블이면 1,000 mm^2 3본으로 1,620 A, 버스 덕트는 5,000 A로 보는 것이 타당할 것이다.

(2) 배선비의 비교

각 배선방식에 따라는 배선비를 비교한다는 것은 배선방식에 따라서 그에 사용되는 배선재료가 달라지기 때문에 소홀히 다룰 문제가 아니다. 비닐 절연전선의 배선비는 전선, 금속관, 풀박스, 설치재료, 공임 등이 주요 비용에 속한다. 케이블의 배선비는 케이블 외에 케이블 랙, 설치재료, 공임 등이 주요 비용이고, 버스 덕트는 버스 덕트, 설치재료, 공임 등이 주요 비용이다. 설계도면에 각기 소요 수량과 단가 등을 견적하여 보면 사용전류와 배선비와의 관계를 파악할 수 있다. 이들 상호관계를 검토해 본 것이 그림 6−4이다. 즉, 100～250 A까지는 비닐 절연전선, 200～1,500 A까지는 케이블 1,000 A 이상이면 버스 덕트가 가장 경제적이라는 것을 알 수 있다.

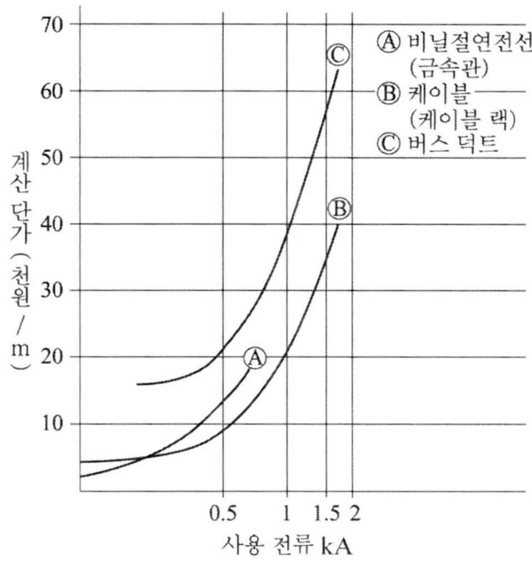

그림 6-4 사용전류와 배선비

6-2-4 도체 굵기의 결정

간선의 전기방식과 배전방식 다음에는 도체의 굵기를 결정해야 한다. 도체의 굵기를 결정하기 위하여 전류용량과 전압강하 그리고 기계적 강도 등 3가지 요소에 대하여 검토할 필요가 있다.

(1) 허용전류

도체의 허용전류는 하나하나 계산하는 것이 원칙이다. 그러나 비닐 절연전선이나 케이블과 같이 많이 사용되고 있는 것에 대하여는 편의상 허용전류표가 작성되어 있으므로 이것을 이용하면 편리하다. 표 1-7(1), 표 1-7(2) 등이 그 예이다.

(2) 단락용량

용량이 큰 저압간선이나 고압간선은 사용하는 배선재료의 단락용량에 대해서도 검토해 보아야 한다. 간선에서 단락사고가 발생하면 큰 단락전류가 흐르게 되고, 그때 발생하는 도체의 줄열(joule's heat)은 대단히 크다. 물론 간선에 설비된 차단기가 작용하여 그 회로는 개방되겠지만 차단기가 동작하는 시간이나 도체의 여열 때문에 1초 정도는 고온상태가 지속된다. 그러므로 케이블의 단락용량은 1초간의 최고 허용온도를 기준으로 하여 산출한다. 또 버스 덕트는 표 6-2와 같이 정격전류에 따라서 단락전류를 정해 놓고 있다.

표 6-2 버스덕트의 단락전류

버스덕트의 정격전류 A	단락시험전류 A	버스덕트의 정격전류 A	단락시험전류 A
100	10,000	1,500	50,000
200	15,000	2,000	75,000
400	25,000	2,500	75,000
600	25,000	3,000	75,000
800	25,000	3,500	75,000
1,000	25,000	4,000	100,000
1,200	50,000	5,000	100,000

(3) 전압강하

도체에 저항이 있기 때문에 전류가 흐르면 송전단 전압과 수전단 전압의 사이에 전압차가 생기기 마련이다. 이를 간선의 전압강하라고 한다. 전압강하가 적을수록 그 간선의 전기적 특성은 좋다고 할 수 있지만 도체의 단면적을 크게 하면 할수록 경제성은 나빠질 것이므로 전기적 특성과 경제성이라는 두 가지 측면에서 도체의 굵기를 검토해야 할 것이다. 각종 버스 덕트에 전압강하 표를 표 6-3에 제시한다.

표 6-3 버스덕트의 전압강하표

(a) 보통의 버스덕트

〈알루미늄 도체〉

정격전류 A	도체크기 mm	임피던스		전압강하 V/m					
		교류저항 $R\times10^{-6}$ Ω/m	리액턴스 $X\times10^{-6}$ Ω/m	역률 100	90	80	70	60	50
200	6×25	240.2	100.6	0.083	0.099	0.100	0.038	0.094	0.090
400	6×50	123.0	123.5	0.085	0.114	0.120	0.121	0.120	0.117
600	6×75	86.6	100.5	0.090	0.127	0.135	0.138	0.138	0.136
800	6×125	58.3	75.9	0.081	0.119	0.128	0.132	0.133	0.132
1,000	6×150	51.7	65.0	0.090	0.130	0.139	0.143	0.144	0.143
1,200	8×150	44.7	73.8	0.094	0.151	0.166	0.175	0.179	0.179
1,500	8×200	40.8	56.8	0.106	0.160	0.173	0.180	0.182	0.181
2,000	10×200	37.4	56.2	0.130	0.202	0.220	0.230	0.234	0.233
2,500	8×200×2	34.0	74.3	0.147	0.273	0.311	0.333	0.346	0.352
3,000	10×200×2	33.0	72.7	0.172	0.319	0.364	0.390	0.405	0.413

〈동도체〉

정격전류 A	도체크기 mm	임피던스 교류저항 $R \times 10^{-6}$ Ω/m²	임피던스 리액턴스 $X \times 10^{-6}$ Ω/m	전압강하 V/m 역률 100	90	80	70	60	50
200	3×25	284.1	167.9	0.098	0.114	0.114	0.110	0.106	0.101
400	6×40	94.2	135.9	0.065	0.100	0.109	0.113	0.115	0.114
600	6×50	77.9	123.5	0.081	0.129	0.142	0.148	0.151	0.152
800	6×75	58.0	100.4	0.080	0.133	0.148	0.156	0.160	0.161
1,000	6×100	48.5	83.7	0.084	0.139	0.154	0.162	0.166	0.168
1,200	6×125	43.7	75.9	0.091	0.151	0.167	0.176	0.181	0.182
1,500	6×150	40.8	65.0	0.106	0.169	0.186	0.195	0.199	0.199
2,000	6×200	36.8	47.9	0.128	0.187	0.202	0.208	0.209	0.208
2,500	6×150×2	34.1	70.0	0.148	0.265	0.300	0.320	0.332	0.337
3,000	6×200×2	33.0	53.9	0.172	0.277	0.306	0.320	0.327	0.329

(b) 절연 버스덕트

〈알루미늄 도체〉

정격전류 A	도체크기 mm	임피던스 교류저항 $R \times 10^{-6}$ Ω/m	임피던스 리액턴스 $X \times 10^{-6}$ Ω/m	전압강하 V/m 역률 100	90	80	70	60	50
400	6×50	123.0	35.0	0.085	0.087	0.083	0.077	0.071	0.064
600	6×75	86.6	25.5	0.089	0.093	0.088	0.082	0.075	0.068
800	6×100	68.1	20.5	0.094	0.097	0.093	0.086	0.079	0.072
1,000	6×125	58.3	16.5	0.101	0.103	0.098	0.091	0.083	0.075
1,200	6×150	51.8	12.5	0.106	0.108	0.102	0.094	0.085	0.076
1,500	6×200	44.7	10.0	0.116	0.116	0.108	0.100	0.091	0.081
2,000	10×200	37.4	11.5	0.130	0.134	0.128	0.119	0.110	0.099

〈동도체〉

정격전류 A	도체크기 mm	임피던스 교류저항 $R \times 10^{-6}$ Ω/m	임피던스 리액턴스 $X \times 10^{-6}$ Ω/m	전압강하 V/m 역률 100	90	80	70	60	50
400	6×40	94.2	40.0	0.065	0.071	0.069	0.036	0.061	0.057
600	6×50	77.9	35.0	0.081	0.089	0.087	0.033	0.078	0.072
800	6×75	58.0	25.5	0.080	0.088	0.085	0.032	0.077	0.071
1,000	6×100	48.5	20.5	0.084	0.091	0.089	0.032	0.079	0.073
1,200	6×125	43.7	16.5	0.087	0.097	0.093	0.088	0.082	0.075
1,500	6×150	40.8	12.5	0.106	0.110	0.104	0.907	0.090	0.081
2,000	6×200	36.8	10.0	0.127	0.130	0.123	0.114	0.104	0.094

[주] 3상 정격전류가 흐를 때의 선간전압강하

(4) 용량의 검토

한 계통의 전력간선에 접속되어 있는 부하는 전체 부하를 동시에 정격출력으로 운전하는 예는 거의 없다고 보아도 된다. 그러므로 실제로 간선에 흐르는 전류를 설계 시에 예측하는 데 가장 신뢰할 수 있는 것은 수용률이다. 물론 수용률은 과거의 데이터에서 얻어지는 경험치이다.

일반전력용 간선의 수용률은 다음 표 6-4에 일반적인 수용률을 제시하였다. 설계 시에는 주택 내용에 따라서 이 값보다 높은 수용률을 적용하고 또한 장래의 부하증가를 고려하여 크게 설계할 것이다.

표 6-4 일반전력용 간선의 수용률

(단상 3선식 110/220 V, 단상 2선식 220 V

호수 n	일반전력 수용률 d %	중첨률 k	전기온수기 등의 상정부하 Pw kVA	상정 최대부하 Po kVA	선 전류 Io A	배 선 용 배선용차단기 정격전류 A
1	100	0.8	4.4	12.4	57	75
2	90	〃	8.8	23.2	106	125
3	80	〃	13.2	32.4	147	150
4	70	〃	17.6	40.0	182	225
5	60	〃	22	46.0	209	225
6	50	0.8	26.4	50.4	229	250
7	〃	〃	30.8	58.8	267	300
8	〃	〃	35.2	67.2	306	350
9	〃	〃	39.6	75.6	344	350
10	〃	〃	44	84.0	382	00
11	48	0.8	48.4	90.6	412	500
12	〃	〃	52.8	98.9	440	500
13	〃	〃	57.2	107.1	487	500
14	〃	〃	61.6	115.4	525	600
15	〃	〃	66	123.6	562	600
16	48	0.8	70.4	131.8	599	600
17	〃	〃	74.8	140.1	637	
18	〃	〃	79.2	148.3	675	
19	〃	〃	83.6	156.6	712	
20	〃	〃	88	164.8	749	
21	46	0.8	92.4	169.7	772	
22	〃	〃	96.8	177.8	808	
23	〃	〃	101.2	185.8	845	
24	〃	〃	105.6	193.8	881	
25	〃	〃	110	202.0	918	
30	46	0.8				
40	〃	〃				
100	〃	〃				
100 초과	〃	〃				

[비고1] 주택의 한호 당 면적은 100 mm^2, 각호의 상정부하용량은 10 kVA/호(비고 2참즈)로 22:00시에 일제히 가동하게 되는 전기온수기용량 4.4 kVA/호가 설치되어 있는 전 전화 집합주택의 예를 기준한 것이다.

[비고2] 표에서 호수 n은 같은 간선에서 전력을 공급받는 주택의 총 호수이다.

Po = (P×d×k)×n+Pw kVA으로 계산

여기서, Po : 상정 최대부하, P : 각 주택의 상정부하용량

d : 전기온수기 등의 상정부하를 제외한 일반전력의 수용률 %

k : 기기 중첩률(전기온수기 등 제외)

n : 호수, Pw : 심야전력을 이용하는 전기온수기 등

(계산 예) 위 표에서 호수가 1호인 경우

P=0.06 kVA/m^2×100 m^2 +4 kVA =10 kVA/호

Po=(10×1×0.8)×1+4.4=12.4 kVA가 된다.

[비고3] 선 전류 Io는 단상 3선식 110/220 V 또는 단상 2선식 220 V에서 한선의(단상 3선식은 상전류) 전류 값이다.

[비고4] 간선의 최소규격은 과전류 차단기의 정격전류 및 전선의 허용 전류에 의한 최소규격을 표시한 것이며, 또한 간선 전로의 전압강하를 고려하여야 한다.

[비고5] 이 표의 전선 굵기 및 허용전류는 부록 230-1을 참고하여 적합한 전선 굵기를 선정한다.

[비고6] 최소 전선 굵기는 1회선에 대한 것이며, 2회선 이상일 경우는 부록 230-1의 복수회로 보정계수를 적용하여야 한다.

[비고7] 수용률=최대부하/총 설비용량

6-3 간선 설계의 예

[설계의 전제조건]

(1) 건축 규모

지하 1층 1,200 m^2 : 기계실, 전기실

지하 2층 1,200 m^2 : 주차장

지하 1층 800 m^2 : 엔트런스, 식당

2층 600 m^2 : 전시장 및 매장

3층 1,100 m^2 : 임대 사무실

4층 1,100 m^2 : 임대 사무실

5층 1,100 m^2 : 사무실(자기회사용)

6층 1,100 m^2 : 사무실(자기회사용)

7층 1,100 m^2 : 사무실(자기회사용)

8층 1,100 m^2 : 사무실(자기회사용)

9층 1,100 m^2 : 사무실(자기회사용)

타워 부분 600 m^2 : 기계실, 엘리베이터 기계실

계 12,100 m^2

(2) 운용관계

5층에서 9층까지는 건물주 측에서 자기회사 사무실로 사용하고 3, 4층의 임대 사무실은 입주자 측에서 내장공사를 한다.

(3) 설비관계

1년을 계속해서 공기조화설비를 가동하고 엘리베이터는 4대를 운용한다.

[부하의 산정] 제시된 조건에 따라 계획을 한다. 특히, 간선의 용량을 정할 때 사무실의 조도를 1,000 lx로 보고서 계산을 하고, 표 6-5와 같이 부하를 산정한다. 이와 같이 산정한 부하를 각 층별로, 사용 목적별로 묶어 보면 그림 6-5에 제시한 바와 같은 부하분포도를 작성할 수 있다.

표 6-5 부하추정

수 용 장 소	부하 용량	비 고
임대 사무실 전등 부하	60 kVA	3·4 각 층
자사 사무실 전등 부하	70 kVA	5~9 각 층
기계실 전등 부하	60 kVA	B1·B2 각 층
식당·전시장 전등 부하	75 kVA	1·2 각 층
공기조화 부하	600 kVA	지하·펜트하우스에 분산
일반 동력	200 kVA	
엘리베이터(4대)	120 kVA	

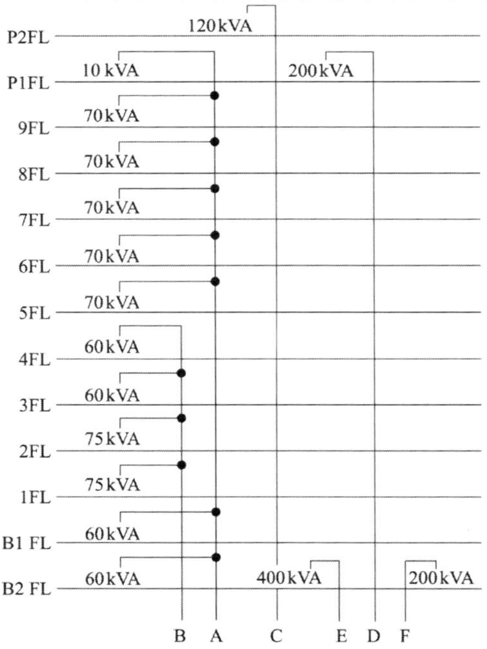

그림 6-5 부하분포도

그림의 A에서 F까지 각 회로는 부하의 종류별로 분류한 것이다. 즉,

회로 A는 자기회사용 사무실 공용부분의 전등부하
B는 임대 사무실 전등부하
C는 엘리베이터용
D는 공조부하(타워부분에 설치하는 분)
E는 공조부하(지하실에 설치하는 분)
F는 일반 동력

이다. 이 중에서 C와 D는 부하의 성질, 설치장소 등을 고려해서 함께 묶을 수도 있다. 또한 비상용 부하를 별도로 표시하는 것이 원칙이지만 이 분포도에서는 다음에 설명하는 이유 때문에 비상용 간선의 독립설치는 불합리하므로 비상용과 상용을 공용하기로 하였다.

[계통의 비교와 결정]

건물의 용도가 사무실용이라는 점과 총면적이 12,000 m^2인 점으로 보아 400 V급 간선 계통도 가능하므로 다음 2개안에 대해 검토하기로 한다.

제1안 전등용 간선 단상 3선식 220/110 V
동력용 간선 3상 3선식 200 V
제2안 전등전력 공용 3상 4선식 380/220 V
(제2안은 각 층마다 110 V용 변압기를 설치하는 것으로 한다)

배선재료는 비닐 절연전선, 케이블, 버스 덕트의 3종류를 생각할 수 있다. 그런데 비닐 절연전선은 각 회로의 용량으로 미루어 볼 때 불합리하므로 CV케이블이나 버스 덕트를 사용하기로 한다. 그림 6-5의 분하분포도에 대해서 제1안의 배선방식에 의하여 계통도를 작성해 보면 그림 6-6의 A안과 같이 되고, 제2안에 의하여 계통도를 작성해 보면, 케이블을 사용할 때는 B안을, 버스덕트를 사용할 때는 C안을 얻는다.

A안은 간선 1회선이 담당하는 면적이 적은 관계로 사고의 파급범위를 줄이는 데 효과적이지만 배선용 차단기의 수가 많아지고 전기실이나 시프트의 점유율이 커진다는 것을 알아야 한다.

B안은 배전전압을 380 V로 하면 회로전류가 감소되기 때문에 회로수를 줄일 수 있기는 하지만 동력과 전등이 분리되어 있으므로 라이저 부분을 3회로로 하여야 한다.

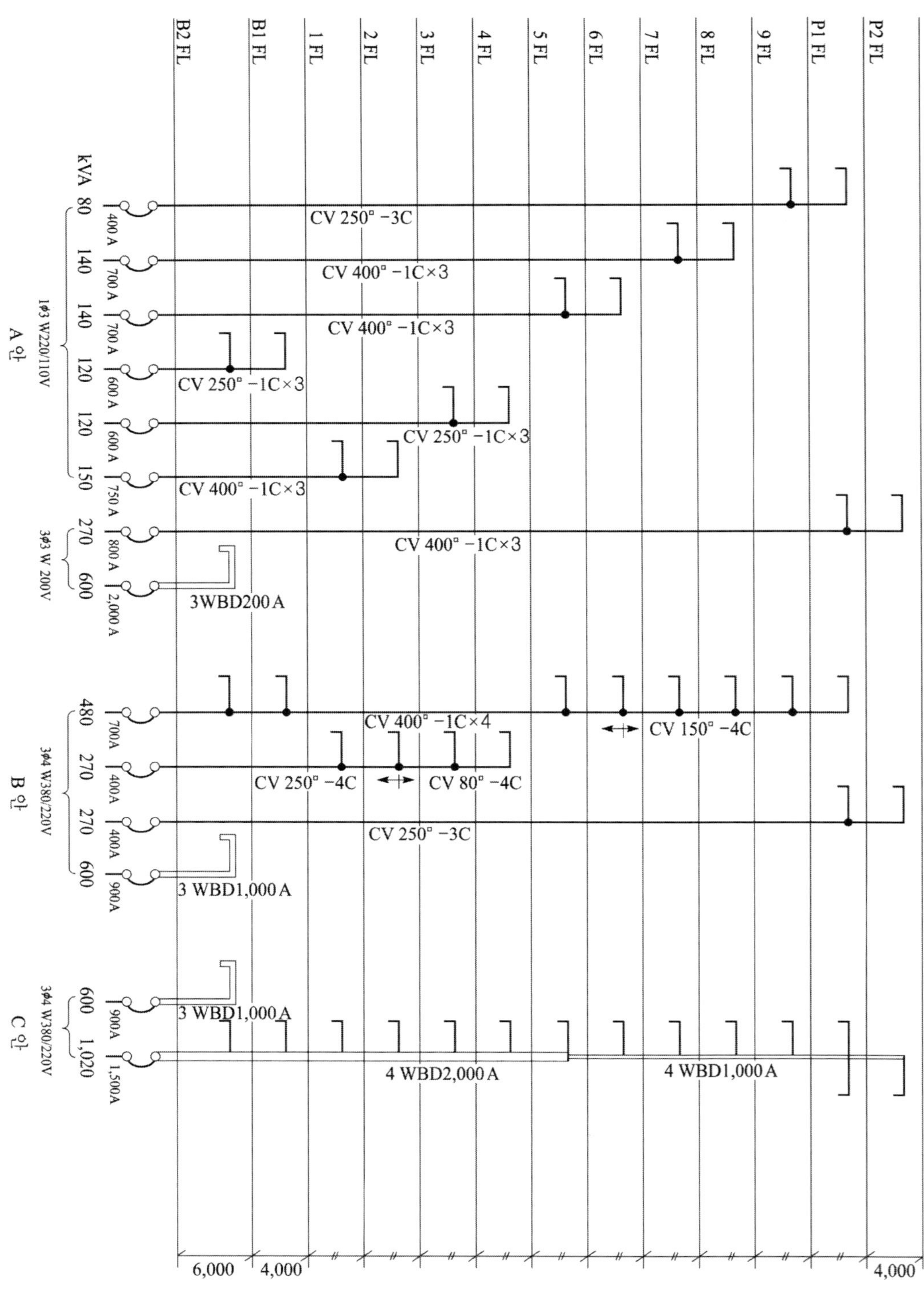
B2 FL
B1 FL
1 FL
2 FL
3 FL
4 FL
5 FL
6 FL
7 FL
8 FL
9 FL
P1 FL
P2 FL
kVA
80
140
140
120
120
150
400 A
700 A
700 A
600 A
600 A
750 A
1φ3 W220/110V
A 안
CV 250□ -3C
CV 400□ -1C×3
CV 400□ -1C×3
CV 250□ -1C×3
CV 250□ -1C×3
CV 400□ -1C×3
270
600
800 A
2,000 A
3φ3 W 200V
CV 400□ -1C×3
3WBD200 A
480
270
270
600
700A
400A
400A
900A
3φ4 W380/220V
B 안
CV 400□ -1C×4
CV 150□ -4C
CV 250□ -4C
CV 80□ -4C
CV 250□ -3C
3 WBD1,000 A
600
1,020
900A
1,500A
3φ4 W380/220V
C 안
3 WBD1,000 A
4 WBD2,000 A
4 WBD1,000 A
6,000
4,000
4,000

그림 6-6 간선 계통도

C안은 대용량이 1회선 간선으로 전 건물에 전력을 공급하는 방식이며 A안과는 좋은 대조가 된다. 그런데 간선에서의 사고(극히 드문 일이지만)는 전 건물에 정전을 초래한다는 것을 잊어서는 안 된다.

이상 3가지 안 중에서 어느 것을 선정할 것인가 하는 문제는 기술적인 면에서 일장 일단이 있기 때문에 간단한 문제는 아니며, 기술적으로 비슷할 때에는 경제성이 최종 결정의 관건이 된다. 따라서 3가지 안을 놓고 개략적인 견적을 하여서 경제성을 비교해 보기로 한다.

비교를 위한 견적은 3개 안이 모두 기능상으로 동일하다고 가정하여야 할 것이므로 변압기 2차 모선에서 전원측은 각 안 모두 동일한 것으로 간주하고 각 층에 설치하는 전등 분전반과 동력 분전반은 A, B, C안이 각각 다소의 차이는 있겠지만 근소한 차이이므로 무시하기로 한다. 또한 380 V와 200 V 정격의 전동기 및 형광등의 가격은 동일한 것으로 가정한다. 따라서 비교대상의 범위는 각 간선의 배선용 차단기에 각 층의 분기선까지로 한다.

비교한 결과는 표 6-6과 같다. 따라서 이 계획은 B안이 가장 경제적이라는 것이 판명 되었지만 C안과의 차이가 그다지 크지 않다. 그러므로 현장작업의 난이도를 감안한다면 C안이 B안보다는 용이하기 때문에 C안을 채택하는 것이 바람직하다.

표 6-6 시설비의 비교 (단위 $)

	A 안	B 안	C 안
배 선 비	23,400	15,000	17,300
배 전 반	18,500	7,700	6,930
변압기(380/220/110 V)	—	6,540	6,540
합 계	41,900	29,240	30,770

Chapter
연습문제
e x e r c i s e

01 간선의 계통을 결정할 때에 검토해야 할 중요한 사항은 무엇인가?

02 간선의 배선방식을 비교하고 각각의 특징을 약술하여라.

03 다음 용어에 대하여 구체적으로 설명하여라.

(1) 수용률

(2) 허용전류

(3) 단락전류

04 간선의 단락사고를 미연에 방지하고 또 사고의 확대를 방지하기 위한 보호 장치를 구체적으로 열거하여라.

07장 방재설비

7-1 화재경보설비

자동 화재경보설비라 함은 자동적으로 화재발생을 감지하여 소방대상물의 관계자에게 통보할 수 있는 설비로서 감지기, P형 수신기나 R형 수신기, 중계기, 발신기, 지구음향장치 및 부속기기로 구성된 것을 말한다. 다시 말하면 화재 발생시에 열로 인하여 주위 공기의 온도가 상승하는 것을 감지하여 수신장치를 동작시키고 경종을 울려서 그 위치가 표시되는 표시등(pilot lamp)이 점등되는 등 전연 사람의 손을 필요로 하지 않는 장치이다.

7-1-1 자동 화재탐지설비의 구성

자동 화재탐지설비는 화재가 발생하면 자동으로 화재발생신호를 발신하는 감지기부분, 사람이 수동으로 화재발생신호를 보낼 수 있는 발신기부분, 화재발생신호를 수신하여 화재위치를 표시하고 경보장치 등에 작동신호를 발신하는 수신기부분, 화재가 발생하였음을 경보해 주는 음향장치 및 시각경보기 등으로 구성되어 있다. 그림 7-1은 자동화재탐지설비의 구성도이다.

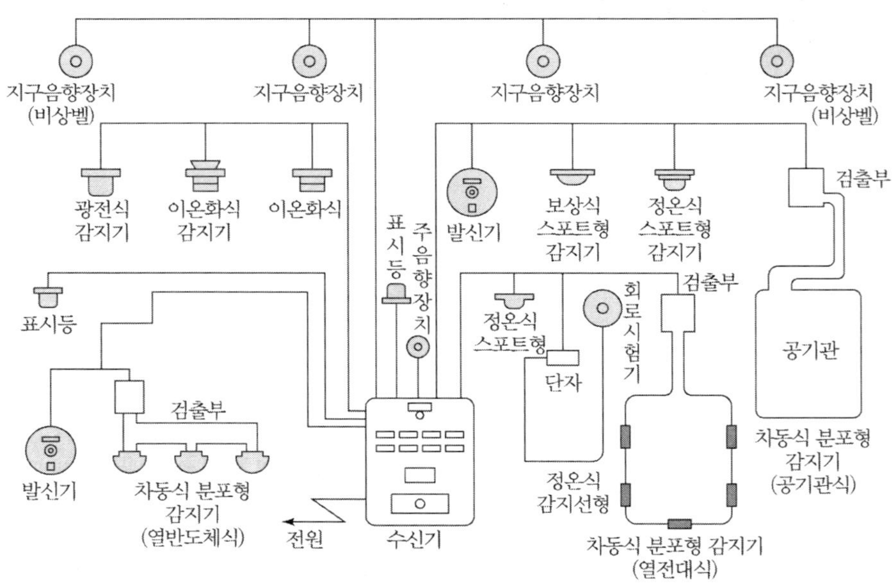

그림 7-1 자동 화재탐지 설비의 구성도

7-1-2 자동 화재탐지설비 기기

(1) 감지기

자동 화재탐지설비에서 눈과 귀의 역할을 하는 감지기는 화재로 인하여 발생되는 열이나 연기를 자동적으로 감지하여 수신기에 화재발생신호를 보내는 역할을 한다. 이 감지기는 검출 대상에 따라 열식과 연기식이 있으며 그 종류는 다음과 같다.

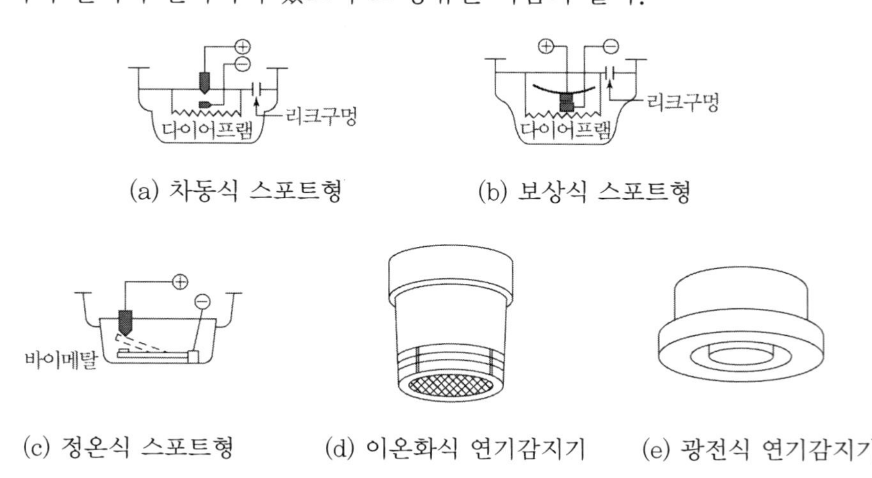

(a) 차동식 스포트형 (b) 보상식 스포트형

(c) 정온식 스포트형 (d) 이온화식 연기감지기 (e) 광전식 연기감지기

그림 7-2 감지기의 형식

① 차동식 스포트형 감지기

차동식 스포트형 감지기는 한정된 일부분의 온도 상승률이 일정한 온도 상승률 이상으로 상승하면 열효과에 의하여 작동하는 것이며, 사무실・응접실・서고 등 비교적 온도의 변화가 적은 장소에 적합하고, 주방이나 목욕탕에는 부적당하다. 그런데 강제난방을 하는 경우 오작동의 원인이 되므로 주의하여야 한다.

② 차동식 분포형 감지기(공기관식)

차동식 분포형은 모든 부분의 열효과 누적에 따라 실내 전 구역에 배치된 가는 동관(외경 약 2 mm의 동관) 속의 공기가 팽창하고 그 압력으로 접점을 접촉시켜 발신회로를 구성하게 되어 수신기에 통보하는 감지기 이다.

③ 정온식 스포트형 감지기

이 감지기는 차동식 분포형의 동관 대신 공기실을 구비한 것이다. 정온식 스포트형은 제한된 일부분의 온도가 일정한 온도 이상으로 되면 공기실 내의 바이메탈이 팽창되어 접점이 접촉되어, 수신기에 통보하는 역할을 한다. 이 감지기는 일정한 온도 이상으로 되었을 때 작동하는 특성이 있으므로 설치장소에 적합한 것을 설정할 필요가 있다. 따라서 보상식 스포트형 또는 정온식 스포트형 감지기는 정상시의 최고주위온도가 공칭동작온도 또는 정온점에서 20 ℃ 이상 낮은 장소에 적합하다.

④ 정온식 감지선형 감지기

설치조건이 까다롭기 때문에 별로 사용되지 않는다.

⑤ 보상식 스포트형 감지기

보상식 스포트형은 차동식 스포트형과 정온식 스포트형의 특징을 조합한 것으로, 감지기로서는 이상적인 것에 가깝다.

⑥ 연기 감지기

연기 감지기에는 연기가 감지기 속에 들어가면 연기의 입자 때문에 이온 전류가 변화하는 것을 이용한 이온화식 감지기가 있고, 또 연기 입자로 인하여 광전소자에 대한 입사광량이 변화하는 것을 이용하여 작동하게 하는 광전식 감지기가 있다.

(2) 수신기

수신기는 감지기나 발신기에서 발신된 화재신호를 수신하여 화재의 발생을 해당 건물의 관계자에게 표시등이나 비상벨을 사용하여 화재발생 구역을 표시하는 것이다. 이 수신기는 수위실, 숙직실, 관리사무실 등 관계자가 항상 근무하는 장소에 설치한다. 수신기에는 P형, R형, M형 등이 있으나, P형을 가장 많이 채택하는 경향이다. P형에는 1급과 2급이 있고 1급은 규모가 큰 곳에, 2급은 비교적 작은 곳에 사용되고 있다.

각 수신기의 정의는 다음과 같다.

① P형 수신기

감지기 또는 발신기로부터 발신되는 신호를 직접 또는 중계기를 통해서 공통 신호로 수신하여 화재의 발생을 그 소방 대상물의 관계자에게 경보하여 주는 역할을 한다.

② R형 수신기

감지기 또는 발신기로부터 발신되는 신호를 직접 또는 중계기를 통하여 고유 신호로 수신하여 화재의 발생을 그 소방 대상물의 관계자에게 경보하여 주는 것을 말한다.

③ M형 수신기

M형 발신기로부터 발신되는 신호를 수신하여 화재의 발생을 관할 소방관서에 통보하는 것을 말한다.

④ GP형 수신기

P형 수신기의 기능과 가스 누설경보기의 기능을 겸비한 것을 말한다.

⑤ GR형 수신기

R형 수신기의 기능과 가스 누설경보기의 기능을 겸비한 것을 말한다.

(3) 발신기

화재의 발생 신호는 감지기가 검출하지만 경우에 따라서는 사람이 감지기 보다 먼저 발견할 수도 있다. 이와 같이 사람이 먼저 화재발생을 발견하였을 경우에 화재의 발생을 알리는 역할을 하는 것이 발신기이다. 이 발신기의 종류는 P형과 M형이 있으며 P형에는 1급과 2급이 있는데, 1급은 옥외용(방수형), 2급은 옥내용이다. 또 구조면에서는 노출형과 매입형으로 분류한다.

(4) 중계기

감지기 또는 발신기의 작동에 의한 신호를 수신하여 이를 수신기에 발신하고, 소화설비나 배연설비 등에 제어신호를 발신하는 것이고, 주로 R형 수신기와 접속되어 감지기나 발신기로부터 보내 온 신호를 변환하여 각 회선별로 고유의 신호를 수신기에 발신하는 역할을 한다.

(5) 지구 음향장치

화재의 발생을 건축물 내부에 있는 사람들에게 알려서 소화활동 및 피난을 재촉하기 위하여 수신기와 함께 동작하도록 하는 것이다.

비상벨의 음량은 취부한 음향장치의 중심으로부터 1 m 떨어진 위치에서 90 폰 이상이어야 한다.

7-1-3 자동 화재탐지설비의 설치기준

(1) 자동 화재탐지설비를 설치해야 하는 장소

① 공동주택 중 아파트 등·기숙사 및 숙박시설의 경우에는 모든 층

② 층수가 6층 이상인 건축물의 경우에는 모든 층

③ 근린생활시설(목욕장은 제외한다), 의료시설(정신의료기관 및 요양병원은 제외한다), 위락시설, 장례시설 및 복합건축물로서 연면적 600 m^2 이상인 경우에는 모든 층

④ 근린생활시설 중 목욕장, 문화 및 집회시설, 종교시설, 판매시설, 운수시설, 운동시설, 업무시설, 공장, 창고시설, 위험물 저장 및 처리 시설, 항공기 및 자동차 관련 시설, 교정 및 군사시설 중 국방·군사시설, 방송통신시설, 발전시설, 관광 휴게시설, 지하가(터널은 제외한다)로서 연면적 1천 m^2 이상인 경우에는 모든 층

⑤ 교육연구시설(교육시설 내에 있는 기숙사 및 합숙소를 포함한다), 수련시설(수련시설 내에 있는 기숙사 및 합숙소를 포함하며, 숙박시설이 있는 수련시설은 제외한다), 동물 및 식물 관련 시설(기둥과 지붕만으로 구성되어 외부와 기류가 통하는 장소는 제외한다), 자원순환 관련 시설, 교정 및 군사시설(국방·군사시설은 제외한다) 또는 묘지 관련 시설로서 연면적 2천 m^2 이상인 경우에는 모든 층

⑥ 노유자 생활시설의 경우에는 모든 층

⑦ ⑥에 해당하지 않는 노유자 시설로서 연면적 400 m^2 이상인 노유자 시설 및 숙박시설이 있는 수련시설로서 수용인원 100명 이상인 경우에는 모든 층

⑧ 의료시설 중 정신의료기관 또는 요양병원으로서 다음의 어느 하나에 해당하는 시설

㉠ 요양병원(의료재활시설은 제외한다)

㉡ 정신의료기관 또는 의료재활시설로 사용되는 바닥면적의 합계가 300 m^2 이상인 시설

㉢ 정신의료기관 또는 의료재활시설로 사용되는 바닥면적의 합계가 300 m^2 미만이고, 창살(철재·플라스틱 또는 목재 등으로 사람의 탈출 등을 막기 위하여 설치한 것을 말하며, 화재 시 자동으로 열리는 구조로 되어 있는 창살은 제외한다)이 설치된 시설

⑨ 판매시설 중 전통시장

⑩ 지하가 중 터널로서 길이가 1천 m 이상인 것

⑪ 지하구

⑫ ③에 해당하지 않는 근린생활시설 중 조산원 및 산후조리원

⑬ ④에 해당하지 않는 공장 및 창고시설로서 「화재의 예방 및 안전관리에 관한 법률 시행

령」 별표 2에서 정하는 수량의 500배 이상의 특수가연물을 저장 · 취급하는 것

⑭ ④에 해당하지 않는 발전시설 중 전기저장시설

(2) 감지기의 설치를 제외하는 장소

감지기는 모든 방화 대상물에서 발생하는 화재를 효과적으로 탐지할 수 있어야 한다. 그러나 다음 같은 경우는 감지기의 기능을 유지하기가 곤란하므로 설치장소에서 제외된다.

① 천장 또는 반자의 높이가 20 m 이상인 장소. 다만, 자동화재탐지설비의 감지기로서 부착 높이에 따라 적응성이 있는 장소는 제외한다.

② 헛간 등 외부와 기류가 통하는 장소로서 감지기에 따라 화재 발생을 유효하게 감지할 수 없는 장소

③ 부식성가스가 체류하고 있는 장소

④ 고온도 및 저온도로서 감지기의 기능이 정지되기 쉽거나 감지기의 유지관리가 어려운 장소

⑤ 목욕실 · 욕조나 샤워시설이 있는 화장실 · 기타 이와 유사한 장소

⑥ 파이프덕트 등 그 밖의 이와 비슷한 것으로서 2개 층마다 방화구획된 것이나 수평단면적이 5 m^2 이하인 것

⑦ 먼지 · 가루 또는 수증기가 다량으로 체류하는 장소 또는 주방 등 평상시 연기가 발생하는 장소(연기감지기에 한한다)

⑧ 프레스공장 · 주조공장 등 화재 발생의 위험이 적은 장소로서 감지기의 유지관리가 어려운 장소

(3) 경계구역의 구분

경계구역이란 자동화재탐지설비 1회로가 유효하게 화재의 발생을 탐지할 수 있는 구역을 말하며, 이는 화재발생의 위치를 관계자에게 상세하게 표시해주기 위한 면적의 범위를 제한한 것이다. 일반 감지기는 1회로의 경계구역에 여러 개의 감지기를 연결하여 하나의 경계구역을 표시하고, 아날로그 감지기는 고유 주소를 갖고 있어 감지기마다 하나의 경계구역을 갖는다.

경계구역의 설정은 기본적으로 자동화재탐지설비 및 시각경보장치의 화재안전기술기준(NFTC 203)에 의거한다.

① 수평적 경계구역의 설정

㉠ 하나의 경계구역이 2 이상의 건축물에 미치지 않도록 할 것

㉡ 하나의 경계구역이 2 이상의 층에 미치지 않도록 할 것. 다만, 500 m^2 이하의 범위 안에서는 2개의 층을 하나의 경계구역으로 할 수 있다.

㉢ 하나의 경계구역의 면적은 600 m^2 이하로 하고 한 변의 길이는 50 m 이하로 할 것. 다만, 해당 특정소방대상물의 주된 출입구에서 그 내부 전체가 보이는 것에 있어서는 한 변의 길이가 50 m의 범위 내에서 1,000 m^2 이하로 할 수 있다.

② 수직적 경계구역의 설정

㉠ 계단(직통계단 외의 것에 있어서는 떨어져 있는 상하 계단의 상호 간의 수평거리가 5 m 이하로서 서로 간에 구획되지 아니한 것에 한한다. 이하 같다) · 경사로(에스컬레이터경사로 포함) · 엘리베이터 승강로(권상기실이 있는 경우에는 권상기실) · 린넨슈트 · 파이프 피트 및 덕트 기타 이와 유사한 부분에 대하여는 별도로 경계구역을 설정하되, 하나의 경계구역은 높이 45 m 이하(계단 및 경사로에 한한다)로 하고, 지하층의 계단 및 경사로(지하층의 층수가 한 개 층일 경우는 제외한다)는 별도로 하나의 경계구역으로 해야 한다.

㉡ 외기에 면하여 상시 개방된 부분이 있는 차고 · 주차장 · 창고 등에 있어서는 외기에 면하는 각 부분으로부터 5 m 미만의 범위 안에 있는 부분은 경계구역의 면적에 산입하지 않는다.

㉢ 스프링클러설비 · 물분무등소화설비 또는 제연설비의 화재감지장치로서 화재감지기를 설치한 경우의 경계구역은 해당 소화설비의 방호구역 또는 제연구역과 동일하게 설정할 수 있다.

표 7-1 수평적 경계구역

구분	구역	예외
층별	층마다	2개의 층이 500 m^2 이하일 때는 하나의 경계구역
면적	600 m^2 이하	주된 출입구에서 건물 전체가 보일 때는 1000 m^2 이하로 할 수 있다(강당, 옥내경기장, 체육관, 극장, 관람장).
한 변의 길이	50 m 이하	

(4) 감지기의 설치

① 감지기는 부착 높이에 따라 다음 표 7-2에 따른 감지기를 설치해야 한다.

표 7-2 부착 높이에 따른 감지기의 종류

부착 높이	감지기의 종류	기타
4 m 미만	차동식(스포트형, 분포형) 보상식 스포트형 정온식(스포트형, 감지선형) 이온화식 또는 광전선(스포트형, 분리형, 공기흡입형) 열복합형 연기복합형 불꽃감지기	모든 감지기
4 m 이상 8 m 미만	차동식(스포트형, 분포형) 보상식 스포트형 정온식(스포트형, 감지선형) 특종 또는 1종 이온화식 1종 또는 2종 광전식(스포트형, 분리형, 공기흡입형) 1종 또는 2종 열복합형 연기복합형 열연기복합형 불꽃감지기	열감지기(특종, 1종) 연기감지기(1종, 2종)
8 m 이상 15 m 미만	차동식 분포형 이온화식 1종 또는 2종 광전식(스포트형, 분리형, 공기흡입형) 1종 또는 2종 연기복합형 불꽃감지기	차동분포형 연기감지기 (1종, 2종)
15 m 이상 20 m 미만	이온화식 1종 광전식(스포트형, 분리형, 공기흡입형) 1종 연기복합형 불꽃감지기	연기감지기 1종
20 m 미만	불꽃감지기 광전식(분리형, 공기흡입형) 중 아날로그방식	

② 감지기는 다음의 기준에 따라 설치해야 한다.

㉠ 감지기(차동식분포형의 것을 제외한다)는 실내로의 공기유입구로부터 1.5 m 이상 떨어진 위치에 설치할 것

㉡ 감지기는 천장 또는 반자의 옥내에 면하는 부분에 설치할 것

㉢ 보상식스포트형감지기는 정온점이 감지기 주위의 평상시 최고온도보다 20 ℃ 이상 높은 것으로 설치할 것

㉣ 정온식감지기는 주방·보일러실 등으로서 다량의 화기를 취급하는 장소에 설치하

되, 공칭작동온도가 최고주위온도보다 20 ℃ 이상 높은 것으로 설치할 것

㉤ 차동식스포트형・보상식스포트형 및 정온식스포트형 감지기는 그 부착 높이 및 특정소방대상물에 따라 다음 표 7-3에 따른 바닥면적마다 1개 이상을 설치할 것

표 7-3 부착 높이 및 특정소방대상물의 구분에 따른 차동식・보상식・정온식스포트형감지기의 종류

<table>
<tr><th colspan="2" rowspan="3">부착 높이 및 특정소방대상물의 구분</th><th colspan="7">감지기의 종류(단위 : m^2)</th></tr>
<tr><th colspan="2">차동식
스포트형</th><th colspan="2">보상식
스포트형</th><th colspan="3">정온식
스포트형</th></tr>
<tr><th>1종</th><th>2종</th><th>1종</th><th>2종</th><th>특종</th><th>1종</th><th>2종</th></tr>
<tr><td rowspan="2">4m 미만</td><td>주요구조부가 내화구조로 된 특정소방대상물 또는 그 부분</td><td>90</td><td>70</td><td>90</td><td>70</td><td>70</td><td>60</td><td>20</td></tr>
<tr><td>기타 구조의 특정소방대상물 또는 그 부분</td><td>50</td><td>40</td><td>50</td><td>40</td><td>40</td><td>30</td><td>15</td></tr>
<tr><td rowspan="2">4m 이상
8m 미만</td><td>주요구조부가 내화구조로 된 특정소방대상물 또는 그 부분</td><td>45</td><td>35</td><td>45</td><td>35</td><td>35</td><td>30</td><td>–</td></tr>
<tr><td>기타 구조의 특정소방대상물 또는 그 부분</td><td>30</td><td>25</td><td>30</td><td>25</td><td>25</td><td>15</td><td>–</td></tr>
</table>

표 7-4 종별 경계면적

<table>
<tr><th colspan="5">부착높이
감지기의 종류</th><th colspan="2">4 m 미만</th><th colspan="2">4 m 이상
8 m 미만</th><th colspan="2">8 m 이상
15 m 미만</th><th>15 m 이상
20 m 미만</th></tr>
<tr><td rowspan="9">열식</td><td rowspan="6">차동식</td><td rowspan="5">분포형</td><td colspan="2">공기관식</td><td colspan="7">1. 공기관은 감지구역마다 20 m 이상 설치
2. 공기관 상호길이 : 6 m(내화 9 m)
3. 검출부 하나에 접속하는 공기관의 길이 100 m 이하</td></tr>
<tr><td colspan="2">열전대식</td><td colspan="7">1. 열전대부는 감지구역 18 m^2(내화 22 m^2)마다 설치
2. 검출부는 하나에 접속하는 열전대부 20개 이하</td></tr>
<tr><td rowspan="3">열반도
체식</td><td></td><td>내화구조</td><td>기타구조</td><td>내화구조</td><td>기타구조</td><td>내화구조</td><td>기타구조</td><td>–</td></tr>
<tr><td>1종</td><td>65</td><td>40</td><td>65</td><td>40</td><td>50</td><td>30</td><td>–</td></tr>
<tr><td>2종</td><td>36</td><td>23</td><td>36</td><td>23</td><td>36</td><td>23</td><td>–</td></tr>
<tr><td>스포트형</td><td>공기식</td><td>1종
2종</td><td>90
70</td><td>50
40</td><td>45
35</td><td>30
25</td><td>–</td><td>–</td><td>–</td></tr>
<tr><td>보상식</td><td>스포트형</td><td colspan="2">1종
2종</td><td>90
70</td><td>50
40</td><td>45
35</td><td>30
25</td><td>–</td><td>–</td><td>–</td></tr>
<tr><td rowspan="2">정온식</td><td>스포트형</td><td colspan="2">특종
1종
2종</td><td>70
60
20</td><td>40
30
15</td><td>35
30
–</td><td>25
15
–</td><td>–</td><td>–</td><td>–</td></tr>
<tr><td>감지선형</td><td colspan="2">1종
2종</td><td colspan="7">감지구역의 부착면 3 m(내화 4.5 m) 이하
각 부분으로부터 수평거리 1 m(내화 3 m) 이하</td></tr>
<tr><td rowspan="3">연기식</td><td colspan="2" rowspan="3">이온화식
광전식</td><td colspan="2">1종</td><td colspan="2">150</td><td colspan="5">75</td></tr>
<tr><td colspan="2">2종</td><td colspan="2">75</td><td colspan="5">75</td></tr>
<tr><td colspan="2">3종</td><td colspan="2">50</td><td colspan="5">–</td></tr>
</table>

③ 공기관식 차동식분포형감지기는 다음의 기준에 따를 것

㉠ 공기관의 노출 부분은 감지구역마다 20 m 이상이 되도록 할 것

㉡ 공기관과 감지구역의 각 변과의 수평거리는 1.5 m 이하가 되도록 하고, 공기관 상호 간의 거리는 6 m(주요구조부가 내화구조로 된 특정소방대상물 또는 그 부분에 있어서는 9 m) 이하가 되도록 할 것

㉢ 공기관은 도중에서 분기하지 않도록 할 것

㉣ 하나의 검출 부분에 접속하는 공기관의 길이는 100 m 이하로 할 것

㉤ 검출부는 5° 이상 경사되지 않도록 부착할 것

㉥ 검출부는 바닥으로부터 0.8 m 이상 1.5 m 이하의 위치에 설치할 것

④ 정온식감지선형감지기는 다음의 기준에 따라 설치할 것

㉠ 보조선이나 고정금구를 사용하여 감지선이 늘어지지 않도록 설치할 것

㉡ 단자부와 마감 고정금구와의 설치간격은 10 cm 이내로 설치할 것

㉢ 감지선형 감지기의 굴곡반경은 5 cm 이상으로 할 것

㉣ 감지기와 감지구역의 각 부분과의 수평거리가 내화구조의 경우 1종 4.5 m 이하, 2종 3 m 이하로 할 것. 기타 구조의 경우 1종 3 m 이하, 2종 1 m 이하로 할 것

㉤ 케이블트레이에 감지기를 설치하는 경우에는 케이블트레이 받침대에 마감금구를 사용하여 설치할 것

㉥ 지하구나 창고의 천장 등에 지지물이 적당하지 않은 장소에서는 보조선을 설치하고 그 보조선에 설치할 것

㉦ 분전반 내부에 설치하는 경우 접착제를 이용하여 돌기를 바닥에 고정시키고 그곳에 감지기를 설치할 것

⑤ 연기감지기의 설치

㉠ 연기감지기의 부착 높이에 따라 다음 표 7-5에 따른 바닥면적마다 1개 이상으로 할 것

표 7-5 부착 높이에 따른 연기감지기의 종류

부착 높이	감지기의 종류(단위 : m^2)	
	1종 및 2종	3종
4 m 미만	150	50
4 m 이상 20 m 미만	75	-

㉡ 감지기는 복도 및 통로에 있어서는 보행거리 30 m(3종에 있어서는 20 m)마다, 계단 및 경사로에 있어서는 수직거리 15 m(3종에 있어서는 10 m)마다 1개 이상으로

할 것

㉢ 천장 또는 반자가 낮은 실내 또는 좁은 실내에 있어서는 출입구의 가까운 부분에 설치할 것

㉣ 천장 또는 반자 부근에 배기구가 있는 경우에는 그 부근에 설치할 것

㉤ 감지기는 벽 또는 보로부터 0.6 m 이상 떨어진 곳에 설치할 것

㉥ 계단・경사로 및 에스컬레이터 경사로

㉦ 복도(30 m 미만의 것을 제외한다)

㉧ 엘리베이터 승강로(권상기실이 있는 경우에는 권상기실)・린넨슈트・파이프 피트 및 덕트 기타 이와 유사한 장소

[주] 린넨슈트(linen chute) : 린넨룸에 자리잡고, 그 용도는 사용한 침대시트나 타울 등 세탁물 등을 지하의 세탁실이나 지정된 장소로 보내는 수직 통로를 말한다.

㉨ 천장 또는 반자의 높이가 15 m 이상 20 m 미만의 장소

(2) 수신기

① 자동화재탐지설비의 수신기는 다음의 기준에 적합한 것으로 설치해야 한다.

㉠ 해당 특정소방대상물의 경계구역을 각각 표시할 수 있는 회선 수 이상의 수신기를 설치할 것

㉡ 해당 특정소방대상물에 가스누설탐지설비가 설치된 경우에는 가스누설탐지설비로부터 가스누설신호를 수신하여 가스누설경보를 할 수 있는 수신기를 설치할 것(가스누설탐지설비의 수신부를 별도로 설치한 경우에는 제외한다)

② 자동화재탐지설비의 수신기는 특정소방대상물 또는 그 부분이 지하층・무창층 등으로서 환기가 잘되지 아니하거나 실내면적이 40 m^2 미만인 장소, 감지기의 부착면과 실내바닥과의 거리가 2.3 m 이하인 장소로서 일시적으로 발생한 열・연기 또는 먼지 등으로 인하여 감지기가 화재신호를 발신할 우려가 있는 때에는 축적기능 등이 있는 것(축적형감지기가 설치된 장소에는 감지기회로의 감시전류를 단속적으로 차단시켜 화재를 판단하는 방식 외의 것을 말한다)으로 설치해야 한다.

③ 수신기는 다음의 기준에 따라 설치해야 한다.

㉠ 수위실 등 상시 사람이 근무하는 장소에 설치할 것. 다만, 사람이 상시 근무하는 장소가 없는 경우에는 관계인이 쉽게 접근할 수 있고 관리가 용이한 장소에 설치할 수 있다.

㉡ 수신기가 설치된 장소에는 경계구역 일람도를 비치할 것. 다만, 모든 수신기와 연결되어 각 수신기의 상황을 감시하고 제어할 수 있는 수신기(이하 "주수신기"라 한다)를 설치하는 경우에는 주수신기를 제외한 기타 수신기는 그렇지 않다.

㉢ 수신기의 음향기구는 그 음량 및 음색이 다른 기기의 소음 등과 명확히 구별될 수 있는 것으로 할 것

㉣ 수신기는 감지기・중계기 또는 발신기가 작동하는 경계구역을 표시할 수 있는 것으로 할 것

㉤ 화재・가스 전기등에 대한 종합방재반을 설치한 경우에는 해당 조작반에 수신기의 작동과 연동하여 감지기・중계기 또는 발신기가 작동하는 경계구역을 표시할 수 있는 것으로 할 것

㉥ 하나의 경계구역은 하나의 표시등 또는 하나의 문자로 표시되도록 할 것

㉦ 수신기의 조작 스위치는 바닥으로부터의 높이가 0.8 m 이상 1.5 m 이하인 장소에 설치할 것

㉧ 하나의 특정소방대상물에 2 이상의 수신기를 설치하는 경우에는 수신기를 상호 간 연동하여 화재발생 상황을 각 수신기마다 확인할 수 있도록 할 것

㉨ 화재로 인하여 하나의 층의 지구음향장치 또는 배선이 단락되어도 다른 층의 화재통보에 지장이 없도록 각 층 배선 상에 유효한 조치를 할 것

(3) 음향장치 및 시각경보장치

① 자동화재탐지설비의 음향장치는 다음의 기준에 따라 설치해야 한다.

㉠ 주음향장치는 수신기의 내부 또는 그 직근에 설치할 것

㉡ 층수가 11층(공동주택의 경우에는 16층) 이상의 특정소방대상물은 다음의 기준에 따라 경보를 발할 수 있도록 할 것

- 2층 이상의 층에서 발화한 때에는 발화층 및 그 직상 4개 층에 경보를 발할 것
- 1층에서 발화한 때에는 발화층・그 직상 4개 층 및 지하층에 경보를 발할 것
- 지하층에서 발화한 때에는 발화층・그 직상층 및 기타의 지하층에 경보를 발할 것

㉢ 지구음향장치는 특정소방대상물의 층마다 설치하되, 해당 층의 각 부분으로부터 하나의 음향장치까지의 수평거리가 25 m 이하가 되도록 하고, 해당 층의 각 부분에 유효하게 경보를 발할 수 있도록 설치할 것. 다만, 「비상방송설비의 화재안전기술기준(NFTC 202)」에 적합한 방송설비를 자동화재탐지설비의 감지기와 연동하여 작동하도록 설치한 경우에는 지구음향장치를 설치하지 않을 수 있다.

㉣ 음향장치는 다음의 기준에 따른 구조 및 성능의 것으로 할 것

- 정격전압의 80 % 전압에서 음향을 발할 수 있는 것으로 할 것. 다만, 건전지를 주전원으로 사용하는 음향장치는 그렇지 않다.

- 음향의 크기는 부착된 음향장치의 중심으로부터 1 m 떨어진 위치에서 90 dB 이상이 되는 것으로 할 것
- 감지기 및 발신기의 작동과 연동하여 작동할 수 있는 것으로 할 것

㉤ ㉢에도 불구하고 ㉢의 기준을 초과하는 경우로서 기둥 또는 벽이 설치되지 아니한 대형공간의 경우 지구음향장치는 설치대상 장소의 가장 가까운 장소의 벽 또는 기둥 등에 설치할 것

② 청각장애인용 시각경보장치는 소방청장이 정하여 고시한 「시각경보장치의 성능인증 및 제품검사의 기술기준」에 적합한 것으로서 다음의 기준에 따라 설치해야 한다.

㉠ 복도・통로・청각장애인용 객실 및 공용으로 사용하는 거실(로비, 회의실, 강의실, 식당, 휴게실, 오락실, 대기실, 체력단련실, 접객실, 안내실, 전시실, 기타 이와 유사한 장소를 말한다)에 설치하며, 각 부분으로부터 유효하게 경보를 발할 수 있는 위치에 설치할 것

㉡ 공연장・집회장・관람장 또는 이와 유사한 장소에 설치하는 경우에는 시선이 집중되는 무대부 부분 등에 설치할 것

㉢ 설치 높이는 바닥으로부터 2 m 이상 2.5 m 이하의 장소에 설치할 것. 다만, 천장의 높이가 2 m 이하인 경우에는 천장으로부터 0.15 m 이내의 장소에 설치해야 한다.

㉣ 시각경보장치의 광원은 전용의 축전지설비 또는 전기저장장치(외부 전기에너지를 저장해 두었다가 필요한 때 전기를 공급하는 장치)에 의하여 점등되도록 할 것. 다만, 시각경보기에 작동전원을 공급할 수 있도록 형식승인을 얻은 수신기를 설치한 경우에는 그렇지 않다.

③ 하나의 특정소방대상물에 2 이상의 수신기가 설치된 경우 어느 수신기에서도 지구음향장치 및 시각경보장치를 작동할 수 있도록 해야 한다.

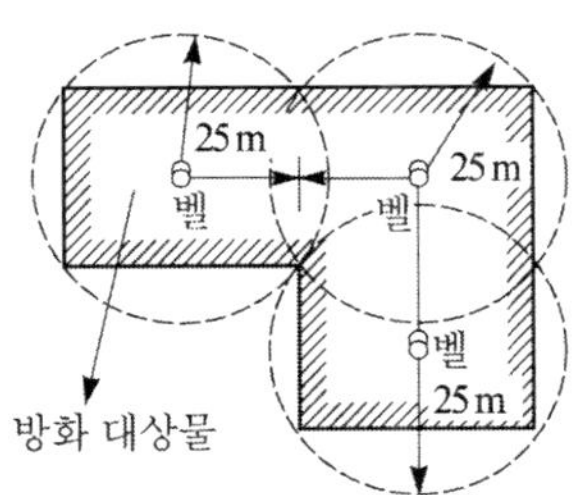

그림 7-3 경보기구의 배치

(4) 전원

① 자동화재탐지설비의 상용전원은 다음의 기준에 따라 설치해야 한다.

㉠ 상용전원은 전기가 정상적으로 공급되는 축전지설비, 전기저장장치(외부 전기에너지를 저장해 두었다가 필요한 때 전기를 공급하는 장치) 또는 교류전압의 옥내 간선으로 하고, 전원까지의 배선은 전용으로 할 것

㉡ 개폐기에는 "자동화재탐지설비용"이라고 표시한 표지를 할 것

② 자동화재탐지설비에는 그 설비에 대한 감시상태를 60분간 지속한 후 유효하게 10분 이상 경보할 수 있는 비상전원으로서 축전지설비(수신기에 내장하는 경우를 포함한다) 또는 전기저장장치(외부 전기에너지를 저장해 두었다가 필요한 때 전기를 공급하는 장치)를 설치해야 한다. 다만, 상용전원이 축전지설비인 경우 또는 건전지를 주전원으로 사용하는 무선식 설비인 경우에는 그렇지 않다.

표 7-6 법령상 인정되는 비상전원설비

	소방법상 분류	건축법상 분류
자가발전설비	30분 이상 연속운전	비상사태 후 10초 이내 전원 확보하고 30분 이상 연속 공급할 용량일 것
축전지설비	정전 후 충전하지 않고 1시간 이상 감시상태 지속 후 30분 이상 방전할 수 있을 것	자동충전장치 및 시한 충전장치를 가진 것으로 충전하지 않고 계속해서 30분 이상 방전할 수 있을 것
축전지설비와 자가발전설비 공용	자가발전기는 정전 후 40초 이내에 정격전압을 확보하고 30분 이상 계속 운전할 수 있을 것	정전 후 순간적으로 10분간은 축전지가 담당하고 40초 이내에 발전기 전압을 확립하여 30분 이상 연속운전 가능할 것
비상전원 전용수전설비	연면적 1,000 m^2 미만	인정하지 않음

(5) 배선

① 배선은 「전기설비기술기준」에서 정한 것 외에 다음의 기준에 따라 설치해야 한다.

㉠ 전원회로의 배선은 「옥내소화전설비의 화재안전기술기준(NFTC 102)」에 따른 내화배선에 따르고, 그 밖의 배선(감지기 상호간 또는 감지기로부터 수신기에 이르는 감지기회로의 배선을 제외한다)은 「옥내소화전설비의 화재안전기술기준(NFTC 102)」에 따른 내화배선 또는 내열배선에 따를 것

㉡ 감지기 상호간 또는 감지기로부터 수신기에 이르는 감지기회로의 배선은 다음의 기준에 따라 설치할 것

- 아날로그식, 다신호식 감지기나 R형수신기용으로 사용되는 것은 전자파 방해를 받지 않는 실드선 등을 사용해야 하며, 광케이블의 경우에는 전자파 방해를 받지

아니하고 내열성능이 있는 경우 사용할 것. 다만, 전자파 방해를 받지 않는 방식의 경우에는 그렇지 않다.

- 일반배선을 사용할 때는 「옥내소화전설비의 화재안전기술기준(NFTC 102)」에 따른 내화배선 또는 내열배선으로 사용할 것

㉢ 감지기회로의 도통시험을 위한 종단저항은 다음의 기준에 따를 것

- 점검 및 관리가 쉬운 장소에 설치할 것
- 전용함을 설치하는 경우 그 설치 높이는 바닥으로부터 1.5 m 이내로 할 것
- 감지기 회로의 끝부분에 설치하며, 종단감지기에 설치할 경우에는 구별이 쉽도록 해당 감지기의 기판 및 감지기 외부 등에 별도의 표시를 할 것

㉣ 감지기 사이의 회로의 배선은 송배선식으로 할 것

㉤ 전원회로의 전로와 대지 사이 및 배선 상호간의 절연저항은 「전기설비기술기준」이 정하는 바에 의하고, 감지기회로 및 부속회로의 전로와 대지 사이 및 배선 상호간의 절연저항은 1경계구역마다 직류 250 V의 절연저항측정기를 사용하여 측정한 절연저항이 0.1 MΩ 이상이 되도록 할 것

㉥ 자동화재탐지설비의 배선은 다른 전선과 별도의 관・덕트(절연효력이 있는 것으로 구획한 때에는 그 구획된 부분은 별개의 덕트로 본다)・몰드 또는 풀박스 등에 설치할 것. 다만, 60 V 미만의 약 전류회로에 사용하는 전선으로서 각각의 전압이 같을 때에는 그렇지 않다.

㉦ P형 수신기 및 G.P형 수신기의 감지기 회로의 배선에 있어서 하나의 공통선에 접속할 수 있는 경계구역은 7개 이하로 할 것

㉧ 자동화재탐지설비의 감지기회로의 전로저항은 50 Ω 이하가 되도록 해야 하며, 수신기의 각 회로별 종단에 설치되는 감지기에 접속되는 배선의 전압은 감지기 정격전압의 80 % 이상이어야 할 것

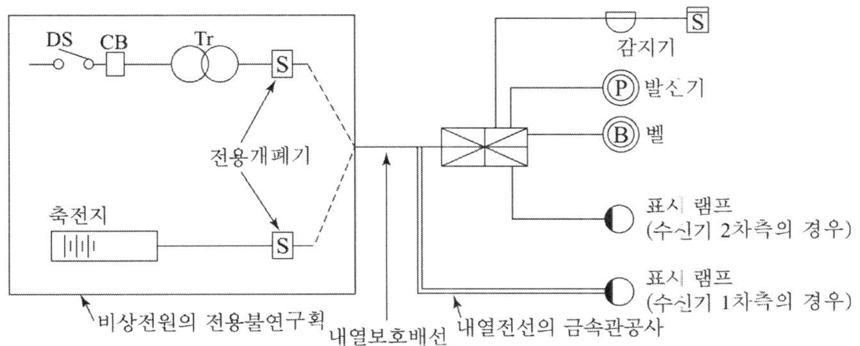

그림 7-4 비상전원의 배선

7-1-4 설계의 예

자동 화재탐지설비의 설계 예를 그림 7-5와 그림 7-6에서 볼 수 있다. 다만, 평면도와 계통도는 동일건물이 아니다.

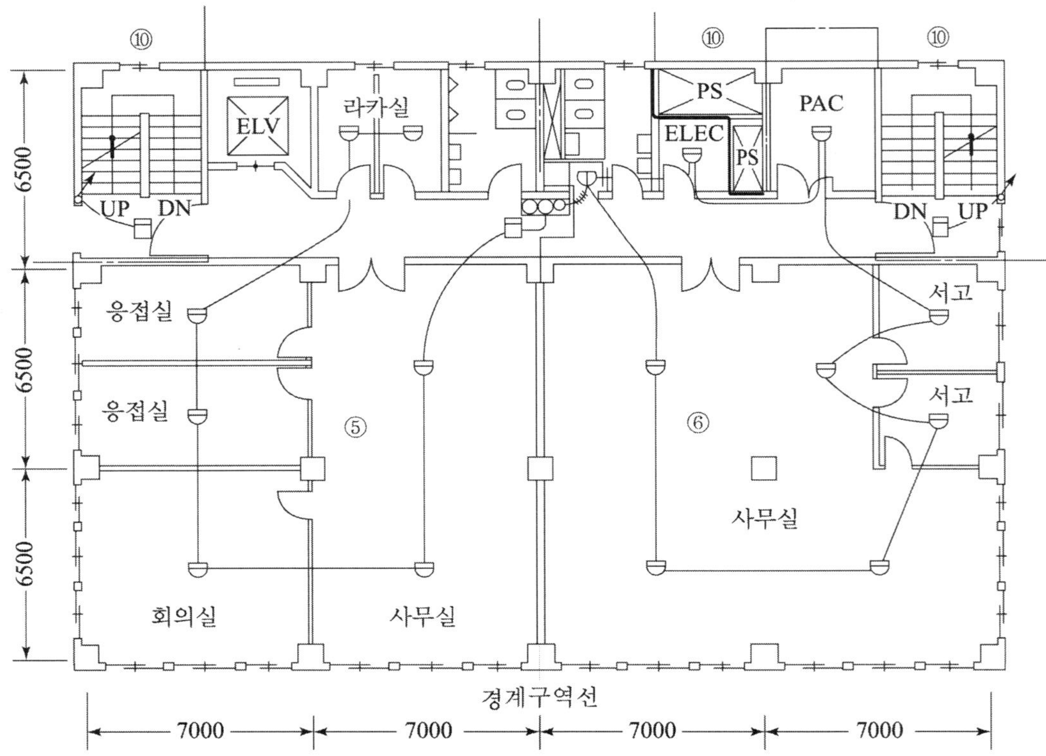

[주] 1. 경계구역의 번호를 표시
2. 기입하지 않은 배선은 HFIX 1.2×2(19)로 한다.

그림 7-5 자동화재 경보설비 설계도 예

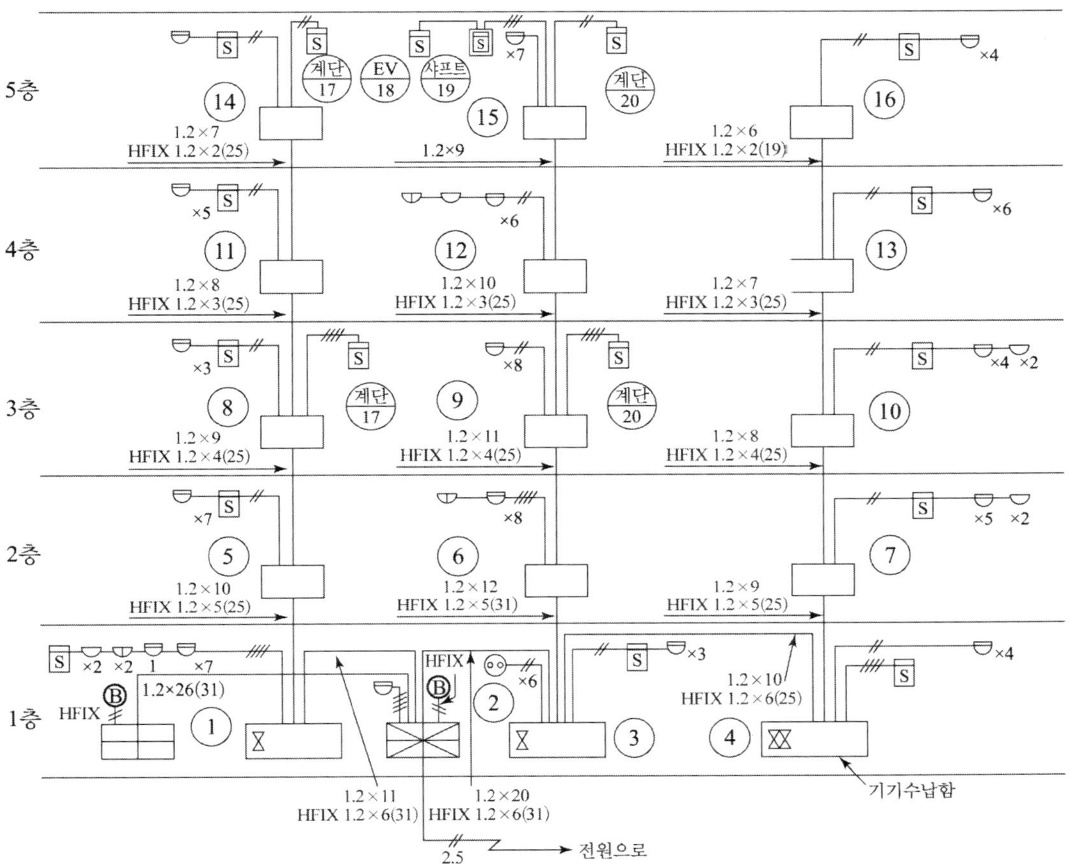

[주] 1. 특기하지 않은 차동식 스폿형 감지기, 정온식 스폿형 감지기, 연기 감지기 및 차동식 분포형 감지기는 2종으로 한다.

2. 기기 수납함 안에는 특기사항 외에 Ⓑ Ⓟ ◐를 수납한다.
3. 특기하지 않은 전선은 IV 전선으로 한다.
   - —//— 1.2×2
   - —///— 1.2×3
   - —////— 1.2×4
4. 특기하지 않은 배관은 금속관(22)로 한다.

그림 7-6 계통도 예

7-2 비상방송설비 및 누전경보기

7-2-1 비상방송설비

(1) 음향장치의 기술기준

① 비상방송설비는 다음의 기준에 따라 설치해야 한다. 이 경우 엘리베이터 내부에는 별도의 음향장치를 설치할 수 있다.

㉠ 확성기의 음성입력은 3 W(실내에 설치하는 것에 있어서는 1 W) 이상일 것

㉡ 확성기는 각 층마다 설치하되, 그 층의 각 부분으로부터 하나의 확성기까지의 수평거리가 25 m 이하가 되도록 하고, 해당 층의 각 부분에 유효하게 경보를 발할 수 있도록 설치할 것

㉢ 음량조정기를 설치하는 경우 음량조정기의 배선은 3선식으로 할 것

㉣ 조작부의 조작스위치는 바닥으로부터 0.8 m 이상 1.5 m 이하의 높이에 설치할 것

㉤ 조작부는 기동장치의 작동과 연동하여 해당 기동장치가 작동한 층 또는 구역을 표시할 수 있는 것으로 할 것

㉥ 증폭기 및 조작부는 수위실 등 상시 사람이 근무하는 장소로서 점검이 편리하고 방화상 유효한 곳에 설치할 것

㉦ 층수가 11층(공동주택의 경우에는 16층) 이상의 특정소방대상물은 다음의 기준에 따라 경보를 발할 수 있도록 해야 한다.

- 2층 이상의 층에서 발화한 때에는 발화층 및 그 직상 4개층에 경보를 발할 것
- 1층에서 발화한 때에는 발화층 · 그 직상 4개층 및 지하층에 경보를 발할 것
- 지하층에서 발화한 때에는 발화층 · 그 직상층 및 기타의 지하층에 경보를 발할 것

㉧ 다른 방송설비와 공용하는 것에 있어서는 화재 시 비상경보 외의 방송을 차단할 수 있는 구조로 할 것

㉨ 다른 전기회로에 따라 유도장애가 생기지 않도록 할 것

㉩ 하나의 특정소방대상물에 2 이상의 조작부가 설치되어 있는 때에는 각각의 조작부가 있는 장소 상호 간에 동시 통화가 가능한 설비를 설치하고, 어느 조작부에서도 해당 특정소방대상물의 전 구역에 방송을 할 수 있도록 할 것

㉪ 기동장치에 따른 화재신호를 수신한 후 필요한 음량으로 화재발생상황 및 피난에 유효한 방송이 자동으로 개시될 때까지의 소요시간은 10초 이내로 할 것

㉫ 음향장치는 다음의 기준에 따른 구조 및 성능의 것으로 해야 한다.

- 정격전압의 80 % 전압에서 음향을 발할 수 있는 것을 할 것
- 자동화재탐지설비의 작동과 연동하여 작동할 수 있는 것으로 할 것

(2) 배선

① 화재로 인하여 하나의 층의 확성기 또는 배선이 단락 또는 단선되어도 다른 층의 화재 통보에 지장이 없도록 할 것

② 전원회로의 배선은 내화배선에 따르고, 그 밖의 배선은 내화배선 또는 내열배선에 따를 것

③ 전원회로의 전로와 대지 사이 및 배선상호간의 절연저항은 「전기설비기술기준」이 정하는 바에 따르고, 부속회로의 전로와 대지 사이 및 배선 상호 간의 절연저항은 1경계구역마다 직류 250 V의 절연저항측정기를 사용하여 측정한 절연저항이 0.1 MΩ 이상이 되도록 할 것

④ 비상방송설비의 배선은 다른 전선과 별도의 관・덕트(절연효력이 있는 것으로 구획한 때에는 그 구획된 부분은 별개의 덕트로 본다) 몰드 또는 풀박스 등에 설치할 것. 다만, 60 V 미만의 약전류회로에 사용하는 전선으로서 각각의 전압이 같을 때는 그렇지 않다.

7-2-2 누전경보기

누전경보기는 전기화재의 원인이 되는 누전(漏電)을 신속정확하게 자동으로 알리는 경보기이다. 옥내 배전선이나 사용기구 등의 불량으로 인하여 누전이 생기면 누전량이 변류기에 유입됨으로써 강력 부저를 울려주는 것과 동시에 표시등이 점등된다.

(1) 동작원리

옥내 배선이 접지되어 있는 금속과 접촉되면 그림 7-7의 예와 같이 변압기(Tr)의 2차측이 비접지 전선 → 누전점 → 금속체 → 대지 → 접지선(E)으로 폐회로를 형성하게 되고, 변압기에는 불평형 전류가 흐르는데, 이 불평형 전류가 변류기를 통하여 수신기에서 검출되면 부저가 작동된다.

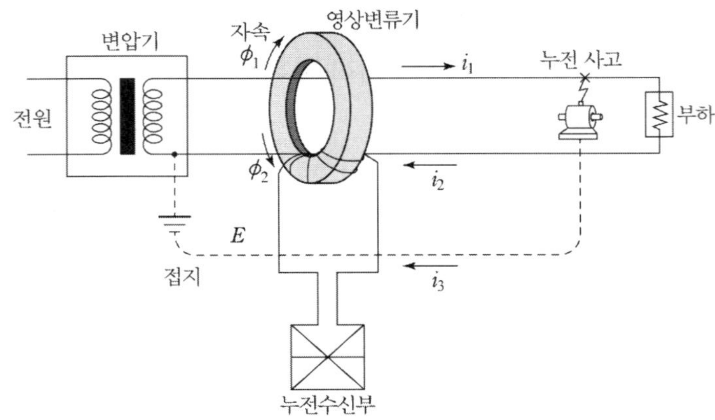

그림 7-7 누전경보기 작동원리

(2) 누전경보기의 설치방법 등

누전경보기는 다음 기준에 따라 설치해야 한다.

① 경계전로의 정격전류가 60 A를 초과하는 전로에 있어서는 1급 누전경보기를, 60 A 이하의 전로에 있어서는 1급 또는 2급 누전경보기를 설치할 것. 다만, 정격전류가 60 A를 초과하는 경계전로가 분기되어 각 분기회로의 정격전류가 60 A 이하로 되는 경우 당해 분기회로마다 2급 누전경보기를 설치한 때에는 당해 경계전로에 1급 누전경보기를 설치한 것으로 본다.

② 변류기는 특정소방대상물의 형태, 인입선의 시설방법 등에 따라 옥외 인입선의 제1지점의 부하 측 또는 접지선 측의 점검이 쉬운 위치에 설치할 것. 다만, 인입선의 형태 또는 특정소방대상물의 구조상 부득이한 경우에는 인입구에 근접한 옥내에 설치할 수 있다.

③ 변류기를 옥외의 전로에 설치하는 경우에는 옥외형으로 설치할 것

(3) 수신부

① 누전경보기의 수신부는 옥내의 점검에 편리한 장소에 설치하되, 가연성의 증기・먼지 등이 체류할 우려가 있는 장소의 전기회로에는 해당 부분의 전기회로를 차단할 수 있는 차단기구를 가진 수신부를 설치해야 한다. 이 경우 차단기구의 부분은 해당 장소 외의 안전한 장소에 설치해야 한다.

② 누전경보기의 수신부는 다음의 장소 이외의 장소에 설치해야 한다. 다만, 해당 누전경보기에 대하여 방폭・방식・방습・방온・방진 및 정전기 차폐 등의 방호조치를 한 것은 그렇지 않다.

㉠ 가연성의 증기・먼지・가스 등이나 부식성의 증기・가스 등이 다량으로 체류하는 장소
㉡ 화약류를 제조하거나 저장 또는 취급하는 장소
㉢ 습도가 높은 장소
㉣ 온도의 변화가 급격한 장소
㉤ 대전류회로・고주파 발생회로 등에 따른 영향을 받을 우려가 있는 장소

③ 음향장치는 수위실 등 상시 사람이 근무하는 장소에 설치해야 하며, 그 음량 및 음색은 다른 기기의 소음 등과 명확히 구별할 수 있는 것으로 해야 한다.

(4) 전원

① 전원은 분전반으로부터 전용회로로 하고, 각 극에 개폐기 및 15 A 이하의 과전류차단기(배선용 차단기에 있어서는 20 A 이하의 것으로 각 극을 개폐할 수 있는 것)를 설치할 것
② 전원을 분기할 때는 다른 차단기에 따라 전원이 차단되지 않도록 할 것
③ 전원의 개폐기에는 "누전경보기용"이라고 표시한 표지를 할 것

7-3 피난설비

7-3-1 유도등 및 유도표지

유도등 및 유도표지는 화재 시 긴급대피를 안내하기 위하여 설치하는 것이다. 유도등은 상용전원이 정전된 때에 비상전원으로 자동 전환되어서 항상 점등도어 있어야 하고, 그 종류는 다음과 같다.

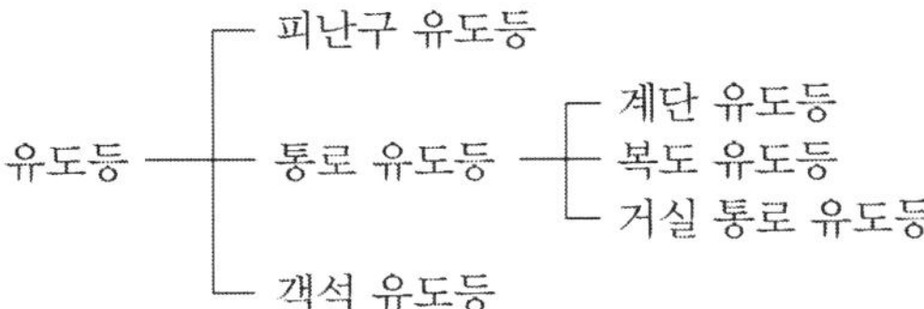

(1) 유도등의 종류

① 피난구 유도등

피난구 또는 피난경로로 사용되는 출입구가 있다는 것을 표시하는 녹색등화의 유도등을 말하며 소형과 중형 및 대형으로 구분한다. 표시글자는 「비상구」 또는 「비상계단」 또는 「계단」 등으로 표시하고, 병용하여 화살표 또는 「EXIT」라고 표시할 수도 있다.

표 7-7 유도등 및 유도표지의 사양, 배치상의 기준

구분	유도등			유도 표지
	피난구 유도등	통로 유도등	객석 유도등	
사양 성능 표시사항	L=36cm 이상 비상구 1/3L 바탕 : 녹색, 문자 : 백색 내부에 전구를 시설해서 조명할 수 있고, 비상 전원이 있는 것	L=25cm 이상 1/3L 바탕 : 백색, 문자 : 녹색 내부에 전구가 있어 조명할 수 있고, 비상 전원이 있는 것	객석의 통로, 바닥 또는 벽면 등에 취부하는 램프로서 비상 전원이 달린 것	L=30cm 이상 1/3L 바탕 : 백색, 문자 : 녹색 표지판이고 조명장치가 달리지 않은 것
배치상의 기준설비의 높이	실에서 복도로 나오는 출입구·계단실·옥내에서 외부로 나오는 출입구 상부(바닥면에서 1.5 m 이상) 피난구 유도등 1.5m 이상	구부러지는 곳, 계단복도(20 m 이하마다) (바닥면에서 1 m 이하 계단에서는 벽 또는 천장) 바닥 또는 벽에 매입(벽면으로부터 1 cm 이상 돌출)	객석 통로의 바닥면에서 0.2 lx 이상이 되도록 배치	구부러지는 곳, 계단 복도(15 m 이하마다) (바닥면에서 1.5 m 이하의 장소) 1.5m 이하마다 1.5m 이하

(2) 피난구유도등 설치기준

① 피난구유도등은 다음의 장소에 설치해야 한다.

㉠ 옥내로부터 직접 지상으로 통하는 출입구 및 그 부속실의 출입구

㉡ 직통계단·직통계단의 계단실 및 그 부속실의 출입구

㉢ ㉠과 ㉡에 따른 출입구에 이르는 복도 또는 통로로 통하는 출입구

㉣ 안전구획된 거실로 통하는 출입구

② 피난구유도등은 피난구의 바닥으로부터 높이 1.5 m 이상으로서 출입구에 인접하도록 설치해야 한다.

③ 피난층으로 향하는 피난구의 위치를 안내할 수 있도록 출입구 인근 천장에 피난구유도등의 면과 수직이 되도록 피난구유도등을 추가로 설치해야 한다. 다만, 피난구유도등이 입체형인 경우에는 그렇지 않다.

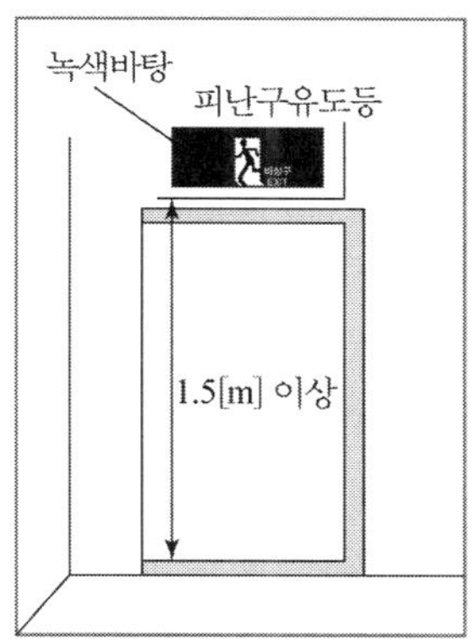

그림 7-8 피난구 유도등의 설치

(3) 통로유도등 설치기준

① 통로유도등은 특정소방대상물의 각 거실과 그로부터 지상에 이르는 복도 또는 계단의 통로에 다음의 기준에 따라 설치해야 한다.

㉠ 복도통로유도등은 다음의 기준에 따라 설치할 것

- 복도에 설치하되 피난구유도등이 설치된 출입구의 맞은편 복도에는 입체형으로 설치하거나, 바닥에 설치할 것
- 구부러진 모퉁이 및 통로유도등을 기점으로 보행거리 20 m마다 설치할 것
- 바닥으로부터 높이 1 m 이하의 위치에 설치할 것. 다만, 지하층 또는 무창층의 용도가 도매시장 · 소매시장 · 여객자동차터미널 · 지하역사 또는 지하상가인 경우에는 복도 · 통로 중앙부분의 바닥에 설치해야 한다.
- 바닥에 설치하는 통로유도등은 하중에 따라 파괴되지 않는 강도의 것으로 할 것

㉡ 거실통로유도등은 다음의 기준에 따라 설치할 것

- 거실의 통로에 설치할 것. 다만, 거실의 통로가 벽체 등으로 구획된 경우에는 복도통로유도등을 설치할 것

- 구부러진 모퉁이 및 보행거리 20 m 마다 설치할 것
- 바닥으로부터 높이 1.5 m 이상의 위치에 설치할 것. 다만, 거실통로에 기둥이 설치된 경우에는 기둥 부분의 바닥으로부터 높이 1.5 m 이하의 위치에 설치할 수 있다.

㉢ 계단통로유도등은 다음의 기준에 따라 설치할 것

- 각층의 경사로 참 또는 계단참마다(1개 층에 경사로 참 또는 계단참이 2 이상 있는 경우에는 2개의 계단참마다)설치할 것
- 바닥으로부터 높이 1 m 이하의 위치에 설치할 것

㉣ 통행에 지장이 없도록 설치할 것

㉤ 주위에 이와 유사한 등화광고물 · 게시물 등을 설치하지 않을 것

(4) 객석유도등 설치기준

① 객석유도등은 객석의 통로, 바닥 또는 벽에 설치해야 한다.

② 객석 내의 통로가 경사로 또는 수평로로 되어 있는 부분은 다음 식에 따라 산출한 개수(소수점 이하의 수는 1로 본다)의 유도등을 설치해야 한다.

$$\text{설치 개수} = \frac{\text{객석 통로의 직선부분 길이 m}}{4} - 1$$

③ 객석 내의 통로가 옥외 또는 이와 유사한 부분에 있는 경우에는 해당 통로 전체에 미칠 수 있는 개수의 유도등을 설치해야 한다.

(5) 유도표지 설치기준

① 계단에 설치하는 것을 제외하고는 각 층마다 복도 및 통로의 각 부분으로부터 하나의 유도표지까지의 보행거리가 15 m 이하가 되는 곳과 구부러진 모퉁이의 벽에 설치할 것

$$\text{설치 개수} = \frac{\text{굴곡이 없는 보행거리 m}}{15}$$

② 피난구유도표지는 출입구 상단에 설치하고, 통로유도표지는 바닥으로부터 높이 1 m 이하의 위치에 설치할 것

③ 주위에는 이와 유사한 등화 · 광고물 · 게시물 등을 설치하지 않을 것

④ 유도표지는 부착판 등을 사용하여 쉽게 떨어지지 아니하도록 설치할 것

⑤ 축광방식의 유도표지는 외광 또는 조명장치에 의하여 상시 조명이 제공되거나 비상조명등에 의한 조명이 제공되도록 설치 할 것

⑥ 식별도시험

㉠ 축광유도표지 및 축광위치표지는 200 lx 밝기의 광원으로 20분간 조사시킨 상태에서 다시 주위조도를 0 lx로 하여 60분간 발광시킨 후 직선거리 20 m(축광위치표지의 경우 10 m)떨어진 위치에서 유도표지 또는 위치표지가 있다는 것이 식별되어야 하고, 유도표지는 직선거리 3 m의 거리에서 표시면의 표시중 주체가 되는 문자 또는 주체가 되는 화살표등이 쉽게 식별되어야 한다. 이 경우 측정자는 보통 시력(시력 1.0에서 1.2의 범위를 말한다)을 가진 자로서 시험실시 20분전까지 암실에 들어가 있어야 한다.

㉡ 축광보조표지는 200 lx 밝기의 광원으로 20분간 조사 시킨 상태에서 다시 주위조도를 0 lx로 하여 60분간 발광시킨 후 직선거리 10 m 떨어진 위치에서 축광보조표지가 있다는 것이 식별되어야 한다. 이 경우 측정자의 조건은 제1항의 조건을 적용한다.

⑦ 휘도시험

축광표지의 표시면을 0 lx 상태에서 1시간이상 방치한 후 20C lx 밝기의 광원으로 20분간 조사시킨 상태에서 다시 주위조도를 0 lx로 하여 휘도시험을 실시하는 경우 다음 각 호에 적합하여야 한다.

㉠ 5분간 발광시킨 후의 휘도는 1 m^2당 110 mcd 이상이어야 한다.

㉡ 10분간 발광시킨 후의 휘도는 1 m^2당 50 mcd 이상이어야 한다.

㉢ 20분간 발광시킨 후의 휘도는 1 m^2당 24 mcd 이상이어야 한다.

㉣ 60분간 발광시킨 후의 휘도는 1 m^2당 7 mcd 이상이어야 한다.

표 7-8 유도표지의 크기

종류	긴 변의 길이 mm	짧은 변의 길이 mm
피난구 유도표지	360 이상	120 이상
복도통로 유도표지	250 이상	85 이상

7-3-2 비상용 조명장치

비상용 조명장치는 화재시 정전이 발생된 경우에도 원활한 피난활동을 할 수 있도록 거실이나 피난통로에 설치하여 최소시간 동안 시야를 확보하기 위한 조명장치이다. 이 장치는 평상시 상용전원에 의해 점등되지만 상용전원 차단시 자동으로 예비전원으로 전환되어 바닥면적의 조도 1 lx 이상으로 20분 이상 조면을 확보할 수 있어야 한다.

(1) 비상 조명등 설치 대상

① 지하층을 포함한 층수가 5층 이상의 건축물로서 연면적 3,000 m^2 이상 되는 것

② 위의 ① 항에 해당하지 않는 특수소방대상물로서 그 지하층 또는 무창층의 바닥면적이 450 m^2 이상 되는 경우는 그 지하층 또는 무창층

③ 지하가 중 터널로서 그 길이가 500 m 이상 되는 것

(2) 비상용 조명장치의 기기

① 조명기구

비상용 조명기구는 비상시 예비전원에 의하여 즉시 점등될 수 있고, 140 ℃의 분위기에서 30분간 점등을 계속할 수 있어야 하며, 1 lx 이상의 조도를 유지할 수 있어야 한다.

② 충전장치

㉠ 자동 충전장치 : 축전지의 충전량을 충전전압과 충전전류로 제어하는 충전장치

㉡ 시한 충전장치 : 축전지의 충전량을 타이머(timer)로 제어하는 충전장치 자동 충전장치나 시한 충전장치는 교류전원의 정전상태가 정상적으로 회복되면 자동적으로 충전을 하고, 충전이 끝나면 부동충전을 행한다.

③ 축전지

축전지는 사용장소와 용도 등에 따라서 여러 종류가 사용되고 있다. 조면기구에 내장(內藏)하게 되어 있는 밀폐형 니켈 · 카두뮴 축전지는 액체의 보충이 필요없는 밀폐형이고, 공칭 용량이 mAh로 표시되는 단전지(單電池)를 집합하여 사용한다.

④ 자가발전잔치

비상용 조명장치에 사용하는 자가발전장치는 상용전원이 단전되었을 때 10초 이내에 예비전원 측으로 절환되어야 하고, 축전지와 병용하는 것은 45초 이내에 예비전원 측으로 절환되어야 한다. 발전기의 용량은 500 kVA 이하의 것이 많이 상용된다.

(3) 비상 조면장치의 설계

① 비상용 조명장치의 설계지침은 다음과 같다.

㉠ 비상용 조명기구의 점등방식을 결정한다.
㉡ 전원을 비상 조명장치에 내장할 것인가, 별치형식으로 할 것인가를 결정한다.
㉢ 조명기구의 위치와 기구의 형상을 결정한다.
㉣ 조명기구에 걸리는 전압을 결정한다.
㉤ 설계상의 초기 조도를 결정한다.
㉥ 전구 또는 형광 램프의 와트수를 결정한다.
㉦ 전원의 종류와 용량을 결정한다.
㉧ 정전 검출방식을 결정한다.
㉨ 공사방법을 결정한다.

② 조명설계

조명기구의 램프 광속은 사용시간이 경과함에 따라 점차 감소됨으로 비상용 조명기구의 조도를 1 lx 이상으로 유지하기 위해서는 조명기구의 감광현상까지 고려하여 초기 조도를 2～3 lx 정도 이상으로 설계할 필요가 있다.

③ 전원

전원에는 상용전원과 예비전원이 있으며 상용전원으로는 교류전압 옥내간선 또는 축전지가 있고, 예비전원으로는 충전기를 부설한 축전지, 10초 이내에 절환이 가능한 자가 발전장치, 충전기를 부설한 추전지와 자가발전장치의 병용이 있다.

④ 절환회로

절환장치의 설치 위치는 다음과 같다.

㉠ 조명기구 내
㉡ 분전반 분기회로 2차측
㉢ 분전반 분기회로 1차측 및 전원 2차측

⑤ 배선

비상용 조명기구에 접속하는 전선은 450/750 V 저독성 난연 폴리올레핀절연전선 이상의 난연성을 갖고 있는 것으로서 30분간 840 ℃로 가열하였을 때 이에 견딜 수 있는 배선을 하는 것이 바람직하다.

7-4 소화활동설비

7-4-1 비상 콘센트설비 및 배연설비

비상 콘센트설비는 화재발생시 소방요원의 활동을 돕기 위한 조명 또는 소화활동상 필요한 장비의 전원설비로 사용하기 위한 것이고, 배연설비는 피난경로와 그 주변에 체류되어 있는 연기를 제거함으로써 피난을 원활하게 도와주기 위한 설비이다.

(1) 비상 콘센트설비

비상 콘센트의 설치 및 유지 기준은 다음과 같다.

① 비상 콘센트는 바닥 또는 계단의 디딤바닥에서 높이 1 m 이상, 1.5 m 이하되는 곳에 설치한다.

② 비상 콘센트는 매입식 보호함 안에 설치할 것

③ 비상 콘셍트의 전원 용량은 3상 교류 200 V 30 A 및 단상 교류 100 V 15 A 이상으로 한다.

④ 비상 콘센트의 플러그 접속기 칼받이의 접지극에는 접지공사를 할 것.

⑤ 배선용 전선은 내열성의 절연재료로 피복한 전선을 사용할 것.

⑥ 비상 콘센트에 전기를 공급하는 전원회로는 각 층에서 전원별로 2개 회로 이상으로 할 것.

⑦ 한 회로에 설치하는 비상 콘센트의 수는 10개 이하로 할 것.

⑧ 비상 콘센트의 보호함에는 그 표면에 「비상 콘센트」라고 표기하고, 보호함 상부에는 적색 등화를 설치할 것.

(2) 배연설비

배연설비는 화재가 발생하여 피난경로와 그 주위에도 연기가 체류되어 있을 것이므로 우선 연기의 확산을 방지하고, 구역 내에 체류된 연기를 제거하여 안전한 피난을 돕기 위한 설비이므로 바닥 위 1.5 m 이하에는 체루되어 있는 연기가 존재하지 않도록 배연(排煙)하여야 한다.

(3) 방재설비에 대한 공급전원

방재설비에 대한 공급전원으로는 수전설비에 의한 상용전원이 정전되었을 때의 예비전원 또는 비상전원으로 축전지 및 자가발전설비가 사용되고 있다.

[주] 1. 예비전원 : 건축법상의 호칭
2. 비상전원 : 소방법사의 초칭

7-5 방범설비

방범설비는 도난의 방지를 목적으로 하는 설비로서 특히 귀금속 상점, 금융기관, 미술관 등에 필요한 설비이다. 방범설비는 방범의 필요성에 따라 여러 가지 감지장치가 조합되어 설치되고 있다.

감지용 단말 검출기의 특징과 용도는 다음과 같다.

① 리미트 스위치

리미트 스위치(Limit switch)는 기계적 접점의 동작에 의한 것으로 자동제어에 널리 이용되고 있으며 설치장소는 창, 출입문, 셔터 등이다.

② 자기 스위치

자기 스위치는 도어 스위치(door switch)라고도 하며 영구자석으로 된 소편(작은 편자)의 접촉과 이탈에 따라 개/폐 되는 접점부가 한 쌍으로 되어 있다. 접점이 유리관에 밀봉되어 있어 부식을 막을 수 있고, 수명도 긴 편이다. 설치장소는 주로 개폐가 1개소인 출입문이나 창문 등에 많이 사용되고 있다.

③ 초음파 검출기

초음파 센서라고도 하며 공간에 초음파를 발사하고, 공간 내 물체의 이동에 의하여 발생하는 도플러 효과(doppler effect)를 이용하여 침입자를 검출하는 것으로 가격은 비교적 저렴하지만, 공기를 매체로 하는 음파를 이용하기 때문에 공간 내의 공기대류에 의하여 오동작할 우려가 있다. 따라서 공기의 이동이 비교적 적은 실내에서 사용하는 것은 무난하고 경계범위는 5 m 이다.

④ 적외선 검출기

적외선 검출기는 사람의 눈에 띄지 않는 적외선 투광기와 수광기를 마주 보도록 설치하여 적외선이 차단되면 물체를 검출하는 방식과 사람의 몸에서 방출되는 적외선을 검출하는 방식이 있다. 적외선은 눈에 띄지 않으므로 침입자가 알아차릴 수 없다. 적외선 검출기의 반범 경계거리는 100~150 m 정도이며, 대용량의 것은 1 km를 초과하는 것도 있다.

⑤ **매트 스위치**

매트 스위치(mat switch)는 출입문 입구에 설치되어 있어서 이 매트가 중량을 받으면 스위 자용을 하게 되어 자동으로 문이 열리거나 경보를 울리는 스위치작용을 한다. 방범용으로 사용할 경우는 침입자의 눈에 띄지 않도록 매입하여 설치할 필요가 있다.

⑥ **근접 스위치**

근접 스위치(proximity switch)는 물체가 스위치에서 일정한 거리 이내에 근접하게 되면 작동되는 스위치이다. 이 근접 스위치는 각형이 일반적으로 사용되고 있다.

⑦ **진동 스위치**

진동 스위치(vibration detector)는 경계 대상의 물체에 설치해 놓고, 그 물체가 진동하여 발생되는 신호를 검출하는 것으로 검출 방식에는 기계적인 것과 전기적인 것이 있다.

⑧ **CCTV 감시기기**

CCTV(Closed Circuit Television) 감시기기는 직접 현장의 상황을 TV 모니터로 볼 수 있으며 녹화도 할 수 있으므로 우수한 반범기기라고 할 수 있다.

그 원리는 빛을 전기 에너지로 변환하여 유선이나 무선으로 전송하고, 다시 빛으로 변환하여 영상화시키는 것이며 구성 기기로는 카메라, TV 모니터, 조작장치 등이 있다. 지하 주차장이나 은행, 백화점 등에 많이 사용되고 있다. 그림7-11에서 CCTV 감시기기의 구성을 볼 수 있다.

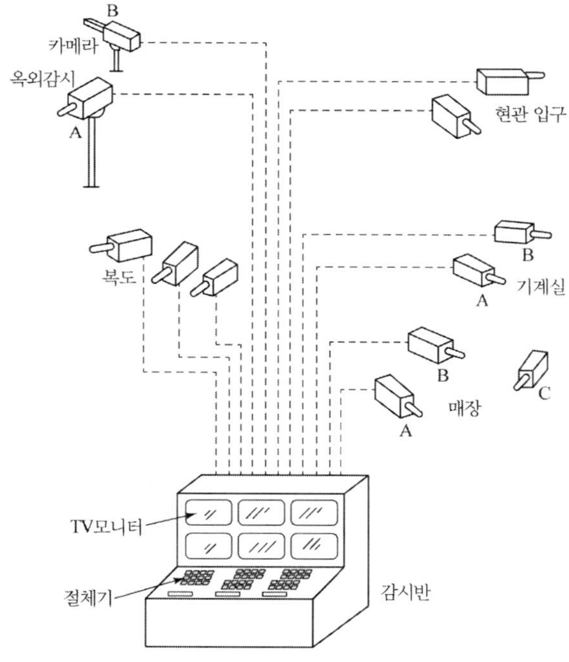

그림 7-9 CCTV 감시기기의 구성

01 전류동작형 누전차단기를 시설할 때에 전로의 전원 측에 설치하는 변류기는 어느 것을 관통해서는 안 되는가?

답 접지선

02 분전반의 분기회로수가 7회로 이상 되는 경우에 누전차단기를 인입개폐기로 겸용한다면 무엇이 붙은 것이어야 하는가?

답 과전류 차단기

03 누전화재 경보기는 다음 건축물에 대해서 연면적 몇 m^2 이상되는 경우에 설치하여야 하는가?

(1) 여관, 호텔 등 숙박업소

(2) 극장, 영화관, 공회당

(3) 학교, 도서관

답 (1) 150 m^2, (2) 300 m^2 (3) 500 m^2

04 자동화재 탐지설비 1개의 경계구역이 2개의 층에 미치는 경우에 하나의 경계구역 면적은 최대 얼마인가?

답 500 m^2

05 자동화재 탐지기의 수신기 1회로가 경계하는 구역은 몇 m^2 이하인가?

답 600 m^2

06 **차동식 스포트형 감지기는 감지기의 하단이 부착면의 아래쪽 몇 m 이내에 위치하도록 설치하여야 하는가?**

답 0.3 m

07 **부착면의 높이 4 m 미만의 장소에 연기감지기 1종을 설치할 때 감지기 1개의 감지면적 m^2은 얼마인가?**

답 150 m^2

08장 기기의 설치 및 배선공사

8-1 기기의 설치

8-1-1 배전반

개방형 또는 큐비클형은 배전반에 부속되어 있는 채널 베이스(channel base)위에 설치하도록 되어 있다. 그러므로 채널 베이스는 바닥 마무리 공사를 하기 전에 취부하는 것이 좋다. 2면 이상의 배전반을 1열로 이어서 설치하는 경우는 중앙에 위치한 배전반 1면을 채널 베이스 위에 올려놓고 기초 볼트를 임시로 조인 다음에 옆의 배전반을 올려놓고 반 상호간을 연결하는 맨 아랫부분의 연결 볼트를 조인다. 이와 같이 하여 배전반의 배열이 끝나면 전후 수직조정을 한 다음에 나머지 연결 볼트를 조이고 맨 나중에 배전반과 채널 베이스의 볼트를 조인다. 그림 8-1에서 옥외용 메탈 클래드의 기초도를 볼 수 있다.

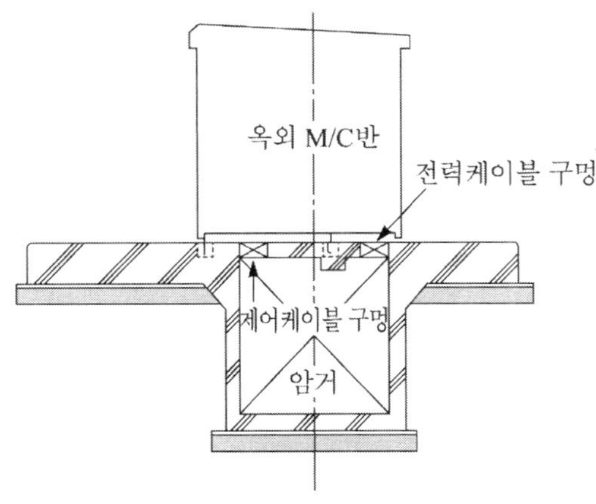

그림 8-1 옥외 메탈 클래드 기초도

8-1-2 변압기

(1) 변압기의 기초

대형변압기의 설치 또는 변압기를 배열하는 경우에는 하중에 견딜 수 있도록 철근을 넣든가 하여 기초를 보강한다. 이때에 콘크리트의 두께(철근의 상근부터 콘크리트 마감면까지의 두께)는 30 mm 이상 되어야 하고 앵커 볼트는 철근에다 걸어서 용접하면 안전하다.

(2) 방진대책

변압기의 진동을 감쇠하기 위해서 탄성체로 지지하여 그 공진주파수를 충분히 낮추면 된다. 탄성지지체는 코일 용수철, 공기 용수철, 방진고무 등이다.

방진고무를 사용하는 경우에는

① 각 지지체에 하중이 균등하게 걸리도록 주의하고
② 방부제, 약품, 도료 등을 사용하지 않고
③ 온도가 80 ℃ 이상 올라가지 않도록 하며
④ 변압기의 1차와 2차의 접속도체는 가요성이 있는 것을 사용한다.

(3) 소음방지대책

현장시공시의 방음대책은

① 방진재를 사용하면 2차적으로 발생하는 소음을 방지
② 방열효과를 해치지 않도록 한 방음벽의 설치
③ 벽이나 천장에 흡음재를 부착하고
④ 변전실의 넓이를 충분하게 한다.

(4) 변압기의 배선

대형변압기의 1차와 2차 단자 이후의 배선에 사용하는 도체는 비닐 절연전선, 동봉, 동관, 동대(銅帶), 알루미늄 판, 전력 케이블 등이 있다. 모선용 동대와 동관의 허용전류를 표 8-1, 표 8-2에 제시한다.

알루미늄하고 동과 같이 이온화 경향이 다른 도체끼리 접속할 때는 방식(防蝕) 컴파운드를 사용하여야 한다. 표준 절연간격의 예를 표 8-3에 제시한다.

표 8-1 동대(모선용)의 허용전류

모선 치수 두께 mm × 폭 mm	모선 병렬 매 수	단면적 mm^2	개산 중량 kg/m	허용 전류 A
3 × 25	1 2	75 150	0.67	238 430
6 × 50	1 2 3	300 600 900	2.67	620 1,000 1,200
6 × 75	1 2 3	450 900 1,350	4.01	860 1,420 1,680
6 × 100	1 2 3	600 1,200 1,800	5.34	1,100 1,820 2,150

[주] 1. 이 전류값은 정지된 공기 중에서 주위온도 40 ℃, 온도상승 30 deg인 경우이다.
　2. 각 상의 중심거리는 0.45 m 이다.
　3. 병렬동대의 간격이 약 6 mm인 때의 전류이다.

표 8-2 동관(모선용)의 허용전류

관의 치수 mm		단면적 mm^2	허용 전류 A	개산 중량 kg/m
바깥지름	두께			
12	1.2 2.0	41 60	180 190	0.36 0.56
16	1.2 2.0	56 88	240 270	0.50 0.78
20	1.2 2.6 5.0	71 142 235	300 400 520	0.63 1.27 2.10
24				0.77 1.56 3.18
30				1.27 2.40 4.03
40				1.72 3.29 6.82

[주] 이 전류값은 주위온도 40 ℃, 온도상승 30 deg 인 때이다.

표 8-3 모선도체의 간격

공칭전압 kV	옥외 cm		옥내 cm	
	상간격	대지간격	상간격	대지간격
3.3	50	25	25	10
6.6	50	25	25	12
11	60	30	30	15
22	75	40	45	25
33	90	50	60	35
66	150	85	100	60
77	170	100	110	85
110	230	140	–	–
154	300	190	–	–

[비고] 폐쇄형 배전반은 적용되지 않는다.

(5) 조작 케이블의 배선

조작 케이블의 배선은 기기 제조회사에서 설계한 시퀀스와 배전반의 이면 결선도를 근거로 하여 조작 케이블의 접속표를 작성하고 그것에 의하여 배선하면 좋을 것이다.

조작용 케이블의 종류는

① 조작용 비닐 케이블
② 조작용 비닐 케이블(차폐형)
③ 조작용 비닐 케이블(폴리에틸렌 절연)

등이고, ②는 다른 고압회로에서의 유도 또는 조작 케이블 상호간의 유도가 염려스러운 때에 사용하고 ③은 내수성이 요구되는 장소 또는 화학공장 등에서 사용한다.

조작 케이블 심선의 굵기를 결정할 때는 표 8-4에 따르는 것이 일반적이고, 또 용도에 따라서 표 8-5에 제시된 것과 같은 심선수를 선택하고 있다.

표 8-4 조작 케이블 도체의 굵기

(1) 계기용 변압기 2차 회로 편도 허용길이 m

접속 방식	한상의 부담 VA	도체 굵기 mm^2		
		3.5	5.5	8
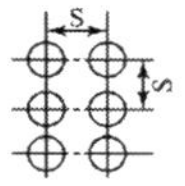	50	375		
	100	185		
	150	125	195	
	200	95	145	215
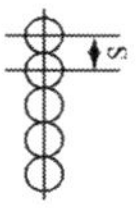	5	415		
	8	260		
	10	210		
	15	140	220	
	20	105	165	
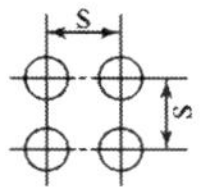	50	280	445	320
	100	140	220	210
	150	90	145	160
	200	70	110	
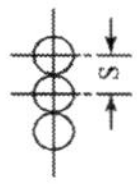	50	250		
	100	125	195	
	150	85	130	190
	200	60	100	140
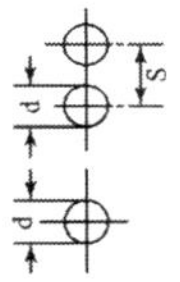	50	250		
	100	125	195	
	150	85	130	190
	200	60	100	140
	500	25	35	55

[주] 2차 정격전압을 100 V로 계산하고 있으므로 110 V인 때에는 허용길이는 1.21배로 된다.

(2) 직류회로 편도 허용길이 m

조작 전류 A / 심선 굵기 mm^2	5	10	20	40	50	100
60						160
38				255	200	100
22			285	140	115	
14		375	185	90	75	
8		210	105	50		
5.5	290	145	70	35		
3.5	185	90	45			
2	105	50	25			

(3) 변류기 2차 회로 편도 허용길이 m

한상 CT정격 / 심선 굵기 mm² / 1상의 부담 VA / CT 접속방식		40 VA			30 VA			15 VA		
		8	5.5	3.5	8	5.5	3.5	8	5.5	3.5
	5		215	135	225	160	100	95	65	40
	10		195	125	195	135	85	55	40	25
	15	250	175	110	160	110	70			
	20	210	145	90	115	80	50			
	25	165	115	70	60	40	25			
	30	115	80	50						
	5		235	150	230	165	100	80	55	35
	10		185	115	160	110	70			
	15	180	125	85	60	40	25			
	20	85	55	35						
	25									
	30									
	1		260	165	280	195	125	135	95	60
	2.5		250	160	265	185	115	120	85	55
	5	340	235	150	245	170	105	95	65	30
	10	290	200	125	195	135	85	45	30	20
	15	245	170	105	145	100	65			
	20	196	135	85	75	65	40			
	25	145	100	60	45	30	20			
	30	95	65	40						
	5		430	275			200	195	135	85
	10		390	250			170	115	80	50
	15		340	220		200	140			
	20		290	185		155	100			
	25		230	145	125	85	55			
	30		160	110						

표 8-5 용도에 따르는 케이블의 심선수

용도	심선수	용도	심선수
변 류 기	3, 4	단로기 제어	5
영상 변류기	2	직류 일반	2
계기용 변압기 2차	3, 4	교류 3상 일반	3
계기용 변압기 3차	2, 4	교류 단상 일반	2
차단기 제어	5		

8-1-3 조명기구

조명기구는 노출형인가 또는 매입형인가에 따라서 설치방법이 다르지만 기구의 형태, 중량 등에 따라서도 그 방법이 다르다.

(1) 노출형 기구(직부기구)

① 천장이 콘크리트 슬라브인 건물

그림 8-2(a)는 직부형 설치방법을 나타낸 시공 상세도이다. 콘크리트 박스에 설치한 철재(stud)에 지름 9 mm인 철재 볼트(stud bolt)를 끼운 후 기구를 이에 고정한다. 기구가 소형이고 가벼운 것이면 박스의 바름 받힘 커버에 나사못으로 고정해도 된다. 형광등 기구이면 콘크리트를 타설할 때 슬라브에 미리 기구 고정용 철재를 꽂아 둔다.

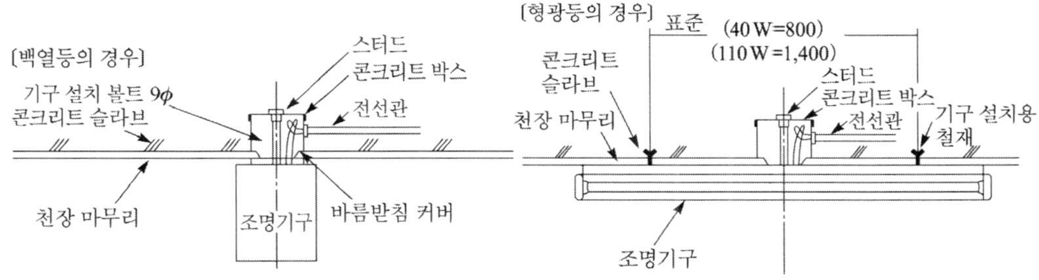

(a) 콘크리트 슬라브 직부의 경우

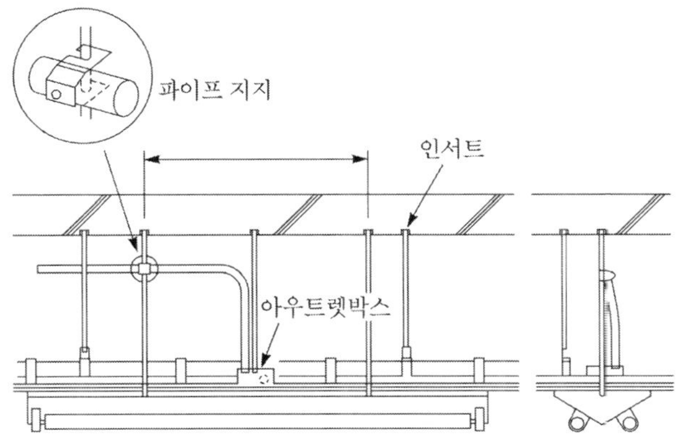

(b) 2중 천장 직부의 경우

그림 8-2 조명기구의 설치

② 천장이 2중 천장으로 된 건물

그림 8-2(b)는 이 경우에 기구의 설치방법을 나타낸 것이다.

(2) 매입형 기구

매입형 형광등을 설치하는 방법은 그림 8-3에 제시된 바와 같이 같은 5가지 방법이 일반적으로 쓰이고 있다.

① 목조 천장일 때는 기구 매입용 구멍을 기구치수에 맞추어(기구의장도 참조) 뚫고 구멍 주위에는 보강제를 부설한 후 기구는 나사못으로 보강재에 따라서 고정한다(그림 8-3(a)).

② 천장 속에 공기 조화용 덕트 등이 지나가기 때문에 슬라브로부터 고정용 볼트를 뽑을 수 없을 때, 또는 고정용 철재의 위치가 맞지 않아 사용할 수 없을 때는 그림 8-3(b)와 같은 방법을 택한다.

③ 슬라브에 넣어 둔 기구의 고정용 철재로부터 설치용 볼트를 내리는 방법으로 보통은 이 방법이 많이 쓰인다(그림 8-3(c)).

④ 그림 8-3(d)는 ③의 경우와 같은 때에 사용되었지만 바람직한 방법이라고 할 수는 없다.

⑤ 초고층 빌딩에서 채택되고 있는 방법으로서 기구를 천장재 마감을 하기 전에 설치하는 공법이다(그림 8-3(e)).

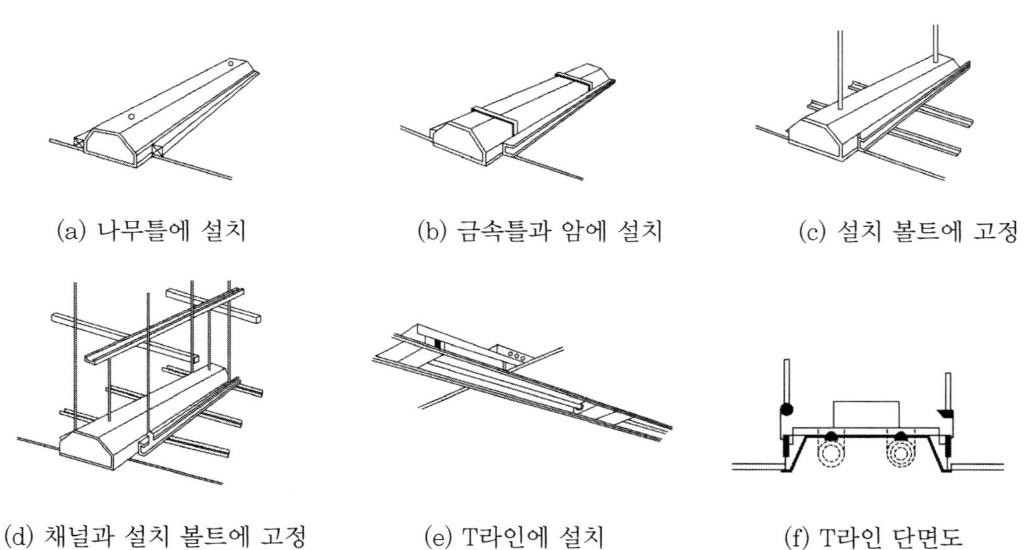

(a) 나무틀에 설치 (b) 금속틀과 암에 설치 (c) 설치 볼트에 고정

(d) 채널과 설치 볼트에 고정 (e) T라인에 설치 (f) T라인 단면도

그림 8-3 매입형 형관등 기구의 설치방법

(3) 아우트렛 박스와 조명기구간의 배선

그림 8-4는 매입형 기구의 리드선을 뽑는 요령과 설치방법을 제시한 것이다. 그림에서 아우트렛 박스로부터 기구에 이르는 배선(리드선)은 가요 전선관 또는 F케이블을 사용할 때는 아우트렛 박스의 녹 아우트(knock out) 구멍으로부터 케이블이 나올 때에 케이블이 손상되지 않도록 구멍에 고무 부싱을 끼운다.

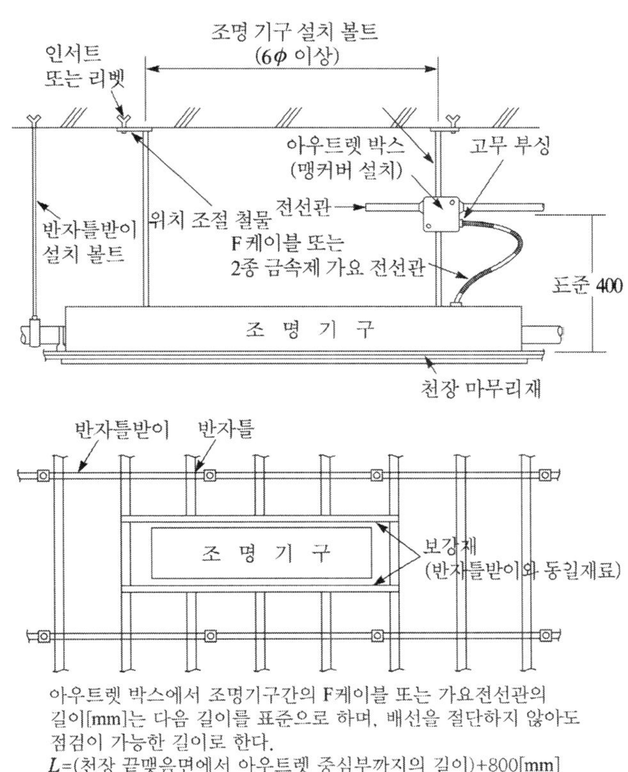

그림 8-4 매입형 기구의 설치상세도

8-1-4 배선기구

(1) 설치방법

배선기구의 설치를 옳게 하려면, 전선관, 박스, 커버 등의 시공을 견고하게 하여야 한다. 특히 박스와 바름받힘 커버의 부착이 애매하게 되어서 배선기구의 설치가 엉성하게 되는 사례는 허다하다.(그림 8-5)

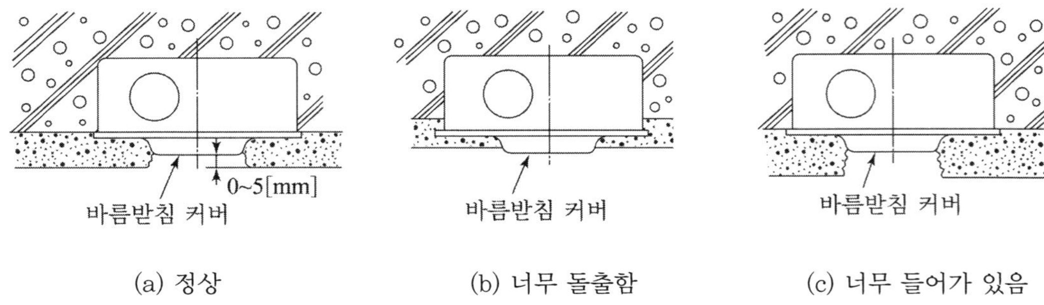

(a) 정상 (b) 너무 돌출함 (c) 너무 들어가 있음

그림 8-5 박스·박스 커버의 부착

(2) 배선기구와 전선과의 접속

① 박스 내의 배선이 너무 긴 경우 또는 반대로 너무 짧은 경우에는 기구 본체가 박스에 들어가기 힘들다. 전선의 길이는 약 10 cm 정도의 여유를 두고 기구에 접속하도록 하는 것이 좋다.

② 텀블러 스위치는 (+) 측 회로에 접속한다.

③ 연용 스위치의 설치순서는 조명기구의 배열과 점멸순서에 따른다.

④ 콘센트의 극성은 플러그를 꽂는 구멍 중 큰 쪽을 (−)측으로 한다. 이것은 콘센트를 향해서 좌측에 오는 것이 보통이다.

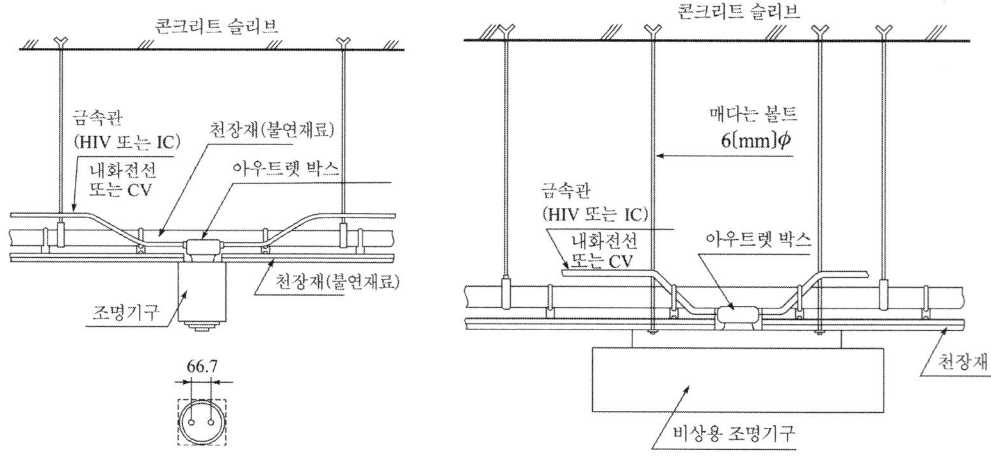

(a) 다운 라이트 직부형 (b) 형광등 직부형

그림 8-6

8-1-5 비상용 조명기구

배선과 조명기구 리드선의 접속은 압착 컨넥터, 슬리브, 나사식 컨넥터 등을 사용하여 접속하고 전선의 절연부분과 동등 이상의 절연효력이 있는 테이프(그라스 테이프, 실리콘 테이프, 테프론 테이프 등)로 절연한 다음 그 위에 비닐 테이프로 피복하는 것을 원칙으로 한다.

전지 내장형 조명기구는 주위온도 5~35 ℃를 유지하는 곳에 설치한다. 또 설치할 때에 충격을 가하거나 내부구조를 변경하는 일이 없도록 주의하여야 한다. 그림 8-6에서 비상용 조명기구의 설치 예를 볼 수 있다.

8-2 배선

8-2-1 케이블의 부설방법

케이블은 그 장소에 따라서 표 8-6과 같은 방법으로 부설한다.

표 8-6 케이블 부설 방법

포설 장소	케이블 부설방법
보통의 장소	직매식, 지표하식(地表下式), 래크식, 덕트식
분진이 많은 장소	직매식, 지표하식, 덕트식
폭발성 가스가 존재하는 장소	직매식, 지표하식, 래크식
위험물 등이 존재하는 장소	직매식, 지표하식, 래크식
부식성 가스가 존재하는 장소	래크식, 지표하식
변전소 또는 스위치 기어실의 출구 등	암거식, 관로식, 지표하식, 래크식, 덕트식
도로 횡단부	직매식, 관로식
지중 배선선로의 간선	직매식, 관로식, 지표하식

(1) 직접 매설식

직접 매설식은 매설하는 케이블의 보호형태에 따라서 분류하면 다음 3가지 방식이 있다.

① 무보호식

케이블을 포설할 장소를 지정한 깊이로 파고 방호하는 것 없이 직접 매설한다. 이 방법은 가장 간단하고 공사비도 저렴하지만 저압과 고압의 CD케이블 또는 강대 외장 케이블에 한해서 적용할 수 있다. 그림 8-7은 무보호식이다.

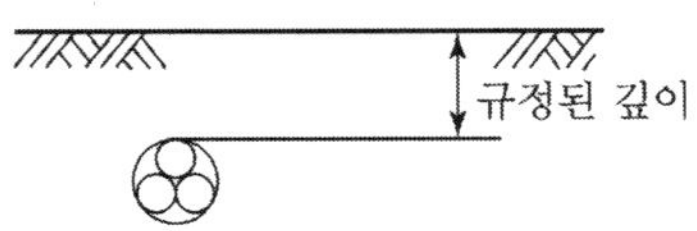

그림 8-7 무보호식

② 경보호식

차량 기타 중량물의 압력을 받지 않는 경우에 고-저압의 케이블을 부설하고 그 위를 간단한 판자 등으로 보호한다. 특고압용 케이블은 금속으로 외장한 것을 사용하고 부설한 케이블의 위와 옆면을 견고한 판자 등으로 보호한다. 그림 8-8은 경보호식이다.

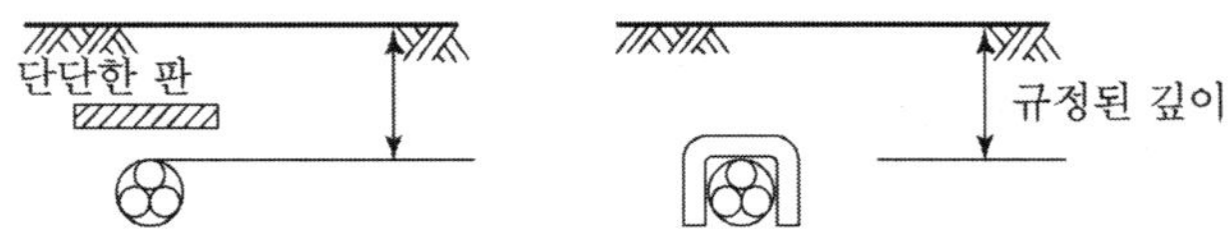

그림 8-8 경보호식

③ 보호식

케이블을 포설할 장소를 지정한 깊이로 파서 콘크리트 트라프를 배열하고 이것에 케이블을 넣은 다음 모래를 채우고 덮개를 덮는다. 그림 8-9는 보호식이다.

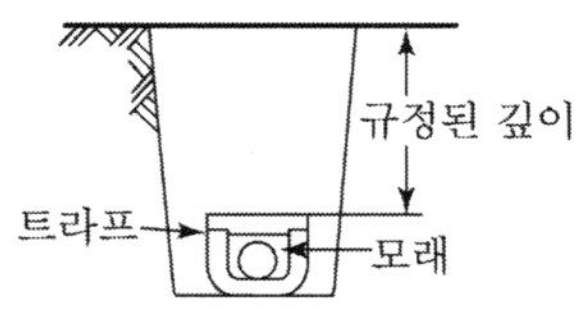

그림 8-9 보호식

(2) 관로 인입식

선로의 요소요소에 맨홀을 축조하여 그 사이를 관로로 연결하고 케이블의 접속은 맨홀 안에서 한다. 이는 비교적 값이 비싼 공법이지만 지중 전선로용으로 케이블 수가 많은 경우 또는 장차 증설이 예상되는 경우에 적합하다. 관로는 흄관, 강관, FRP수지 복합관 등을 사용한다.

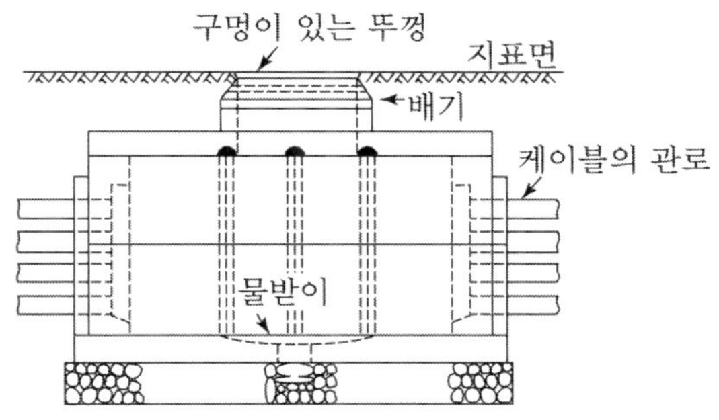

그림 8-10 단면도

(3) 암거식

변전소의 인출구 등 케이블의 수가 대단히 많은 경우에는 암거를 측조하여 측면 또는 양 벽면에 케이블 랙을 가설하고 사람이 통과할 수 있는 공간을 확보하여 작업을 한다. 그림 8-11은 암거식이다.

지금까지 케이블을 지중에 매설하는 방법에 대하여 살펴보았지만 지표면이나 공중에 포설하는 방식도 있다. 즉 케이블 피트 또는 개방 피트(open pit), 케이블 덕트, 케이블 랙, 가공 케이블 등이 그것이다.

이상과 같이 케이블은 공중, 지표면, 지중 어디에나 포설할 수 있다. 그러나 그 장소에 적합한 방법을 선택하여 배선의 특징을 충분히 살리기 위해서는 케이블 자체와 케이블 지지물의 보호를 어떻게 하느냐가 중요한 과제라 하겠다.

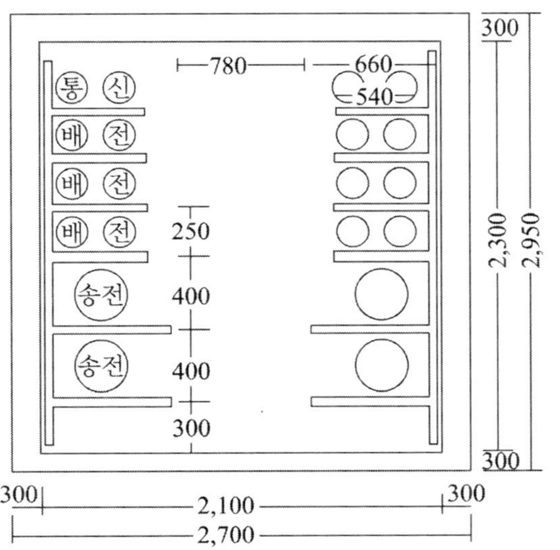

그림 8-11 암거식 단면도

8-2-2 케이블 배선의 인입과 접속

(1) 직접 매설 또는 케이블 피트 배선에서 분기하는 경우

부하에 접속하기 위하여 배선군에서 분기하는 경우에 분기 케이블은 외부 손상을 보호하기 위하여 보호관 공사를 한다. 이때에 보호관의 굴곡은 케이블의 허용 굴곡 반지름과 맞아야 하고, 흙 속에 묻는 금속제의 보호관은 아스팔트 피치 등으로 방식시공을 한다. 피트와 보호관의 접속을 그림 8-12에서 볼 수 있다.

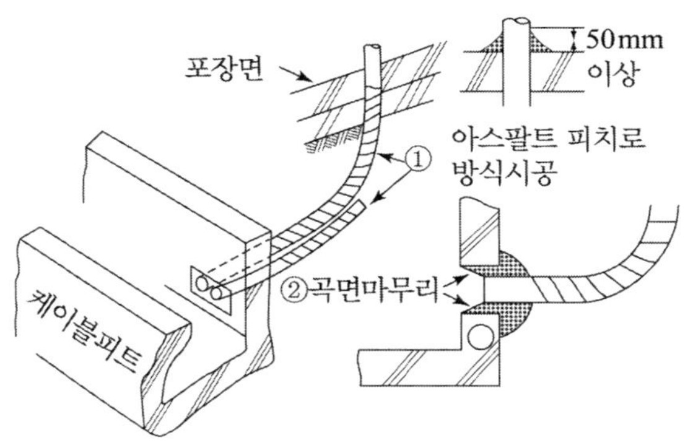

그림 8-12 분기보호관 공사

(2) 케이블 랙 또는 덕트 배선에서 분기하는 경우

케이블 랙 또는 덕트 내의 배선군에서 분기하여 전동기로 인입하는 경우는 보호관으로 가요전선관을 사용하는 것이 좋다. 이런 경우의 시공 예를 그림 8-13에 제시한다.

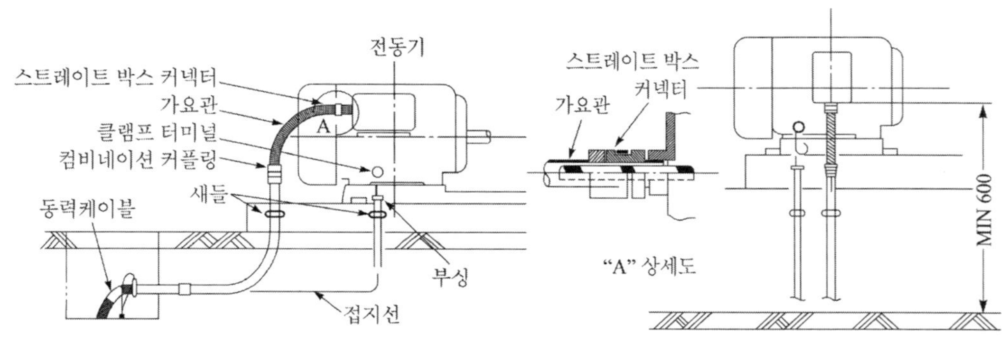

그림 8-13 전동기 인입구의 보호

8-2-3 내화 및 내열보호 배선

소방법의 규제를 받는 건축물에서 소방설비에 대한 배선은 내화 및 내열보호를 하여야 한다. 그림 8-14는 그 보호배선의 범위를 정리한 것이다.

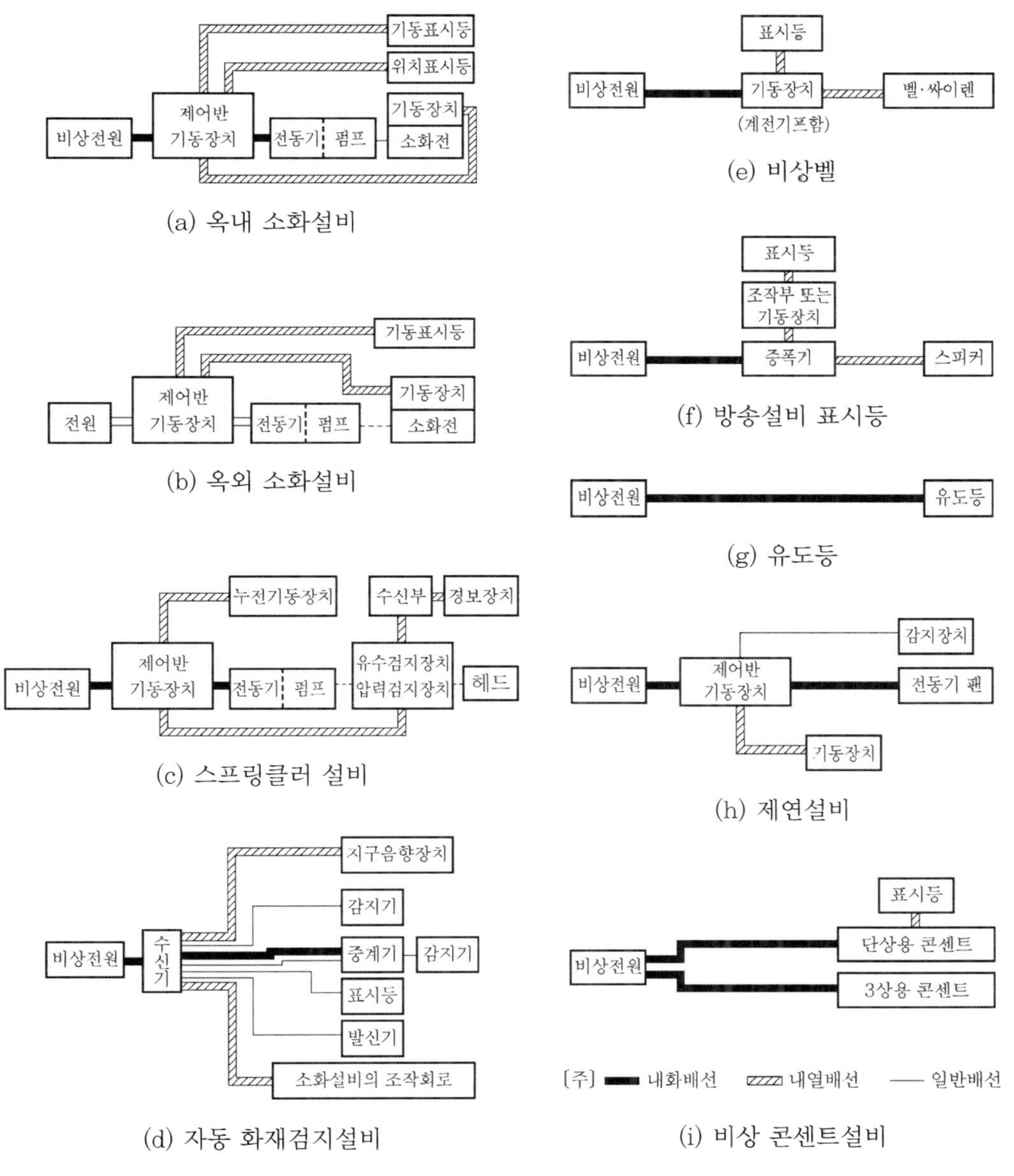

그림 8-14 내화, 내열 보호배선의 범위

내화배선은 내열전선을 사용하여 내화구조로 된 주요구조부에 배선하던지 아니면 이와 동등 이상의 내열효과가 있는 방법으로 보호한다. 여기서 동등 이상의 내열효과가 있는 방법은 다음 3가지이다.

① 금속관 또는 플로어 덕트를 주요 구조부 이외의 콘크리트에 매설한다.
② 금속관을 모르타르, 석면, 암면, 글라스울 또는 규조토 등으로 두께 1 cm 이상 감싸고 쉽게 풀리지 않도록 피복한다.
③ 금속관을 콘크리트 블록, 콘크리트제 흄관 또는 내화성이 있는 전기전용의 파이프 시프트에 시설한다. 그림 8-15는 금속관을 매설하는 예이고, 그림 8-16은 동등 이상의 내열효과가 있는 예다.

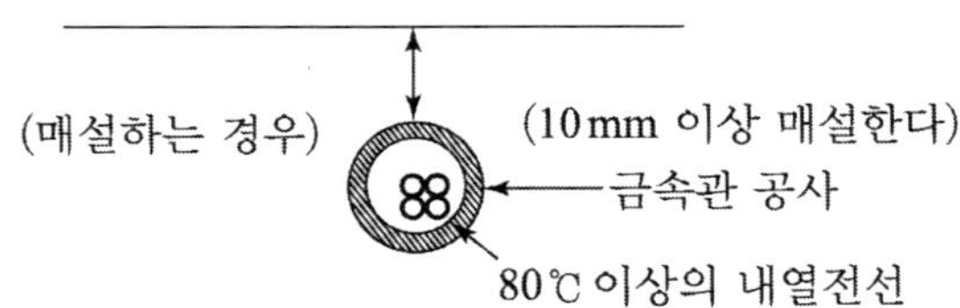

그림 8-15 매설하는 경우

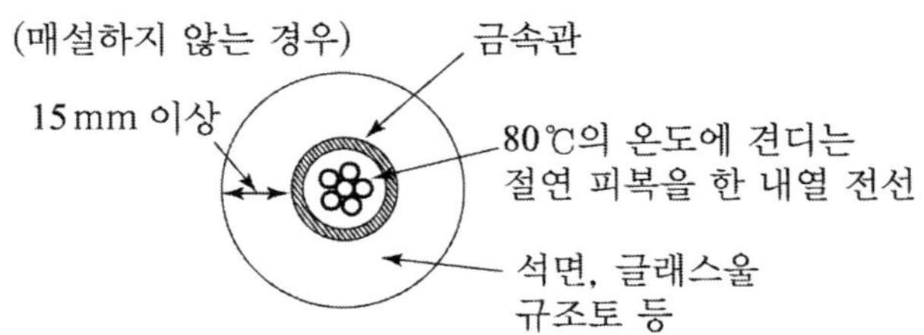

그림 8-16 노출배관의 경우

8-3 위험한 장소의 전기공사

위험한 장소에 설치한 기기에 대한 배선공사 방법은 내압방폭 금속관 공사, 금속관 공사, 케이블 공사의 3가지이다. 각 위험장소에 적합한 배선공사 방법을 표 8-7에서 볼 수 있다.

표 8-7 위험한 장소와 배선공사의 방법

위험한 장소 / 배선공사 방법	0종 장소		1종 장소		2종 장소	
	고압	저압	고압	저압	고압	저압
내압방폭 금속관공사	×	×	×	○	×	○
금속관 공사	×	●	×	×	×	○
케이블 공사	×	●	△	○	○	○

[비고] ●표 : 본질 안전회로의 배선공사
△표 : 부득이한 경우에 한해서 시공한다.

8-3-1 내압방폭 금속관공사

내압방폭 금속관공사는 저압배선의 금속관공사에다 내압 방폭성을 갖게 한 것이다. 위험한 장소에서 지락이나 단락 또는 단선 등의 사고가 생기더라도 이것이 발화의 원인으로 작용하지 못하도록 하기 위하여 전기기기의 단자함부터 2종 장소, 또는 위험하지 않은 장소의 경계점에 마련한 실링 피팅(sealing fitting)에 이르는 전선관로를 내압 방폭구조의 용기로 구성할 필요가 있다. 따라서 내압 방폭 금속관공사는 다음과 같이 시공하여야 한다.

(1) 배선재료

내압방폭 금속관공사에 사용하는 전선관하고 절연전선 및 전선관용 부속품 등은 방폭지침에 규정되어 있는 것 중에서 해당 위험장소에 알맞은 것을 골라서 사용하여야 한다.

(2) 나사결합

내압 방폭성이 있는 금속관공사에서 전선관 부속품 또는 기기의 단자함과의 접속은 다음과 같은 나사결합 방식으로 하여야 한다.

① 나사는 파이프용 평행나사를 사용하고 나사 유효부분에서 5탭 이상 결합하고 로크너트로 힘껏 조인다.

② 전선관 상호간의 접속은 커플링보다 내압 방폭구조의 유니온 커플링을 사용하는 것이 보다 안전하다.

③ 부식성 가스 또는 습기나 수분이 나사결합부 안에 스며들면 배관의 나사부분을 부식하거나 배선 또는 기기의 절연을 열화시킬 수도 있으므로 나사부분에 액상의 개스킷 등 비경화성의 방수, 방청제를 바르는 등의 대비책이 있어야 한다.

(3) 가요성 접속

가요성이 있어야 하는 곳의 접속은 내압 방폭형의 후렉시블 피팅(flexible fitting)을 사용해서 하고, 그 굴곡부분의 안쪽 반지름은 그 후렉시블 피팅 관부분 외경의 5배 이상 되게 한다. 가요성이 있어야 하는 곳이란 전동기의 단자함과 전선관을 접속하는 것과 같이 접속부에 과도한 스트레스(진동, 비틀림, 열에 의한 신축 등)를 받는 부분을 가리킨다.

(4) 실링

실링(sealing)이란 전기설비의 일부분에서 다른 부분으로 전선관을 통하여 폭발성 가스 또는 폭발에 의한 화재가 옮아가는 것을 방지하기 위해서 실링 피팅(sealing fitting)을 사용하고 그 내부에 실링 컴파운드(sealing compound)를 충진하여 관로를 밀봉하고 차단하는 것을 말한다. 그러므로 실링 피팅 안에서 전로의 접속이나 분기를 하면 안 된다. 실링 피팅을 해야 하는 곳은

① 1종 장소하고 다른 장소 사이의 격벽을 관통하는 전선관로의 한쪽

② 54 mm 이상의 전선관로에서 전선의 접속부를 수납하는 단자함 또는 박스 등으로부터 45 cm를 넘지 않는 곳

③ 54 mm 이상의 전선관로에서 관로의 길이가 15 m를 넘는 경우에는 길이 15 m 이하마다 적당한 곳

④ 배전반이나 분전반 등의 단자함과 접속함에 출입하는 전선관은 이들로부터 45 cm를 넘지 않는 곳

(5) 수분제거

전선관로, 박스, 실링 피팅 등의 내부에서 수분이 한 곳으로 모일 염려가 있는 경우에는 그 수분을 배제할 방법을 강구하여야 한다(예컨대 드레인형 실링 피팅을 사용). 그림 8-17은 실링 피팅에 관한 상세도이다.

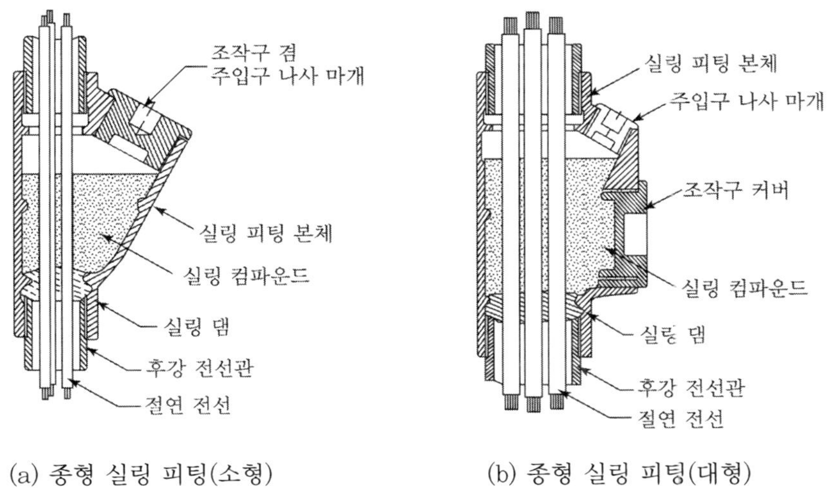

(a) 종형 실링 피팅(소형)　　(b) 종형 실링 피팅(대형)

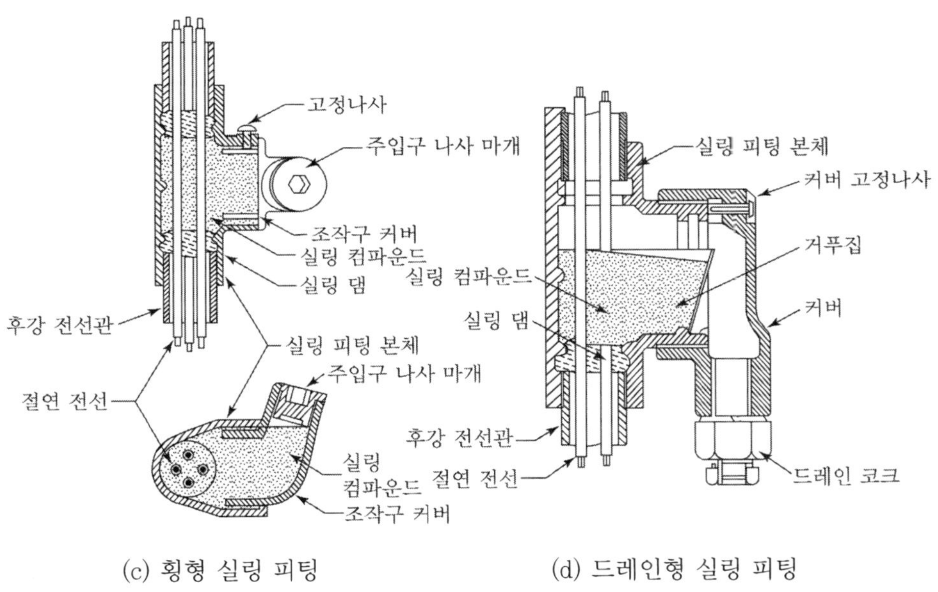

(c) 횡형 실링 피팅　　(d) 드레인형 실링 피팅

그림 8-17 실링 피팅의 단면도

8-3-2 금속관공사

여기서 말하는 금속관공사는 내압 방폭성을 갖지 않는 금속관공사로 1종 장소에는 사용할 수 없고 2종 장소의 저압 배선공사에 적합한 공사이다. 그러므로 절연전선과 전선관(후강)

은 1종 장소에서 사용하는 것이지만 전선관 부속품은 일반 공업규격으로 정한 후강전선관용을 사용해도 된다. 다만, 나사결합과 실링은 다음과 같이 하여야 한다.

(1) 나사결합

2종 장소의 금속관공사, 즉 전선관하고 전선관 부속품 또는 전기기기 단자함의 접속은 파이프용 평행나사를 사용하고 나사의 유효부분에서 5탭 이상 결합하여 힘껏 조인다. 이때에 전선관은 단순히 절연전선의 외상을 방지할 목적으로 사용하는 것이다.

(2) 실링

2종 장소에서 위험하지 않은 장소의 격벽을 관통하는 전선관로는 격벽 어느 한쪽의 가까운 곳에 1종 장소의 저압 배선공사에 준하는 실링을 하여서 전선관을 통해서 폭발성 가스가 유동하는 것을 방지한다.

8-3-3 케이블공사

방폭장소의 케이블공사는 방폭지침에 지정되어 있는 케이블에 한해서 사용할 수 있으며 케이블 사용장소에서 부식 또는 절연물에 대한 화학변화나 주위온도의 문제 등에 대하여 대책을 강구해야 한다.

(1) 케이블의 포설

케이블을 전개된 장소에 포설하는 경우에는 외상을 받지 않도록 보호하기 위하여 전선관이나 배관용 탄소강(가스 관) 등의 보호관에 수납하든지 아니면 적당한 보호장치에 수납하여 포설하고 보호관을 사용하는 경우에 관의 내경은 케이블 외경의 1.5배 이상 되는 것을 사용한다.

MI케이블이나 강대 외장 케이블은 특별히 외상을 받기 쉬운 장소가 아니면 보호하지 않고 사용할 수도 있다.

(2) 케이블의 굴곡 반지름

케이블의 굴곡 반지름은 표 8-8에 제시한 허용 굴곡 반지름을 기준으로 한다. 이는 케이블 랙의 직각 부분이나 전동기 단자함에 케이블을 인입할 때에 전동기 기초의 높이와도 관련된다.

표 8-8 케이블의 종류와 허용 굴곡 반지름

시이즈 또는 외장의 종류		케이블 완성 외경에 대한 굴곡반지름의 배수	
		단 심	다 심
플라스틱 시이즈	차폐없는 것	8	6
	차폐있는 것	10	8
강대 외장		–	8
연 피		10	
MI케이블		6	

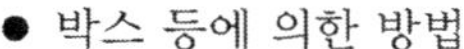

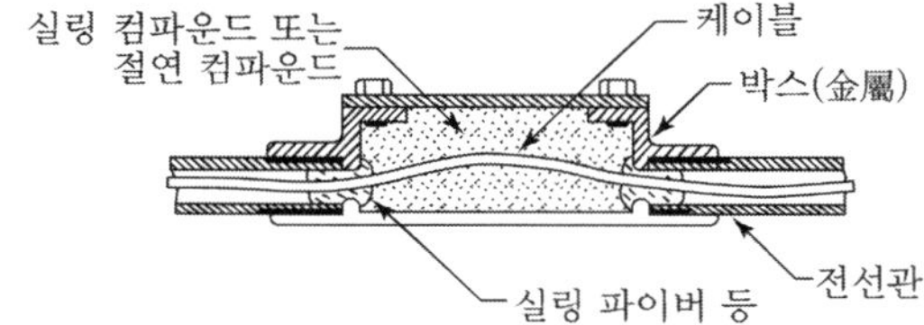

● 케이블 피트 내의 경우

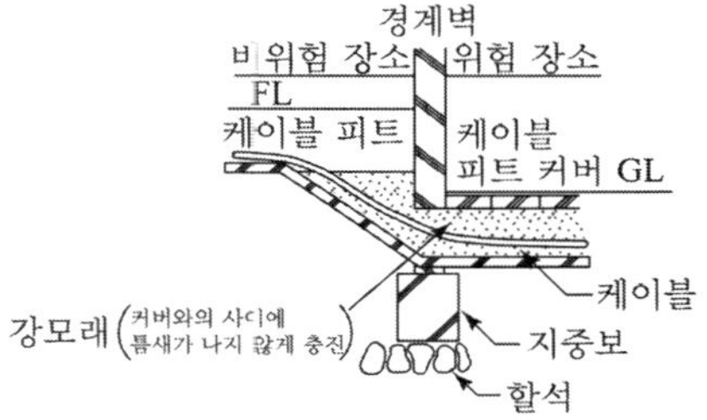

● 케이블 덕트의 경우

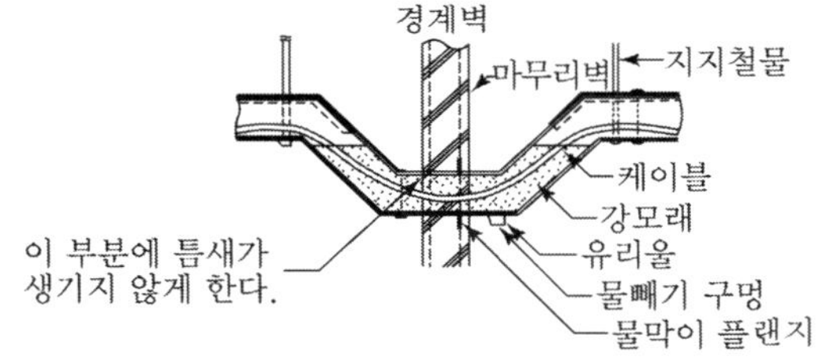

● 케이블 관로의 경우

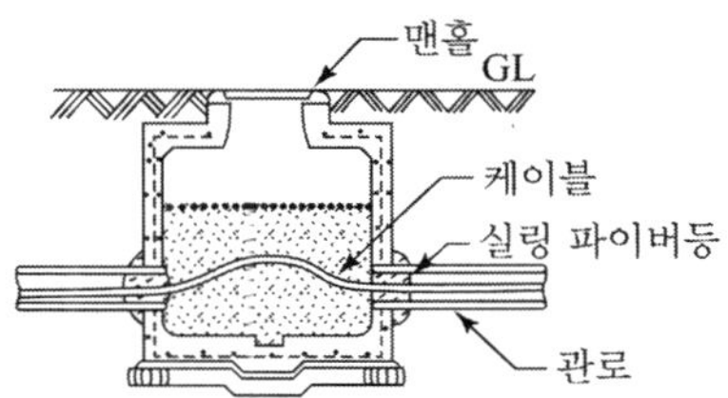

● 케이블 피트의 경우

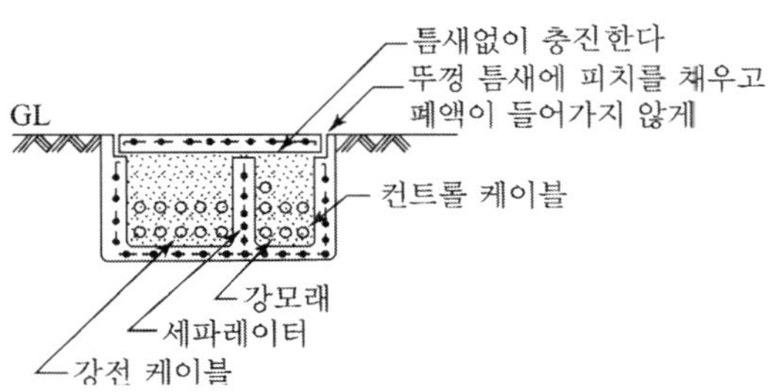

그림 8-18 폭발성 가스의 유동방지 시설 상세도

(3) 폭발성 가스의 유동방지

폭발성 가스가 덕트나 보호관을 통하여 1종 장소에서 2종 장소 또는 위험하지 않은 장소로 유동하는 것을 방지하기 위하여 덕트 안에 모래를 채우고 보호관에는 실링을 하는 등 상응한 조치를 취하여야 한다. 이때의 실링은 폭발성 가스가 유동하는 것을 확실하게 방지할 수 있으면 되는 것이므로 반드시 내압방폭성을 요구하는 것은 아니다. 실링에 대한 구체적인 방법을 그림 8-18에서 볼 수 있다.

8-3-4 기기의 설치

방폭 전기기기를 설치하는 경우에 기기의 방폭성능을 유지하기 위하여 다음 사항에 대한 대책이 마련되어야 한다.

(1) 부식

① 전기기기는 요구되는 방폭성능 외에도 부식성 가스나 증기에 대해서도 충분한 방식성을 갖춘 것을 선정한다.

② 전기기기에 사용하는 볼트, 너트, 와셔 등은 스테인리스강의 제품을 사용하던지 아니면 방식도금을 하고 또 페인트 칠을 충분히 하여 사용한다.

(2) 수분과 습기

① 케이블을 지중 또는 케이블 피트에서 끌어 올려 전기기기에 인입하는 경우에 끌어올리는 부분은 방수 컴파운드 등으로 차폐하여 습기가 번지는 것을 방지한다.

② 옥외에 설치하는 조명기구나 전등 분전반 등은 배관경로를 통해서 침입하는 물이 고일 염려가 있는 경우에는 드레인 콕을 부착하여 배수되도록 한다.

(3) 열

① 전기기기를 어쩔 수 없이 고온의 장소에 설치하는 경우는 그 온도에 대해서 보증할 수 있는 제품을 사용하고 동시에 배선재료도 이에 알맞은 것을 선정한다.

② 수냉식의 전기기기는 동결(凍結)때문에 지장이 없도록, 특히 운전정지 중에 대한 대비책을 충분히 강구한다.

8-3-5 외부도선의 인입

외부배선과 전기기기의 접속은 원칙적으로 전기기기에 부속되어 있는 내압 방폭구조 또는 안정증 방폭구조의 단자함을 사용한다. 다만, 내압 방폭구조의 전기기기는 기기 안에서 직접 접속해도 된다. 그리고 전기기기 제조자와 공사시공자와의 책임 분계점은 기기에 부속된 이 단자함이 경계이다.

(1) 내압 방폭구조의 단자함에 인입

외부도선을 내압 방폭구조의 단자함에 인입하는 경우는 표 8-9에 따른다.

표 8-9 내압 방폭구조의 단자함에 인입

도선 인입 방식	외부 배선공사 방식			
	후강 전선관	강대 외장 케이블	클로로프렌 외장 케이블	이동용 캡타이어 케이블
전선관 나사 결합식	○			
내압 패킹식			○	○
내압 고착식		○	○	×

[주] ○표는 적합한 것, ×표는 적합하지 않은 것

(2) 안전증 방폭구조의 단자함에 인입

외부도선을 안전증 방폭구조의 단자함에 인입하는 경우는 표 8-10에 따른다. 전동기에 케이블을 인입하는 방법의 구체적 예를 그림 8-19 (1), (2)에서 볼 수 있다.

표 8-10 안전증 방폭구조의 단자함에 인입

도선 인입 방식	외부 배선공사 방식			
	박강 전선관	강대 외장 케이블	클로로프렌 외장 케이블	이동용 캡타이어 케이블
전선관 나사 결합식	○			
방진 패킹식			○	○
방진 고착식		○	○	×

[주] ○표는 적합한 것, ×표는 적합하지 않은 것

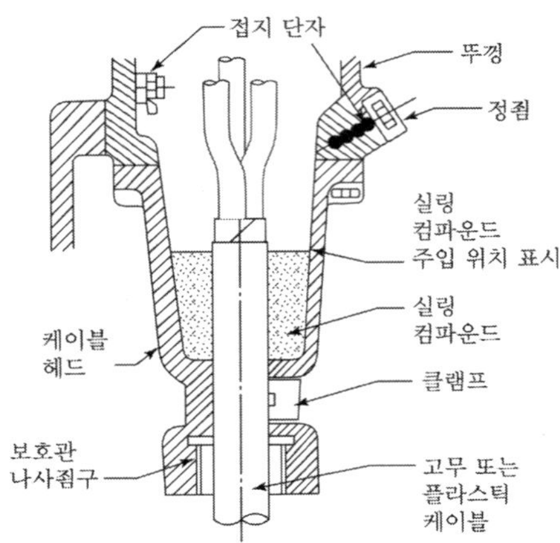

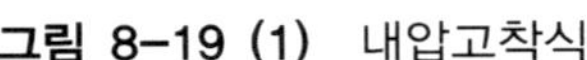
그림 8-19 (1) 내압고착식

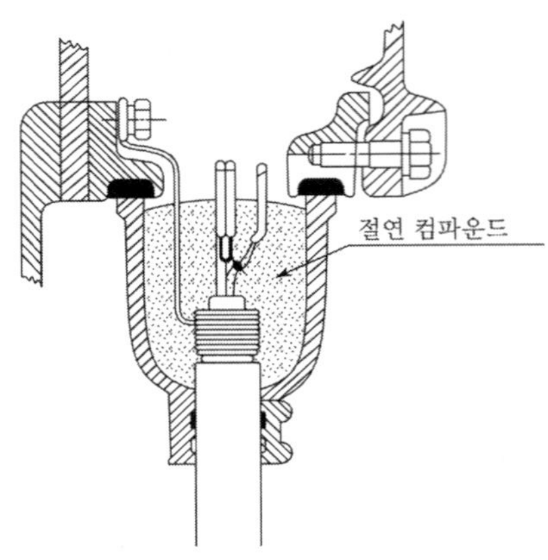

그림 8-19 (2) 방진고착식

01 호텔 또는 여관객실의 입구 등은 몇 분 이내에 소등되는 타임 스위치를 설치하여야 하는가?

답 1분

02 배선설계를 하는 데 단면적 14 mm^2의 연동선으로 계산된 것을 저항이 같은 알루미늄선으로 대체한다면 그 단면적은 얼마로 하여야 하는가?

답 22 mm^2

03 접지극으로 접지봉을 사용하는 경우에 그 길이는 몇 m 이상이어야 하는가?

답 0.9 m 이상

04 금속관을 수직배관하는 경우에 50 mm^2 이하의 전선을 사용하면 지지점 간의 최대 거리는 몇 m인가?

답 30 m

05 캡타이어 케이블을 조영재에 시설하는 경우에 그 지지점간의 거리는 몇 m 이하인가?

답 8 mm^2 미만 0.6 m, 8 mm^2 이상 1 m

06 비닐외장 케이블을 조영재의 측면 또는 하면에 시설하는 경우에 지지점간의 거리는 몇 m 이하인가?

답 1 m

07 **소세력 회로에 사용하는 절연변압기는 쉽게 볼 수 있는 곳에 정격 2차 전압을 표시하여야 한다. 정격출력은 몇 VA 이하인가?**

답 100 VA

08 **화약고내의 전기설비물에 전기를 공급하는 개폐기 및 과전류차단기에서 화약고 인입구까지의 배선은 어떤 방법으로 시설하여야 하는가?**

답 케이블 공사에 의한 지중전선로

09장 공사비의 적산

오늘날 국내에서 전설공업(電設工業)의 수주상황을 살펴보면 규고가 큰 공사업자는 공사의 실비를 정확하게 산출하고 여기에 제경비를 가산하여서 입찰서 또는 견적서를 제출하고 있지만, 소규모의 공사업자는 일반적으로 등당 또는 개당 얼마라고 하는 식의 대단히 불합리한 단가로서 수주하는 예가 허다하다. 이와 같은 수주방식은 하루 빨리 시정되어야 할 것이며 견적수주방식이 크고, 작은 모든 건설공사에 적용되어야 할 것이다.

전기설비업계에서 40~50년 전부터 전기설비업에 종사해 온 공사업자 중에서 성공했다고 인정할만한 업자가 극소수에 불과하다는 현실을 감안할 때, 이 분야에 종사하는 우리 모두가 공동으로 노력해야 한다는 것은 물론이지만 특히 합리적인 공사가격의 산출과 정당한 방법으로 수주할 수 있게 되어야 한다는 것을 지적해 두는 바이다.

9-1 재무회계 예규

우리나라 기획재정부 계약예규 '원가계산에 의한 예정가격 작성'을 소개하면 다음과 같다.

9-1-1 공사원가

공사원가라 함은 공사 시공과정에서 발생한 재료비, 노무비, 경비의 합계액을 말한다.

9-1-2 작성방법

공사원가 계산을 하고자 할 때에는 다음 표의 공사원가 계산서를 작성하고 비목별 산출근거를 명시한 기초 계산서를 첨부하여야 한다.

9-1-3 재료비

재료비는 공사원가를 구성하는 다음 내용의 직접재료비 및 간접재료비로 한다.

(1) 직접재료비는 공사목적물의 실체를 형성하는 물품의 가치로서 다음 각호를 말한다.

① **주요 재료비**
공사목적물의 기본적 구성형태를 이루는 물품의 가치

② **부분품비**
공사목적물에 원형대로 부착되어 그 조성부분이 되는 매입부품, 수입부품, 외장재료 및 5의 경비 11항 규정에 의한 경비로 계상되는 것을 제외한 외주품의 가치

(2) 간접재료비는 공사목적물의 실체를 형성하지는 않으나 공사에 보조적으로 소비되는 물품의 가치로서 다음 각호를 말한다.

① **소모재료비**
기계용 오일, 접착제, 용접용 가스, 장갑 등 소모성 물품의 가치

② **소모공구 · 기구 · 비품비**
내용년수 1년 미만으로 구입단가가 법인세법(소득세법) 규정에 의한 상당금액이하인 감가상각 대상에서 제외되는 소모성 공구, 기구, 비품의 가치

③ **가설재료비**
공사목적물의 실체를 형성하는 것은 아니고, 동 시공을 위하여 필요한 가설재의 가치

(3) 재료의 구입과정에서 당해 재료에 직접 관련되어 발생하는 운임, 보험료, 보관비 등의 부대비용은 재료비로서 계산한다. 다만 재료 구입 후 발생되는 부대비용은 경비의 각 비목으로 계산한다.

(4) 계약목적물의 시공 중에 발생하는 작업성, 부산물 등은 그 매각액 또는 이용가치를 추산하여 재료비로부터 공제하여야 한다.

공사원가 계산서

공사명 : 공사기간 :

<table>
<tr><th colspan="3">구분
비목</th><th>금 액</th><th>구성비</th><th>비 고</th></tr>
<tr><td rowspan="9">순
공
사
원
가</td><td rowspan="2">재
료
비</td><td>직접재료비
간접재료비
작업설・부산물 등(△)</td><td></td><td></td><td></td></tr>
<tr><td>소 계</td><td></td><td></td><td></td></tr>
<tr><td rowspan="2">노
무
비</td><td>직접노무비
간접노무비</td><td></td><td></td><td></td></tr>
<tr><td>소 계</td><td></td><td></td><td></td></tr>
<tr><td rowspan="2">경
비</td><td>전력비
운반비
기계경비
특허권사용료
기술료
품질관리비
가설비
지급임차료
보험료
보관비
외주가공비
안전관리비
수도광열비
연구개발비
복리후생비
소모품비
여비・교통비・통신비
세금・공과금
폐기물 처리비
도서인쇄비
지급 수수료</td><td></td><td></td><td></td></tr>
<tr><td>소 계</td><td></td><td></td><td></td></tr>
<tr><td colspan="3">일 반 관 리 비 ( )%</td><td></td><td></td><td></td></tr>
<tr><td colspan="3">이 윤 ( )%</td><td></td><td></td><td></td></tr>
<tr><td colspan="3">총 원 가</td><td></td><td></td><td></td></tr>
</table>

9-1-4 노무비

노무비는 제조원가를 구성하는 다음 내용의 직접노무비 및 간접노무비를 말한다.

(1) 직접노무비는 제조현장에서 계약목적물을 완성하기 위하여 직접작업에 종사하는 종업원 및 노무자에 의하여 제공되는 노동력의 대가로서 다음 각 호의 합계액으로 한다. 다만, 상여금은 연 400 %, 제수당, 퇴직급여 충당금은 근로기준법상 인정되는 범위를 초과하여 계상할 수 없다.
   ① 기본급(재무부장관이 결정 · 고시하는 정부노임단가로서 동단가에는 기본급의 성격을 갖는 정근 수당 · 가족수당 · 위험수당 등이 포함된다)
   ② 제수당(기본급의 성격을 가지지 않는 시간외 수당, 야간수당, 휴일수당 등 작업상 통상적으로 지급되는 금액을 말한다)
   ③ 상여금
   ④ 퇴직급여 충당금

(2) 간접노무비는 직접 제조작업에 종사하지는 않으나, 작업현장에서 보조작업에 종사하는 노무자, 종업원과 현장감독자 등의 기본급과 제수당, 상여금, 퇴직급여 충당금의 합계액으로 한다. 다만, 제1항 각호 및 단서의 규정은 이를 준용한다.

(3) 제1항의 직접노무비는 제조공정별로 작업인원, 작업시간, 제조수량을 기준으로 계약목적물의 제조에 소요되는 노무량을 산정하고 노무비 단가를 곱하여 계산한다.

(4) 제2항의 간접노무비는 제25조의 규정에 의한 원가계산자료를 활용하여 직접노무비에 대하여 간접노무비율$\left(\frac{\text{간접노무비}}{\text{직접노무비}}\right)$을 곱하여 계산한다.

(5) 제4항의 간접노무비는 제3항의 직접노무비를 초과하여 계상할 수 없다.

9-1-5 경비

(1) 경비는 공사를 실행하기 위하여 소요되는 공사원가 중 재료비, 노무비를 제외한 원가를 말하며, 기업의 유지를 위한 관리활동부문에서 발생하는 일반관리비와 구분된다.

(2) 경비는 당해 계약목적물 시공기간의 소요(소비)량을 측정하거나 원가계산자료의 비치 및 활용에 의한 원가계산자료나 계약서, 영수증 등을 근거로 예정하여야 한다.

(3) 경비의 세비목은 다음 각 호의 것으로 한다.

① 전력비는 계약목적물을 시공하는 데 직접 소요되는 당해 비용을 말한다.
② 운반비는 재료비에 포함되지 않은 운반비로서 원재료, 반재료 또는 기계기구의 운송비, 하역비, 상하차비, 조작비 등을 말한다.
③ 기계경비는 정부 표준품셈상에서 건설기계의 경비산정기준에 의한 비용을 말한다.
④ 특허권 사용료는 타인 소유의 특허권을 사용한 경우에 지급되는 사용료로서 그 사용비례에 따라 계산한다.
⑤ 기술료는 당해 계약목적물을 시공하는 데 직접 필요한 노하우(konwhow)비 및 동 부대비용으로서 외부에 지급되는 비용을 말하며 세법(법인세법상의 시험연구비)에서 정한 바에 따라 이연상각(利延償却)하되 그 사용비례를 기준하여 배분 계산한다.
⑥ 품질관리비는 당해 계약목적물의 시공을 위하여 관련법령이나 계약조건에 의하여 품질시험이 요구되는 경우의 비용으로서 실제 소요되는 비용을 계상한다.
⑦ 가설비는 계약목적물의 실체를 형성하는 것은 아니나 그 시공을 위하여 필요한 가설물의 설치에 소요되는 비용을 말한다.
⑧ 지급임차료는 계약목적물을 시공하는 데 직접 사용되거나 제공되는 토지, 건물, 기계기구(건설기계를 제외한다)의 사용료를 말한다.
⑨ 보험료는 법령 또는 계약조건에 의하여 가입이 요구되는 보험로를 말하며, 재료비에 계상되는 것은 제외한다.
⑩ 보관비는 계약목적물의 시공에 소요되는 재료, 기자재 등의 창고사용료로서 외부에 지급되는 비용으로 재료비에 계상되는 것은 제외한다.
⑪ 외주가공비는 재료를 외부에 가공시키는 실가공비용을 말하며 외주가공품의 가치로서 재료비에 계상되는 것은 제외한다.
⑫ 안전관리비는 작업현장에서 산업재해 및 건강장애 예방을 위하여 법령에 의거 요구되는 비용을 말한다.
⑬ 수도광열비는 계약목적물을 시공하는 데 직접 소요되는 당해 비용을 말한다.
⑭ 연구개발비는 당해 계약목적물을 시공하는 데 직접 필요한 기술개발 및 연구비로서 시험 및 시범제작에 소요된 비용 또는 연구기관에 의뢰한 기술개발 용역비와 법령에 의한 기술개발촉진비 및 직업훈련비를 말하며 세법(법인세법상의 시험연구비)에서 정한 바에 따라 이연상각하되 그 사용 비례를 기준하여 배분 계산한다. 다만, 연구개발비 중 장래 계속시공으로의 연결이 불확실하여 미래 수익의 증가와 관련이 없는 비용은 재무부장관과 협의하여 특별상각할 수 있다.
⑮ 복리후생비는 계약목적물을 시공하는 데 종사하는 노무자・종업원・현장사무소 직원 등의 의료 위생약품비, 공상치료비, 지급피복비, 건강진단비, 급식비 등 작업조건 유지

에 직접 관련되는 복리후생비를 말한다.

⑯ 소모품비는 작업현장에서 발생되는 문방구, 장부 등 소모용품을 말하며, 보조 재료로써 재료비에 계상되는 것을 제외한다.

⑰ 여비・교통비・통신비는 시공현장에서 직접 소요되는 여비 및 차량유지비와 전신전화 사용료, 우편료를 말한다.

⑱ 세금과 공과금은 시공현장에서 부담할 재산세, 차량세 등의 세금 및 공공단체에 납부하는 공과금을 말한다.

⑲ 폐기물처리비는 계약목적물의 시공과 관련하여 발생되는 오물, 잔재물, 폐유, 폐알칼리, 폐고무, 폐합성수지 등 공해유발물질을 법령에 의거 처리하기 위하여 소요되는 비용을 말한다.

⑳ 도서인쇄비는 계약목적물의 시공을 위한 참고서적 구입비, 각종 인쇄비, 사진제작비(VTR 제작비를 포함한다) 등을 말한다.

㉑ 지급수수료는 법률로서 규정되어 있거나 의무지워진 수수료를 말한다.

9-1-6 일반관리비

일반관리비는 아래의 비율을 초과하여 계상할 수 없으며, 아래와 같이 공사 규모별로 채점 적용하고 있다.

시 설 공 사		전문, 전기, 전기통신공사	
공 사 원 가	일반관리비율	공 사 원 가	일반관리비율
50억원 미만 50억원~300억원 미만 300억원 이상	6 % 5.5 % 5 %	5억원 미만 5억원~30억원 미만 30억원 이상	6 % 5.5 % 5 %

9-1-7 이윤

이윤은 영업이익을 말하며, 공사가격에 대한 15 %(일반적으로 적용하는 기준)를 말한다. 여기서, 공사가격이란, 공사원가(순공사비+현장경비)에다 일반관리비를 합산한 금액이다. 이 경우 기술료 및 외주공사비는 제외되어야 한다.

9-2 전기설비 공사비의 구성

전기설비의 공사비는 일반적으로 표 9-1과 같은 각 요소로 구성된다. 적산은 각 공종별로 표에 있는 항목으로 나누어서 하고 공사비 총괄표를 작성하기에 앞서 공사 전체에 대한 재검토를 해 보아야 할 것이다.

표 9-1 전기설비 공사비의 구성

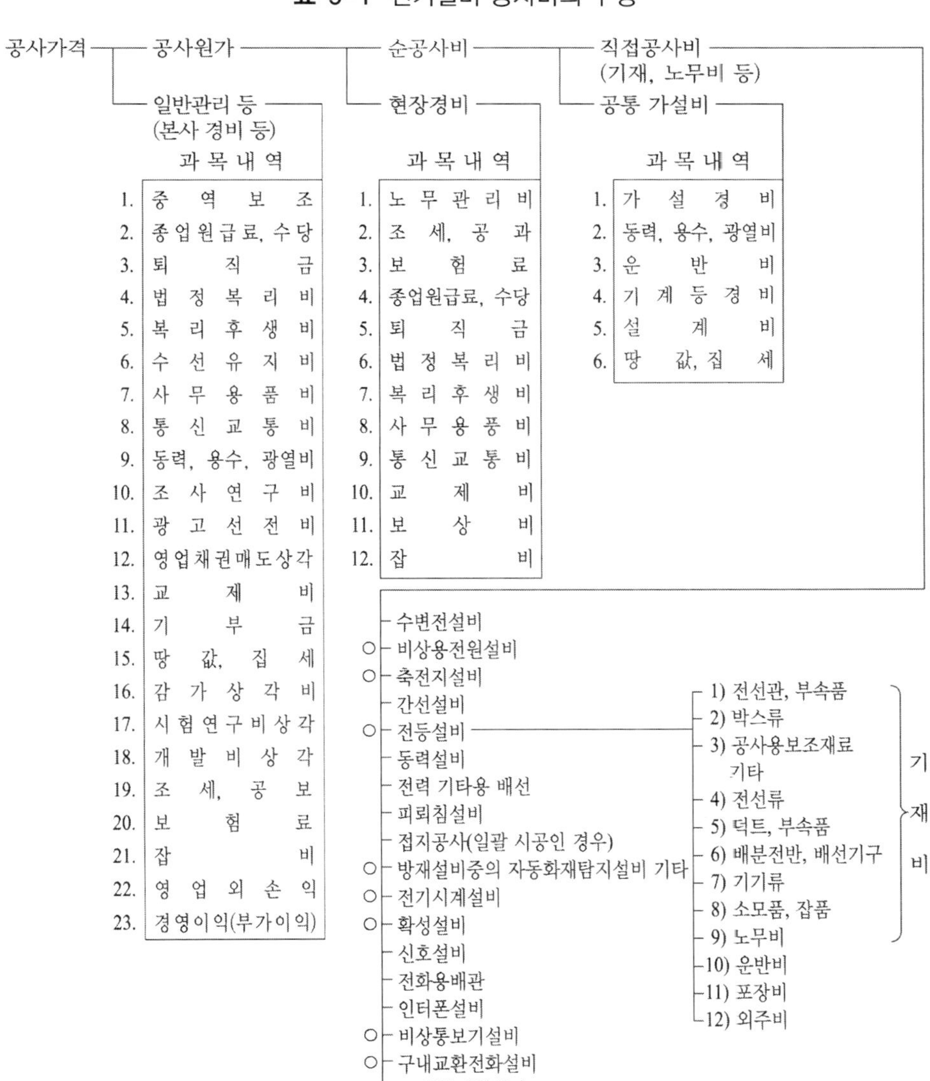

[주] 1. 다른 공사도 전등설비에 준하여 적산한다.
2. 특수설비 등이 있는 경우는 그를 계상한다.
3. ○표를 한 각 설비의 기기비와 이의 노무비는 외주비의 항에서 계상하는 경우가 많다.

9-3 적산의 예비지식

9-3-1 공사비 적산 전에 조사할 사항

전기설비를 시설하는 데에 필요한 공사비를 적산할 때에는 도면과 시방서에 의해서 어떠한 기재를 사용하고 어떻게 시공할 것인가를 명확하게 알아야만 정확한 적산을 할 수 있을 것이다. 또한 도면이나 시방서에 명시되지 않은 것이라도 기술상 당연히 시행해야 할 일들이 있는 경우에는 이를 배선도에 기재해 가면서 적산상 빠뜨리는 것이 없어야 한다. 그리고 건물의 구조, 기재(機材) 메이커의 지정 유무, 계약 지불의 조건, 현장의 상황 등도 공사비에 영향을 미치는 항목이므로 이들도 충분히 검토하여야 한다.

적산을 함에 있어서 중요한 것은 계상한 수량·가격이 과연 적당한가, 그러하지 못한가를 검토하고 검산하는 것을 잊어서는 안 된다는 것이다. 기재의 수량·가격의 검산은 각 공사별로 각 항목마다 하고, 노무비는 지침으로 삼고 있는 전기공사 품셈표에 의거해야 하며 품셈을 적용하지 않는 노무비 등을 가산 집계한 것은 자기 나름의 검산기준에 의해서 비교·검토하면 커다란 과실은 미연에 방지할 수 있을 것이다.

9-3-2 적산지침

(1) 전선관과 부속품

각 항목마다 도면과 시방서에 기재되지 않은 사항이라 하더라도 공사상 필요한 것, 예컨대 기재를 붙이기 위한 지지 철물, 볼트, 박스 등을 붙이기 위한 나무틀, 조명기구 설치용 틀(목재, 철재), 관통구멍 등을 생각되는 대로 기록하여 두었다가 각 공사마다 계상하여야 할 것이다.

① 전선관

전선관의 계측은 배분전반에 출·입하는 관을 반을 향해서 상하좌우 어느 한쪽에서부터 차례로 계측한다. 한 회로마다 가는 것에서 굵은 것으로(또는 그 반대도 무방하다) 계상하여서 전선관의 m수를 집계용지에 기록한다.

전선 등의 계측도 전선관과 동일한 방법으로 하면 된다.

㉠ 수량 : 전선관의 수량은 각 굵기별로 평면도에 의해서 공종별로 계측하고 이를 건물의 층고(또는 천장높이)를 고려하여 점멸 스위치, 콘센트, 배분전반 등에 끌어들이는 수량도 가산한다(이때 건축도면의 축적 1/50, 1/100, 1/200 등에 유의하고).

㉡ 보급수량 : 보급수량으로서는 앞 (1)수량의 5~10 %를 전선관 총수량에 가산한다. 그런데 2중 천장이 연면적의 30 %를 초과하여 60 %에 이르는 경우에는 10~20 %를 가산하는 것이 보통이다.

㉢ 단위 : m을 단위로 하고 $(A\,\mathrm{m}+B\,\mathrm{m})=X\,\mathrm{m}$로 하여 계상한다.
본을 단위로 하는 경우에는 강제 전선관의 길이가 박강이든 후강이든 3.66 m이므로 $(A\,\mathrm{m}+B\,\mathrm{m})/3.66=X$본으로 해야 할 것이다(검산방법……조명설비용 배관의 전장은 전선 전장의 40~50 % 정도이므로 전선 전장의 1/2 이하인가를 검토해 본다. 일반 사무실용 빌딩에서는 25 mm 이하의 관은 아우트렛 박스 1개당 1.5~2본 정도, 한 등당 2~3본의 범위가 비교적 많다).

㉣ 가격 : 단가는 1 m당의 가격, 또는 커플링 없이 한 본의 가격을 채택한다. 그리고 적산용으로 가장 타당성이 있다고 믿어지는 시장가격을 적용하는 것도 잊어서는 안 된다. 또 품종에 있어서 1급(A), 2급(B)의 구분이 있고 사용수량의 다・과에 따라서도 가격차이가 있을 수도 있으므로 집계액을 적당한 비율로 보정할 경우도 있다.

② 전선관 부속품

전선관용 부속품으로 매입 배관공사에서 가장 많이 쓰이는 것은 부싱, 절연 부싱, 록 너트, 링 리듀서, 커플링, 나사없는 커플링, 노멀 벤드 등이다. 새들, 서비스 엘보우, 유니버설, 노출 환형 박스, 노출 스위치 박스 등은 노출배관공사에 사용하고 관 끝에는 터미널 캡, 엔트런스 캡 등을 사용한다. 접지부속품은 클램프, 접지 부싱, 어스 클립 등이 쓰이며 유니온 커플링, 소켓 리듀서 등은 특별히 지정된 곳에 쓰인다.

㉠ 부싱 : 부싱 또는 절연 부싱은 관의 끝, 주로 박스 내에 쓰이므로 각 관의 굵기에 대하여 실수를 조사하여 계상한다(아우트렛 박스당 2~3개 정도). 최근에는 박스 내에도 절연 부싱을 쓰는 경우가 많아졌다.

㉡ 록 너트 : 록 너트는 부싱을 사용하는 곳에 쓰이므로 부싱 수량의 2배로 계상하면 된다.

㉢ 링 리듀서 : 링 리듀서는 관의 지름이 서로 다른 관을 접속하는 경우에 박스의 내외에 쓰이는 데, 이는 부싱의 약 30 % 정도로 계상하는 것이 보통이다.

㉣ 커플링 : 커플링의 수량 산출은 다음에 의한다. 즉, 전등설비에서 15~25 mm 관용은 관 본수의 120~150 % 정도를 계상하고, 31 mm관 이상은 실수를 조사하여서 계상한다. 그러나 시계, 확성기, 전화용 배관 등과 같이 아우트렛 박스 상호간의 거

리가 긴 것은 관 본수의 100~130 % 정도로 한다.

콘크리트 슬라브 내 매입배관에서 나사 없는 커플링을 사용하는 경우에는 관 본수의 60~70 %, 보통의 커플링은 60~80 % 정도 계상하는 것이 보통이다.

㉤ 노멀 벤드 : 매입 배관에서 관경 31 mm 이상은 노멀 벤드를 사용하도록 하고 25 mm 이하의 관은 가급적이면 관 자체를 구부려서 사용하도록 한다. 따라서 이는 각각 사용할 곳을 조사하여서 실제 수를 계상한다.

㉥ 터미널 캡과 엘보우 : 터미널 캡은 노출배관의 말단에서 전선을 끌어낼 때에 그 인출구에 쓰이고 노출공사에서 구부러지는 곳에는 엘보우를 사용하므로 실제 수를 계상한다.

㉦ 어스 클립 : 이는 접지용품의 일종으로 대개는 노출배관 접속부분에서 접지본딩을 하는 경우에 쓰인다. 여러 본을 병행해서 부설하는 간선용의 배관은 커플링을 튼튼하게 접속하므로 접지 본딩을 생략할 수도 있다. 그리고 관로의 중간에 풀 박스를 설치하는 곳은 병렬배관 상호간을 연락 본딩하므로 이를 계상한다. 이외에도 접지 부싱, 접지 클램프 등이 있다는 것도 알아두자.

㉧ 유니온 커플링 : 이는 관 상호간을 접속하는 경우에 커플링을 사용함과 아울러 양쪽 관을 서로 잡아당겨서 배관상 늘어지는 것을 막기 위하여 쓰인다. 따라서 시공상 필요하다고 인정되는 곳이면 빠뜨리지 말아야 할 것이다.

③ 전선관 부속품의 약식 산출법

전선관 부속품은 위에 적은 바에 의해서 산출하면 된다. 그러나 그 총액은 비교적 소액이므로, 다음과 같은 약산법을 이용하여도 큰 차이는 없을 것이다.

㉠ 강전용 배관에서 보통의 부싱·커플링을 사용하는 경우에는 전선관 가격의 12~18 % 정도 모두 절연 부싱을 쓰고, 슬라브 배관에 나사 없는 커플링을 사용하는 경우에는 20~30 % 정도를 계상한다. 그러나 공동주택과 같이 박스 1개당의 관장이 짧은 공사는 40 % 정도를 계상하고 있다.

㉡ 약전용 배관은 위에 준하여 10~15 %와 15~20 % 정도로 계상한다.

㉢ 31 mm관 이상의 굵은 관을 주로 사용하는 경우와 관의 본수가 비교적 적은 경우에는 차질이 생길 염려가 있으므로 통상적인 방법으로 산출하는 것이 바람직하다.

④ 아우트렛 박스

조명기구 또는 기기 등을 취부하는 곳에 설치하는 아우틀렛 박스는 그 사용 목적이나 설치장소 그리고 형식, 크기 등은 도면과 시방서에 의거할 것이고 수량은 실수를 계상한다. 이때 모르타르를 마감할 때 박스 커버가 필요하다고 인정되면 이도 계상하여야 할 것이다.

㉠ 콘크리트 박스 : 콘크리트 박스(8각, 중형 4각, 대형 4각에서 깊이 44, 54, 90, 100 mm (커버 스터드부))는 전등, 형광등, 비상등, 매다는 전기시계, 풀 박스용으로 콘크리트 매입 배관하는 천장 취부 위치에 사용한다. 따라서 사용상 알맞은 깊이의 것을 선정하고 슬라브 두께가 얇은 경우 등에는 깊이 54 mm 이하의 것을 사용한다.

㉡ 대형 4각 아우트렛 박스 : 대형 4각 아우트렛 박스(119 mm 각으로, 깊이 54, 44 mm)는 보의 밑 또는 벽면에 취부하는 브래킷 등, 콘센트, 2개용 점멸 스위치, 모시계, 전화기 등을 취부하는 위치에 풀 박스로 사용한다.

㉢ 중형 4각 아우트렛 박스 : 중형 4각 아우트렛 박스(102 mm 각으로, 깊이 54, 44 mm)는 위 ㉡의 위치와 벽면에 취부하는 자시계, 스피커, 1개용 점멸 스위치 등을 취부하는 위치에 사용한다.

㉣ 스위치 박스 : 1개용 스위치 박스(117×70×44 mm)는 배관의 말단에 설치하는 점멸스위치, 콘센트용으로 사용한다. 또 이 박스는 2~5개용도 있다.

㉤ 풀 박스 : 풀 박스는 관의 길이가 30 m 이상인 경우 그리고 박스 상호간의 굴곡각도의 합계가 270도를 넘는 경우에 그 중간에 사용한다. 또 전선의 분기・접속이 많은 곳에도 사용하며 소형인 것도 위의 ㉠,㉡,㉢중에 적당한 것을 골라서 사용한다. 또한 박스에 접속하는 관의 굵기가 31 mm 이상 또는 5본 이상의 관을 접속하는 천장 부착용으로는 102~119 mm 4각형의 콘크리트 박스를 사용하는 것이 바람직하다.

⑤ **대형 풀 박스, 특수 박스**

위 ④의 박스 외에 도면에 치수가 기입되어 있는 경우에는 각기 그 크기와 수량을 계상하여야 할 것이다. 크기의 지시가 없는 경우에는 NEC의 규정에 의한 방법을 적용해도 된다. 일반적으로 쓰이는 대형 풀 박스는 다음 표와 같은 것들이 있다.

특수 박스는 방식, 방수, 내폭용이 있다. 방수용에는 황동제 또는 플라스틱제를 사용하고 내폭용은 완전한 나사 접속에 의한 주철제의 것을 쓰도록 한다. 이러한 박스는 비교적 값이 비싸므로 노임과 아울러 잘 검토해야 할 것이다.

(2) 소모품과 잡품

전기설비공사에서 필요한 소모품과 잡품은 배관배선을 하는 때에 사용하는 것이 대부분이며 실제로 소모해서 없어지는 것도 있지만 작업이 끝난 후에 잔존하는 재료도 상당히 있다. 그러나 여기에서는 과거의 예에 따라서 이것들을 소모품과 잡품으로 다룬다.

이와 같은 여러 가지의 소모품과 잡품을 일일이 계산하기는 너무나 번잡스러운 일이므로 과거의 실적을 토대로 하여서 다음 표에 의거하여 각종 공사마다 소모품 1식으로 계상하여도 큰 지장은 없는 것으로 안다.

표 9-2 대형 풀 박스

치수 mm	비 고
150 폭 150×길이 200×깊이 75~100 250	두께 1.6 mm 이상 되는 철판을 사용하여, 깊이는 콘크리트 슬라브, 또는 벽의 두께를 고려하여, 가능하면 100 mm 이상이 되지 않도록 한다.
200 폭 200×길이 250×깊이 75~100 300	
300 폭 300×길이 400×깊이 75~120 500	
폭 400×길이 400 600 ×깊이 75~120	
폭 500×길이 500 750 ×깊이 100~150	
폭 600×길이 600 900 ×깊이 100~150	

[주] 1. 콘크리트 타설 전에 취부하는 것은, 두께 2 mm 이상의 철판을 사용하고, 밑판을 분리할 수 있는 것이면 견고한 시공이 가능하다.
2. 전화용 배관에 쓰이는 풀 박스는 전화공사의 설계 기준에 정해진 것으로 하는 것이 바람직하다.

표 9-3 재료비에 대한 소모품의 비율

공사 종별	%	비 고
백열등 설비	2~3	1) 특수 조명기구가 비교적 많은 경우는 적은 숫자를 적용한다. 2) 지급품이 있는 경우는 그 가격을 가산한 재료비의 비율로 한다. 3) 전선접속에 쓰이는 동관 터미널, 슬리브, 커넥터, 압착단자, 건조한 장소에서 쓰이는 롤 플러그, 칼 플러그, 중량물을 지지하는 엑스판션 볼트, AY플러그 등은 그 크기, 수량 등을 조사하여 공사용 보조재료로서 계상한다.
형광등 설비	1.5~2	
동력용 배선	2	
시험용 배선	2	
전기 시계	1.2	
확성설비	1.5	
화재탐지설비	1	
전화용 배관	2	
피뢰설비	3	
접지공사	3.5	

[주] 평균값 1.5~3

(3) 노무비

① 전기공사의 품셈

일반적으로 공공기관에서 마련한 건설공사 표준품셈을 적용하고 있지만, 나름대로 품셈기준을 가지고 있는 경우도 있다.

② 품셈에 의하지 않는 노무비

㉠ 시험비 : 배선과 기구 등, 절연저항의 측정, 통전, 점멸 등의 시험비는 각 공사마다 계상하고 정리와 청소비는 현장경비에 가산하여 계상한다.

㉡ 장내 운반비 : 공사가 소규모인 경우는 별것이 아니지만 고층 건축물의 장내 운반비는 일반적으로 건축업자가 크레인을 설치하여 업무를 총괄하고, 다른 업자는 필요한 재료의 운반을 의뢰하며 기계 손료와 인건비를 분담하는 형식을 취하고 있다.

중량물의 장내 운반비는 자재의 중량, 치수, 곤포수 등과 건물층수, 총면적, 양중회수와 기계 사용시간 등에 의해서 산정하는 데, 기재비 합계액의 약 5 % 정도 계상할 필요가 있다.

㉢ 특수조건 : 산간벽지 등 특수한 지역에서 공사를 하게 되는 경우에는 이 또한 적당한 계산 근거로 노임의 할증을 할 필요가 있다.

㉣ 대기 전공수 : 우리나라의 전기설비공사는 옛날부터 해내려오는 예에 따라서 건축공사가 진척됨에 따라서 시공하고 있으므로 어느 정도 대기상태를 면치 못하고 있다. 따라서 대기 전공수는 표 9-4를 참작하여 알맞은 계상을 하는 것이 보통이다.

표 9-4 대기 전공수(명)

품셈표에 의거하여 산출한 기본 전공 총수(N명)	대기 전공수(N에 대한 비율)
20명 미만	35~50 %
50명 미만	2C~30 %
100명 미만	1C~18 %
200명 미만	8 %
300명 미만	7 %
500명 미만	6 %
1000명 미만	5 %
1000명 이상	4~3 %

㉤ 지도 점검에 요하는 공수 : 반장 또는 전공장의 공사에 관한 협의와 지도 점검 등은 필요한 것이므로 이는 기본 전공수 N명의 5 % 정도를 계상한다.

㉥ 기타 : 잡역부, 특수 건축인 경우의 전공수, 위험작업 등의 할증(수당), 계절과 기후조건에 대한 고려 등을 들 수 있는데, 이는 독자 여러분의 적산능력이 향상된 연후에 각기 적용하기 바란다.

③ 잔업과 심야작업 수당 및 특수 조건하의 노무비

이는 기술상으로 숙달을 요하는 사항이므로, 본 교재에서는 생략한다.

④ 노무비의 검토

이상에서 산출 집계한 전공수의 검토는 평소의 실적을 토대로 하여서 작성한 기록표와 대비하는 것이 바람직하며, 숙달되지 못한 사람에게는 권장할만한 일이다. 또 한 가지는 집계한 총 전공수를 다음과 같이 검토해 보는 방법도 있다. 즉,

㉠ 총 전공수는 공사의 내용, 공사기간 등에 따라서 다르겠지만 보통 사무실용 빌딩 공사에서는 건물의 바닥면적에 정비례하고, 약 3 m^2에 대하여 1~2명 정도이다.

㉡ 배관, 배선공사를 시공하는 경우에 1플로어에 대하여 매일 가동하는 전공의 최소 인원수는,

$$\text{전공장 1명} + \text{1명} \times \text{건축면적 } m^2 / 300\ m^2 = \text{X명}$$

여기에서, 건축면적 m^2 = 건물 연면적/층수(소수점 이하의 끝수는 끌어올린다.) 즉, 1플로어(Floor) 300 m^2 이하에서 전공 2명 이상, 1000 m^2에서는 최소한 5명을 요하므로 상주 전공수와 공기와를 감안하여 이것과 산출 집계한 총 전공수와 비교하여 검토하는 방법도 있다.

9-4 적산의 예

먼저 적산해야 할 도면 · 시방서 · 현장 설명상 주의사항 등을 숙독하여 그 내용을 충분히 파악하고 적산계획을 수립한다. 이때 주의하여야 할 사항은 다음과 같다.

① 다음에 하는 공사의 유무 및 별도공사의 유무
② 적산항목에 대한 특별한 지시사항의 유무
③ 특수기재는 없는가? 경우에 따라서는 지정 메이커에 의뢰하여 지정기간 내에 제작이 가능한가의 여부를 조사한다.
④ 법규 또는 규정에 저촉되는 사항은 없는지도 아울러 조사한다.

9-4-1 과제(1)

지난번에 견적한 빌딩의 지하 1층이 별도공사로 되어 있던 바, 이번에 주차장으로서 급히 견적하도록 영업부에서 도면과 함께 견적의뢰가 있다. 적산조건은 다음 2항목이며 시방과 기타 사항은 지난번과 같다.

① 콘센트 설비공사
② 조명설비공사

(1) 도면의 이해

① 지하 1층이라 하지만 전면은 지상 1층이고 후면에서 보면 지하 1층으로 된 빌딩이며, 주차장의 전면은 개방되어 있다.

② 도면상에서 환기용 팬은 별도로 되어 있다.

③ 기계실의 조명은 보일러나 펌프 등의 대형기기가 설치되고 천장에는 덕트와 파이프가 가설되므로 일반적으로 노출배관으로 알맞은 장소에 조명설비를 하는 것이 보통이다. 따라서 기계실 내부는 노출배관공사로 적산한다.

④ 중앙부분에 위치한 계단 밑 창고의 조명기구와 환기팬용 콘센트의 배선은 빠져 있으므로 용량 이 적은 점을 고려해서 부근에 있는 콘센트 회로에 연결해 둔다.

⑤ 전원공급은 1층의 분전반으로부터 받고 있으므로 지난번의 도면을 조사한 바, 1층 분전반의 회로번호 ①, ②, ③은 예비이며 그 중에서 ①과 ②는 단상 3선식 200 V, ③은 110 V용 회로로 되어 있었다. 따라서 이번에 ①과 ②를 이용해도 좋은지 검토해 볼 필요가 있다.

우선 ①회로는 전부 형광등 40 W 이므로 220 V 공급이 합리적이겠지만 ②회로에는 형광등 20 W와 환기용 팬이 있기 때문에 220 V는 불합리하다. 전선관의 입상(riser) 부분이 지난번의 도면과 맞는가, 즉 X_2-Y_2 부분의 위쪽에 1층 분전반이 있는가를 조사한 바, 도면대로 되어 있었다.

이와 같이 도중에서 별도공사로 되어 있는 부분을 적산하는 경우에는 일단 전번의 도면과 비교해서 검토해 보아야 한다.

⑥ 다음에는 환기팬용 콘센트에 대해서 검토해 본다. 도면은 일반용 콘센트로 되어 있으나 이 경우는 탈락방지형 콘센트 또는 플러그가 걸리는 형(twist-lock type)을 사용하는 것이 보다 바람직하므로 도면상에 특별히 지정되어 있지 않는 한 탈락방지형 콘센트를 사용하는 것으로 간주한다.

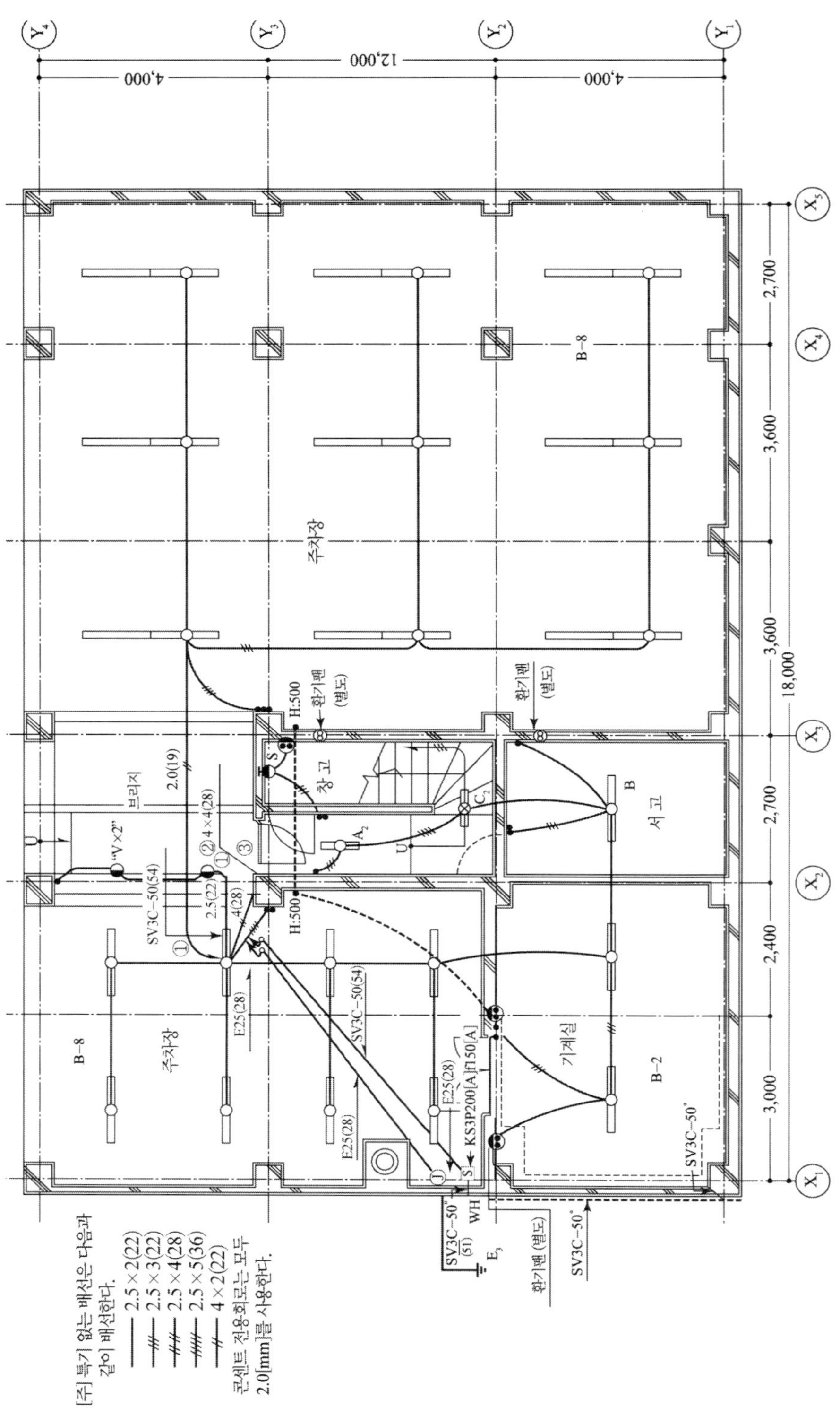

그림 9-1 전동 · 콘센트 설비 평면도(축척 1/50)

(2) 메이커의 수배

다음에는 메이커에 기기 등의 단가산출을 의뢰한다. 일반용 빌딩은 다음과 같은 것들이 해당된다.

① 조명기구(형태별로)
② 고・저압 분전반 및 배전반, 제어반
③ 비상용 축전지장치
④ 특수변압기 등
⑤ 방송관계 기기
⑥ 인터폰 등 약전기기
⑦ 자동교환 전화설비
⑧ 자동 화재탐지설비
⑨ 공조설비 등의 계장설비

이번 공사에 관계되는 것은 조명기구 부분이므로 메이커에 전화문의로도 충분하고 이에 의거하여 단가를 산출한다.

(3) 소요재료 및 기기의 집계

소요재료의 집계작업이 진행됨에 따라서 도면이 오손될 염려가 있으므로 도면상의 심벌 중 작은 것으로부터 큰 것으로 집계해 나가고 배관・배선은 나중에 집계하는 것이 합리적인 집계순서이다. 맨 나중에 배관・배선 집계를 하는 것은 집계과정에서 빠뜨린 품목을 발견할 수도 있으므로 권장할 만하다.

스위치・콘센트 등 배선재료의 집계는 표 9-5와 같이 한다.

표 9-5 스위치 콘센트 집계용지(공사종별 전등 콘센트 설비공사)

심 벌	●	●●	●●●	$●_3$	콘센트	콘센트			
						환기대용			
지하층(지난번 것)	1	3	1	2	3	3			
		1							
계	1	4	1	2	3	3			
								조명기구	
스위치 박스(1개용)	1						1		1
아우트렛 박스		4	1	2	3	3	13	3	16
아우트렛 박스(대형・깊은 형)								0	0
콘크리트 박스(중형・깊은 형)								17	17
콘크리트 박스(대형・깊은 형)								3	3
노출 박스								2	2

표 9-6 조명기구 집계용지(공사종별 조명기구)

			B	B	A_2	C_2	V	S		
			2연	1연						
L-1	①		9							
	②			11	1	1	2			
	③							1		
			9	11	1	1	2	1		
아우트렛 박스		중형 · 얕은 형					2	1	3	
아우트렛 박스		대형 · 깊은 형								
콘크리트 박스		중형 · 얕은 형	8	7	1	1			17	
콘크리트 박스		대형 · 깊은 형	1	2					3	
노 출 박스				2					2	

조명기구의 집계에서 주의할 점은 다음과 같다.

① 연결식인 조명기구는 단체로 계상하는 것보다 전체를 하나로 보는 것이 편리하다.

② 32 W 형광등 또는 수은등은 220 V용이 많으므로 사용전압을 검토한다. 조명기구의 집계는 표 9-6과 같다. 따라서 이것에 의거하여 위치 박스를 집계한다. 박스의 구격별 집계는 천장이 콘크리트조인가 또는 2중 천장인가에 따라서 종류가 달라진다. 기입된 등구 중에서 직부등에 대해서는 콘크리트 박스로 보고 중형(깊은 형)으로 계상한다. 매입 및 다운라이드는 모두 아우트렛 박스로 계상한다.

다음에 도면과 대조하여 파이프가 4본 이상 접속되는 위치 박스는 직부등과 매입등으로 나누고 각각에 대한 수량을 대형(깊은 형)의 난에 기입한다.

다음에는 표 9-8(1)과 같은 적산용지에 기입한다. 이때 주의해야 할 사항은 다음과 같다.

③ 매입등구 중에는 천장에 구멍 뚫기와 보강작업을 필요로 하는 것이 있으므로 견적에 포함해야 할 것인가를 검토해서 필요하면 계상한다.

④ 형광 램프, 특수 백열 램프의 글러브 등을 준공 인도할 때에 비품으로 납품하도록 되어 있으면 이를 계상한다.

⑤ 샨데리아 등 중량이 있는 등기구는 설치용 철물이 필요하고 형광등 32 W 이상의 매입등기구는 그 수량이 많을 때에 등기구설치용 철물류가 많이 소요되기도 하므로 소모 잡재료 중에 계상한 금액보다 많아지는 수가 있다. 따라서 설치용 철물비를 별도로 계상해야 하는 경우도 있다.

⑥ 조명기구는 기호로 기입하지 말고 “FL 32W×1, 220 V, 고역률, 반사판부, 직부”하는 식으로 그 품명과 시방까지도 아울러 기입한다. 그 이유는 후일 검토할 때에 판별하기도 쉽고 노무비 산출시에 품셈(乘率)을 적용하는 데에도 도움이 된다.

다음에는 배관 · 배선에 대한 소요재료를 집계한다.

배관 · 배선을 평면도에서 입체적으로 산정해야 하는 때는 바닥 또는 천장에 고 · 저의 차는 없는가? 천장에서 개구부는 없는가? 각 층의 높이는 같은가? 등등을 건축도면을 통해서 검토할 필요가 있다. 그리고 집계결과는 각 층별로 구분이 되도록 기입하여 놓는다. 이와 같이 하는 것은 실제로 시공을 할 때에 층별로 콘크리트를 치기 때문에 재료수배에 큰 도움을 줄 수 있기 때문이다.

⑦ 스위치 부분의 집계는 스위치 회로 1.6×4(25) 부분을 보면, 천장 높이 3 m, 스위치의 설치 높이 1.2 m 이므로 천장으로부터 1.8 m 내려온 곳에 설치한다. 따라서 수평부분 2 m, 내려온 부분 1.8 m, 즉 3.8 m는 배관의 길이이고, 전선은 1.6×4이므로 15.2 m가 된다.

스위치 및 콘센트의 설치 높이는 일반적으로 다음과 같은 값을 적용한다. 즉,

스위치 : 일반의 경우 바닥에서 1.2 m
콘센트 : 일반의 경우 바닥에서 0.3 m
콘센트 : 주차장은 바닥에서 1.2 m
콘센트 : 옥외는 바닥에서 1.2 m
콘센트 : 탕비실은 바닥에서 1.2 m

⑧ 콘센트 배관은 바닥배관이 보통이지만 천장에서 내려오는 경우도 있으므로 도면의 심벌에 주의해서 착오가 없도록 하여야 할 것이다. 배관 · 배선에 관한 집계가 끝나면 시공과정에서의 손실을 감안하여 전선관이나 전선은 보통의 경우 10 %를 가산하여 준다. 이것은 보급량이라고도 하며 손실을 감안해 주는 것이다(표 9-7 참조).

표 9-7 배관배선 집계용지(공사종별 전등 콘센트 설비)

			1.6×2	1.6×3	1.6×4	2.0×2	2.0×3	2.0×4	1.6×5			
			(19)	(19)	(25)	(19)		(25)	(25)			
L-1	①		245	4	3.8	6.5		3				
	②		34	29					2.5			
	③		4	4		14						
		계	62.5	37	3.8	20.5		3	2.5			
										소계	손실 감안 10 %	합계
		(19)	62.5	37		20.5				120	12	132
		(25)			3.8			3	2.5	9.3	1	10.3
		1.6	125	111	15.2				12.5	263.7	26	289.7
		2.0				41		12		53	5	58

표 9-8(1) 적산용지(1)

구별 공사 종별

품 명 및 사 양	단위	견적 수량	견적 단가	견적 금액	원가 수량	원가 단가	원가 금액	적요	공비 품셈	공비 계	실행예산 수량	실행예산 단가	실행예산 금액
조 명 기 구 A2	대				1		2 260		0.16	0.16			
FL 20 W×1 V형, 저역률형					1								
조 명 기 구 C2	대						42 360		0.16	0.16			
A2 +가트니가 내장													
조 명 기 구 B	대				11	4 080	44 880		0.25	2.75			
FL 32 W×1,100[V] 고역률 트로프 반사판부 직부													
조 명 기 구 B	대				9	8 160	73 440		0.45	4.05			
FL 32 W ×1-2연200[V] 트로프 반사판부 고역률형 직부													
조 명 기 구 S	대				1								
IL 40 W 컵형 브래킷							1 700		0.18	0.18			
조 명 기 구 V	대				2	7 000	14 000		0.18	0.36			
IL 60 W 브래킷 특별 주문품													
백 열 전 구	대				3	100	300						
계							178 940		7.66				

표 9-8(2) 적산용지(2)

구별 공사 종별

품 명 및 사 양	단위	견적			원가				공비		실행 예산		
		수량	단 가	금 액	수량	단 가	금 액	적요	품셈	계	수량	단 가	금 액
비닐 전선 IV 600 V 2.5 m^2	m				290	22	6 380		0.012	3.48			
비닐 케이블 IV 600 V 4 m^2	m				60	32	1 920		0.014	0.84			
VV · F 케이블 3C-2.5 m^2	m				20	56	1 120		0.032	0.64			
전 선 관 (19)	m				132	400	52 800		0.06	7.92			
전 선 관 (25)	m				11	540	5 940		0.08	0.88			
동상 부속품	식				1		14 684	25%					
스위치 박스 1개용	개				1		184			0.2			
아우트렛 박스 4각 중형 · 얕은 형 커버부	개				16	180	2 680		0.2	3.2			
콘크리트 박스 4각 중형 54형 커버부	개				17	296	5 032		0.12	2.04			
콘크리트 박스 4각 대형 54형 커버부	개				3	500	1 500		0.12	0.36			
노출 박스	개				2	290	580		0.2	0.4			
스위치 1개용 1P 10 A ×1 White bronze plate	개				1		272		0.06	0.06			
스위치 2개용 1P 10 A ×2 White bronze plate	개				4	340	1 360		0.08	0.32			
스위치 3개용 1P 10 A ×3 White bronze plate	개				1		660		0.08	0.08			
스위치 3로	개				2	340	680		0.08	0.16			
콘센트 2P 15 A×1 White bronze plate	개				3	276	828		0.06	0.18			
콘센트 탈락방지 구조 2P 15 A×1 plate	개				3	296	888		0.06	0.18			
							97 508		20.94				

이상으로 집계가 끝났으므로 적산용지에 기입한다. 적산용지에 기입할 때 주의해야 할 점은 다음과 같다.

㉠ 전선관의 단위는 'm'또는 '본'으로 통일하여야 한다.

㉡ 노출부분에서는 전선관의 도장을 계상한다.

㉢ 매입 등기구에 대해서는 CV케이블 2.5-3C를 1등당 1.5 m 정도 계상한다.

다음에는 박스류, 풀 박스, 콘센트 및 스위치 등, 분전반의 순으로 기입한다. 이와 같이 기입하는 것이 표 9-8(2)이다.

(4) 메이커의 선정

메이커를 선정하는 기준은 가격상 유리한 점만을 볼 것이 아니라 기술, 신용도, 그리고 협력도 등 여러 가지 면에서 비교 검토한 후 선정하는 것이 바람직하다.

(5) 노무비의 계산

재료비와 노무비 이외에도 여러 가지 항목이 있는 데 어느 것이든 재료비나 노무비 또는 그 합계액을 토대로 해서 퍼센트로 산출하는 것이 일반적이므로 재료비와 노무비의 산출이 끝나면 적산자의 작업은 사실상 끝난 셈이고, 나머지는 사무적으로 처리할 수 있는 것이다.

노무비는 각 회사마다 과거의 실적을 토대로 해서 만들어진 품셈표(乘率表)를 가지고 산출하는 것이 보통이다. 또한 공사장비의 발달, 시공방법의 개선 등 때문에 각 회사마다 품셈의 합리화와 개선에 노력하고 있는 실정이다.

적산용지(1)에서 조명기구 A_2는 표준품셈을 적용하면 형광등 20 W×1 직부형은 0.155≒0.16이다. 이것은 이 기구 1대를 설치하는 데 요하는 전공의 수가 0.16명, 즉 100대를 설치하자면 16명을 계상한다는 뜻이다. 다음에 B인 FL 32 W×1-2연 기구는 1대를 설치하는 데 소요되는 시간의 2배가 필요한 것인가 하는 문제는 기구의 종류에 따라서 차이가 있겠지만, 이 경우에는 2배 이하로 간주하고 10 %를 감하였다.

즉 0.245≒0.25로 보면 (0.25×2)-(0.1×0.25×2)=0.45로 계산하였다. 그리고 등구 A_2를 100대 설치하는 데에 16명이 필요하다면, 1일에 8명씩 작업을 한다면 2일에 끝난다는 뜻이 아니라 하나의 공량으로 생각해야 할 것이다.

이와 같이 하여 산출한 노무비 중에는 여러 가지 요소가 들어있다. 즉, 일반적으로 현장 내에서의 소운반 및 공구손료 등을 포함하게 된다. 그리고 규모가 작은 공사 또는 개조공사 등에서는 기다리는 시간, 특히 영업을 하면서 한편에서 개조공사를 진행하는 경우의 야간공사 또는 휴일에만 작업을 해야 하는 경우 등은 품셈표만으로 노무비를 산출하기는 어려움이 있다는 것도 알아두자.

(6) 소모품 및 잡재료

일반적으로 소모 잡재료로 한데 묶어서 취급하는 예가 많은 것으로 알고 있다. 그리고 이의 산출은 어떠한 비율(%)로 계산한다. 즉, 재료비에서 대형기기, 예를 들면 큐비클, 변압기, 축전지 등을 제외한 금액의 1.5~3 % 정도로 하기도 하고, 경우에 따라서는 공사항목에서 퍼센트값을 정하기도 한다. 노무비를 기준으로 해서 비율로 산출하기도 하는 데 이 경우는 대체로 10~15 % 정도로 하는 것이 보통이다.

이상으로 재료비, 소모 잡재료, 노무비의 산출을 하였지만 나머지 운반비, 교통비, 숙박비 등은 각기 정해진 계산 기준에 따라서 필요하다고 인정되는 경우에만 계상한다. 다시 말하면 이들은 정해진 비율에 따라서 계산하는 것이므로 사무적으로 계산할 수 있다.

(7) 제경비

전기설비 공사비의 구성은 표 9-1과 같지만 표 중에서 현장경비와 본사경비를 일괄해서 제경비라고 한다. 그리고 이는 공사원가의 퍼센트로 계산하기도 한다. 다음과 같은 경우에는 제경비를 적당히 보정할 필요가 있다. 즉

① 지불조건이 정상적이 아닌 경우
② 공기가 대단히 긴 경우
③ 수의계약을 하는 경우
④ 1기, 2기의 공기가 중복되는 경우
⑤ 전도금, 중도금의 유무에 따라서
⑥ 일반시장의 동정이 유동적인 경우

위에 적은 바를 검토하고 공사총괄표를 검토하여 적정한 제경비를 산정하고 이를 순공사비에 가산하여 공사가격을 결정하게 되는 것이다.

근래에 와서는 적산업무를 합리화하기 위하여 건설업계에서도 많은 연구를 하고 있으며, 전자계산기를 이용한 적산업무 처리방법도 도입되고 있는 실정이다. 그런데 전자계산기를 이용하자면 먼저 정보의 수집이 앞서야 한다. 전자계산기는 주지하는 바와 같이 초고속 연산장치와 고속 정보처리장치를 합성한 것이므로, 이를 이용함으로써 종래의 적산업무에 대한 철저한 분석을 할 뿐만 아니라, 경험과 육감으로 실시된 자료 및 실례를 정리 · 분석하여 기억장치에 저장해 둘 수도 있다. 그런 후 필요할 때에는 즉시 검출해서 적산업무에 활용할 수 있을 것이다.

9-4-2 과제(2)

그림 9-2는 어느 수용가의 간이 수변전설비의 단선계통도이다. 산출조건과 주어진 자료표에 의하여 각 기기별 수량을 산출하고, 이에 소요되는 인공을 계산하여라.

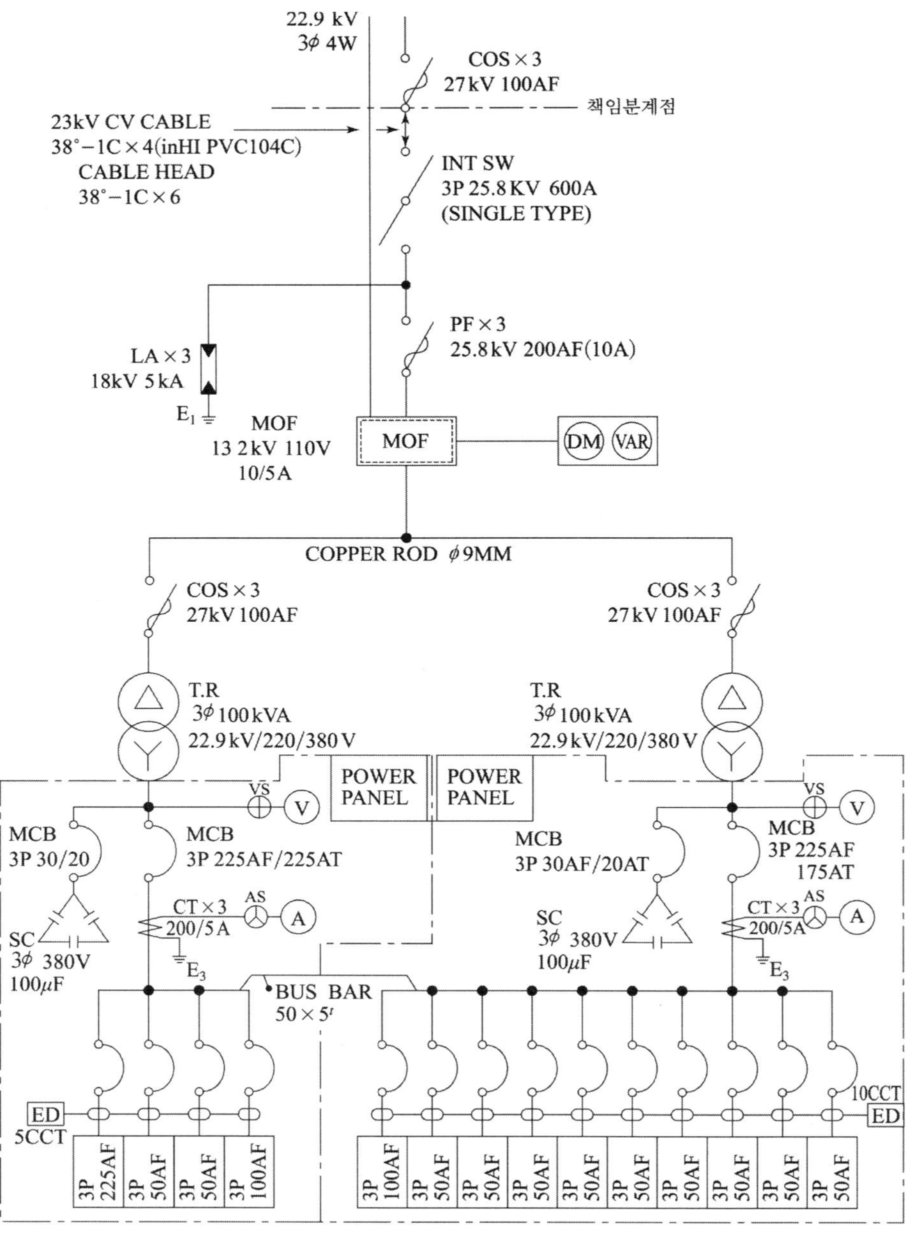

그림 9-2

〈산출조건〉

① 책임분계점 이후부터 산출할 것
② 옥내에 설치하고 모든 기기는 시험 합격품이다.
③ 변압기는 주상변압기를 지상에 2대 동시 설치
④ 접지공사는 모두 접지봉 3본 연결
⑤ 주어진 품목만 산출할 것

(1) 아래 산출내역서의 빈 칸을 완성하여라.

번호	품 명	규 격	단위	수량	품셈(기본품)	공량산출근거 (수량×단위인공)	비 고
(1)	INT SW	3P 25.8 kV 600 A	대		배전전공 : 4.8		
(2)	CABLE HEAD	38° 1단말	KIT		특고케이블공 : 0.88		
(3)	LA	18 kV 5 kA	개		배전전공 : 0.24		
(4)	PF	25.8 kV 200 AF	개		배전전공 : 1.0		
(5)	MOF	13.2 kV/110 V 10/5 A	대		내선전공 : 2.0		
(6)	COS	27 kV/100 AF	개		배전전공 : 0.24 보통인부 : 0.12		
(7)	TR	3ϕ100 kVA 22.9 kV/220 V	대		배전전공 : 3.15 보통인부 : 3.15		지상설치 : 80 % 2대동시설치 : 180 % 옥내설치 : 20 % 가산 3상 : 130 % (TR, SC의 경우)
(8)	SC	3ϕ380 V /100 μF	개		배전전공 : 0.15 (1ϕ 품임)		
(9)	CT	600 V 200/5 A	〃		프랜트전공 : 0.5		
(10)	VS	3W	〃		프랜트전공 : 0.3		
(11)	AS	3W	〃		프랜트전공 : 0.3		
(12)	V meter	0~600 V	〃		프랜트전공 : 0.39		
(13)	A meter	0~300 A	〃		프랜트전공 : 0.39		
(14)	MCB	30 AF	〃		내선전공 : 0.54		
(15)	MCB	50 AF	〃		내선전공 : 0.74		
(16)	MCB	100 AF	〃		내선전공 : 1.04		
(17)	MCB	225 AF	〃		내선전공 : 1.65		
(18)	접지봉	18ϕ×2400 (3본 연결)	조		배전전공 : 0.45 보통인부 : 0.23		

(2) 인건비(인공계는 소수점 모두 기입하고, 금액은 원미만은 버린다)

번호	직 종	단 위	인 공 계	단 가	금액(인공계×단가)
(19)	특고압 케이블 전공	M/D		22,900	
(20)	배전 전공	〃		20,050	
(21)	프랜트 전공	〃		17,700	
(22)	내선 전공	〃		15,600	
(23)	보통 인부	〃		8,150	

풀이 (1)

번호	수량	공량 산출 근거 (수량×단위 인공)	번호	수량	공량 산출 근거(수량×단위인공)
(1)	1	배전전공 : 1×4.8=4.8	(10)	2	프랜트 전공 : 2×0.3=0.6
(2)	6	특고 케이블공 : 6×0.88=5.28	(11)	2	프랜트 전공 : 2×0.3=0.6
(3)	3	배전전공 : 3×0.24=0.72	(12)	2	프랜트 전공 : 2×0.39=0.78
(4)	3	배전전공 : 3×1.0=3	(13)	2	프랜트 전공 : 2×0.39=0.78
(5)	4	내선전공 : 1×2.0=2	(14)	2	내선전공 : 2×0.54=1.08
(6)	6	배전전공 : 6×0.24=1.44 보통인부 : 6×0.12=0.72	(15)	11	내선전공 : 11×0.74=8.14
(7)	2	배전전공 : 3.15×(0.8+0.2+0.8+0.3)=6.615 보통인부 : 3.15×(0.8+0.2+0.8+0.3)=6.615	(16)	2	내선전공 : 2×1.04=2.08
(8)	2	배전전공:0.15×(0.8+0.2+0.8+0.3)=0.315	(17)	3	내선전공 : 3×1.65=4.96
(9)	6	프랜트 전공 : 6×0.5=3	(18)	3	배전전공 : 3×0.45=1.35 보통인부 : 3×0.23=0.69

(2)

번 호	인 공 계	금액(인공계×단가)
(19)	5.28	5.28×22,900=120,912
(20)	18.24	18.24×20,050=365,712
(21)	5.76	5.76×17,700=101,952
(22)	18.25	18.25×15,600=284,700
(23)	8.025	8,025×8,150=65,403

10장 인텔리전트 빌딩 시스템

10-1 개요

10-1-1 인텔리전트 빌딩의 정의

정보통신과 정보처리 기술의 진보에 의해 정보화 사회로 진전되고 있으며, 정보통신산업의 발달은 높은 수준의 건축구조 기술 및 건축설비분야의 기술혁신과 더불어 현대 건축물에 커다란 변화를 가져왔다. 따라서 지금까지 건축물에 단독시스템으로 시설되어 온 빌딩운용관리시스템, 정보처리시스템, 정보통신시스템이 통합되는 추세에 있으며, 컴퓨터 관리시스템을 구비함으로써 인간의 두뇌와 같은 인텔리전트 기능을 갖춘 건축물이 등장하고 있다. 이러한 인텔리전트 건축물들이 도시기능을 인텔리전트화시켜 정보화 도시로 발전되고 나아가 정보화 사회를 가능하게 할 것으로 예상된다.

인텔리전트 빌딩(intelligent building)의 정의는 명확한 것은 아니지만, 사무실 업무의 합리화, 생산성 향상을 위해 정보통신 시스템과 사무자동화 시스템을 구축하고, 이울러 쾌적하고 매력적인 주거환경을 실현하기 위한 건축 환경 시스템과 빌딩설비 자동화시스템을 적절히 구축하여 이들을 통합적으로 시스템화한 빌딩이라고 말할 수 있다. 따라서 인텔리전트 빌딩의 최대목적은 정보화 사회에 있어서 지적 생산에 적합한 안전하고 쾌적하며 매력적인 사무실 환경을 제공하는 데 있으며, 우리나라에서는 정보화 빌딩 또는 첨단 정보 빌딩으로 불리어지고 있다. 그림 10-1은 인텔리전트 빌딩의 기본 개요를 나타낸 것이다.

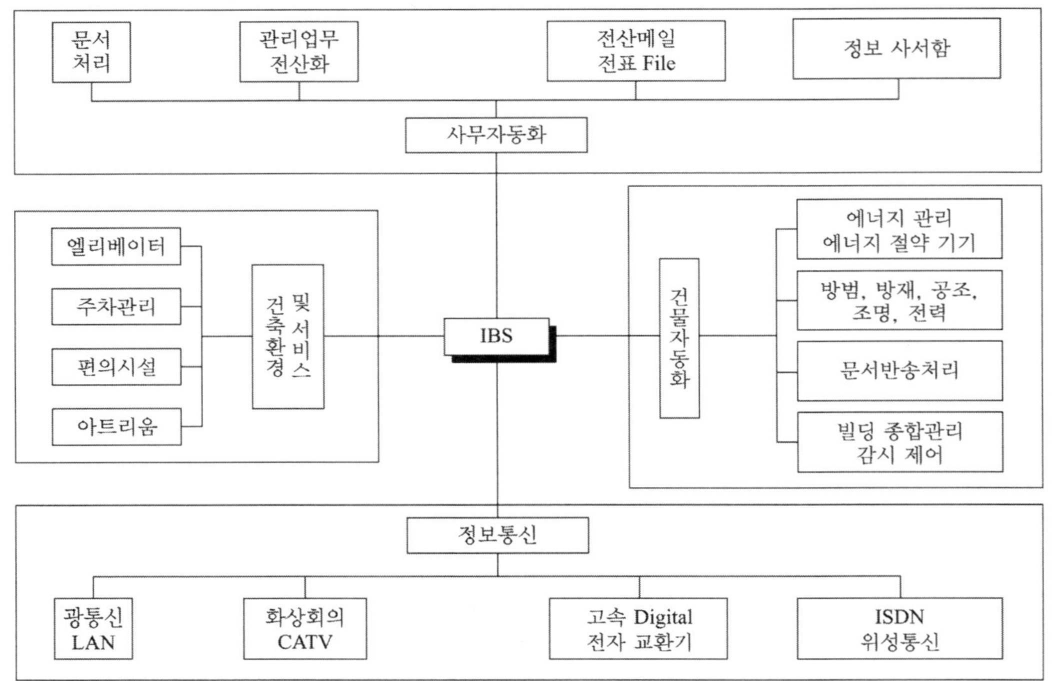

그림 10-1 인텔리전트 빌딩의 기본개요

10-1-2 인텔리전트 빌딩의 발생배경

(1) 정보통신기술의 급속한 진보

고도 정보사회의 실현을 가능하게 하는 것이 정보처리 통신기술의 비약적인 발전이다. 디지털기술, 광통신기술, 초집적 회로기술 등 전기통신기술의 급속한 진보에 의한 전기통신기술의 진전으로 화상통신 등의 고도한 정보통신시스템을 저렴한 가격으로 이용할 수 있음으로써 뉴미디어라고 불리는 새로운 통신서비스가 발전하고 있다.

(2) STS(shared tenant system) 정보통신산업

임대용 인텔리전트 빌딩은 임차인에게 보다 쾌적한 환경을 제공하여 능률적으로 활동할 수 있게 해주어야 한다. 이를 위해서는 임차인의 요청에 항상 대응할 수 있는 설비와 서비스가 필요하다. STS는 이러한 임차인들에게 보다 나은 서비스를 제공하기 위한 새로운 산업이다.

STS가 제공하는 서비스는 종래의 대기업에서만 받을 수 있었던 고기능 정보통신시스템 서비스를 공동 이용하게 됨에 따라 소기업이나 규모가 작은 임차인도 이용할 수 있다는 것, 통신의 자유화가 갖는 자유경쟁에 의한 요금차익 등 통신비용을 절약할 수 있다는 점, 미국의 경우, 거대한 전신전화 회사인 AT&T가 시내전화회사와 시외전화회사로 분할됨에 따라 전화의 이용체계 불편을 해소해주었다는 것 등이 있다.

인텔리전트 빌딩에서는 통신, OA(사무자동화 시스템), BA(빌딩자동화 시스템) 등 각 설비기능을 유지, 관리하여 임차인에게 적합한 서비스를 제공한다는 새로운 방향의 관리 운용체계도 필요로 하고 있다. 따라서 임차인의 레이아웃 변경에 신속하게 대처하면서도 인간미 있고 효율적인 근무환경을 조성하는 FM(facility management) 서비스가 중요하다. FM이란 '조직에 있어서 사람과 물건을 빌딩 공간에 효율적으로 배치, 관리하는 것'을 목적으로 하며, STS회사는 FM에다 정보통신서비스를 추가한다.

(3) 빌딩건축기술과 정보통신기술의 융합

사무실에서의 정보량이 매년 증가해 OA화나 네트워크화가 필요하게 된 빌딩에서는 빌딩의 기획, 설계 초기단계부터 앞으로의 수요에 대응 가능한 LAN(근거리 통신망) 및 각종 정보통신시스템(광섬유케이블을 비롯하여 새로운 배선이나 배관시스템의 채택, 위성통신용 안테나 설치) 등의 기초설비도입을 충분히 고려한다. 또한 빌딩의 기반시설이 되는 설비에 대해서도 사전에 고려하는 것이 필요하다.

공기조화설비, 전력설비, 조명설비, 승강기설비 등의 빌딩 관리시스템은 각종 센서와 정보통신시설의 도입으로 자동화가 가능해졌다. 또한 쾌적한 환경유지와 설비의 고효율화, 에너지절약도 도모할 수 있다. 방범, 방재감시를 위한 시큐리티시스팀도 센서와 영상전송시스템과 결합시켜 자동원격제어 감시가 가능하게 되어 안전 확보가 한층 강화되었다.

따라서, 인텔리전트 빌딩은 빌딩설계 초기에서부터 건축기술과 통신, 빌딩 자동화 기술이 융합되도록 종합적인 검토가 이루어져야 된다.

(4) 인간성을 존중하는 사무실 환경

고도 정보기기나 OA 기기의 도입으로 사무실의 환경이 악화되는 경우도 있다. 각종 OA 기기의 도입에 의해 업무 공간이 좁아지고, 프린터기계의 소음, 기기로부터의 발열, 바닥면에 배선노출, VDT(visual display terminal) 작업으로 인한 시환경의 악화 등이 그것이다. 따라서 단순히 사무의 합리화를 위한 OA에 초점을 맞추어 사무실 환경을 만드는 것이 아니라 인간성을 존중하는 설계, 즉 사무실 근무자가 보다 능률적이고 쾌적한 환경에서 근무를 할 수 있는 거주환경을 조성하는 것이 바람직하다.

10-1-3 인텔리전트 빌딩의 기능

(1) 인간 중심의 쾌적성

인간 중심의 쾌적한 공간 창조를 통하여 지적 생산성을 향상시키는 인간성(humanity)과 쾌적성(amenity)에 대한 섬세한 배려가 필요하다. 이를 위해서는 1인당 사무면적, 천장 높이, OA Floor, 간접 조명방식 등을 최첨단으로 구성하여 쾌적한 사무공간을 제공하여야 한다. 아울러 공공의 편의를 중시하는 넓은 현관 로비, 아트리움과 충분한 주차 공간, 영상시스템, 중수시스템, 배연관리 설비, 완벽한 빌딩관리시스템 기능을 구비하도록 한다.

(2) 유연성과 적응성

장래 예상되는 용도변화와 급변하는 기술혁신에도 적응할 수 있는 유연성(flexibity)과 적응성(adaptability)으로 유연성은 건물 준공 후 100년을 겨냥하여 기업과 과학, 통신기술의 발전에 대응할 수 있는 전환성, 다양성, 확장성 등을 확보하여 장래 사무실 사용방법의 변화, 집무형태의 변화, 정보통신 등의 확장을 고려한 바닥 플로어 계획을 고려하여 계획되어야 한다.

(3) 생산성과 기능성

생산성(productivity)과 기능성(functionality)으로서 분산제어 중앙감시의 컴퓨터 통합관리 체계, 정보통신 사업기지, 각종 OA 시스템, 첨단 통신수단, 컴퓨터시스템 등을 완비하여 24시간 대응설비에 의한 기업 활동의 국제화, 선진화를 이루도록 한다.

(4) 경제성과 유지관리성

고효율 기기, 열병합발전 시스템 및 무정전 전원공급 시스템, 중수설비와 배연관리 설비, 분산제어 중앙감시 시스템 기능 등에 의하여 에너지 절약화, 관리 인력의 최소화를 도모하여 라이프 사이클(life cycle)를 최소화하도록 한다.

(5) 안전성

빌딩의 안전성으로서 엘리베이터 군 관리 시스템, 설비 정보계측시스템, 자동검침 및 청구서 발행시스템, 방재감지 시스템, CCTV 시스템 등의 방재방범 시스템을 완비하도록 하여 빌딩의 안전성과 편리성을 확보하도록 한다.

10-1-4 인텔리전트 빌딩의 구조

종래의 빌딩에 구성되어진 설비들은 전력설비, 조명설비, 공기조화설비, 승강기설비, 방재설비 등이 있으나 각각의 시스템으로서 기능을 하고 있다. 그리고 정보처리를 위한 호스트 컴퓨터 및 전자교환기시설 등도 개개의 시스템으로 기능을 하도록 구성되어 있다. 그러나 인텔리전트 빌딩에서는 BA와 OA로 구분되어진 구조와 기능을 통합하여 하나의 시스템으로 묶어 고기능의 정보통신 시스템을 저렴한 가격으로 각종 정보를 공동 이용하고 임대(share)할 수 있는 구조를 가지고 있다(그림 10-2 참조).

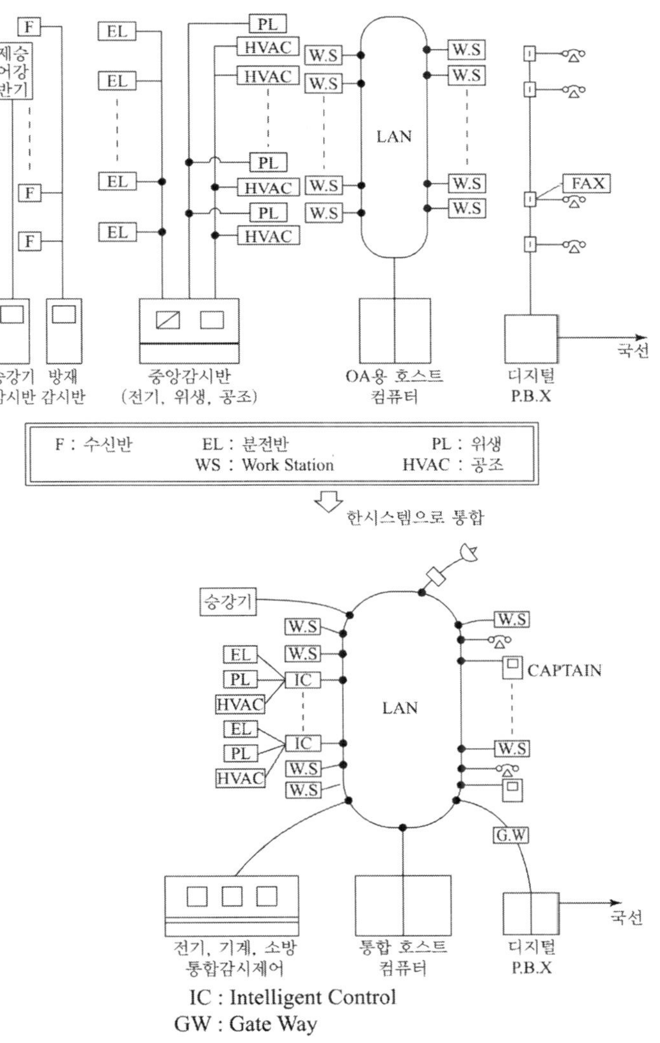

그림 10-2 인텔리전트 빌딩의 구조

10-1-5 인텔리전트 빌딩의 적용 등급(grade) 분류

빌딩의 인텔리전트화에 대한 큰 방향을 정하고, 그 등급에 적합한 소요예산 등을 산출하기 위하여 건물형태에 맞는 예상등급을 정하는 것이 필요하다.

일반적으로 일반적인 사무자동화된 정도의 등급을 "0"으로 하여 인텔리전트화된 정도에 따라 등급을 1에서부터 3등급까지 크게 나눌 수 있다. 표 10-1은 인텔리전트 빌딩의 적용 등급별 개요와 기능에 대해서 나타낸 것이다.

표 10-1 인텔리전트 빌딩의 적용등급별 기능개요

등급	개 요	기 능 개 요
0	현재의 일반적인 수준의 빌딩	· 음성 중심의 구내 교환설비(PBX) · FAX, PC, 복사기 등이 사용되는 정도
1	인텔리전트 빌딩이라 칭할 수 있는 최소 수준의 빌딩	· 디지털 PBX(DPBX) : 고도의 전화 서비스 · 근거리 통신망(LAN) 구축 : 온라인화 가능 · TV회의 장치설치 · LAN을 이용한 공용 DB를 활용하는 수준의 빌딩
2	인텔리전트 빌딩으로서 표준수준의 빌딩	· 디지털 PBX(DPBX) : 고도의 전화 서비스 · 다기능전화기 사용, 전자우편 가능 · 근거리 통신망(LAN) 구축 : 온라인화 가능 · TV회의 장치설치 · 다기능 워크스테이션과 통합 S/W에 의한 각종 OA 서비스 기능을 갖도록 함 · ID에 의한 출퇴근관리 가능
3	실현 가능한 대부분의 설비를 장비한 고도수준의 빌딩	· 현 세대에서 모든 시스템을 전부 적용시킨 고도의 인텔리전트 빌딩 수준임 · 사설 비디오텍스, 화상응답 시스템이 가능 · 전국 사무실을 하나의 전용 통신망으로 연결하여 종합 정보통신망(ISDN) 구축이 가능

10-2 인텔리전트 빌딩 시스템(IBS)

10-2-1 정보통신(TC : Telecommunication) 설비

빌딩의 정보통신설비는 음성이나 음향, 화상신호를 주고받는 기본 통신 시스템, 데이터 신호를 보내고 받는 데이터 통신 시스템, 영상신호를 전송하고 수신하는 영상 통신 시스템으

로 구분된다.

기본 통신 시스템은 디지털 전자교환기를 통해 전화, 전신, 팩시밀리 등을, 데이터 통신 시스템은 근거리 정보통신망을 통해 비디오텍스, 컴퓨터 통신 등을, 영상 통신 시스템은 케이블 TV 방송을 중심으로 TV 회의, 회의지원 등을 제공하나 데이터 통신 시스템은 정보 처리 설비 부분에 포함시킨다.

(1) 기본 통신 네트워크

기본 통신 네트워크는 기업 내외부 간의 통신 접속의 역할을 담당하는 것으로 디지털 사설 교환기를 중심으로 부가설비를 추가시켜 다양한 서비스를 제공한다. 제공 가능한 서비스로는 음성 전화, 팩스 전송, 전화사서함, 팩스사서함, 유무선 페이징, 위성통신 등이 있다.

표 10-2 기본 통신 네트워크 부가설비별 서비스

기본설비	부가설비	서 비 스
디지털 사설교환기 (DPBX)	–	기업 내외 전화교환
	근거리통신망(LAN)	기업 내의 컴퓨터 통신
	음성사서함 장치	음성메일 서비스
	팩스사서함 장치	팩스 메일 서비스 PC-팩스 서비스
	무선페이징 장치	구내 무선호출
	유선페이징 장치	구내 방송호출
	VSAT	디지털 위성통신

(2) 영상통신 네트워크

영상통신 네트워크는 화상과 영상형태의 정보를 기업내외간에 전달시켜 주는 것으로 CATV 시스템과 TV회의 시스템이 중심적 역할을 한다.

영상통신 네트워크는 원격 TV회의, 자주방송과 재송신방송, 동・정지화상 정보제공, 홍보 및 안내 서비스를 제공하므로 의사결정지원, 업무지원, 구성원 평생교육, 고객만족의 효과를 얻을 수 있다. 영상통신 네트워트의 부가설비와 서비스는 표 10-3과 같다.

표 10-3 영상통신 네트워크 부가설비별 서비스

기본설비	부가설비	서비스
종합유선 텔레비전 (CATV)		• 자주방송 • 재송신 방송
	영상회의 시스템	• 원격 TV방송 • 원격강의 • 원격방송
	비디오 응답 시스템(VRS)	• 동화상 정보제공 • 정지화상 정보제공
	비디오 텍스 시스템	• 홍보 서비스 • 안내 서비스

10-2-2 정보처리(OA : Office Automation) 설비

정보처리 설비는 단순한 사실을 처리하기 위한 각종 정보처리 기기와 이를 상호 연결시키는 데이터 통신 네트워크인 LAN으로 구성된다. 그러나 정보처리 기기나 LAN은 눈에 보이는 물체인 하드웨어적인 측면만을 생각할 수 있지만, 실제로 중요한 것은 정보처리 기기에 의해서 처리되는 내용과 내용을 활용하기 위한 응용 소프트웨어가 매우 중요하며, 정보처리 설비인 정보처리 기기나 LAN은 사무자동화를 지원하는 시스템이다.

사무자동화 관련 응용 소프트웨어들은 전자우편, 복무관리, 예산회계관리, 인력관리, 급여관리, 물가관리, 광파일시스템, 비서관리, 식당 및 매점관리, 내방객관리 등이 있다. 데이터통신 네트워크의 부가설비와 기능은 아래의 표 10-4와 같다.

표 10-4 데이터통신 네트워크 부가설비별 기능

기본설비	부가설비	기 능
근거리 통신망 (LAN)	기간통신 네트워크 (Backbone LAN) 지선통신 네트워크 (Sub LAN)	각종 컴퓨터 시스템의 공유 • 문서처리 – 문서작성/유통 • 업무지원 • 업무전산화
	광 파일 시스템	• 문서처리 – 문서출력 – 문서보관 – 문서검색

한편, 사무자동화에 관련된 기능과 프로그램은 표 10-5와 같다.

표 10-5 사무자동화 관련 기능과 프로그램 주요내용

기 능	프 로 그 램	주 요 내 용	
문서처리	문서작성 문서출력 문서보관/검색	• 워드프로세서 • 그래프 작성 • 영상입력 • 전자파일	• 표작성/표계산 • 간이도형 작성 • 결과보고서 출력 • 광다일
업무지원	스케줄 관리 전자우편 정보관리 의사결정지원 공중정보관리	• 임직원 스케줄 관리 • 회의, 행사계획 • 도서, 자료관리 • 각종 보고서 작성 • 예측분석 • 임원 회의지원 • 신용정보 • 자동입출금	• 방문자 관리 • 사내전화번호, 명함, 명부관리 • 외부 데이터베이스 이용 • 통계분석 • Simulation • 외부정보안내 • 예약조회
관리업무 전 산 화	복무관리 인력관리 예산, 회계관리 물자관리 급여관리 영업관리 임원 OA	• 복무관리표 • 직무분석 • 예산계획, 실적, 자본관리 • 임금상승률, 원가관리 • 경영정보 및 비서업무	• 프로젝트별 인력 • 정원산출표 • 원자재, 완제품, 재고관리 • 마케팅 관련 정보제공 손익관리

10-2-3 빌딩자동화(BA : Building Automation) 설비

빌딩자동화 설비는 빌딩 내의 기계, 전기, 방재설비 등을 효율적이고 경제적으로 운영하는 종합제어 감시시스템으로 제어용 컴퓨터를 사용한다. 이는 전자산업의 급속한 발전으로 마이크로 프로세서, 메모리 감지기 등 이러한 새로운 기술이 등장하여 빌딩 내의 빌딩자동화 시설을 첨단화시켜 빌딩 자동화 설비와 정보통신 및 정보처리설비를 통합함으로써 유지보수 인원의 절감과 동시에 쾌적한 오피스 환경조성을 지원하기 위한 설비이다.

빌딩자동화설비의 궁극적 목적은 빌딩 내에서 보다 쾌적하고, 보다 효율적으로 보다 안전하게 사람들이 집무할 수 있고 거주할 수 있는 환경을 제공하는 데 있다. 목적을 달성하기 위해서는 빌딩관리 시스템, 에너지 절감 시스템, 안전관리 시스템으로 구성되며, 빌딩관리 및 에너지 관리 설비는 상호 유기적으로 연계되어 운전되며 각종 설비장치, 감시 및 제어에 의한 쾌적성의 제공과 빌딩 운용관리 경제화, 효율화를 도모한다.

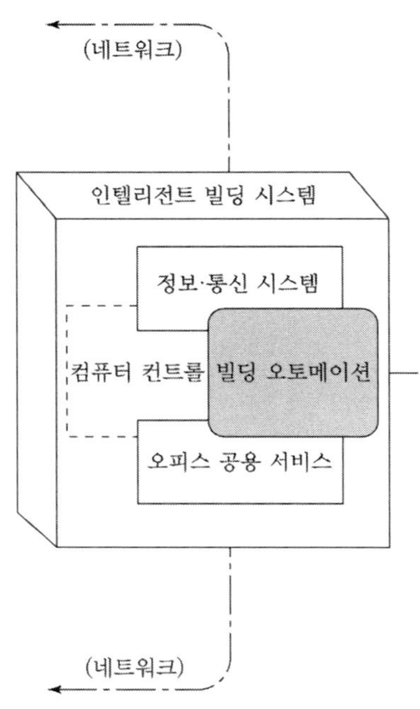

그림 10-3 빌딩자동화 시스템의 분류

그림 10-3은 빌딩 자동화시스템의 분류와 기술개요에 대해서 나타낸 것이다. 빌딩관리 시스템은 쾌적한 사무실 환경을 확보하기 위한 공조제어에 관한 공조 설비, 전력설비, 엘리베이터 등의 운전상태 감시, 원격감시를 행하며, 제어 및 일지의 작성, 보수정보의 수집분석 등 빌딩의 설비기기의 관리 운전을 합리적으로 행하기 위한 시스템이다.

에너지 절감 시스템은 사무실 환경의 쾌적성을 손상하지 않고 설비기기의 고효율화를 도모하여 에너지의 낭비를 줄여 주는 설비이다. 빌딩에 전기통신, 정보처리 및 빌딩 자동화 관련 시스템이 도입됨에 따라 에너지 소모는 점점 증대해감에 따라 에너지 절감시스템의 필요성은 강조되고 있다. 에너지 절감방법으로는 에너지 절약장치를 도입한 능동적 방법과 건물의 형상 및 벽 재료 등으로부터 에너지 절약화를 도모하는 수동적 방법의 2가지가 있다. 두 가지 방법을 효율적으로 빌딩에 도입함으로써 에너지 절약화의 효과를 보다 높일 수 있다.

안전관리 시스템은 방범, 방재, 통신보안, 정보 보안 기능을 강화시켜 거주자의 안전과 기업 정보의 기밀성을 확보하기 위한 시스템이다. 자연현상에 의한 지진이나 수해, 인적 과실에 의한 화재, 외부인 침입에 의한 도난, 컴퓨터 해커나 바이러스, 불법 침입자에 의한 정보탈취 방어, 각종 전기 및 관련 기기의 고장에 대비할 수 있는 안전관리 대책을 실현시키는 설비이다.

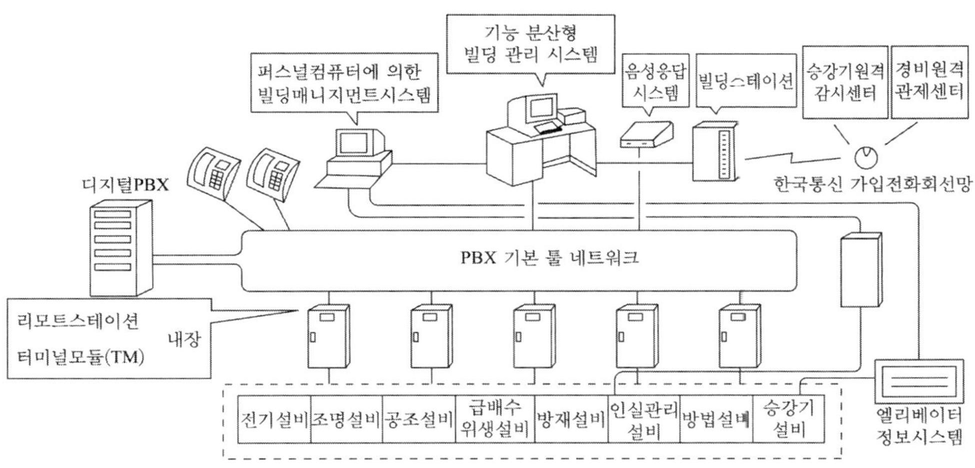

그림 10-4 기능분산형 빌딩관리 시스템의 구성도

그림 10-4는 기능분산형 빌딩관리 시스템의 구성을 나타낸 것이며, 이 시스템은 전력이나 공조설비의 프로세스레벨로부터 기능 단말레벨, 전송레벨, 관리레벨, 계획 매니지먼트 레벨까지 계층에 의해 구성되어져 있고, 각층으로 기능을 분산시키는 것에 의해 계층별 기능분산 제어방식을 구성하고 있다.

프로세스레벨과 직접 연결하는 기능분산 단말(HIRIS)은 DDC(direct digital control) 기능을 포함한 프로세스 제어기능과 상태, 고장, 계측 등 감시나 관리에 관한 정보의 수집과 분배 및 전송레벨을 통한 관리 레벨과의 데이터 상호 통신기능도 갖고 있다.

이와 같은 기능분산 단말에 대해 종래 중앙에서 처리하던 기능을 옮겨 분산제어하는 것에 의해 관리레벨의 제어와 통신 부담을 경감시키고 응답성의 향상과 빌딩 내 설비의 종합화로 관리능력의 향상이 실현되었다. 또한 관리레벨과 기능분산 단말레벨과의 통신량의 경감에 의해 전송레벨에 사용되는 전손매체로 전용케이블 외에 빌딩 내 정보통신계인 디지털 PBX계나 LAN계의 범용 통신계의 사용을 가능하게 하고 있다. 이 범용 통신계를 통해 빌딩 내의 다른 시스템의 종합화를 한층 수월하게 해준다.

10-2-4 쾌적환경설비

정보화 사회에서의 사무실은 단순한 업무공간이 아니다. 단순하고 반복적이며 정형화된 업무는 자동화설비가 처리하고, 복잡하고 비정형화되어 있고 의사결정을 요구하는 업무는 인간이 처리하게 된다. 인간은 새로운 정보와 아이디어를 근간으로 창의력이나 창조력을 발휘해야 한다. 따라서 정보사회에서의 빌딩은 지적 생산성을 향상시키는 쾌적한 사무환경 제공이 매우 중요하다.

쾌적환경설비는 업무 추진체계에 따른 레이아웃과 사무용가구 배치계획, 24시간 근무체제에 대응하기 위한 쾌적하고 안전한 생활 공간계획, 자동화설비에 대처하기 위한 환경계획 등이 있다. 그림 10-5는 OA화 사무실 설계시 고려사항을 표시한 것이다.

레이아웃과 사무용 가구 배치계획은 업무의 내용이나 의사전달의 방식, 사람과 물건의 이동, 사무가구, 전기통신, 정보처리 기기의 설치 등에 효율적으로 대응할 수 있는 공간계획을 세우는 것이다.

사무용 가구와 빌딩 본체를 별개로 생각해 왔으나, 융통성 확보나 인간 공학적인 측면을 고려하여 능률적인 공간 환경의 실현을 통해 사무용 가구와 빌딩 본체를 하나로 고려해 나가야 한다.

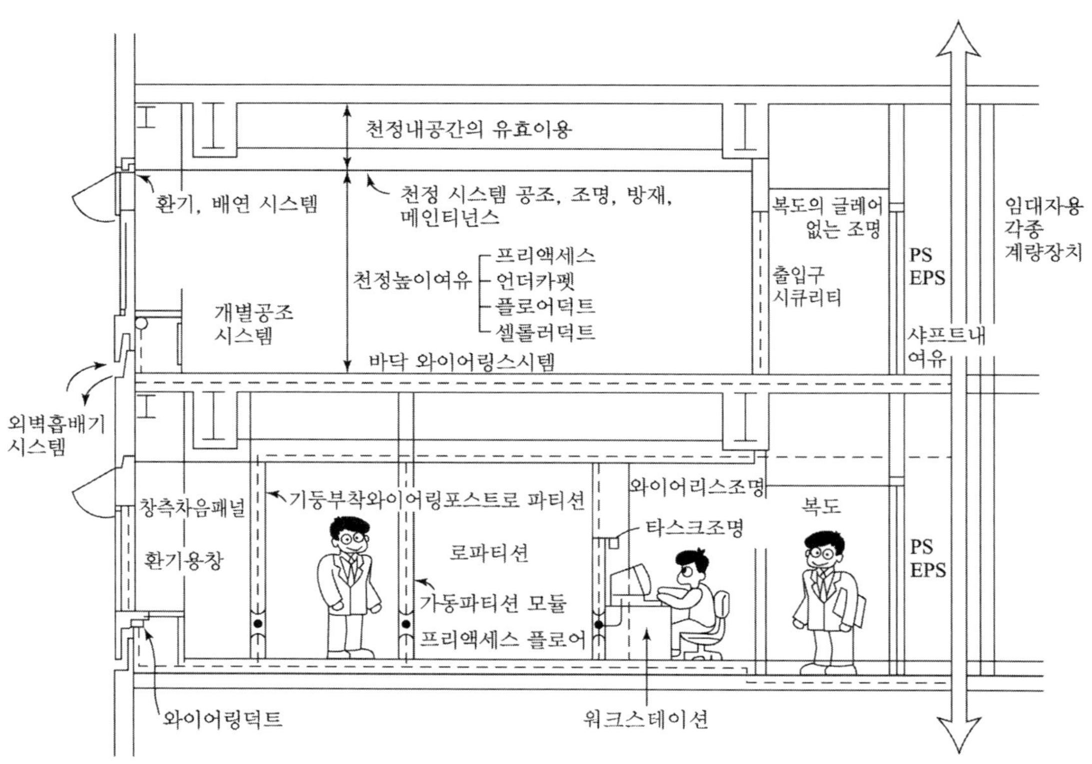

그림 10-5 OA화 사무실 설계시의 고려사항

쾌적한 공간계획은 정보화, 국제화의 진전에 따라 24시간 근무체제에 적응할 수 있는 업무공간뿐만 아니라 생활공간도 동시에 고려하여 근무자의 정신적, 육체적 건강을 최우선으로 하여 창조성이 풍부한 지적 생산성을 높이는 사무환경 조성이 필요하다. 이를 만족시키기 위해서는 쾌적한 환경조성, 기분전환, 충분한 휴식 공간 등을 갖추어야 한다.

배선 및 환경계획은 정보기기 사용자의 육체적 피로를 최소한으로 줄이기 위한 적정한 환경기준을 확보하는 것이다. 인간공학 측면을 강조한 워크스테이션의 설계나 조명이나 색채 등에 대응하는 시환경, 실내 소음이나 장비음에 대한 음환경 대책 등이 필요하다. 인간공학에 입각한 사무가구 및 정보기기 배치 설계, 음환경, 시환경, 공기환경에 대응하여 정보 스트레스나 기기 사용 스트레스에서 벗어나게 해준다.

10-3 전기설비 설계시 고려하여야 할 사항

10-3-1 전원설비계획

인텔리전트 빌딩의 전력시스템은 그림 10-6과 같이 기존 빌딩의 전력시스템에 추가하여 통신용, OA용, BA용 전원을 부가시켜 각 시스템의 고품질화, 고신뢰화 등을 도모한 전력시스템이어야 한다.

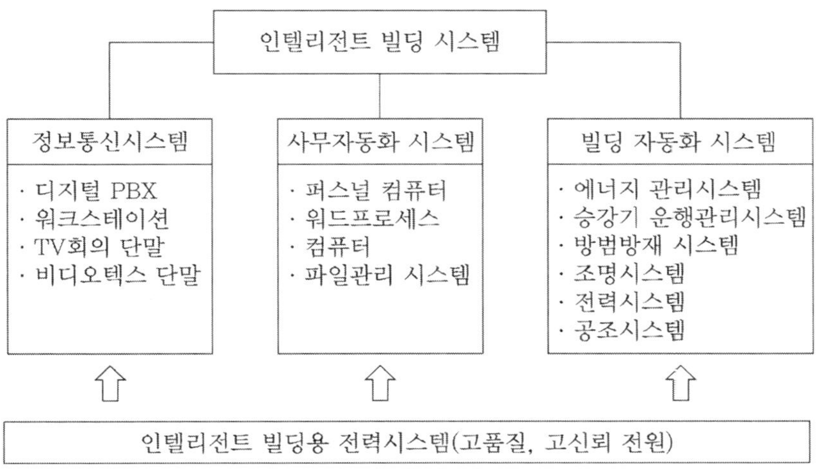

그림 10-6 인텔리전트 빌딩의 전력시스템

인텔리전트 빌딩에서는 전원설비의 정전, 고장, 이상이 발생한 경우 빌딩 내의 운용에 미치는 영향은 대단히 크다. 따라서 전원설비 계획시에는 전원공급 신뢰도와 질향상을 고려하는 것이 바람직하다.

인텔리전트 빌딩에 있어서 부하설비로부터 전원설비에 요구되는 사항에 대한 검토항목 및 그 대책을 요약하면 표 10-6과 같다.

표 10-6 전원설비에 대한 검토항목과 대책

대책 / 검토항목	OA기기 전원용 전용화	배선 계통의 이중화	무정전 전원장치의 채용	무보수 기기의 채용	비상용 자가발전 설비의 채용	간선 샤프트의 이중화	부하근처에 2차 변전 설비 설치	고조파 대책 기기의 채용	전원설비 용량의 여유도	장래증설 가능공간 확보	증설용이 배선방식 채용
전원공급 신뢰도 향상	◎	◎	◎	○	○	○	△	−	△	−	−
무정전화		○	◎	○	△	○	△	−	−	−	−
방재대책	−	△	−	△	◎	○	−	−	−	−	−
전원 질 향상	○	−	◎	−	−	−	○	◎	△	−	−
전원의 유연성	−	−	−	−	−	−	△	−	○	◎	−
배선의 유연성	−	−	−	−	−	△	−	−	−	○	◎

[비고] ◎ 필수적으로 필요한 설비
○ 채용하는 것이 바람직하다.
△ 채용하여도 좋고 채용하지 않아도 된다.

(1) 부하설비 용량

일반빌딩과 인텔리전트 빌딩의 단위면적당 부하 설비용량 기준은 표 10-7과 같으며, IB 빌딩 등급 별로 분류된 부하밀도에 따라 적정한 추정용량을 산정하여야 한다.

표 10-7 단위면적당 부하설비용량

(단위 : VA/m^2)

빌딩 구분 / 부하설비	일반 빌딩	인텔리전트 빌딩
조명	25 ~ 30 VA	25 ~ 30 VA
전열(OA 포함)	5 ~ 15 VA	30 ~ 50 VA
냉방 동력	30 ~ 40 VA	40 ~ 50 VA
일반 동력	30 ~ 40 VA	30 ~ 40 VA

표 10-8은 인텔리전트화된 등급에 따라 자동화를 위한 전기설비용량 증가분을 나타낸 것이다. 사무자동화 시스템에서는 근거리통신망의 규모 확대에 따라 다기능 워크스테이션으로 모든 업무가 가능하도록 하는 종이 없는 사무실의 실현이 가능하도록 되어 있으므로 이를 고려한 부하설비 용량을 산정하여야 한다.

표 10-9는 국내 인텔리전트 빌딩 중에서 표준수준의 빌딩에 해당하는 빌딩의 부하밀도의 분석 자료이며, 단위면적당 전체 부하용량은 152 VA/m^2로 설계되어 있다.

표 10-8 자동화기기(OA) 가동률을 고려한 전기설비용량

자동화 보급 등급	자동화 제1단계		자동화 제2단계		자동화 제3단계	
	유효사무실 면적	건물 연면적	유효사무실 면적	건물 연면적	유효사무실 면적	건물 연면적
분전반 2차 배선 단독간선	37	26	51	36	81	57
복수층 간선 등	32	22	44	31	70	49
변압기 용량 등	27	19	37	26	58	41

단위 : OA기기 전원용량/면적 VA/m^2

표 10-9 IB 빌딩(표준수준)의 부하밀도

전체 부하분석	전체 부하용량		전체 면적	부하밀도
	22,594,700 VA		181,760 m^2	152 VA/m^2
조명설비	구 분	부하용량 VA	연면적 m^2	부하밀도 VA/m^2
	지 하 층	1,186,400	77,044	21
	20 층 동	1,128,300	42,810	26
	30 층 동	1,528,700	61,906	25
	전 체	3,843,400	181,760	21
OA 설비	구 분	부하용량 VA	연면적 m^2	부하밀도 VA/m^2
	UPS	923,000	94,876	10
	20 층 동	1,765,600	36,877	48
	30 층 동	2,548,900	57,999	44
	전 체	5,237,500	181,760	29
동력설비	구 분	부하용량 VA	연면적 m^2	부하밀도 VA/m^2
	지 하 층	6,544,800	77,044	85
	20 층 동	2,031,700	42,810	47
	30 층 동	2,603,900	61,906	42
	열 원	2,161,700	181,760	12
	빙 축 열	935,000	181,760	5
	소 방	1,736,700	181,760	10
	전 체	16,013,800	181,760	88

(2) 부하설비 수용률

표 10-10은 부하설비 종류별 수용률을 나타낸 것이며, 인텔리전트 빌딩에 있어서의 수용률은 이보다 10 % 정도 증가시켜 계획한다.

표 10-10 부하설비 종류별 수용률 기준

참고자료 \ 부하종류	전 등 %	전 열 %	일반동력 %	냉방동력 %
전설공업	70	20 ~ 40	65 ~ 85	70 ~ 85
전기설비기술 계산 핸드북	43.2 ~ 78.4	43.2 ~ 78.4	41 ~ 53.8	56.3 ~ 89.2

(3) 변압기 등의 설비용량

변압기 등의 설비용량의 선정은 건물규모, 부하설비용량, OA기기 등 설비계획을 파악한 뒤, 신뢰성, 기능성, 경제성을 충분히 검토하여 결정한다.

(4) 빌딩내 배전전압

우리나라 저압측 표준전압은 110 V, 220 V, 380 V로 되어 있으나, 부하의 종류, 용량, 설비장소, 경제성을 고려하여 선정한다.

(5) 배전방식

통신설비, OA기기 등의 부하는 공급전원의 전압변동, 주파수변동, 소음, 정전 및 순시전압저하 등의 영향을 받기 쉽다. 따라서 부하설비에 대한 배전방식의 선정에 있어서는 전압변동 및 소음 등의 영향, 다른 부하설비와의 공용을 피하고 전용선으로 배선하는 것이 바람직하다.

배선의 이상, 부하증설에 따른 배전선의 증설시에 있어서는 정전시간을 줄이기 위해서 중요한 설비, 기기에의 배전선은 2중화하는 것이 바람직하다.

배전방식을 전용선으로 하고 2중화하는 것에 의해 전원공급 신뢰도와 전원의 질향상을 꾀할 수 있고, 장래의 부하증설시에도 비교적 쉽게 대응할 수 있다. 또한 부하의 증설은 수변전설비 기기의 변경, 증설에 따른 경우와 정전이 필요로 하는 경우도 있기 때문에 계획단계에서 대응방법을 검토해야 된다.

(6) 수전방식

전원공급의 신뢰성을 한층 향상시키기 위해서 수전방식을 2중화하여 상용・예비 2회선 수전 방식으로 한다.

(7) 각종기술 계산방식 및 적용방식의 재검토

각종 간선의 굵기나 변압기 용량산정 등의 방법에서 고조파 등의 새로운 문제점으로 기존에 적용하던 계산방식에서 문제가 발생할 수 있으므로 이러한 점을 별도로 고려하여야 한다.

정류기 부하로부터 발생하는 고주파전류에 의해 발전기가 과열되거나 제어계통이 잘못 작동할 수 있다. 따라서 발전기 용량 산출시 역상부하용량과 고주파 부하용량을 산출하여 용량을 선정하는 것이 중요하다. 특히 무정전 전원장치는 정류기 부하로 구성되기 때문에 용량이 크게 되면 전원 측에 대한 고주파 전류의 영향이 커서 계통구성 기기의 과열, 오작동 및 유도장해를 일으키는 원인이 된다. 따라서 정류회로의 다상화, 교류필터설치, 고주파 저감장치 내장기기 채용 등의 대책이 필요하다.

(8) 무정전화를 고려한 고신뢰도 전원시스템의 구성 예

그림 10-7은 인텔리전트 빌딩의 수전단선도 예를 나타낸 것이며, 전원설비의 무정전화를 도모하기 위한 고신뢰도 전원시스템을 계획할 경우의 유의점과 구체적 구성 예를 들면 다음과 같다.

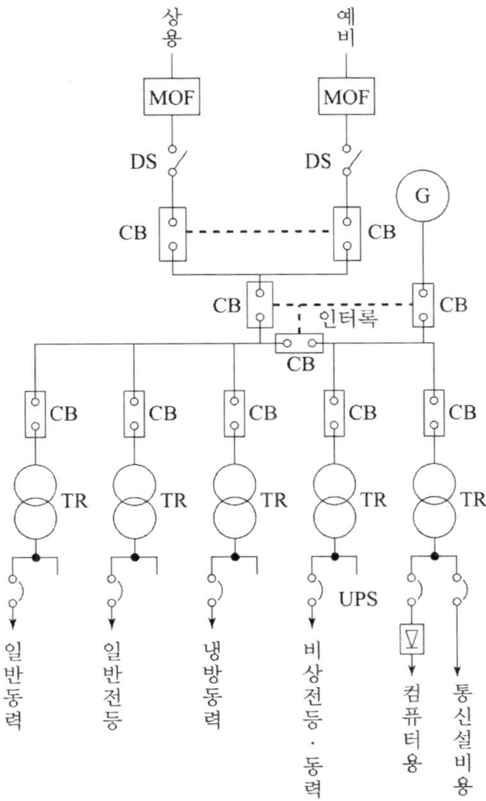

그림 10-7 인텔리전트 빌딩의 수전단선도

① 수전방식은 상용・예비 2회선 수전으로 한다.
② PCT는 1PCT 바이패스로 한다.
③ 특고압 변압기는 2대로 하고, 1차 개폐기는 차단기를 채용한다.
④ 모선은 2계통으로 하고, 모선 연락차단기를 2대 직렬로 한다.
⑤ 비상용 발전기는 2대 이상으로 하고, 분할된 모선 각각에 접속한다.
⑥ 저압 간선은 이중화한다.
⑦ 부하의 용도별로 전력공급을 구분하고 순간 정전도 허용되지 않는 부하에 대해서는 UPS를 설치한다.

10-3-2 간선설비 계획

(1) 인텔리전트 빌딩의 간선설비 계획시 고려사항

① OA 기기 증설에 대해 쉽게 대응되는 샤프트 스페이스(EPS) 및 간선케이블을 선정하고, 정전범위를 최소한으로 하기 위한 배전방식을 채용한다.
② 샤프트로부터 사무실 내의 배선을 간단한 구조로 하고, 아울러 방재대책도 고려한 구조로 한다.
③ 중요부하에 대한 배선계통의 2중화를 고려한다.
④ 간선설비에 대한 전압강하 저감책을 도모한다.
⑤ 종샤프트를 2중화하여 방재대책과 공급의 안정을 도모한다.

(2) 분기회로

1) 분기 배선방식

사무실 내의 분기 배선방식 결정에 있어서 검토되어야 할 사항은 다음과 같다.

① 장래증설이 쉬울 것
② 신뢰성 높은 방식일 것
③ 쾌적한 사무실 내가 확보되어질 것

위의 조건에 적합한 배선방식으로 이중바닥 배선방식, 셀룰러덕트 배선방식 등 각종 배선방식이 사용되고 있는데, 방식 결정에 있어서는 성능・특징을 충분히 검토하여 경제적인 것을 선정한다.

2) 분전반

① 분전반의 설치장소

일반적으로 샤프트 내에 설치하는 것을 원칙으로 하지만 부하가 집중하고 있는 컴퓨터 전용실등의 경우는 실내에 설치하는 경우도 있다. 설치위치는 관련기기의 레이아웃을 검토하여 결정한다.

② 분전반의 구조

보통 사무실 인원의 이동, OA기기의 증설 등으로 인한 배선 변경시 정전이 발생하지 않도록 한다. 이를 위해서 분전반의 입출력 단자부를 배선의 증설, 모양 교체가 쉽게 될 수 있는 배선 구조로 하는 것이 바람직하다.

③ 분전반의 전용화

컴퓨터용, OA 기기용 분전반은 조명용과 분전반을 공용하는가 또는 전용하는가와 증설비 변경의 용이성, 빌딩 내 간선배전방식 등에 의해 결정한다. 컴퓨터 및 관련 기기용은 전용으로 하는 것이 바람직하다.

10-3-3 배선방식

사무자동화 기기의 사용이 급증함에 따라 OA 기기용 배선이 다량 복잡화되고 있으며, 더욱이 각종 단말기기가 사무실에 도입됨으로써 전력선, 전화선, 통신선, 제어선 등의 배선량이 증가함에 따라 천장이나 바닥을 배선에 필요한 공간으로 이용하고 있다.

배선의 수납방식은 배선루트를 수납하는 장소에 따라 바닥위, 바닥내, 천장 등으로 구분하고 있으며, 배선방식 결정에는 건물의 용도 및 구조적 조건, 사무실 배치, OA 기기의 배치 및 설치밀도, 경제성, 기능성, 안전성, 신뢰성, 쾌적성, 시공성 등을 고려하여야 한다.

(1) 배선의 종류

1) 전화용 배선

전화국으로부터 케이블을 빌딩 내의 전화교환기에 접속시킨다. 여기에서 구내 케이블을 각 층의 단자반에 접속시키고 각 층에서는 단자반으로부터 PVC 옥내선 또는 UTP(unshield twisted paircable) 케이블로 전화기, 팩시밀리 등에 접속시킨다.

2) OA용 배선

호스트 컴퓨터로부터 각 단말기까지 배선하는 방법과 노드장치간을 연결한 LAN을 도입하여, 노드장치로부터 각 단말기까지 배선하는 2가지 방법이 있다.

3) 전원용 배선

수변전설비로부터 각 EPS실에 설치된 분전반까지 케이블이나 버스덕트에 의해 접속되고 분전반으로부터 각 콘센트까지 배선된다. 전원으로는 무정전 전원장치로부터 공급하는 것이 바람직하다.

(2) 배선의 수납방식

1) 간이 이중 바닥방식

슬라브 위에 높이 150~300 mm 정도의 간이 이중바닥(free access floor)을 만들어 배선로를 구성하는 방식이며, 배선경로의 변경이 용이하고 배선수용력이 크며, 많은 케이블을 쉽게 포설할 수 있는 반면에 비교적 시설 단가가 높다.

이 방식은 임대사무실과 같이 배선의 변경 빈도가 잦은 경우 또는 OA 기기가 집중되어 배선이 복잡한 사무실에 적용이 가능하다.

2) 언더카펫 방식

절연된 Flat Cable을 Tile Carpet 아래에 부설하는 방식으로 배선의 증설, 배선루트의 변경, 배선의 인출 등이 용이하며, 특별히 배선용 공간을 필요치 않으므로 기설 건물에도 설치 가능하고, 천장고가 낮은 건물이나 배선의 변경빈도가 잦은 경우에 적용된다. 그림 10-8은 언더카펫 배선시스템의 예를 나타낸 것이다.

3) 셀룰러덕트 방식

일반 철골구조의 건물에서 Deckplate 구부에 특수커버를 장착하여 배선로를 구성하는 방식이며, 이 방식은 배선수용량이 매우 커서 배선의 증설이 용이하고, 덕트 배치 및 셀룰러 형식의 대형 사무소 건물에 적당하다. 그러나 Deckplate의 구조에 대한 검토가 요구되며, 셀룰러의 구성법에 따라 시설비에 많은 영향을 준다. 그림 10-9는 셀룰러덕트 배선시스템의 예를 나타낸 것이다.

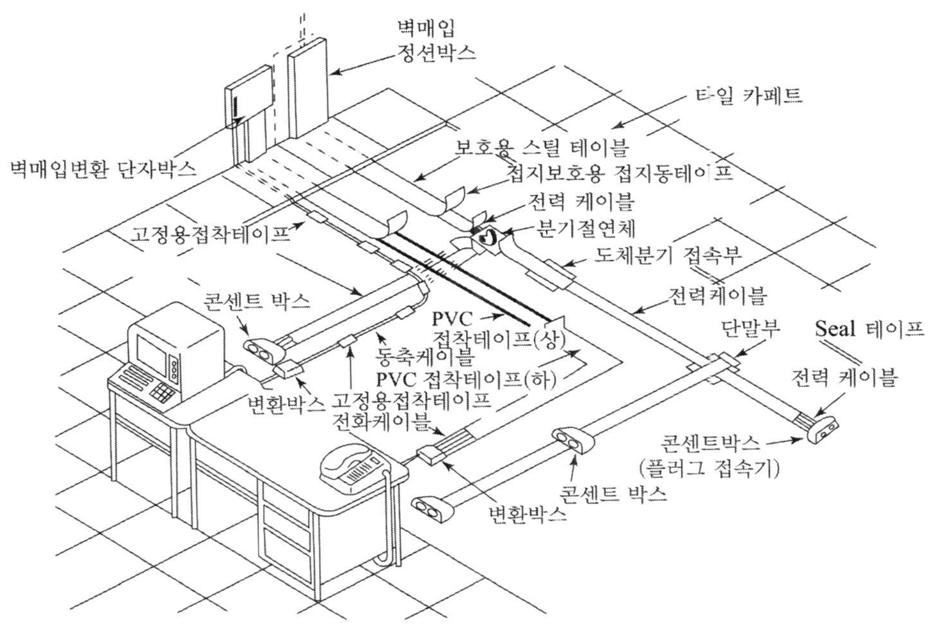

그림 10-8 언더카펫 배선 시스템의 예

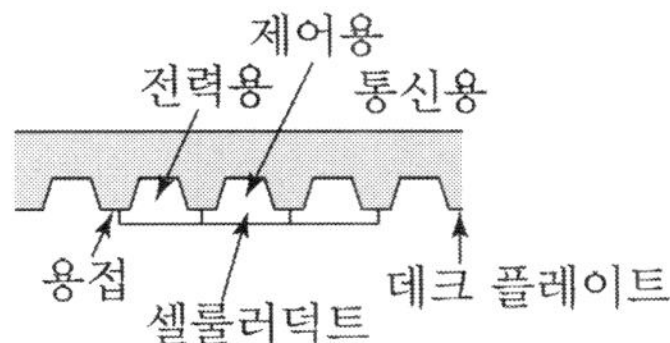

그림 10-9 셀룰러덕트 배선 시스템의 예

10-3-4 조명설비 계획

일반사무실의 조명과는 달리, OA 사무기기를 사용하는 작업공간에 있어서는 시작업 대상면이 책상 위의 수평면과 CRT(Cathode-ray Tube) 화면의 연직면으로 구분하여 이루어지며, 작업 대상면이 항상 세밀한 움직임을 보이고 있는 점과 조작부나 표시부에 광택이 생기는 점, 그리고 실내에서 다양한 성질의 시작업이 동시에 이루어지며 사람의 이동이 잦다는 점 등과 같은 CRT 주변의 환경요소로 인하여 사무능률을 저하시키는 요인이 되고 있다.

따라서, 일반사무작업과 CRT 작업이 동시에 이루어지는 경우 OA 기기 사용에 적합한 조명 시환경의 확보를 위해서 다음과 같은 조명요건을 고려함이 바람직하다.

(1) CRT상의 눈부심제어

시야 내에 극단적으로 휘도가 높은 광원이 있을 경우 과대한 휘도대비가 있을 때에는 불쾌감을 느끼게 되거나 시각의 저하를 일으키게 되는데, 이러한 현상을 글레어(눈부심)라고 한다. 이와 같은 눈부심 현상은 OA 사무실에 있어서 CRT 작업의 효율을 크게 저하시키는 요인으로서 그림 10-10과 같이 시선으로부터 30도 이내의 시야에서 생기기 쉽고, 광원의 휘도가 높을수록 또는 시선에 가깝게 눈에 들어오는 글레어 상(像)이 클수록 글레어의 영향을 많이 받게 되며, 이로 인하여 불쾌감이나 눈의 피로를 가져오게 된다.

따라서, 천장면에 설치하는 조명기구로는 간접조명기구나 루바가 달린 매입형 조명기구를 사용하여 눈부심현상을 방지하여야 하며, 아울러 창문에는 커텐이나 블라인드를 설치하여 외부로부터의 채광을 조절한다.

참고로 표 10-11은 외국의 조명기준과 CRT상의 눈부심 제어요건을 나타낸 것이다.

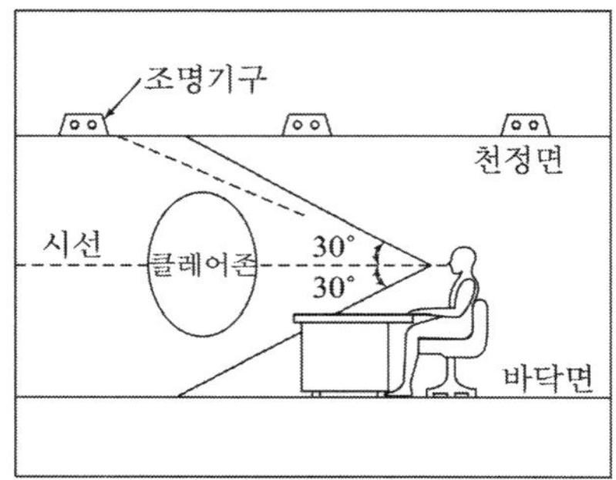

그림 10-10 글레어 존

표 10-11 CRT 작업실의 조명기준

(단위 : lux)

항목 \ 나라별	일본조명학회	국제조명위원회 기술보고서	미국 ANSI 초안
CRT 화면의 연직면 조도	100 ~ 500	100 ~ 200	50 ~ 75 ~ 100
키보드와 원고면의 수평면 조도	1) 300 ~ 500 ~ 750 2) 500 ~ 750 ~ 1000 3) 750 ~ 1000 ~ 1500	500 ~ 1000	200 ~ 300 ~ 500
CRT 화면상의 눈부심제어	• 고휘도의 조명기구, 채광창 및 점멸하는 광원이 없어야 한다. • 저휘도형 조명기구를 사용한다. • 간접조명을 채용한다.	• 네거티브 컨트라스트 모드의 CRT 화면사용 • 조명기구의 차광각은 35~45도를 유지 • CRT 화면은 눈의 위치보다 아래에 둔다.	• 조도조정을 위해 점멸, 조광이 가능 • 간접조명을 채용 • 광막반사가 생기지 않을 것

(2) 조명방식

일반사무실의 사무작업에 있어서는 일정한 조명의 질을 유지하면서 작업면 조도를 높이면 높일수록 시대상물은 보기 쉽고 시작업 효율도 향상된다. 그러나 CRT 작업에서는 키보드나 원고면과 같이 조도를 높일수록 보기 쉬운 대상면이 있는 반면에 으히려 조도를 높임으로써 눈부심 현상이 생겨 CRT화면에 표시되는 문자나 도형을 보는 데 나쁜 영향을 주기도 한다. 따라서 키보드나 인력용 원고면에 대한 조도와 CRT 화면상의 조도를 구별하여 적절한 조명방식을 채용할 필요가 있다.

OA 사무실에 적합한 조명방식으로는 전반조명방식, 간접조명방식, 전반국부병용 조명방식(task and ambient lighting : TAL), 간접조명과 타스크조명 병용방식 등이 있으며, 최근 TAL 방식의 조명이 주목되고 있다. 그림 10-11은 OA화 사무실의 조명방식을 나타낸 것이다.

TAL 방식은 작업대상면만의 조명(국부조명)과 실내 전체의 조명(전반조명)으로 구분하여 작업면의 필요조도는 국부조명에 의존하고, 주위공간은 전반조명방식을 취하여 주위의 콘트라스트를 조화되게 하는 방식이다. 이 방식은 전반조명을 필요 최소한도로 줄이면서 국부적인 조명(Task 조명)에 의해 작업면 조도를 확보한다.

대체로 타스크 조명은 개인 책상의 낮은 파티션에 기구를 부착하며, 전반(Ambient) 조명으로는 천장에 조명기구를 설치하는 방식, 타스크 조명기구와 함께 천장조명(전반조명)을 위해 상방광속을 얻는 방식, HID 램프를 이용한 간접조명방식 등 여러 가지의 방식이 있다.

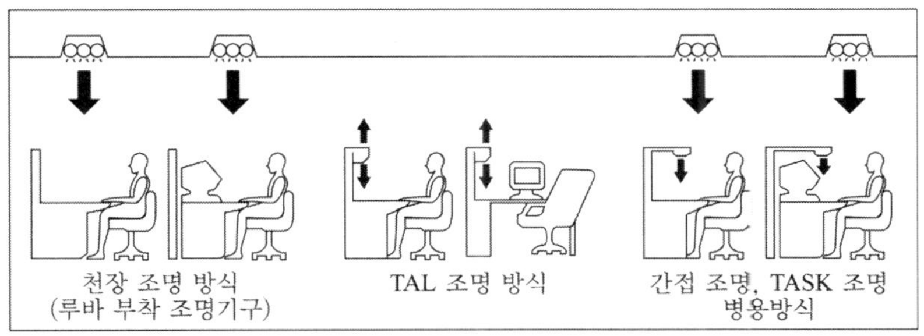

그림 10-11 OA화 사무실의 조명방식

Chapter

연습문제

e x e r c i s e

01 인텔리전트 빌딩 시스템의 구성개요를 간단히 서술하시오.

02 인텔리전트 빌딩에서는 OA 부하가 기존의 일반빌딩에 비하여 매우 증가하고 있는 것으로 지적되고 있다. 정보처리의 자동화 단계별로 건물 연면적을 기준으로 하여 부하밀도를 작성하시오.

03 인텔리전트 빌딩의 적용 등급을 구분하고 설명하시오.

04 OA화 사무실에 적합한 조명방식을 아는 대로 설명하시오.

05 OA화 사무실에 적합한 배선방식을 아는 대로 설명하시오.

부록1 전기설비 기호

1. 적용 범위

이 규격은 일반 옥내 배선에서 전등·전력·통신·신호·재해방지·피뢰설비 등의 배선, 기기 및 그들의 부착 위치, 부착 방법을 표시하는 도면에 사용하는 그림기호에 대하여 규정한다.

2. 배선

2-1 일반 배선(배관·덕트·금속선 홈통 등을 포함한다.)

명 칭	그림기호	적 요
천장 은폐 배선	────	① 천장 은폐 배선 중 천장 속의 배선을 구별하는 경우는 천장 속의 배선에 ─·─·─ 를 사용하여도 좋다.
바닥 은폐 배선	─ ─ ─ ─	② 노출 배선 중 바닥면 노출 배선을 구별하는 경우는 바닥면 노출 배선에 ─··─··─ 를 사용하여도 좋다.
노출 배선	··········	③ 전선의 종류를 표시할 필요가 있는 경우는 기호를 기입한다. [보기] • 600 V 비닐 절연 전선 : IV • 600 V 2종 비닐 절연 전선 : HIV • 가교 폴리에틸렌 절연 비닐 시스 케이블 : CV • 600 V 비닐 절연 비닐 시스 케이블(평형) : VVF • 내화 케이블 FP • 내열전선 HP • 통신용 PVC 옥내선 TIV ④ 절연 전선의 굵기 및 전선수는 다음과 같이 기입한다. 단위가 명백한 경우는 단위를 생략하여도 좋다. [보기] ─///─ 2.5 ─//─ 4 ─//─ 6 mm² ─///─ 10 숫자 방기의 보기 : $\frac{\overline{2.5\times3}}{6\times1}$ 다만, 시방서 등에 전선의 굵기 및 전선수가 명백한 경우는 기입하지 않아도 좋다. ⑤ 케이블의 굵기 및 선심수(또는 쌍수)는 다음과 같이 기입하고 필요에 따라 전압을 기입한다. [보기] 1.6 mm 3심인 경우 $\overline{2.5-3C}$ 0.5 mm 100쌍인 경우 $\overline{0.5-100P}$

명 칭	그림기호	적 요
		다만, 시방서 등에 케이블의 굵기 및 선심수가 명백한 경우는 기입하지 않아도 좋다. ⑥ 전선의 접속점은 다음에 따른다. ⑦ 배관은 다음과 같이 표시한다. 2.5(19) 강제 전선관의 경우 2.5(VE16) 경질 비닐 전선관인 경우 2.5($F_2$16) 2종 금속제 가요 전선관인 경우 2.5(PF16) 합성수지제 가요관인 경우 (19) 전선이 들어 있지 않은 경우 다만, 시방서 등에 명백한 경우는 기입하지 않아도 좋다. ⑧ 플로어 덕트의 표시는 다음과 같다. [보기] (F7) (FC6) 정크션 박스를 표시하는 경우는 다음과 같다. ⑨ 금속 덕트의 표시는 다음과 같다. MD ⑩ 금속선 홈통의 표시는 다음과 같다. 1종 MM_1 2종 MM_2 ⑪ 라이팅 덕트의 표시는 다음과 같다. LD LD □는 피드인 박스를 표시한다. 필요에 따라 전압, 극수, 용량을 기입한다. [보기] LD125 V 2P 15 A ⑫ 접지선의 표시는 다음과 같다. [보기] E2.0 ⑬ 접지선과 배선을 동일관 내에 넣는 경우는 다음과 같다. [보기] 4(25) E 6 다만, 접지선의 표시 E가 명백한 경우는 기입하지 않아도 좋다. ⑭ 케이블의 방화구획 관통부는 다음과 같이 표시한다. ⑮ 정원등 등에 사용하는 지중매설 배선은 다음과 같다. ⑯ 옥외배선은 옥내배선의 그림기호를 준용한다. ⑰ 구별을 필요로 하지 않는 경우는 실선만으로 표시하여도 좋다. ⑱ 건축도의 선과 명확히 구별한다.
상승 인하 소통		① 동일층의 상승, 인하는 특별히 표기하지 않는다. ② 관, 선 등의 굵기를 명기한다. 다만, 명백한 경우는 기입하지 않아도 좋다. ③ 필요에 따라 공사 종별을 방기한다.

명 칭	그림기호	적 요
		④ 케이블의 방화구획 관통부는 다음과 같이 표시한다. 상승 인하 소통
풀 박스 및 접속상자	⊠	① 재료의 종류, 치수를 표시한다. ② 박스의 대·소 및 모양에 따라 표시한다.
VVF용 조인트 박스		단자 붙이임을 표시하는 경우는 t를 방기한다. t
접지 단자		의료용인 것은 H를 방기한다.
접지 센터	EC	의료용인 것은 H를 방기한다.
접지극	⏚	필요에 따라 재료의 종류, 크기, 필요한 접지 저항값 등을 방기한다.
수전점		인입구에 이것을 적용하여도 좋다.
점검구		

2-2 버스 덕트

명 칭	그림기호	적 요
버스 덕트		① 필요에 따라 다음 사항을 표시한다. a. 피드 버스 덕트 FBD 플러그인 버스 덕트 PBD 트롤리 버스 덕트 TBD b. 방수형인 경우는 WP c. 전기방식, 정격 전압, 정격 전류 [보기] : FBD3ϕ 3 W 300 V 600 A ② 익스팬션을 표시하는 경우는 다음과 같다. ③ 오프셋을 표시하는 경우는 다음과 같다. ④ 탭붙이를 표시하는 경우는 다음과 같다. ⑤ 상승, 인하를 표시하는 경우는 다음과 같다. 상승 인하 ⑥ 필요에 따라 정격 전류에 의해 나비를 바꾸어 표시하여도 좋다.

2-3 합성수지선 홈통

명 칭	그림기호	적 요
합성수지선 홈통		① 필요에 따라 전선의 종류, 굵기, 가닥수, 선홈통의 크기 등을 기입한다. [보기] : Ⅳ 16×4(PR35×18) (PR35×18) 전선이 들어 있지 않은 경우 ② 회선수를 다음과 같이 표시하여도 좋다. [보기] : 2회선인 경우 ③ 그림기호 는 PR 로 표시하여도 좋다. ④ 조인트 박스를 표시하는 경우는 다음과 같다. J ⑤ 콘센트를 표시하는 경우는 다음과 같다. ⑥ 점멸기를 표시하는 경우는 다음과 같다. ⑦ 걸림 로제트를 표시하는 경우는 다음과 같다.

2-4 증설

동일 도면에서 증설·기설을 표시하는 경우 증설은 굵은 선, 기설은 가는 선 또는 점선으로 한다. 또한, 증설은 적색, 기설은 흑색 또는 청색으로 하여도 좋다.

2-5 철거

철거인 경우는 ×를 붙인다.

보기 : ×××⊗×××

3. 기기

명 칭	그림기호	적 용
전동기	Ⓜ	필요에 따라 전기방식, 전압, 용량을 방기한다. [보기] Ⓜ 3ϕ200V 3.7kW
콘덴서	⏚	전동기의 적요를 준용한다.
전열기	Ⓗ	전동기의 적요를 준용한다.
환기팬(선풍기 포함)	∞	필요에 따라 종류 및 크기를 방기한다.

명 칭	그림기호	적 용
룸 에어컨	RC	① 옥외 유닛에는 0을, 옥내 유닛에는 1을 방기한다. RC_0 RC_1 ② 필요에 따라 전동기, 전열기의 전기방식, 전압, 용량 등을 방기한다.
소형 변압기	Ⓣ	① 필요에 따라 용량, 2차 전압을 방기한다. ② 필요에 따라 벨 변압기는 B, 리모콘 변압기는 R, 네온 변압기는 N, 형광등용 안정기는 F, HID 등 (고효율 방전등)용 안정기는 H를 방기한다. $Ⓣ_B$ $Ⓣ_R$ $Ⓣ_N$ $Ⓣ_F$ $Ⓣ_H$ ③ 형광등용 안정기 및 HID 등용 안정기로서 기구에 넣는 것은 표시하지 않는다.
정류 장치	▶|	필요에 따라 종류, 용량, 전압 등을 방기한다.
축전지	⊣⊢	필요에 따라 종류, 용량, 전압 등을 방기한다.
발전기	Ⓖ	전동기의 적요를 준용한다.

4. 전등·전력

4-1 조명 기구

명 칭	그림기호	적 용
일반용 조명 백열등 HID 등	○	① 벽 붙이는 벽 옆을 칠한다. ◐ ② 기구 종류를 표시하는 경우는 ○ 안이나 또는 방기로 글자명, 숫자 등의 문자기호를 기입하고 도면의 비고 등에 표시한다. [보기] ㉯ $○_{나}$ ① $○_1$ Ⓐ $○_A$ 등 같은 방에 같은 기구를 여러 개 시설하는 경우는 통합하여 문자기호와 기구수를 기입하여도 좋다. ③ ②에 따르기 어려운 경우는 다음 보기에 따른다. 걸림 로제트만 ◎ 팬던트 ⊖ 실링·직접 부착 (CL) 샹들리에 (CH) 매입기구 (DL) (◎로 하여도 좋다.) ④ 용량을 표시하는 경우는 와트 수(W)×램프 수로 표시한다. [보기] 100 200×3 ⑤ 옥외등은 ⊗로 하여도 좋다. ⑥ HID등의 종류를 표시하는 경우는 용량 앞에 다음 기호를 붙인다.

명 칭	그림기호	적 용
		수은등 H 메탈 핼라이드등 M 나트륨등 N [보기] H400
형광등		① 그림기호 는 로 표시하여도 좋다. ② 벽 붙이는 벽 옆을 칠한다. 가로 붙이인 경우 : 세로 붙이인 경우 : ③ 기구 종류를 표시하는 경우는 안이나 또는 방기로 글자명, 숫자 등의 문자기호를 기입하고 도면의 비고 등에 표시한다. [보기] 나 나 1 1 A A 등 같은 방에 같은 기구를 여러 개 시설하는 경우는 통합하여 문자기호와 기구수를 기입하여도 좋다. 또한, 여기에 따르기 어려운 경우는 일반용 조명 백열등, HID등의 적용 ③을 준용한다. ④ 용량을 표시하는 경우는 램프의 크기(형)×램프 수로 표시한다. 또, 용량 앞에 F를 붙인다. [보기] F40 F40 × 2 ⑤ 용량 외에 기구수를 표시하는 경우는 "램프의 크기(형)×램프수 – 기구수"로 표시한다. [보기] F40 – 2 F40 × 2 – 3 ⑥ 기구내 배선의 연결방법을 표시하는 경우는 다음과 같다. [보기] F40-2 F40-3 ⑦ 기구의 대소 및 모양에 따라 표시하여도 좋다. [보기]
비상용 조명 (건축기준법에 따르는 것) 백열등		① 일반용 조명 백열등의 적요를 준용한다. 다만, 기구의 종류를 표시하는 경우는 방기한다. ② 일반용 조명 형광등에 조립하는 경우는 다음과 같다.
형광등		① 일반용 조명 백열등의 적요를 준용한다. 다만, 기구의 종류를 표시하는 경우는 방기한다. ② 계단에 설치하는 통로 유도등과 겸용인 것은 로 한다.
유도등 (소방법에 따르는 것) 백열등		① 일반용 조명 백열등의 적요를 준용한다. ② 객석 유도등인 경우는 필요에 따라 S를 방기한다. S
형광등		① 일반용 조명 백열등의 적요를 준용한다. ② 기구의 종류를 표시하는 경우는 방기한다. [보기] 중 ③ 통로 유도등인 경우는 필요에 따라 화살표를 기입한다. [보기] ④ 계단에 설치하는 비상용 조명과 겸용인 것은 로 한다.

명 칭	그림기호	적 용
불멸 또는 비상용등 (건축기준법, 소방법에 따르지 않는 것) 백열등	⊗	① 벽 붙이는 벽 옆을 칠한다. ② 일반용 조명 백열등의 적요를 준용한다. 다만, 기구의 종류를 표시하는 경우는 방기한다.
형광등		① 벽 붙이는 벽 옆을 칠한다. ② 일반용 조명 형광등의 적요를 준용한다. 다만, 기구의 종류를 표시하는 경우는 방기한다.

4-2 콘센트

명 칭	그림기호	적 용
콘센트		① 그림기호는 벽붙이를 표시하고 옆벽을 칠한다. ② 그림기호 는 로 표시하여도 좋다. ③ 천장에 부착하는 경우는 다음과 같다. ④ 바닥에 부착하는 경우는 다음과 같다. ⑤ 용량의 표시방법은 다음과 같다. ㉠ 15 A는 방기하지 않는다. ㉡ 20 A 이상은 암페어 수를 방기한다. [보기] 20A ⑥ 2구 이상인 경우는 극수를 방기한다. [보기] 2 ⑦ 3극 이상인 것은 극수를 방기한다. [보기] 3P ⑧ 종류를 표기하는 경우는 다음과 같다. 빠짐 방지형 LK 걸림형 T 접지극붙이 E 접지단자붙이 ET 누전 차단기붙이 EL ⑨ 방수형은 WP를 방기한다. WP ⑩ 방폭형은 EX를 방기한다. EX ⑪ 타이머 붙이, 덮개 붙이 등 특수한 것은 방기한다. ⑫ 의료용은 H를 방기한다. H ⑬ 전원 종별을 명확히 하고 싶은 경우는 그 뜻을 방기한다.

명 칭	그림기호	적 용
비상 콘센트 (소방법에 따르는 것)	⊙⊙	

4-3 점멸기

명 칭	그림기호	적 용
점멸기	●	① 용량의 표시방법은 다음과 같다. ㉠ 10 A는 방기하지 않는다. ㉡ 15 A 이상은 전류값을 방기한다. [보기] ●15A ② 극수의 표시방법은 다음과 같다. ㉠ 단극은 방기하지 않는다. ㉡ 2극 또는 3로, 4로는 각각 2P 또는 3, 4의 숫자를 방기한다. [보기] ●2P ●3 ③ 플라스틱은 P를 방기한다. ●P ④ 파일럿 램프를 내장하는 것은 L을 방기한다. ●L ⑤ 따로 놓여진 파일럿 램프는 ○로 표시한다. [보기] ○● ⑥ 방수형은 WP를 방기한다. ●WP ⑦ 방폭형은 EX를 방기한다. ●EX ⑧ 타이머 붙이는 T를 방기한다. ●T ⑨ 지동형, 덮개 붙이 등 특수한 것은 방기한다. ⑩ 옥외등 등에 사용하는 자동 점멸기는 A 및 용량을 방기한다. [보기] ●A(3A)
조광기	↗●	용량을 표시하는 경우는 방기한다. [보기] ↗●15A
리모콘 스위치	●R	① 파일럿 램프 붙이는 ○을 병기한다. [보기] ○●R ② 리모콘 스위치임이 명백한 경우는 R을 생략하여도 좋다.
실렉터 스위치	⊗	① 점멸 회로수를 방기한다. [보기] ⊗9 ② 파일럿 램프 붙이는 L을 방기한다. [보기] ⊗9L
리모콘 릴레이	▲	리모콘 릴레이를 집합하여 부착하는 경우는 ▲▲▲ 를 사용하고 릴레이 수를 방기한다. [보기] ▲▲▲ 10

4-4 개폐기 및 계기

명 칭	그림기호	적 용
개폐기	S	① 상자들이인 경우는 상자의 재질 등을 방기한다. ② 극수, 정격전류, 퓨즈 정격전류 등을 방기한다. [보기] S 2P30A f15A ③ 전류계 붙이는 Ⓢ를 사용하고 전류계의 정격전류를 방기한다. [보기] Ⓢ 3P30A f15A A5
배선용 차단기	B	① 상자들이인 경우는 상자의 재질 등을 방기한다. ② 극수, 프레임의 크기, 정격전류 등을 방기한다. [보기] B 3P 225AF 150A ③ 모터 브레이커를 표시하는 경우는 B를 사용한다. ④ B를 S_{MCB}로서 표시하여도 좋다.
누전 차단기	E	① 상자들이인 경우는 상자의 재질 등을 방기한다. ② 과전류 소자 붙이는 극수, 프레임의 크기, 정격전류, 정격감도전류 등 과전류 소자 없음은 극수, 정격전류, 정격감도전류 등을 방기한다. 과전류 소자 붙이의 보기 : E 2P 30AF 15A 30mA 과전류 소자 없음의 보기 : E 2P 15A 30mA ③ 과전류 소자 붙이는 BE를 사용하여도 좋다. ④ E를 S_{ELB}로 표시하여도 좋다.
전자 개폐기용 누름버튼	$⦿_{\text{B}}$	텀블러형 등인 경우도 이것을 사용한다. 파일럿 램프 붙이인 경우는 L을 방기한다.
압력 스위치	$⦿_{\text{P}}$	
플로트 스위치	$⦿_{\text{F}}$	
플로트리스 스위치 전극	$⦿_{\text{LF}}$	전극수를 방기한다. [보기] $⦿_{\text{LF3}}$
타임 스위치	TS	
전력량계	(Wh)	① 필요에 따라 전기방식, 전압, 전류 등을 방기한다. ② 그림기호 (Wh)는 (WH)로 표시하여도 좋다.
전력량계(상자들이 또는 후드붙이)	Wh	① 전력량계의 적요를 준용한다. ② 집합 계기상자에 넣는 경우는 전력량계의 수를 방기한다. [보기] Wh_{12}
변류기(상자들이)	CT	필요에 따라 전류를 방기한다.
전류 제한기	(L)	① 필요에 따라 전류를 방기한다. ② 상자들이인 경우는 그 뜻을 방기한다.

명 칭	그림기호	적 용
누전 경보기	⊛G	필요에 따라 종류를 방기한다.
누전 화재 경보기 (소방법에 따르는 것)	⊛F	필요에 따라 급별을 방기한다.
지진 감지기	(EQ)	필요에 따라 작동특성을 방기한다. [보기] (EQ)100 170 cm/s² (EQ)100 170 Gal

4-5 배전반 · 분전반 · 제어반

명 칭	그림기호	적 용
배전반, 분전반 및 제어반	▭	① 종류를 구별하는 경우는 다음과 같다. 배전반 ⊠ 분전반 ◪ 제어반 ⧓ ② 직류용은 그 뜻을 방기한다. ③ 재해방지 전원 회로용 배전반 등인 경우는 2중 틀로 하고 필요에 따라 종별을 방기한다. [보기] ⊠ 1종 ◪ 2종

5. 통신 · 신호

5-1 전화

명 칭	그림기호	적 용
내선 전화기	(T)	버튼 전화기를 구별하는 경우는 BT를 방기한다. (T)BT
가입 전화기	◎(T)	
공중 전화기	(PT)	
팩시밀리	MF	
전환기	[○]	양쪽을 끊는 전환기인 경우는 다음과 같다. [⏀]
보안기	[◘]	집합 보안기인 경우는 다음과 같이 표시하고 개수(실장/용량)를 방기한다. [보기] [◘◘] $\frac{5}{3}$
단자반	[—]	① 대수(실장/용량)을 방기한다. [보기] [—] $\frac{30P}{40P}$ ② 전화 이외의 단자반에도 이것을 적용한다.

명 칭	그림기호	적 용
단자반		③ 중간 단자반, 주 단자반, 국선용 단자반을 구별하는 경우는 다음과 같다. 중간 단자반 주 단자반 국선용 단자반
본 배선반	MDF	
교환기		
버튼 전화 주장치		형식을 기입한다. [보기] 206
전화용 아우트렛		① 벽붙이는 벽옆을 칠한다. ② 바닥에 설치하는 경우는 다음에 따라도 좋다.

5-2 경보 · 호출 · 표시장치

명 칭	그림기호	적 용
누름버튼		① 벽붙이는 벽옆을 칠한다. ② 2개 이상인 경우는 버튼 수를 방기한다. [보기] $_3$ ③ 간호부 호출용은 $_N$ 또는 N 으로 한다. ④ 복귀용은 다음에 따른다.
손잡이 누름버튼		간호부 호출용은 $_N$ 또는 Ⓝ로 한다.
벨		경보용, 시보용을 구별하는 경우는 다음과 같다. 경보용 : A 시보용 : T
버저		경보용, 시보용을 구별하는 경우는 다음과 같다. 경보용 : A 시보용 : T
차임		
경보 수신반		
간호부 호출용 수신반	NC	창수를 방기한다. [보기] NC $_{10}$
표시기(반)		창수를 방기한다. [보기] $_{10}$
표시 스위치(발신기)		표시 스위치 반은 다음에 따라 표시하고 스위치 수를 방기한다. [보기] $_{10}$
표시등		벽붙이는 벽옆을 칠한다.

5-3 전기시계 설비

명 칭	그림기호	적 용
자 시 계		① 모양, 종류 등을 표시하는 경우는 그 뜻을 방기한다. ② 아우트렛만인 경우는 로 한다. ③ 스피커 붙이 자시계는 다음과 같이 표시한다.
시보 자시계		자시계의 적요를 준용한다.
부시계		시계 감시반에 부시계를 조립한 경우는 로 한다.

5-4 확성 장치 및 인터폰

명 칭	그림기호	적 용
스피커		① 벽붙이는 벽옆을 칠한다. ② 모양, 종류를 표시하는 경우는 그 뜻을 방기한다. ③ 소방용 설비 등에 사용하는 것은 필요에 따라 F를 방기한다. ④ 아우트렛만인 경우는 다음과 같다. ⑤ 방향을 표시하는 경우는 다음과 같다. ⑥ 폰형 스피커를 구별하는 경우는 다음과 같다.
잭	J	종별을 표시할 때는 방기한다. 마이크로폰용 잭 J_M 스피커용 잭 J_S
감쇠기		
라디오 안테나	T_R	
전화기형 인터폰(부)	t	
전화기형 인터폰(자)	t	
스피커형 인터폰(부)		
스피커형 인터폰(자)		간호부 호출용으로 사용하는 경우는 N을 방기한다.
증폭기	AMP	소방용 설비 등에 사용하는 것은 필요에 따라 F를 방기한다.
원격 조작기	RM	소방용 설비 등에 사용하는 것은 필요에 따라 F를 방기한다.

5-5 텔레비전

명 칭	그림기호	적 용
텔레비전 안테나		필요에 따라 VHF, UHF, 소자수 등을 방기한다.
혼합・분파기		
증폭기		
4분 기기		
2분 기기		
4분배기		
2분배기		
직렬 유닛 1단자형 (75 Ω)		① 분기 단자 300 Ω형인 경우는 로 한다. ② 종단 저항붙이인 경우는 R을 방기한다. R
직렬 유닛 2단자형 (75 Ω, 300 Ω)		① 분기단자 75 Ω 2단자인 경우는 로 한다. ② 종단 저항붙이인 경우는 R을 방기한다. R
벽면 단자		
기기 수용 상자		

6. 방화

6-1 자동 화재검지 설비

명 칭	그림기호	적 용
차동식 스폿형 감지기		필요에 따라 종별을 방기한다.
보상식 스폿형 감지기		필요에 따라 종별을 방기한다.
정온식 스폿형 감지기		① 필요에 따라 종별을 방기한다. ② 방수인 것은 로 한다. ③ 내산인 것은 로 한다.

명 칭	그림기호	적 용
연기 감지기	S	① 필요에 따라 종별을 방기한다. ② 점검 박스 붙이인 경우는 S로 한다. ③ 매입인 것은 S로 한다.
감지선	—⊙—	① 필요에 따라 종별을 방기한다. ② 감지선과 전선의 접속점은 —●—로 한다. ③ 가건물 및 천장안에 시설한 경우는 ---⊙---로 한다. ④ 관통 위치는 —○—○—로 한다.
공기관	——	① 배선용 그림기호보다 굵게 한다. ② 가건물 및 천장 안에 시설할 경우는 ------로 한다. ③ 관통 위치는 —○—○—로 한다.
열전대	—■—	가건물 및 천장 안에 시설할 경우는 —□—로 한다.
열반도체	⦾	
차동식 분포형 감지기의 검출부	⧗	필요에 따라 종별을 방기한다.
P형 발신기	Ⓟ	① 옥외용인 것은 Ⓟ로 한다. ② 방폭인 것은 EX를 방기한다.
회로 시험기	◙	
경보 벨	Ⓑ	① 방수인 것은 Ⓑ로 한다. ② 방폭인 것은 EX를 방기한다.
수신기	⊠	다른 설비의 기능을 갖는 경우는 필요에 따라 해당 설비의 그림기호를 방기한다. [보기] : 가스 누설 경보설비와 일체인 것 가스 누설 경보설비 및 방배연 연동과 일체인 것
부 수신기(표시기)	⊞	
중계기	⊟	
표시등	◐	
표지판	◺	
보조 전원	TR	

명 칭	그림기호	적 용
이보기	R (사각형 안)	필요에 따라 해당 설비의 기호를 방기한다. 경비회사 등 기기 G 비상 방송 E 소화 장치 X 소화전 H 방화문 D 기타 F
차동 스폿 시험기	T (사각형 안)	필요에 따라 개수를 방기한다.
종단 저항기	Ω	[보기] : Ω Ⓟ Ω Ω
기기 수용상자	▭	
경계구역 경계선	━━ ━ ━━	배선의 그림기호보다 굵게 한다.
경계구역 번호	○	① ○ 안에 경계구역 번호를 넣는다. ② 필요에 따라 ⊖로 하고 상부에 필요사항, 하부에 경계구역 번호를 넣는다. [보기] : 계단 샤프트

6-2 비상경보 설비

명 칭	그림기호	적 용
기동 장치	Ⓕ	① 방수용인 것은 Ⓕ로 한다. ② 방폭인 것은 EX를 방기한다.
비상 전화기	ET (원 안)	필요에 따라 번호를 방기한다.
경보 벨	Ⓑ	
경보 사이렌	○◁	
경보구역 경계선	━━ - - ━━	자동 화재경보 설비의 경계구역 경계선의 적요를 준용한다.
경보구역 번호	△	△ 안에 경보구역 번호를 넣는다.

(상기 이외의 그림기호에 대하여는 6.1을 준용한다.)

6-3 소화 설비

명 칭	그림기호	적 용
기동 버튼	(E)	가스계 소화설비는 G, 수계 소화설비는 W를 방기한다.
경보 벨	(B)	자동 화재경보 설비의 경보 벨 적요를 준용한다.
경보 버저	(BZ)	자동 화재경보 설비의 경보 벨 적요를 준용한다.
사이렌		자동 화재경보 설비의 경보 벨 적요를 준용한다.
제어반		
표시반		필요에 따라 창수를 방기한다. [보기] : 3
표시등		시동표시등과 겸용인 것은 로 한다.

6-4 방화 댐퍼, 방화문 등의 제어 기기

명 칭	그림기호	적 용
연기 감지기 (전용한 것)	(S)	① 필요에 따라 종별을 방기한다. ② 매입인 것은 (S)로 한다.
열 감지기 (전용인 것)		필요에 따라 종류, 종별을 방기한다.
자동 폐쇄장치	(ER)	용도를 표기하는 경우는 다음 기호를 방기한다. 방화문용 D 방화셔터용 S 연기방지 수직 변용 W 방화 댐퍼용 SD
연동 제어기		조작부를 가진 것은 로 한다.
동작 구역 번호	◇	◇ 안에 동작 구역번호를 넣는다.

6-5 가스 누설 경보관계 설비

명 칭	그림기호	적 용
검지기	G	① 벽걸이형인 것에서는 G로 한다. ② 분리형의 검지부는 G로 한다. ③ 버저, 램프를 내장하고 있는 것은 필요에 따라 그 뜻을 방기한다. [보기] : G_L $G_{L.B}$

명 칭	그림기호	적 용
검지구역 경보 장치	(BZ)	자동 화재경보 설비의 경보벨 적요를 준용한다.
음성 경보장치		5-4의 스피커 적요를 준용한다.
수신기		
중계기		① 복수개로 일체인 것은 개수를 방기한다. [보기] : ×3 ② 가스 누설 표시등의 중계기에서는 L로 한다.
표시등		
경계구역 경계선		
경계구역 번호	△	△ 안에 경계구역 번호를 넣는다.

6-6 무선통신 보조설비

명 칭	그림기호	적 용
누설 동축 케이블		① 일반 배선용 그림기호보다 굵게 한다. ② 천장에 은폐하는 경우는 를 사용하여도 좋다. ③ 필요에 따라 종별, 형식, 사용 길이 등을 기입한다. [보기] : LC×500 100m ④ 내열형인 것은 필요에 따라 H를 기입한다. [보기] : H-LC×200 50m
안테나		① 필요에 따라 종별, 형식 등을 기입한다. ② 내열형인 것은 필요에 따라 H를 방기한다.
혼합기		주파수가 다른 경우는 다음과 같다.
분배기		① 분개수에 따른 그림기호로 한다. 4분기기의 보기 : ② 필요에 따라 종별 등을 방기한다.
분기기		필요에 따라 분기수에 따른 그림기호로 한다. 2분기기의 보기 :
종단 저항기		

명 칭	그림기호	적 용
무선기 접속단자	◎	필요에 따라 소방용 F, 경찰용 P, 자위용 G를 방기한다. [보기] : $◎_F$
커넥터	─⊏	필요에 따라 생략할 수 있다.
분파기(필터 포함)	F	

7. 피뢰 설비

명 칭	그림 기호	적 용
돌침부	⊙	평면도용
		입면도용
피뢰 도선 및 지붕위 도체	──	① 필요에 따라 재료의 종류, 크기 등을 방기한다. ② 접속점은 다음과 같다.
접지저항 측정용 단자	⊗	접지용 단자 상자에 넣는 경우는 다음과 같다. ⊠

부록2 전기설비 관련 용어(국/영)

1. 기초지식

국문	영문
가연성 액체	flammable liquids
건설	construction
검사	inspection
검토	review
견적, 견적서	estimate, quotation
계약전력	contract power
계약종별	service classification
고장률	failure rate
공급신뢰도	supply reliability
공급자	supplier
공급조건	character of service
공사계획	construction plan
공사기간	construction period
공사비의 부담	share in construction cost
공정관리	construction schedule control
공정표	schedule diagram
기본요금	demand charge
내식성	corrosion−resistant
내유성	oil−resistant
내진(耐震) 설계	aseismic(earthquake−resistant) design
내진성	vibration−resistant
내후성	weather proof
다른 전선관의 이격	separation from other conductor
단가계약	unit price contract
단말부하	terminal load
단속부하(간헐부하)	intermittent load
단속사용	intermittent load
대기오염	air pollution
명판	name plate rating
배선방법	wiring methods
배치운전(일괄운전)	batch operation
보안	safety and security
부대설비	auxiliary facilities
부등률	diversity factor
부하율	load factor
부하조사	load survey
사용신청	application for electric service
상시전력	ordinary power
설치	installation, erection
소음	noise
수급계약	service contract
수급지점	delivery point
수송	transportation
수용률	demand factor
수질오염	water pollution
승인	approval
신뢰성, 신뢰도	reliability
신청	application
심야전력	midnight power
엔지니어링	engineering
연속운전	continuous operation
염해(鹽害)	salt contamination
예비비	contingency
예비전력	emergency power stand−by power
예산	budget
요금	rates and charges
용역	utility
위험장소	hazardous area
위험장소의 설비(공사)	installation in the hazardous location
인가	validation
인도(양도)	turnover
인화점	flash point
임시전력	temporary power

자가용전기공작물	private electrical facilities
전기설비기술기준	Ministerial Ordinance on the Technical Standard for Electrical Equipment
전동기 부하	motor load
전동기 출력	motor output
전등 수요	lighting demand
전력 수요	power demand
전력량 요금	energy charge
전원용량	power source capacity
접속부하	connected load
조달	procurement
조립	fabrication, assembly
조정	coordination
증설	expansion, extension
지내력	soil bearing capacity
지불조건	terms of payment
지불조건	terms of payment
진동	vibration
첨두부하	peak load
청부업자(주계약자)	contractor(prime contractor)
최대수요전력	maximum demand
추가공사	additional work
축마력	brake horse power
토목건축	civil&architectural
토질	soil condition
표시	marking
프랜트의 설계용량	design capacity of a plant
프랜트의 운전용량	throughput of a plant
프로세서 설명	process description
하청업자	sub-contractor
현장관리	field management

2. 전력설비

1CB 수전	standby line by one circuit breaker
1선 지락사고	one line grounding fault
1회선 수전	service system with on line
2선 단락	line to line short circuit
2중 모선	double bus
3상 단락	three-phase short circuit
가스케이드방식	cascade tripping system
감전	electric shock
강제충전	boost charge
개폐서지	switching surge
거래용 변성기(M.O.F)	instrument transformer for metering
건식자냉식	dry type self cooled type
건전상	sound phase voltage
결상보호	open phase protection
계기용 변성기	instrument transformer
계통분리	system splitting
계통안정도	system stability
계통접지	system grounding
고장점	location of fault
고전압과의 혼촉	contact with higher voltage
고체절연개폐장치	solid insulated switchgear
공칭 방전전류	nominal discharge current
공칭전압	nominal voltage
과도 리액턴스	transient reactance
과도안정도	transient stability
과부하 내량(耐量)	over-load capacity
과부하보호	over-load protection
과전류 차단방식	over-current tripping method
과전류계전기	over current relay
구분개폐기	sectioning switchgear
균등충전	equalizing charge
기기접지	equipment grounding
냉각수 순환펌프	cooling water circulating pump
네트워크 프로텍터	network protector
누전	electric leakage
누전 차단방식	electric leakage tripping method
단기(單器) 용량	unit capacity
단락보호	short-circuit fault protection
단로기	isolator(disconnecting switch)
단일 모선	single bus

단자전압	terminal voltage
단절연	graded insulation
대지와의 정전결합	capacitance coupling to ground
대칭 단락전류	symmetric component of shortcircuit
동작코일	operation coil
루프수전	service system with loop
리액턴스 접지	reactance grounding
모선절환	bus transfer
무효전력계전기	reactive power relay
방사상 배전방식	radial type distribution system
방전장치	pressure relief device
방진형	cust-proof type
배전설비	(power) distribution facilities
벤트형(밀폐형)	vented type
변류비	current ratio
보호협조	protection co-ordination
부동충전	floating charge
부속품	accessories
부족전압계전기	under-voltage relay
부하시 탭 절환기	on-load tap changer
부하제한	load shedding
비상용 디젤발전기	emergency diesel generator
비율차동계전기	percentage differential relay
비접지	ungrounded
사용 · 예비	service system with normal and
상규 대지전압	nominal voltage to ground
선택차단	selective tripping
섬락	flashover
소결식	sintered type
쇄정장치	locking device
수전	incoming
수전방식	(power) receiving system
수전설비	(power) receiving facilities
수전전압	service voltage
순시트립	instantaneous tripping
스포트 네트워크 배전방식	spot network system
시험용 단자	testing terminals
실드형(전밀폐형)	sealed type
알칼리 축전지	alkaline (storage) battery
억제코일	restraining coil
여자장치	exciting device
역률개선용	for power-factor improvement
역상 임피던스	negative-phase-sequence impedance
연축지(납축전지)	lead-acid(storage) battery
영상 임피던스	zero-phase-sequence impedance
영상변류기	zero phase sequence current transformer
예비품	spare parts
예열기	preheater
오동작	mal-operation
오차계급	accuracy classification
위상차	phase difference
유도장해	inductive disturbance
유입부싱	oil filled bushing
유효접지	effective grounding
윤활유	lubricating oil
인터록 기구	inter-lock mechanism
임피던스 도	impedance map
자기(磁器)부싱	porcelain bushing
자동전압조정기	automatic voltage regulator (AVR)
저감절연	reduced insulation
저항접지	resistance grounding
전동조작기구	motor driven operating mechanism
전력계통	power system
전력손실	power loss
전력콘덴서	static-proof type
전력퓨즈	power fuse
전압강하	voltage drop
전용량 차단방식	full capacity tripping system
전원 임피던스	source impedance
전해액	electrolyte
절연격벽	insulation barrier
절연계급	insulation level
절연내력	dielectric strength
절연협조	insulation co-ordination
절환개폐기	diverter switch
접지격벽	earthed barrier
접지계수	co-efficient grounding factor
접지극	grounding electrode
접지단자	earthing terminal (grounding pad)

접지변압기	grounding transformer
접지부	non-live parts(earthed parts)
정격 2차(3차) 부담	rated secondary(tertiary) burden
정격용량, 정격출력	rated capacity, rated output
정격전압	rated voltage
정상 임피던스	positive-phase-sequence impedance
정전시간	service interruption time
제한전압	residual voltage
조속기	governor
조작코일	operating coil
주 보호	primary protection
중성점접지	neutral ground
지락계전기	ground relay
지락보호	ground fault protection
지락전류	ground-fault current
직접접지	solid(ly) grounding
차단용량	interrupting capacity
차단전류	breaking current
차동계전방식	differential relay system
초기 과도 리액터스	sub transient reactance
충격전압	impulse voltage
충전부	live parts(potential parts)
크래드식	clad type
투입코일	closing coil
트립 코일	tripping coil
평행 2회선 수전	service system with two line
폐쇄배전반	metal clad switchgear
포켓식	pocket type
표준전압	standard voltage
피뢰기	lightning arrester(surge arrester)
한류(寒流)리액터	current limiting reactor
환기구	ventilation hole
환상모선방식	ring bus-bar system
회로선택계전기	line balance protective relay
후비보호	back-up protection

3. 조명 및 동력설비

MI 케이블	mineral-insulated (copper sheathed) cable
가요관공사	flexible conduit work
간접조명	indirect lighting
개폐빈도	operating frequency
결상계전기	single-phase protective relay
경동선	hard-drawn copper wire
계자제어	field control
고압(저압)	high voltage (low voltage)
고장표시등	fault indicating lamp
공통모선	common bus
광속	luminous flux
국부조명	local lighting
금속관공사	metallic conduit work
금속덕트공사	metallic duct work
기동보상기	auto-transformer starter
기록계기	recording instrument
단선	solid wire
단선결선도	single-line diagram (skeleton diagram)
동작책무	operating duty
리액터 기동	reactor start
매입형 조명기구	recessed lighting fitting
무효전력계	var meter (sine meter)
무효전력량계	var-hour meter
반사갓	shade
반사율	reflection factor
방수형	water-proof type
방폭형	explosion-proof type
배선용 차단기	molded case circuit breaker (miniature circuit breaker)
배전반	switch board
버스덕트	bus duct (bus way)
보수율	maintenance factor
보호계전기	protective relay
부하개폐기	load-break switch
분전반	distribution board
브래킷	wall lighting fitting
비닐외장 케이블	polyvinyl chloride insulated cable

선택개폐기	selector switch
수평면조도	horizontal illuminance
순간정지재기동	instantaneous restart
스타델터 기동	star-delta start
스탠드형	stand type
실지수	room index
아우트렛 박스	outlet box
안정기	ballast
역상계전기	reverse-phase protective relay
연동선	annealed copper wire
연선	stranded wire
연피	lead sheath, lead cover
열동계전기	thermal overload relay
외장	sheath, jacket
인칭	inching
자립형	free standing type
적산계기	integrating instrument
전개접속도	schematic diagram
전력량계	watt-hour meter
전반조명	general lighting
전자개폐기	electromagnetic switch
전자접촉기	electromagnetic contactor
전자차폐	electromagnetic shield
절환개폐기	changeover switch
정전차폐	electrostatic shield
조도	illumination
조명	lighting
조명기구	lighting fitting, lighting fixture
조명률	utilization factor
조명설계	lighting design
지시계기	indicating instrument
직부형 조명기구	surface mounted lighting fitting
직입기동	direct-on-line start (full-voltage start)
직접조명	direct lighting
진공스위치	vacuum switch
집중제어(총괄제어)	centralized control
차폐	shielding
캡타이어 케이블	cabtyre cable
컨트롤 센터	moto control center
콘센트	receptacle, socket outlet
콤비네이션 스타터	combination starter
통형퓨즈	cartridge fuse
투광기	projector
팬던트형 기구	pendant lighting fitting
폐쇄배전반	metal-enclosed switchgear
풀박스	pull box
플러그 퓨즈	plug fuse
해제	reset
회전계	tachometer
회전계 발전기	tachometer generator

4. 방재설비

감지기	fire detector
경계구역	inspection area
공기관	pneumatic tube
공기관식	pneumatic tube type
광전식	photoelectric type
교류전원	alternating current power supply
내열전선	heat resisting wire
노출형	surface type
누전화재경보기	annunciator for electricity leakage
발신기	manual transmitter
방재센터	disaster protection center
방제연장치	smoke proof and rejection equipment
벽걸이형	wall mounted type
부수신기	remote annunciator panel
비상경보장치	emergency alarm equipment
비상방송장치	emergency voice alarm equipment
비상전원	emergency power supply
사용전원	ordinary use power supply

소화전 기동장치	hydrant starter
수신기	control panel
연기감지기	smoke detector
열전대식	thermopile type
예비전원설비	spare power source
음향장치	alarm device
이온화식	ionization chamber type
자동 화재 탐지설비	automatic fire alarm system
정온식 스폿형	spot type fixed−temperature
종단저항	terminal resistor
중계기	remote station
지구벨	zone alarm bell
지구음향장치	zone alarm device
차동식 분포형	line type differential
차동식 스폿형	spot type rate−of−rise
축전지 전원	battery power supply
피난유도장치	inducement equipment for evacuation
화재경보 벨	fire alarm bell

부록3 계전기별 고유번호

기구번호	명칭	설명
1	주제어 개폐기 또는 계전기	중요기기의 기동, 정지 S. W
2 2Q 2S 2G	시간지연 계전기 유입장치 절환용 한시 계전기 Strainer용 Timer Grease Pump 기동 Timer	기동 또는 동작에 한시를 주는 것
3 3-28B 3-28Z 3-29 3-30 3-30L 3-41 3-52 3-65L 3-66F 3-75 3-86 3-88 3-89 3-R	조작용 개폐기 Bell 복귀용 조작 S. W Buzzer 복귀용 조작 S. W 소화 장비용 조작 S. W Indicator 복귀용 조작 S. W Lamp 복귀용 조작 S. W 계자개폐기용 조작 S. W 차단기용 조작개폐기 전기조속기 Lock용 조작개폐기 Flecker Ry 복귀용 조작개폐기 제동장치용 조작 S. W Lock Out Ry 복귀용 조작 S. W 보조기용 접촉기 단로기용 접촉기 조작 S. W 일반 복귀용 조작 S. W	기기를 조작함
4 4GP	주제어회로용 접촉기 또는 계전기 발전, 양수용 주제어회로 계전기	주제어회로를 개폐하는 것
5 5E 5T 5B	정지개폐기 또는 계전기 비상정지 개폐기 또는 계전기 Turbine 정지개폐기 Boiler 정지개폐기	기기를 정지하는 것
6 6-99	기동차단기, 접속기 또는 계전기 Locator 기동용 Aux Relay	기계를 기동회로에 접속함

기구번호	명칭	설명
7 7-24LR 7-24PC 7-55 7-65P 7-65JE 7-70 7-70E 7-77 7-90R 7-IR	조정개폐기 ULTC용 Tap 조정개폐기 P.C용 Tap 조정개폐기 자동역률조정기용 조정개폐기 전기조속기 출력조정용 개폐기 결합운전 주파수 조정기 Generator 계자조정용 조정개폐기 여자기계자조정용 부하조정장치용 조정개폐기 AVR의 전압조정용 유도전압조정기용 조정개폐기	기기를 조작 조정하는 것
8 8A 8C 8D	제어전원개폐기 교류제어전원 개폐기 공동제어전원 개폐기 직류제어전원 개폐기 계전기전원 개폐기	제어전원을 개폐하는 것
9	계자 극성전환 개폐기	계자전류 극성을 반대로 함
10 10P	순서개폐기 또는 Program 조정기 Program 조정기	2조 이상 기기의 기동 정지순서를 정함
11 11-25 11L	시험개폐기 또는 Relay 자동동기장치용 개폐기 Lamp 접점용 개폐기	기기의 동작을 시험하는 것
12	과속도개폐기 또는 계전기	과속도시에 동작하는 것
13	동기속도개폐기 또는 계전기	동기속도에 동작하는 것
14	저속도개폐기 또는 계전기	저속도에 동작하는 것
15	속도조정 장치	회전기의 속도를 조정하는 것
16 16B 16BG 16BS 16G 16S	표시선 감시 계전기 P/W 단선검출 계전기 P/W 지락용 단선검출 계전기 P/W 단락용 단선검출 계선기 P/W 지락검출 계전기 P/W 단락검출 계전기	표시선의 고장을 검출하는 것
17 17G 17GI 17GO 17S	표시선 계전기 지락용 P/W 계전기 지락용 내부고장 Relay 지락용 외부고장 Relay 단락용 P/W 계전기	표시선 계전방식에 사용하는 것
18	가속 또는 감속접촉기	가속 또는 감속시 다음 단계로 진행하는 것
19	기동 또는 운전절체 계전기	기기를 기동에서 운전으로 절환하는 것

기구번호	명칭	설명
20 20WC 20WE 20WB 20V	보조기 Valve 냉각수 Valve 비상용 급수 Valve 배수 Valve 진공 Pump 저지 Valve	보조기의 Valve
21 21S 21G	거리계전기(미국, 영국) 단락거리계전기 지락거리계전기 주기기 Valve(일본)	단락 또는 지락거리계전기
22	예비번호	
23 23Q 23R 233W	온도조정계전기 유온조정계전기 실내온도 조정계전기 냉각수온도 조정계전기	온도를 일정 범위로 유지함
24 24LR 24PC	Tap 절환장치 ULTC 전압조정용 PC 전압조정용	전기기기의 Tap을 절환하는 것
25	동기검출장치	교류회로의 동기를 검출함
26 26T 26LR 26PC 26SSH 26R 26RG	정지기 온도계전기 변압기용 온도계전기 ULTC용 온도계전기 PC용 온도계전기 과열증기 온도계전기 분로 Reactor 온도계전기 재순환 Gas 온도계전기	변압기등 정지기의 온도에 의해 동작
27 27A 27H 27Q 27C	교류 부족전압 계전기 공기압축기 UVR 소내전원 UVR 유압 Pump용 UVR 제어용 교류전원 UVR	교류전원이 부족할 때 동작함
28 28B 28F 28LA 28Z	경보장치 Bell용 Relay 화재검출기 LA 검출기 Surge 검출계전기	
29 29CS 29C 29T	소화장치 소화장치 Valve Coil 29용 투입 Coil 29용 개방 Coil	화재시 동작하는 것

기구번호	명칭	설명
30 30F 30L 30S	기기상태 또는 고장표시 장치 고장표시기 Lamp 표시기 동작 표시기	기기의 동작 상태나 고장을 표시하는 것
31	계자 변경 차단기 또는 계전기	계자권선을 타여자 전원에 접속시키는 것
32	교류역전력계전기(미국) 직류역전력계전기(일본)	교류회로 전력 방향이 반대로 될 때 동작
33 33CO2 33Q 33W 33S	위치검출장치 또는 계전기 CO2 소화기 개폐기 유면검출장치 수위개폐기 Tap 검출장치	유면 액면의 위치와 관련하여 동작
34	전동순서제어기	기동 또는 정지장치의 동작 순서를 단락함
35 35LR	Brush 조작장치 또는 Slip Ring 단락장치 35용 조작개폐기	Brush의 조정 또는 Slip Ring을 단락함
36	극성계전기	극성에 의해 동작하는 것
37 37A 37D 37F 37V	부족전류계전기 교류 부족전류계전기 직류 부족전류계전기 Fuse 용단계전기 전자관 Filament 단선 검출기	전류가 부족할 때 동작하는 것
38	축수온도계전기	회전기축수 가열시 동작
39	예비번호	
40	계자상실계전기	계자상실시 동작하는 것
41 41C 41T 41A 41D 41R	계자차단기 또는 접촉기 41용 Closing Coil 41용 Trip Coil 계자증폭기 Relay 자동계자 개폐기 조정계자 개폐기	계자회로를 차단 또는 연결하는 것
42	운전차단기 또는 개폐기	기기를 운전회로에 접속하는 것
43 43-17 43-25 43-79 43-87 43-90 43A 43C 43P 43R	제어회로 전환개폐기 P/W 전환개폐기 동기검출회로 전환개폐기 재폐로방식 전환개폐기 모선보호용 전환개폐기 자동전압조정기용 전환개폐기 자동수동 전환개폐기 반송장치 전환개폐기 PT회로 전환개폐기 원방제어 전환개폐기	제어회로를 자동 또는 수동으로 전환함

기구번호	명칭	설명
44 44G 44S	거리계전기(일본) 지락거리계전기 단락거리계전기 Sequence Starting Relay(미국)	
45	직류 과전압계전기(일본) 기압계전기(미국)	
46	역상 또는 불평형계전기	역상 또는 불평형 전류에 동작하는 것
47 47A 47F 47T	결상 또는 역상전압 계전기 공기압축용 Relay 변압기 냉각 Fan 용 차단기 결상 Timer	결상 또는 역상시에 동작함
48 48-24 48-25	정체검출계전기 Tap 정체 검출 Relay 동기병열 정체 Relay	소정시간내 동작치 않을시 동작할 것
49 49A 49R	회전기온도계전기 공기냉각용 온도계전기 회전자 온도계전기	회전기 온도가 규정치 이상 이하에서 동작
50 50G 50S	단락, 지락 선택계전기 지락 선택계전기 단락 선택계전기	단락, 지락회로를 선택하는 것
51 51G 51H 51L 51N 51P 51S 51V	교류과전류 계전기 지락과전류 계전기 고정정 OCR 저정정 OCR 중성점 OCR MTr 1차 OCR MTr 2차 OCR 전압억제부 OCR	과전류에 의해 동작하는 것
52 52C 52T 52H 52P 52S 52K	교류차단기 차단기 Closing Coil 차단기 Trip Coil 소내용 차단기 MTr 1차 차단기 MTr 2차 차단기 MTr 3차 차단기	교류회로를 차단하는 것
53	여자계전기	여자 예정상태에서 동작
54 54A 54F	직류고속도 차단기 양극용 DC 고속 차단기 전철용 DC 고속 차단기	직류회로를 고속도로 차단하는 것
55	역률계전기 또는 조정기	무효전력이나 역률을 조정함

기구번호	명칭	설명
56 56S	동기탈조검출계전기(일본) 자동여자조정기(미국) 동기기 탈조검출 계전기	
57	자동 전류조정기(일본) 접지 또는 단락장치(미국)	회로를 단락 또는 접지시키는 장치
58	정류기 고장검출기	
59 59H 59L	교류과전압계전기 고정정 OVR 저정정 OVR	교류전압이 규정치 이상에서 동작
60 60C 60P	전압평형계전기 콘덴서 고장검출 Relay PT 고장검출 Relay	2회로의 전압으로 동작
61 61C	전류평형 계전기 콘덴서 고장검출 전류 Relay	2회로의 전류차로 동작하는 것
62	정지 또는 폐로 지연용 계전기	
63 63A 63N 63Q 63V 63W	압력계전기 공기압력 계전기 질소압력 계전기 유압 계전기 진공 계전기 수압 계전기	유체의 압력에 의해 동작함
64 64D 64E 64H 64L 64N 64ϕ	지락과전압 계전기 직류접지 계전기 여자회로 지락계전기 고정정 64계전기 저정정 64계전기 중성점 64계전기 지락상 판별계전기	접지회로의 저압에 동작함
65	고속장치 조속기	속도조정장치
66 66F	단속계전기 Flicker 계전기	교류회로의 전력, 지락방향에 따라 동작함
67 67G 67GA 67GI 67GO 67S	지락방향계전기 또는 전력방향계전기 지락방향계전기 67G용 OCR 지락내부방향계전기 지락외부방향계전기 단락방향계전기	교류회로의 전력, 지락방향에 따라 동작함
68	탈조저지 계전기(미국)	동기탈조시 회로동작을 저지함
69	유속계전기(일본) 절연접촉기(미국)	유체의 흐름에 의해 동작

기구번호	명칭	설명
70 70E 70M 70S	가감저항기 주여자기 계자조정기 전동기 계자조정기 부여자기 계자조정기	
71	정류소자 고장검출기(일본) Level Switch(미국)	
72	직류차단기	직류회로를 개폐하는 것
73	방향단락용 차단기	전류제한 저항을 단락하는 것
74	경보용 계전기(미국, 영국) 조정변(일본)	수차 조정변
75	위치변환장치(미국) 제동장치	기기의 제동을 하는 것
76	직류과전류계전기	직류회로의 과전류로 동작
77	Pulse 전송기(미국) 부하조정장치	
78 78G 78S	반송보호 위상비교 계전기 지락위상비교 계전기 단락위상비교 계전기	전류의 위상차를 반송파로 비교 동작하는 것
79 79T1 79T2 79T3	교류 재폐로 계전기 재폐로준비용 Timer 재폐무압시간용 Timer 재폐로확인용 Timer	교류회로 재폐로를 제어함
80	유속계전기(미국) 직류부족전압계전기(일본)	
81 81G	주파수계전기(미국) 조속기구동장치(일본) 조속기구동용 발전기	조속기를 움직이는 장치
82	직류 재폐로계전기	직류회로 재폐로를 제어함
83	선택접속기	전원을 선택 절환하는 것
84	일반구동장치(미국) 전압계전기(일본)	
85 85R 85R-1 85R-2 85RC 85RP 85S 85TA	신호계전기 수신용계전기 수신 Trip용 계전기 수신 점검용 계전기 반송보호용 계전기 표시선용 계전기 송신용 신호 계전기 신호장치 점검 Timer	송신 또는 수신신호에 동작하는 것

기구번호	명칭	설명
86 86-1 86-2 86-3 86-5	폐쇄계전기(Lock Out Relay) 비상정지용 Lock Out 급정지용 Lock Out 무부하용 Lock Out 고장 완정지용 Lock Out	
87 87B 87G 87T	전류차동계전기 모선보호 차동계전기 발전기용 차동계전기 주변압기 차동계전기	단락 또는 지락 차전류에 의해 동작하는 것
88 88A 88F 88H 88Q 88QT 88V 88W	보조기용 접촉기 공기압축기용 개폐기 Fan용 개폐기 Heater용 개폐기 유압 Pump용 개폐기 OT순환 Pump용 개폐기 진공 Pump용 개폐기 냉각수 Pump용 개폐기	전동장치의 운정용 개폐기
89 89C 89T 89IL	단로기 단로기용 Closing Coil 단로기용 Opening Coil 단로기 Lock Magnet	
90	자동전압조정기 또는 조정계전기	전압을 어떤 범위로 조정하는 것
91	전력계전기(일본) 전력방향계전기(미국)	예정된 전력에 동작하는 것
92	전력방향계전기(미국) 문비(일본)	출입구의 Damper
93	여자절환개폐기(미국)	
94	Trip Free 접촉기	Trip Free 계전장치
95 95H 95L	주파수계전기 고정정 주파수계전기 저정정 주파수계전기	
96 96-1 96-2 96P	정지기 내부고장 검출장치 Bucholzz 경보계전기 Bucholzz Trip 계전기 순시압력계전기	변압기 등의 내부고장을 기계적으로 검출하는 것
97	예비번호	
98	연결장치	동력전달을 위해 연결하는 것
99 99F 99S	자동기록장치 자동고장기록장치 자동동작기록장치	

찾아보기

참고문헌

1. 대한전기협회, 한국전기설비규정 핸드북, 사단법인 대한전기협회

2. 유원근 · 이경섭 · 정동헌 · 정타관, 신편 전기성비설계, ㈜도서출판 북스힐

3. 지철근, 전기설비기술, 문운당

4. Saito Takehiko, 빌딩용전기설비의 설계와 운전(상 · 하), 전기협회

5. Araki Kyoichi, 수변전 · 발전설비의 설계와 운전(상 · 하), 전기서원

6. 일본 전설공업협회, 신인교육 - 전기설비, 일본 전설공업협회

7. 미국화재예방협회, 미국전기공사규정, 일본전기협회

8. 일본전기협회, 공장전기설비 매뉴얼, 일본전기학회

9. 이원교, 전기설비의 설계 및 시공, 동일출판사

신전기설비

발　행 / 2024년 9월 5일

저　자 / 이원교, 소용철

펴 낸 이 / 정 창 희

펴 낸 곳 / 동일출판사

주　소 / 서울시 강서구 곰달래로31길7 (2층)

전　화 / (02) 2608-8250

팩　스 / (02) 2608-8265

등록번호 / 109-90-92166

ISBN 978-89-381-1657-4 93560

값 / 28,000원